首届全国教材建设奖全国优秀教材二等奖配套教材
"十二五"普通高等教育本科国家级规划教材配套教材
21 世纪化学规划教材·基础课系列

结构化学基础（第 5 版）
习题解析

周公度　段连运　编著

内 容 简 介

本书是大学本科结构化学基础课教材《结构化学基础》(第 5 版)的配套教材,与上一版基本相同。本书分为三部分:第一部分为习题解析,基本上保持上一版的风格和特点,对教材中习题逐一进行解析;第二部分为综合习题解析,内容不受章节限制,精细分析典型实例;第三部分为结构化学实习,通过运算作图,搭制模型,使读者深入了解三维空间中电子的分布和原子排布的图像。

本书为读者学习结构化学起着导读作用、释疑作用和联系作用,能加深读者对结构化学原理和概念的理解,增强读者运用结构化学知识解决实际问题的能力,适合化学类本科的学生及相关专业的科技人员学习、参考。

图书在版编目(CIP)数据

结构化学基础(第 5 版)习题解析/周公度,段连运编著. —4 版. —北京:北京大学出版社,2017.6
(21 世纪化学规划教材·基础课系列)
ISBN 978-7-301-28328-8

Ⅰ.①结⋯ Ⅱ.①周⋯ ②段⋯ Ⅲ.①结构化学—高等学校—解题 Ⅳ.①O641-44

中国版本图书馆 CIP 数据核字(2017)第 094006 号

书　　　名	结构化学基础(第 5 版)习题解析 JIEGOU HUAXUE JICHU (DI-WU BAN) XITI JIEXI
著作责任者	周公度　段连运　编著
责 任 编 辑	郑月娥
标 准 书 号	ISBN 978-7-301-28328-8
出 版 发 行	北京大学出版社
地　　　址	北京市海淀区成府路 205 号　100871
网　　　址	http://www.pup.cn　　新浪微博:@北京大学出版社
电 子 邮 箱	编辑部 lk2@pup.cn　总编室 zpup@pup.cn
电　　　话	邮购部 62752015　发行部 62750672　编辑部 62767347
印 刷 者	大厂回族自治县彩虹印刷有限公司
经 销 者	新华书店
	787 毫米×1092 毫米　16 开本　16.5 印张　420 千字 1997 年 8 月第 1 版　2002 年 12 月第 2 版　2008 年 6 月第 3 版 2017 年 6 月第 4 版　2024 年 1 月第 9 次印刷
印　　　数	157101~163100 册
定　　　价	49.00 元

未经许可,不得以任何方式复制或抄袭本书之部分或全部内容。
版权所有,侵权必究
举报电话:010-62752024　电子信箱:fd@pup.cn
图书如有印装质量问题,请与出版部联系,电话:010-62756370

第4版前言

本书是《结构化学基础》(第5版)的习题解析,是该书的配套教材。随着新版本教材内容的修改,本书也作了相应的更新。

在前一版本中提到本书在教学中不是被动地作为一个配角,而是有着独特作用,即导读作用、释疑作用和联系作用,帮助学习时抓住主线和要领、解析解题的思路,并对化学物质认识过程架起组成、结构、性能和应用的桥梁,力求起到加强基础、扩展思维、联系实际和培养创新的作用。

大多数学校结构化学课程安排在高年级,这有利于将已学的化学基础知识进行归纳整理,进一步从理论上得到提高,从应用上开阔思路;有利于通过解题得到更深入的体会。还希望通过交流、讨论对一些问题有着明确的理解,例如:电子和光子波粒二象性的比较、标准原子量的应用、相对论效应对元素性质的影响、定域键和离域键的比较、点阵和晶格的异同、三方晶系和六方晶系与六方晶族的关系、可燃冰开发利用的困难和解决办法,以及选择一些化合物(如草酸)了解它的结构、性质和应用。

衷心希望广大读者在教学和参阅时对书中发现的差错、不妥和不足之处给予指正。

周公度　段连运
2017年3月于北京大学化学学院

第3版前言

随着《结构化学基础》(第4版)的出版,书中内容更新、习题改变,要求与它配套的《习题解析》也进行修订,特出这个新版本。

通过长期的教学实践,我们深切地体会到本书不是被动地作为一个配角,而是有着它独特的作用。

第一,导读作用。本书是一本结构化学基础内容的提要,简明地介绍结构化学的内容要点,能指导读者学习时在诸多的现象描述和数学公式推导论证中,紧紧地抓住主线和要领。

第二,释疑作用。在结构化学中有不少抽象概念和数学推导,单纯从听讲和课本的阅读中常常难以深入理解、解释疑惑。解析习题是学习的一个重要环节,但由于学习时间的限制,不可能大量进行。本书即对《结构化学基础》(第4版)的每一道习题都进行解析,有的还作了评注。它既可使读者在独立解题时进行参照,又可以阅读到内容较丰富的各类习题的解析思路及其所得结论。

第三,联系作用。"结构决定性能,性能反映结构"的相互联系原则,是学习和应用结构化学原理的重要基础。通过习题对一些典型体系进行解析,在沟通"组成—结构—性能—应用"的认识过程中架起桥梁。

基于上面的认识,我们借本书新版出版机会,致力于精选习题、修改解析内容、重画插图。力求对读者能起到"加强基础、扩展思维、联系实际、培养创新"的作用。限于作者的水平和见识,疏漏和错误仍可能存在,真诚希望读者不吝指正。

周公度 段连运

2007年10月

第2版前言

本书第1版出版后,受到广大读者的欢迎,五年来已印刷了六次,累计达2万余册。读者来信反映本书帮助他们加深了对抽象的结构化学原理和概念的理解;增强了运用结构化学知识解决实际问题的能力;在提高结构化学教学效果上起了积极作用。一些读者来信介绍他们的解题方法和提出应特别予以关注的内容,指出书中的错误和疏漏,给我们很大的鼓励。我们衷心地感谢读者对本书的关爱和支持。

随着《结构化学基础》(第3版)的面世,书中的内容和习题有了变动,要求《结构化学习题解析》也应更新出版。借此机会我们对它全面地进行修改和增补,将内容扩展为三部分。

第一部分为习题解析。它基本上保持本书上一版的风格和特点,按《结构化学基础》(第3版)中所列的285道习题,逐一进行解析。

第二部分为综合习题解析。因第一部分内容是逐章地按内容拟定习题,而综合习题不受章节限制,而以命题所涉及的内容进行扩展,根据精而新的要求,精细地分析典型实例,希望它能起到深入讨论、举一反三的效果。

第三部分为结构化学实习。它是从附录于《结构化学基础》书中移至此处。按它的内容通过运算作图、搭制模型,深入了解三维空间中电子的分布和原子排布的图像。

一道习题或一种结构常涉及多方面的内容,有多种解题的途径和方法,可扩展联系到另外一些问题。盼望读者深入解题,联想思考、增长才智。也恳请读者不吝指正。

周公度 段连运
2002年7月于北京大学

第1版前言

本书是《结构化学基础》(第2版)(周公度,段连运编著,北京大学出版社,1995年出版)中全部习题的解答和分析,共265题。为了便于读者联系所学知识解答习题,在解题前给出相应各章的内容提要,书后附有物理常数、单位换算和一些数学公式。

解习题是教学的重要环节。通过对习题的解答和分析,可以更深入地理解有关的概念和原理,提高运用结构化学的数据和知识解决实际问题的能力。在教学过程中要重视这个环节。

我们编写这本习题解析,不单纯限于简单地解出书中的各道习题,更重要的是通过对习题的解析,启迪学生解题的思路、拓宽解题的途径。有些习题用多种方法进行解答,沟通各种方法之间的联系;对若干习题加以评注,指出需要思考和注意的问题;对一些相似的习题,予以归纳,指出它们之间的联系及其中的精髓。希望本书的出版将能帮助教师的施教和学生的学习,更为自学结构化学的读者提供方便。

作者

1997年5月

目 录

第一部分 习题解析 ……………………………………………………………… (1)

第1章 量子力学基础知识 ………………………………………………………… (1)
  内容提要 ……………………………………………………………………… (1)
  习题解析 ……………………………………………………………………… (4)

第2章 原子的结构和性质 ………………………………………………………… (17)
  内容提要 ……………………………………………………………………… (17)
  习题解析 ……………………………………………………………………… (22)

第3章 共价键和双原子分子的结构化学 ………………………………………… (44)
  内容提要 ……………………………………………………………………… (44)
  习题解析 ……………………………………………………………………… (49)

第4章 分子的对称性 ……………………………………………………………… (64)
  内容提要 ……………………………………………………………………… (64)
  习题解析 ……………………………………………………………………… (69)

第5章 多原子分子的结构和性质 ………………………………………………… (83)
  内容提要 ……………………………………………………………………… (83)
  习题解析 ……………………………………………………………………… (92)

第6章 配位化合物的结构和性质 ………………………………………………… (118)
  内容提要 ……………………………………………………………………… (118)
  习题解析 ……………………………………………………………………… (124)

第7章 晶体的点阵结构和晶体的性质 …………………………………………… (135)
  内容提要 ……………………………………………………………………… (135)
  习题解析 ……………………………………………………………………… (141)

第8章 金属的结构和性质 ………………………………………………………… (159)
  内容提要 ……………………………………………………………………… (159)
  习题解析 ……………………………………………………………………… (162)

第9章 离子化合物的结构化学 …………………………………………………… (177)
  内容提要 ……………………………………………………………………… (177)
  习题解析 ……………………………………………………………………… (180)

第10章 次级键及超分子结构化学 ……………………………………………… (197)
  内容提要 ……………………………………………………………………… (197)
  习题解析 ……………………………………………………………………… (205)

第二部分　综合习题解析 ………………………………………………………………………… (213)

第三部分　结构化学实习 ………………………………………………………………………… (243)

  实习 1　原子轨道空间分布图的绘制 ……………………………………………………… (243)
  实习 2　H_2^+ 能量曲线的绘制 ……………………………………………………………… (244)
  实习 3　分子的立体构型和分子的性质 …………………………………………………… (245)
  实习 4　苯的 HMO 法处理 ………………………………………………………………… (246)
  实习 5　点阵和晶胞 ………………………………………………………………………… (247)
  实习 6　等径圆球的堆积 …………………………………………………………………… (248)
  实习 7　离子晶体的结构 …………………………………………………………………… (250)
  实习 8　金刚石型化合物的结构 …………………………………………………………… (250)

附录 A　元素周期表 ……………………………………………………………………………… (252)
附录 B　单位、物理常数和换算因子 …………………………………………………………… (253)
附录 C　一些常用的数学公式 …………………………………………………………………… (255)

第一部分 习题解析

第1章 量子力学基础知识

内容提要

1.1 微观粒子的运动特征

光(各种波长的电磁辐射)和微观实物粒子(静止质量不为零的电子、原子和分子等)都有波动性(波性)和微粒性(粒性)两重性质,称为波粒二象性。联系波粒二象性的基本公式为

$$E = h\nu$$
$$p = h/\lambda$$

公式等号左边的 E 和 p 是光子和实物粒子所具有的能量和动量,公式等号右边的 ν 和 λ 是光波和实物微粒波的频率和波长。从这两个公式可见,波性和粒性通过 Planck 常数 h 联系起来。

$$h = 6.626 \times 10^{-34} \text{ J s}$$

光波的粒性体现在用光子学说圆满地解释光电效应上,当以 W 代表脱出功,E_k 代表光电子动能,得

$$h\nu = W + E_k = h\nu_0 + \frac{1}{2}mv^2$$

可根据粒子的质量 m 和运动速度 v 计算实物微粒波的波长 λ:

$$\lambda = h/mv$$

物质的波粒二象性也体现在微观体系的能量和角动量等物理量的量子化,以及由不确定度关系所反映的一些物理量之间的相互关系上。量子化是指物质运动时,它的某些物理量数值的变化是不连续的,只能为某些特定的数值。例如能量量子化是指能量的改变量只能是能量 $E=h\nu$ 的整数倍或由某一能级到另一能级的能量差值。不确定度关系的一种表述形式是指:物质的坐标的不确定度 Δx 和动量的不确定度 Δp_x 的乘积遵循下一关系式:

$$\Delta x \cdot \Delta p_x \geqslant h$$

这一关系式可作为宏观物体和微观粒子的判别标准。因为 h 的数值很小,对于可把 h 看作 0 的体系,说明它可同时具有确定的坐标和动量,是可用经典的牛顿力学描述的宏观物体;而对于 h 不能看作 0 的微观粒子,没有同时确定的坐标和动量,波性明显,需要用波动力学即量子力学来处理。

1.2 量子力学基本假设

量子力学是描述微观粒子运动规律的科学,它包含若干基本假设:

假设Ⅰ：波函数 ψ

对于一个微观体系，它的状态和该状态所具有的各种物理性质可用波函数 $\Psi(x,y,z,t)$ 表示，不含时间的波函数 $\psi(x,y,z)$ 称为定态波函数。在原子和分子等体系中，ψ 又称为原子轨道和分子轨道；$\psi^*\psi$ 或 ψ^2 称为概率密度或电子云；$\psi^*\psi d\tau$ 为空间某点附近体积元 $d\tau$ 中电子出现的概率。ψ 在空间某点的数值，可能是正值，也可能是负值或零，微观体系的波性通过这种正负值反映出来。由 ψ 描述的波是概率波，它必须满足单值性、连续性和平方可积，即有限性等条件，称为品优波函数。

假设Ⅱ：算符

对一个微观体系的每个可观测的物理量，都对应着一个线性自轭算符，其中最重要的是动量沿 x 轴分量 p_x 所对应的算符 $\hat{p}_x$ 和体系总能量的算符 $\hat{H}$，它们的表达式：

$$\hat{p}_x = -\frac{ih}{2\pi}\frac{\partial}{\partial x}$$

$$\hat{H} = -\frac{h^2}{8\pi^2 m}\nabla^2 + \hat{V}$$

假设Ⅲ：本征态、本征值和 Schrödinger 方程

体系的物理量 A 的算符 $\hat{A}$ 与波函数 ψ 若存在下一关系：

$$\hat{A}\psi = a\psi$$

式中 a 为常数，则称这方程为本征方程，a 为 $\hat{A}$ 的本征值，ψ 为 $\hat{A}$ 的本征态。

对于一个保守体系，即其势能只和坐标有关的体系，能量算符 $\hat{H}$ 的本征值 E 和波函数 ψ 构成的本征方程称为 Schrödinger 方程：

$$\hat{H}\psi = E\psi$$

或

$$\left(-\frac{h^2}{8\pi^2 m}\nabla^2 + \hat{V}\right)\psi = E\psi$$

Schrödinger 方程是量子力学中的一个基本方程。将某体系实际的势能算符 $\hat{V}$ 写进方程，通过数学方法解此微分方程，根据边界条件和品优波函数的要求，求得描述体系的各个状态的波函数 ψ_i 及该状态的能量本征值 E_i。

解一个 Schrödinger 方程所得的 $\psi_1, \psi_2, \psi_3, \cdots$ 本征函数，形成一个正交、归一的函数组。

归一是指 $\qquad\int \psi_i^* \psi_i \, d\tau = 1$

正交是指 $\qquad\int \psi_i^* \psi_j \, d\tau = 0 \quad (i \neq j)$

假设Ⅳ：态叠加原理

若 $\psi_1, \psi_2, \cdots, \psi_n$ 为某体系的可能状态，由它们线性组合所得的 ψ 也是该体系可能存在的状态。

$$\psi = c_1\psi_1 + c_2\psi_2 + \cdots + c_n\psi_n = \sum_i c_i \psi_i$$

式中 c_i 为任意常数，其数值的大小决定 ψ 的性质中 ψ_i 的贡献，c_i 大，相应 ψ_i 的贡献大。

根据 ψ 的表达式，可用下一公式求得体系在状态 ψ 时物理量 A 的平均值 $\langle a \rangle$：

$$\langle a \rangle = \int \psi^* \hat{A} \psi \, d\tau$$

假设Ⅴ：Pauli 原理

在同一原子轨道或分子轨道中，最多只能容纳两个电子，这两个电子的自旋状态必须相反。或者说，描述多电子体系轨道运动和自旋运动的全波函数，对任意两电子的全部坐标进行交换，一定得反对称波函数。

量子力学的这些基本假设，以及由这些基本假设引出的基本原理，已得到大量实验的检验，证明它是正确的。

1.3 箱中粒子的 Schrödinger 方程及其解

1. 箱中粒子

这一节以一维势箱粒子为例，用量子力学原理去求解其状态函数 ψ 及其性质，以了解用量子力学解决问题的途径和方法。

一维箱中粒子是指：一个质量为 m 的粒子，在一维 x 方向上运动，势能函数将它限制在 $x=0$ 到 $x=l$ 的区间内运动，此时，势能 $V=0$，因而粒子的 Schrödinger 方程为

$$-\frac{h^2}{8\pi^2 m}\frac{\mathrm{d}^2}{\mathrm{d}x^2}\psi = E\psi$$

解此方程及用势能所设定的边界条件得

$$\psi_n(x) = \left(\frac{2}{l}\right)^{\frac{1}{2}}\sin\left(\frac{n\pi x}{l}\right)$$

$$E_n = \frac{n^2 h^2}{8ml^2}$$

式中 $n=1,2,3,\cdots$。根据此结果，可获得有关一维势箱粒子的分布情况和一系列性质，如：粒子分布的概率密度 $\psi^*\psi$、能级、零点能、动量沿 x 轴分量 p_x、粒子动量平方 p_x^2 值等等；还可将实际体系用一维势箱粒子近似处理，如共轭分子中的 π 电子等。

由一维势箱粒子实例及量子力学基本原理可得到受一定势场束缚的微观粒子的共同特性，即量子效应：(1) 粒子可存在多种运动状态 ψ_i；(2) 能量量子化；(3) 存在零点能；(4) 粒子按概率分布，不存在运动轨道；(5) 波函数可为正值、负值或零，为零值的节点多，能量高。

对在长、宽、高分别为 a,b,c 的三维势箱中运动的粒子，其 Schrödinger 方程为

$$-\frac{h^2}{8\pi^2 m}\left(\frac{\partial^2}{\partial x^2}+\frac{\partial^2}{\partial y^2}+\frac{\partial^2}{\partial z^2}\right)\psi = E\psi$$

解此方程得

$$\psi = \left(\frac{8}{abc}\right)^{\frac{1}{2}}\sin\left(\frac{n_x\pi x}{a}\right)\sin\left(\frac{n_y\pi y}{b}\right)\sin\left(\frac{n_z\pi z}{c}\right)$$

$$E = \frac{h^2}{8m}\left(\frac{n_x^2}{a^2}+\frac{n_y^2}{b^2}+\frac{n_z^2}{c^2}\right)$$

式中量子数 n_x,n_y,n_z 均可分别等于 $1,2,3,\cdots$ 整数。对于 $a=b=c$ 的三维势箱，有时量子数 n_x,n_y,n_z 不同的状态，具有相同的平方和，能量相同。这种能量相同的各个状态，称为体系的简并态。

由箱中粒子的实例可见，量子力学处理微观体系的一般步骤如下：

(1) 根据体系的物理条件，写出它的势能函数，进一步写出 $\hat{H}$ 算符及 Schrödinger 方程。

(2) 解 Schrödinger 方程，根据边界条件求得 ψ_n 和 E_n。

(3) 描绘 $\psi_n,|\psi_n|^2$ 等的图形，讨论它的分布特点。

(4) 由所得的 ψ_n，求各个对应状态的各种物理量的数值，了解体系的性质。
(5) 联系实际问题，对所得结果加以应用。

2. 隧道效应

由于粒子运动的波性以及受不确定度关系的制约，当箱中粒子所在势箱壁的势垒不为无限大时，箱外发现粒子的概率不为 0，这种现象称为隧道效应，利用它可应用金属针尖中的电子波函数通过高真空势垒和样品表面电子的波函数互相叠加，依靠外加电压作用形成微小电流，该电流的大小和针尖与表面原子距离有关，可用以了解原子的大小形状和排列，这种方法称为扫描隧道显微镜（STM），它是研究样品表面结构的一种直观的方法。

习 题 解 析

【1.1】 将锂在火焰上燃烧，放出红光，波长 $\lambda=670.8\ \text{nm}$，这是 Li 原子由电子组态 $(1s)^2(2p)^1 \to (1s)^2(2s)^1$ 跃迁时产生的，试计算该红光的频率、波数以及以 kJ mol^{-1} 为单位的能量。

解
$$\nu = \frac{c}{\lambda} = \frac{2.998 \times 10^8\ \text{m s}^{-1}}{670.8\ \text{nm}} = 4.469 \times 10^{14}\ \text{s}^{-1}$$

$$\tilde{\nu} = \frac{1}{\lambda} = \frac{1}{670.8 \times 10^{-7}\ \text{cm}} = 1.491 \times 10^4\ \text{cm}^{-1}$$

$$E = h\nu N_A = 6.626 \times 10^{-34}\ \text{J s} \times 4.469 \times 10^{14}\ \text{s}^{-1} \times 6.023 \times 10^{23}\ \text{mol}^{-1}$$
$$= 178.4\ \text{kJ mol}^{-1}$$

【1.2】 实验测定金属钠的光电效应数据如下：

照射光波长 λ/nm	312.5	365.0	404.7	546.1
光电子最大动能 $E_k/(10^{-19}\ \text{J})$	3.41	2.56	1.95	0.75

作"动能-频率"图，从图的斜率和截距计算出 Planck 常数（h）值、钠的脱出功（W）和临阈频率（ν_0）。

解 将各照射光波长换算成频率 ν，并将各频率与对应的光电子的最大动能 E_k 列于下表：

λ/nm	312.5	365.0	404.7	546.1
$\nu/(10^{14}\ \text{s}^{-1})$	9.59	8.21	7.41	5.49
$E_k/(10^{-19}\ \text{J})$	3.41	2.56	1.95	0.75

由表中数据作 E_k-ν 图，示于图 1.2 中。

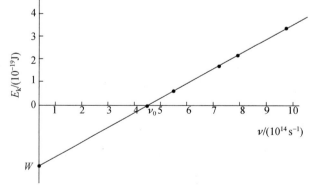

图 1.2 金属钠的 E_k-ν 图

由式
$$h\nu = h\nu_0 + E_k$$
推知
$$h = \frac{E_k}{\nu - \nu_0} = \frac{\Delta E_k}{\Delta \nu}$$

即 Planck 常数等于 E_k-ν 图的斜率。选取两合适点,将 E_k 和 ν 值代入上式,即可求出 h。例如:
$$h = \frac{(2.70 - 1.05) \times 10^{-19} \text{ J}}{(8.50 - 6.00) \times 10^{14} \text{ s}^{-1}} = 6.60 \times 10^{-34} \text{ J s}$$

图中直线与横坐标的交点所代表的 ν 即金属钠的临阈频率 ν_0,由图可知,$\nu_0 = 4.36 \times 10^{14} \text{ s}^{-1}$。因此,金属钠的脱出功为
$$W = h\nu_0 = 6.60 \times 10^{-34} \text{ J s} \times 4.36 \times 10^{14} \text{ s}^{-1}$$
$$= 2.88 \times 10^{-19} \text{ J}$$

【1.3】 金属钾的临阈频率为 $5.464 \times 10^{14} \text{ s}^{-1}$,如用它作为光电池的阴极,当用波长为 300 nm 的紫外光照射该电池时,发射的光电子的最大速度是多少?

解 $h\nu = h\nu_0 + \frac{1}{2}mv^2$

$$v = \left[\frac{2h(\nu - \nu_0)}{m}\right]^{\frac{1}{2}}$$

$$= \left[\frac{2 \times 6.626 \times 10^{-34} \text{ J s} \left(\frac{2.998 \times 10^8 \text{ m s}^{-1}}{300 \times 10^{-9} \text{ m}} - 5.464 \times 10^{14} \text{ s}^{-1}\right)}{9.109 \times 10^{-31} \text{ kg}}\right]^{\frac{1}{2}}$$

$$= \left[\frac{2 \times 6.626 \times 10^{-34} \text{ J s} \times 4.529 \times 10^{14} \text{ s}^{-1}}{9.109 \times 10^{-31} \text{ kg}}\right]^{\frac{1}{2}}$$

$$= 8.12 \times 10^5 \text{ m s}^{-1}$$

【1.4】 计算下述粒子的德布罗意波的波长:
(1) 质量为 10^{-10} kg,运动速度为 0.01 m s^{-1} 的尘埃;
(2) 动能为 0.1 eV 的中子;
(3) 动能为 300 eV 的自由电子。

解 根据 de Broglie 关系式:

(1) $\lambda = \frac{h}{mv} = \frac{6.626 \times 10^{-34} \text{ J s}}{10^{-10} \text{ kg} \times 0.01 \text{ m s}^{-1}}$

$= 6.626 \times 10^{-22}$ m

(2) $\lambda = \frac{h}{p} = \frac{h}{\sqrt{2mT}} = \frac{6.626 \times 10^{-34} \text{ J s}}{\sqrt{2 \times 1.675 \times 10^{-27} \text{ kg} \times 0.1 \text{ eV} \times 1.602 \times 10^{-19} \text{ J (eV)}^{-1}}}$

$= 9.043 \times 10^{-11}$ m

(3) $\lambda = \frac{h}{p} = \frac{h}{\sqrt{2meV}} = \frac{6.626 \times 10^{-34} \text{ J s}}{\sqrt{2 \times 9.109 \times 10^{-31} \text{ kg} \times 1.602 \times 10^{-19} \text{ C} \times 300 \text{ V}}}$

$= 7.08 \times 10^{-11}$ m

【1.5】 用透射电子显微镜摄取某化合物的选区电子衍射图,加速电压为 200 kV,计算电子加

速后运动时的波长。

解 根据 de Broglie 关系式：

$$\lambda = \frac{h}{p} = \frac{h}{mv} = \frac{h}{\sqrt{2meV}}$$

$$= \frac{6.626 \times 10^{-34} \text{ J s}}{\sqrt{2 \times 9.109 \times 10^{-31} \text{ kg} \times 1.602 \times 10^{-19} \text{ C} \times 2 \times 10^{5} \text{ V}}}$$

$$= 2.742 \times 10^{-12} \text{ m}$$

【评注】 在进行 1.3~1.5 题的运算时，单位的换算十分重要。可查附录表 B.2 所列出的关系替换。例如由 C(A s) 和 V(W A^{-1}) 可将 CV 乘积换成 J，J 可换成 kg m^{2} s^{-2} 等。

【1.6】 子弹（质量 0.01 kg，速度 1000 m s^{-1}）、尘埃（质量 10^{-9} kg，速度 10 m s^{-1}）、作布朗运动的花粉（质量 10^{-13} kg，速度 1 m s^{-1}）、原子中电子（速度 1000 m s^{-1}）等，其速度的不确定度均为原速度的 10%。判断在确定这些质点位置时，不确定度关系是否有实际意义？

解 按不确定度关系，诸粒子坐标的不确定度分别为

子弹：$\Delta x = \dfrac{h}{m \cdot \Delta v} = \dfrac{6.626 \times 10^{-34} \text{ J s}}{0.01 \text{ kg} \times 1000 \times 10\% \text{ m s}^{-1}}$

$= 6.63 \times 10^{-34}$ m

尘埃：$\Delta x = \dfrac{h}{m \cdot \Delta v} = \dfrac{6.626 \times 10^{-34} \text{ J s}}{10^{-9} \text{ kg} \times 10 \times 10\% \text{ m s}^{-1}}$

$= 6.63 \times 10^{-25}$ m

花粉：$\Delta x = \dfrac{h}{m \cdot \Delta v} = \dfrac{6.626 \times 10^{-34} \text{ J s}}{10^{-13} \text{ kg} \times 1 \times 10\% \text{ m s}^{-1}}$

$= 6.63 \times 10^{-20}$ m

电子：$\Delta x = \dfrac{h}{m \cdot \Delta v} = \dfrac{6.626 \times 10^{-34} \text{ J s}}{9.109 \times 10^{-31} \text{ kg} \times 10^{3} \times 10\% \text{ m s}^{-1}}$

$= 7.27 \times 10^{-6}$ m

由计算结果可见，前三者的坐标不确定度与它们各自的大小相比可以忽略。换言之，由不确定度关系所决定的坐标不确定度远远小于实际测量的精确度（宏观物体准确到 10^{-8} m 就再好不过了）。即使质量最小、运动最慢的花粉，由不确定度关系所决定的 Δx 也是微不足道的。此即意味着，子弹、尘埃和花粉运动中的波性可完全忽略，其坐标和动量能同时确定，不确定度关系对所讨论的问题实际上不起作用。

而原子中的电子的情况截然不同。由不确定度关系所决定的坐标不确定度远远大于原子本身的大小（原子大小数量级一般为几十到几百个 pm），显然是不能忽略的，即电子在运动中的波动效应不能忽略，其运动规律服从量子力学，不确定度关系对讨论的问题有实际意义。

由此可见，不确定度关系为检验和判断经典力学适用的场合和限度提供了客观标准。凡是可以把 Planck 常数看作零的场合都是经典场合，粒子的运动规律可以用经典力学处理；凡是不能把 Planck 常数看作零的场合都是量子场合，微粒的运动规律必须用量子力学处理。

【1.7】 电视机显像管中运动的电子，假定加速电压为 1000 V，电子运动速度的不确定度 Δv 为 v 的 10%，判断电子的波性对荧光屏上成像有无影响？

解 在给定加速电压下，由不确定度关系所决定的电子坐标的不确定度为

$$\Delta x = \frac{h}{m \cdot \Delta v} = \frac{h}{m \cdot \sqrt{2eV/m} \times 10\%} = \frac{h}{\sqrt{2meV} \times 10\%}$$
$$= \frac{6.626 \times 10^{-34} \text{ J s} \times 10}{\sqrt{2 \times 9.109 \times 10^{-31} \text{ kg} \times 1.602 \times 10^{-19} \text{ C} \times 10^3 \text{ V}}}$$
$$= 3.88 \times 10^{-10} \text{ m}$$

这坐标不确定度对于电视机(即使目前世界上尺寸最小的袖珍电视机)荧光屏的大小来说,完全可以忽略。人的眼睛分辨不出电子运动中的波性。因此,电子的波性对电视机荧光屏上成像无影响。

【1.8】 试阐述相速度(u)和群速度(v_g)所表达的波的物理意义和图像,用波函数(ψ)和概率密度函数(ψ^2)的图像说明它们的差别。

解 相速度(u)表达单位时间内物质波动状态的相位的传播速率,用最简单的一维箱中粒子的波函数(ψ)的图像为例[参见《结构化学基础》(第 5 版)图 1.3.2]表达其图形示于图 1.8(a)。由图可得

$$u = \lambda/T = \nu\lambda \quad (T \text{ 代表周期})$$

群速度(v_g)表达单位时间内实物粒子波动的概率密度函数(ψ^2)的图像,示于图 1.8(b)。由图可见,实物粒子运动周期缩短了一半,它的位相传播速度,即群速度 v_g 是相速度 u 的二倍。

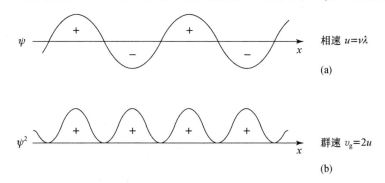

图 1.8 相速度(u)和群速度(v_g)示意图

【1.9】 根据不确定度关系

(1) 将下列微粒按最小速度的不确定度 $\Delta v_{\min}$ 增加的顺序排列起来:(a) H_2 分子中的电子,(b) H_2 中的 H 原子,(c) C 原子核中的质子,(d) 纳米管中的 H_2 分子,(e) 5 m 宽箱中的 O_2 分子。

(2) 计算(a)和(e)中粒子的 $\Delta v_{\min}$。

解

(1) 不同粒子的质量 m 的数值约为:(a) 电子 9.1×10^{-31} kg,(b) 质子 1.7×10^{-27} kg,(c) H 原子 1.7×10^{-27} kg,(d) H_2 分子 3.4×10^{-27} kg,(e) O_2 5.3×10^{-26} kg。

Δx 的数值约为:H_2 分子 3×10^{-10} m,C 原子核 1×10^{-15} m,纳米管 1×10^{-9} m,5 米箱 5 m。

从 $\Delta x \cdot \Delta p_x = h$ 出发,考虑 $\Delta p_x = m\Delta v_{\min}$。$\Delta v_{\min}$ 可按下式估算:

$$\Delta v_{\min} = h/m \cdot \Delta x$$

Δv_{min} 由小到大的次序为

$$(e) < (d) < (b) < (a) < (c)$$

(2) (a) H_2 分子中电子的 Δv_{min} 为

$$\Delta v_{min} = h/m \cdot \Delta x = \frac{6.6 \times 10^{-34} \text{ J s}}{(9.1 \times 10^{-31} \text{ kg})(3 \times 10^{-10} \text{ m})} = 2.4 \times 10^6 \text{ m s}^{-1}$$

(e) 5 m 宽箱中的 O_2 分子

$$\Delta v_{min} = h/m \cdot \Delta x = \frac{6.6 \times 10^{-34} \text{ J s}}{(5.3 \times 10^{-26} \text{ kg})(5 \text{ m})} = 2.5 \times 10^{-9} \text{ m s}^{-1}$$

【1.10】 $\psi = x e^{-ax^2}$ 是算符 $\left(\dfrac{d^2}{dx^2} - 4a^2 x^2\right)$ 的本征函数，求其本征值。

解 应用量子力学基本假设Ⅱ（算符）和Ⅲ（本征函数、本征值和本征方程），得

$$\begin{aligned}
\left(\frac{d^2}{dx^2} - 4a^2 x^2\right)\psi &= \left(\frac{d^2}{dx^2} - 4a^2 x^2\right) x e^{-ax^2} \\
&= \frac{d^2}{dx^2} x e^{-ax^2} - 4a^2 x^2 (x e^{-ax^2}) \\
&= \frac{d}{dx}(e^{-ax^2} - 2ax^2 e^{-ax^2}) - 4a^2 x^3 e^{-ax^2} \\
&= -2ax e^{-ax^2} - 4ax e^{-ax^2} + 4a^2 x^3 e^{-ax^2} - 4a^2 x^3 e^{-ax^2} \\
&= -6ax e^{-ax^2} \\
&= -6a\psi
\end{aligned}$$

因此，本征值为 $-6a$。

【1.11】 下列函数中，哪几个是算符 $\dfrac{d^2}{dx^2}$ 的本征函数？若是，求出其本征值。

$$e^x, \sin x, 2\cos x, x^3, \sin x + \cos x$$

解 $\dfrac{d^2}{dx^2} e^x = 1 \times e^x$，$e^x$ 是 $\dfrac{d^2}{dx^2}$ 的本征函数，本征值为 1；

$\dfrac{d^2}{dx^2} \sin x = -1 \times \sin x$，$\sin x$ 是 $\dfrac{d^2}{dx^2}$ 的本征函数，本征值为 -1；

$\dfrac{d^2}{dx^2} 2\cos x = -2\cos x$，$2\cos x$ 是 $\dfrac{d^2}{dx^2}$ 的本征函数，本征值为 -1；

$\dfrac{d^2}{dx^2} x^3 = 6x \neq cx^3$，$x^3$ 不是 $\dfrac{d^2}{dx^2}$ 的本征函数；

$\dfrac{d^2}{dx^2}(\sin x + \cos x) = -(\sin x + \cos x)$，$\sin x + \cos x$ 是 $\dfrac{d^2}{dx^2}$ 的本征函数，本征值为 -1。

【1.12】 $e^{im\phi}$ 和 $\cos m\phi$ 对算符 $i\dfrac{d}{d\phi}$ 是否为本征函数？若是，求出其本征值。

解 $i\dfrac{d}{d\phi} e^{im\phi} = i e^{im\phi} \cdot im = -m e^{im\phi}$

所以 $e^{im\phi}$ 是算符 $i\dfrac{d}{d\phi}$ 的本征函数，本征值为 $-m$。

而 $i\dfrac{d}{d\phi} \cos m\phi = i(-\sin m\phi) \cdot m = -im \sin m\phi \neq c \cos m\phi$

所以 $\cos m\phi$ 不是算符 $i\dfrac{d}{d\phi}$ 的本征函数。

【1.13】 证明在一维势箱中运动的粒子的各个波函数互相正交。

证明 在长度为 l 的一维势箱中运动的粒子的波函数为

$$\psi_n(x) = \sqrt{\frac{2}{l}} \sin \frac{n\pi x}{l} \qquad 0 < x < l, \quad n = 1, 2, 3, \cdots$$

令 n 和 n' 表示不同的量子数,将上式积分:

$$\int_0^l \psi_n(x)\psi_{n'}(x)\mathrm{d}\tau = \int_0^l \sqrt{\frac{2}{l}} \sin \frac{n\pi x}{l} \cdot \sqrt{\frac{2}{l}} \sin \frac{n'\pi x}{l} \mathrm{d}x$$

$$= \frac{2}{l} \int_0^l \sin \frac{n\pi x}{l} \cdot \sin \frac{n'\pi x}{l} \mathrm{d}x$$

$$= \frac{2}{l} \left[\frac{\sin \frac{(n-n')\pi}{l} x}{2 \times \frac{(n-n')\pi}{l}} - \frac{\sin \frac{(n+n')\pi}{l} x}{2 \times \frac{(n+n')\pi}{l}} \right]_0^l$$

$$= \left[\frac{\sin \frac{(n-n')\pi}{l} x}{(n-n')\pi} - \frac{\sin \frac{(n+n')\pi}{l} x}{(n+n')\pi} \right]_0^l$$

$$= \frac{\sin(n-n')\pi}{(n-n')\pi} - \frac{\sin(n+n')\pi}{(n+n')\pi}$$

n 和 n' 皆为正整数,因而 $(n-n')$ 和 $(n+n')$ 皆为整数,所以积分:

$$\int_0^l \psi_n(x)\psi_{n'}(x)\mathrm{d}\tau = 0$$

根据定义,$\psi_n(x)$ 和 $\psi_{n'}(x)$ 互相正交。

【1.14】 已知一维势箱中粒子的归一化波函数为

$$\psi_n(x) = \sqrt{\frac{2}{l}} \sin\left(\frac{n\pi x}{l}\right) \qquad n = 1, 2, 3, \cdots$$

式中 l 是势箱的长度,x 是粒子的坐标($0 < x < l$)。求:(1) 粒子的能量,(2) 粒子的坐标,(3) 动量的平均值。

解 (1) 由于已经有了箱中粒子的归一化波函数,将能量算符直接作用于波函数,所得常数即为粒子的能量:

$$\hat{H}\psi_n(x) = -\frac{h^2}{8\pi^2 m} \frac{\mathrm{d}^2}{\mathrm{d}x^2}\left(\sqrt{\frac{2}{l}} \sin \frac{n\pi x}{l}\right)$$

$$= -\frac{h^2}{8\pi^2 m} \frac{\mathrm{d}}{\mathrm{d}x}\left(\sqrt{\frac{2}{l}} \times \frac{n\pi}{l} \cos \frac{n\pi x}{l}\right)$$

$$= -\frac{h^2}{8\pi^2 m} \times \sqrt{\frac{2}{l}} \times \frac{n\pi}{l} \times \left(-\frac{n\pi}{l} \sin \frac{n\pi x}{l}\right)$$

$$= \frac{h^2}{8\pi^2 m} \times \frac{n^2\pi^2}{l^2} \times \sqrt{\frac{2}{l}} \sin \frac{n\pi x}{l}$$

$$= \frac{n^2 h^2}{8ml^2} \psi_n(x)$$

即

$$E_n = \frac{n^2 h^2}{8ml^2}$$

(2) 由于 $\hat{x}\psi_n(x) \neq c\psi_n(x)$，$\hat{x}$ 无本征值，只能求粒子坐标的平均值：

$$\langle x \rangle = \int_0^l \psi_n^*(x) \hat{x} \psi_n(x) \mathrm{d}x$$

$$= \int_0^l \left(\sqrt{\frac{2}{l}} \sin \frac{n\pi x}{l}\right)^* x \left(\sqrt{\frac{2}{l}} \sin \frac{n\pi x}{l}\right) \mathrm{d}x$$

$$= \frac{2}{l} \int_0^l x \sin^2\left(\frac{n\pi x}{l}\right) \mathrm{d}x$$

$$= \frac{2}{l} \int_0^l x \left(\frac{1 - \cos(2n\pi x/l)}{2}\right) \mathrm{d}x$$

$$= \frac{1}{l} \left[\int_0^l x \mathrm{d}x - \int_0^l x \cos\left(\frac{2n\pi}{l}\right) x \mathrm{d}x\right]$$

$$= \frac{1}{l} \left[\frac{x^2}{2}\bigg|_0^l - \left(\frac{l}{2n\pi}\right)^2 \left(\cos \frac{2n\pi x}{l}\right)\bigg|_0^l - \frac{l}{2n\pi}\left(x \sin \frac{2n\pi x}{l}\right)\bigg|_0^l\right]$$

$$= \frac{l}{2}$$

粒子的平均位置在势箱的中央，说明它在势箱左、右两个半边出现的概率各为 0.5，即 $|\psi_n|^2$ 图形对势箱中心点是对称的。在解本题时用到了积分公式：

$$\int x \cos nx \, \mathrm{d}x = \frac{1}{n^2} \cos nx + \frac{1}{n} x \sin nx$$

(3) $\hat{p}_x \psi_n(x) \neq c \psi_n(x)$，$\hat{p}_x$ 无本征值。可按下式计算 p_x 的平均值：

$$\langle p_x \rangle = \int_0^l \psi_n^*(x) \hat{p}_x \psi_n(x) \mathrm{d}x$$

$$= \int_0^l \sqrt{\frac{2}{l}} \sin \frac{n\pi x}{l} \left(-\frac{ih}{2\pi} \frac{\mathrm{d}}{\mathrm{d}x}\right) \sqrt{\frac{2}{l}} \sin \frac{n\pi x}{l} \mathrm{d}x$$

$$= -\frac{ih}{\pi l} \int_0^l \sin \frac{n\pi x}{l} \cos \frac{n\pi x}{l} \cdot \frac{n\pi}{l} \mathrm{d}x$$

$$= -\frac{nih}{l^2} \int_0^l \sin \frac{n\pi x}{l} \cos \frac{n\pi x}{l} \mathrm{d}x$$

$$= 0$$

【评注】 上述 1.11～1.14 题都涉及算符。通过解答这些习题加深对线性自轭算符的了解：

(1) 了解算符的定义和性质。

(2) 体会用函数 ψ 描述的体系，其任何一个可观测的物理量 A 都和一个线性自轭算符 $\hat{A}$ 相对应。通过算符 $\hat{A}$ 对 ψ 的运算可求得物理量的平均值。

(3) 了解线性自轭算符 $\hat{A}$ 的两个特性：

(a) 线性自轭算符 $\hat{A}$ 的本征函数的本征值是实数。

(b) 线性自轭算符 $\hat{A}$ 给出的本征函数组 $\psi_1, \psi_2, \psi_3, \cdots$ 形成一个正交归一的函数组。

(4) 了解用下一关系式来定义自轭算符的必要性：

$$\int \psi_i^* \hat{A} \psi_j \mathrm{d}\tau = \int \psi_i (\hat{A}\psi_j)^* \mathrm{d}\tau$$

它将抽象的数学公式的定义(作为工具)和实际问题(求物理量的平均值)联系起来。

【1.15】 求一维势箱中粒子在 ψ_1 和 ψ_2 状态时,在箱中 $0.49l \sim 0.51l$ 范围内出现的概率,并与《结构化学基础》(第 5 版)中图 1.3.2(b)相比较,讨论所得结果是否合理。

解 下面分三步进行讨论:

(1) $\psi_1(x) = \sqrt{\dfrac{2}{l}} \sin \dfrac{\pi x}{l}$, $\quad \psi_1^2(x) = \dfrac{2}{l} \sin^2 \dfrac{\pi x}{l}$

$\psi_2(x) = \sqrt{\dfrac{2}{l}} \sin \dfrac{2\pi x}{l}$, $\quad \psi_2^2(x) = \dfrac{2}{l} \sin^2 \dfrac{2\pi x}{l}$

由上述表达式计算 $\psi_1^2(x)$ 和 $\psi_2^2(x)$,并列表如下:

x/l	0	$\dfrac{1}{8}$	$\dfrac{1}{4}$	$\dfrac{1}{3}$	$\dfrac{3}{8}$	$\dfrac{1}{2}$
$\psi_1^2(x)/l^{-1}$	0	0.293	1.000	1.500	1.726	2.000
$\psi_2^2(x)/l^{-1}$	0	1.000	2.000	1.500	1.000	0

x/l	$\dfrac{5}{8}$	$\dfrac{2}{3}$	$\dfrac{3}{4}$	$\dfrac{7}{8}$	1
$\psi_1^2(x)/l^{-1}$	1.726	1.500	1.000	0.293	0
$\psi_2^2(x)/l^{-1}$	1.000	1.500	2.000	1.000	0

根据表中所列数据作 $\psi_n^2(x)$-x 图,示于图 1.15 中。

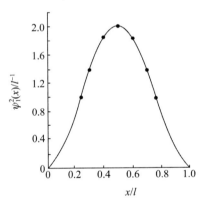
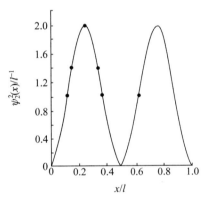

图 1.15 一维势箱中粒子 $\psi_n^2(x)$-x 图

(2) 粒子在 ψ_1 状态时,出现在 $0.49l \sim 0.51l$ 间的概率为

$$P_1 = \int_{0.49l}^{0.51l} \psi_1^2(x) \mathrm{d}x = \int_{0.49l}^{0.51l} \left(\sqrt{\dfrac{2}{l}} \sin \dfrac{\pi x}{l}\right)^2 \mathrm{d}x$$

$$= \int_{0.49l}^{0.51l} \dfrac{2}{l} \sin^2 \dfrac{\pi x}{l} \mathrm{d}x$$

$$= \dfrac{2}{l} \left[\dfrac{x}{2} - \dfrac{l}{4\pi} \sin \dfrac{2\pi x}{l}\right]_{0.49l}^{0.51l}$$

$$= \left[\dfrac{x}{l} - \dfrac{1}{2\pi} \sin \dfrac{2\pi x}{l}\right]_{0.49l}^{0.51l}$$

$$= 0.02 - \frac{1}{2\pi}(\sin 1.02\pi - \sin 0.98\pi)$$
$$= 0.0399$$

粒子在 ψ_2 状态时,出现在 $0.49l \sim 0.51l$ 间的概率为

$$P_2 = \int_{0.49l}^{0.51l} \psi_2^2(x) \mathrm{d}x = \int_{0.49l}^{0.51l} \left(\sqrt{\frac{2}{l}} \sin \frac{2\pi x}{l}\right)^2 \mathrm{d}x$$

$$= \int_{0.49l}^{0.51l} \frac{2}{l} \sin^2 \frac{2\pi x}{l} \mathrm{d}x$$

$$= \frac{2}{l}\left[\frac{x}{2} - \frac{l}{8\pi}\sin\frac{4\pi x}{l}\right]_{0.49l}^{0.51l}$$

$$= \left[\frac{x}{l} - \frac{1}{4\pi}\sin\frac{4\pi x}{l}\right]_{0.49l}^{0.51l}$$

$$= \left(\frac{0.51l}{l} - \frac{1}{4\pi}\sin\frac{4\pi \times 0.51l}{l}\right) - \left(\frac{0.49l}{l} - \frac{1}{4\pi}\sin\frac{4\pi \times 0.49l}{l}\right)$$

$$\approx 0.0001$$

(3) 计算结果与图形符合。

【1.16】 设粒子处在 $0 \sim a$ 范围内的一维无限深势阱中运动,其状态可用波函数

$$\psi(x) = \frac{4}{\sqrt{a}} \sin\left(\frac{\pi x}{a}\right) \cos^2\left(\frac{\pi x}{a}\right)$$

表示,试估算:

(1) 该粒子能量的可能测量值及相应的概率;

(2) 能量平均值。

[提示:利用三角函数展开 $\psi(x)$,再用一维势箱中粒子的归一化波函数的线性组合 $\psi = \sum c_n \psi_n$ 形式表达,由组合系数进行计算。]

解 (1) 利用三角函数的性质,直接将 $\psi(x)$ 展开:

$$\psi(x) = \frac{4}{\sqrt{a}} \sin\frac{\pi x}{a} \cos^2\frac{\pi x}{a} = \frac{2}{\sqrt{a}} \sin\frac{\pi x}{a}\left(1 + \cos\frac{2\pi x}{a}\right)$$

$$= \frac{2}{\sqrt{a}}\left(\sin\frac{\pi x}{a} + \frac{1}{2}\sin\frac{3\pi x}{a} - \frac{1}{2}\sin\frac{\pi x}{a}\right)$$

$$= \frac{1}{\sqrt{2}}\sqrt{\frac{2}{a}}\sin\frac{\pi x}{a} + \frac{1}{\sqrt{2}}\sqrt{\frac{2}{a}}\sin\frac{3\pi x}{a}$$

$$= \frac{1}{\sqrt{2}}\psi_1 + \frac{1}{\sqrt{2}}\psi_3$$

只有两种可能的能量值: $E_1 = h^2/(8ma^2)$, 概率 $P_1 = c_1^2 = 1/2$

$E_3 = 9h^2/(8ma^2)$, 概率 $P_3 = c_3^2 = 1/2$

(2) 能量平均值为: $c_1^2 E_1 + c_3^2 E_3 = \frac{5h^2}{8ma^2}$

【1.17】 链形共轭分子 $CH_2CHCHCHCHCHCHCH_2$ 在长波方向 460 nm 处出现第一个强吸收峰,试按一维势箱模型估算其长度。

解 该分子共有 4 对 π 电子,形成 π_8^8 离域 π 键。当分子处于基态时,8 个 π 电子占据能

级最低的前 4 个分子轨道。当分子受到激发时，π 电子由能级最高的被占轨道($n=4$)跃迁到能级最低的空轨道($n=5$)，激发所需要的最低能量为 $\Delta E = E_5 - E_4$，而与此能量对应的吸收峰即长波方向 460 nm 处的第一个强吸收峰。按一维势箱粒子模型，可得

$$\Delta E = \frac{hc}{\lambda} = (2n+1)\frac{h^2}{8ml^2}$$

因此

$$l = \left[\frac{(2n+1)h\lambda}{8mc}\right]^{\frac{1}{2}}$$

$$= \left[\frac{(2\times 4+1)\times 6.626\times 10^{-34}\ \text{J s}\times 460\times 10^{-9}\ \text{m}}{8\times 9.109\times 10^{-31}\ \text{kg}\times 2.998\times 10^{8}\ \text{m s}^{-1}}\right]^{\frac{1}{2}}$$

$$= 1120\ \text{pm}$$

计算结果与按分子构型参数估算所得结果吻合。

【1.18】 一个粒子处在 $a=b=c$ 的三维势箱中，试求能级最低的前 5 个能量值[单位为 $h^2/(8ma^2)$]，计算每个能级的简并度。

解 质量为 m 的粒子在边长为 a 的三维势箱中运动，其能级公式为

$$E_{n_x,n_y,n_z} = \frac{h^2}{8ma^2}(n_x^2 + n_y^2 + n_z^2)$$

式中 n_x, n_y, n_z 皆为能量量子数，均可分别取 1，2，3，…等自然数。

根据上述公式，能级最低的前 5 个能量依次为[以 $h^2/(8ma^2)$ 为单位]

$$E_{111} = 3$$
$$E_{112} = E_{121} = E_{211} = 6$$
$$E_{122} = E_{212} = E_{221} = 9$$
$$E_{113} = E_{131} = E_{311} = 11$$
$$E_{222} = 12$$

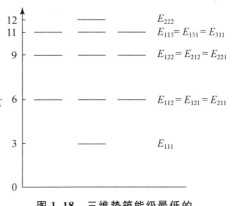

图 1.18 三维势箱能级最低的前 5 个能级简并情况

而相邻两个能级之能量差依次为 3，3，2，1。

简并度即属于同一能级的状态数。上述 5 个能级的简并度分别为 1，3，3，3，1。能级简并情况示于图 1.18。

【1.19】 在边长为 a 和 b 的长方形二维势箱中存在质量为 m 的自由粒子，写出它的两个方向的 Schrödinger 方程、存在能级的能量值，以及总波函数和总能量。

解 设二维箱中粒子的坐标轴分别为 X,Y，其总波函数 $\psi(x,y)$ 和总能量 E 分别为

$$\psi(x,y) = X(x)Y(y)$$
$$E = E_x + E_y$$

其 Schrödinger 方程为

$$-\frac{h^2}{2\pi^2 m}\left(\frac{\partial^2}{\partial x^2} + \frac{\partial^2}{\partial y^2}\right)\psi = (E_x + E_y)\psi$$

它可按两个方向分别地解得本征波函数和能量

$$X(x) = \sqrt{\frac{2}{a}}\sin\frac{n_x\pi x}{a},\quad E_x(n_x) = \frac{h^2}{8ma^2}$$

$$Y(y) = \sqrt{\frac{2}{b}} \sin \frac{n_y \pi y}{b}, \quad E_y(n_y) = \frac{h^2}{8mb^2}$$

总波函数为

$$\psi(x,y) = \frac{2}{\sqrt{ab}} \sin \frac{n_x \pi x}{a} \cdot \sin \frac{n_y \pi y}{b}$$

总能量为

$$E = E_x + E_y = \frac{h^2}{8m}\left(\frac{n_x^2}{a^2} + \frac{n_y^2}{b^2}\right)$$

【1.20】 若在下一离子中运动的 π 电子可用一维势箱近似表示其运动特征：

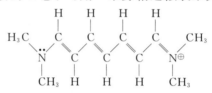

估计这一势箱的长度 $l=1.3$ nm，根据能级公式 $E_n = n^2 h^2/8ml^2$ 估算 π 电子跃迁时所吸收的光的波长，并与实验值 510.0 nm 比较。

解 该离子共有 10 个 π 电子，当离子处于基态时，这些电子填充在能级最低的前 5 个 π 型分子轨道上。离子受到光的照射，π 电子将从低能级跃迁到高能级，跃迁所需要的最低能量即第 5 和第 6 两个分子轨道的能级差。此能级差对应于吸收光谱的最大波长。应用一维势箱粒子的能级表达式即可求出该波长：

$$\Delta E = \frac{hc}{\lambda} = E_6 - E_5 = \frac{6^2 h^2}{8ml^2} - \frac{5^2 h^2}{8ml^2} = \frac{11 h^2}{8ml^2}$$

$$\lambda = \frac{8mcl^2}{11h}$$

$$= \frac{8 \times 9.1095 \times 10^{-31} \text{ kg} \times 2.9979 \times 10^8 \text{ m s}^{-1} \times (1.3 \times 10^{-9} \text{ m})^2}{11 \times 6.6262 \times 10^{-34} \text{ J s}}$$

$$= 506.6 \text{ nm}$$

实验值为 510.0 nm，计算值与实验值的相对误差为 -0.67%。

【1.21】 已知封闭的圆环中粒子的能级为

$$E_n = \frac{n^2 h^2}{8\pi^2 mR^2} \qquad n = 0, \pm 1, \pm 2, \pm 3, \cdots$$

式中 n 为量子数，R 是圆环的半径。若将此能级公式近似地用于苯分子中的 π_6^6 离域 π 键，取 $R=140$ pm，试求其电子从基态跃迁到第一激发态所吸收的光的波长。

解 由量子数 n 可知，$n=0$ 为非简并态，$|n| \geq 1$ 都为二重简并态，6 个 π 电子处于 $n=0,1,-1$ 等 3 个轨道，如图 1.21 所示。

$$\Delta E = E_2 - E_1 = \frac{(4-1)h^2}{8\pi^2 mR^2} = \frac{hc}{\lambda}$$

$$\lambda = \frac{8\pi^2 mR^2 c}{3h}$$

$$= \frac{8\pi^2 \times (9.11 \times 10^{-31} \text{ kg}) \times (1.40 \times 10^{-10} \text{ m})^2 \times (2.998 \times 10^8 \text{ m s}^{-1})}{3 \times (6.626 \times 10^{-34} \text{ J s})}$$

$$= 212 \times 10^{-9} \text{ m}$$

$$= 212 \text{ nm}$$

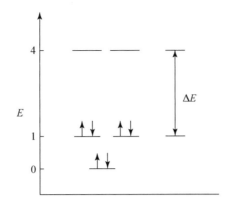

图 1.21 封闭圆环式苯分子 π_6^6 离域 π 键的能级和电子排布

实验表明,苯的紫外光谱中出现 3 个吸收带,它们的吸收位置分别为 184.0 nm, 208.0 nm 和 263.0 nm,前两者为强吸收,最后一个是弱吸收。由于最低反键轨道能级分裂为 3 种激发态,这 3 个吸收带皆源于 π 电子在最高成键轨道和最低反键轨道之间的跃迁。计算结果和实验测定值符合较好。

【评注】

(1) 习题 1.19～1.21 是用箱中粒子模型处理共轭体系的能量、光谱及箱子尺寸等问题的典型例子。由解题过程可知,解决此类问题的关键是确定 π 电子在哪两种分子轨道间跃迁。为此,必须正确地分析体系中各原子的成键情况;准确地计算体系中 π 电子的数目;将 π 电子按能量最低原理、Pauli 原理和 Hund 规则排布在有关分子轨道上。确定了最高被占轨道和最低空轨道后,即可应用箱中粒子的能级公式求出两种轨道的能级差,进而求出吸收光的波长,或由已知的波长求出共轭体系的大小(箱长)。

学生在解答此类问题时常出现下列差错:

(a) 算错体系中参与共轭的 π 电子数,从而搞错了最高被占轨道和最低空轨道,导致了错误的能量计算结果。例如,在 1.20 题中,有的学生错误地认为 π 电子是从 $n=4$ 的轨道跃迁到 $n=5$ 的轨道,因而把激发能算成 $\Delta E = E_5 - E_4$。更有个别学生把 ΔE 算成 $E_4 - E_3$。产生这些错误的原因是对体系中各原子的成键情况分析不够。只要仔细分析体系的结构,了解与单键交替排列的双键数目(即烯基数目),再考虑体系两端的原子是否有孤对电子、或失去电子(成正离子)、或得到电子(成负离子),就不难确定体系中 π 电子的总数。例如,通式为

$$R_2\ddot{N}-(CH=CH-)_r CH=\overset{+}{N}R_2$$

的花菁染料中,r 个烯基可贡献 $2r$ 个 π 电子,再加上左端 N 原子上的孤对电子和右端次甲基双键的 2 个 π 电子,共有 $(2r+4)$ 个 π 电子。

(b) 由于对分子轨道理论,特别是最高被占轨道和最低空轨道的概念理解不深入,尽管懂得吸收光的波长与电子跃迁时吸收的能量有关,却仍在问题面前束手无策。也有个别学生把体系搞混了,错误地套用原子轨道概念和能级公式,得到的结果自然是错的。因此,用箱中粒子模型处理共轭体系的光谱等问题时,分子轨道、能级以及电子在有关分子轨道上的排布原则等基础知识都是必备的。

(2) 箱中粒子模型也常用来定性讨论共轭体系的稳定性,并且往往与不确定度关系、离域

π键等知识配合使用。此时无需给出势箱的精确尺寸。学生应当具备根据结构化学知识估算这一参数的能力。例如,直链共轭体系中烯基生色团(—CH═CH—)的平均长度约为248 pm,再根据原子或基团的范德华半径来考虑势箱两端的延伸长度(定量处理时根据实验结果拟合),即可估算出势箱的总长度。

(3)箱中粒子模型是个近似模型。用它来处理共轭体系,在有些情况下计算结果与实验结果较吻合,但在许多情况下计算结果与实验结果相差较大。欲缩小计算值与实验值的差别,必须合理地设定模型参数。

【1.22】 一个质量为 m 的粒子被束缚在一个长度为 l 的一维势箱中运动,其本征函数和本征能量分别为

$$\psi_n(x) = \sqrt{\frac{2}{l}} \sin\left(\frac{n\pi x}{l}\right), \qquad E_n = \frac{n^2 h^2}{8ml^2} \qquad n = 1, 2, 3, \cdots$$

若该粒子的某一运动状态用下列波函数表示:

$$\phi(x) = 0.6\psi_1(x) + 0.8\psi_2(x)$$

(1)指出该粒子处于基态和第二激发态的概率;
(2)计算该粒子出现在 $0 \leqslant x \leqslant l/3$ 范围内的概率;
(3)对此粒子的能量作一次测量,估算可能的实验结果。

解
(1)该粒子处于基态的概率为 0.36,处于第二激发态的概率为 0。
(2)粒子出现在 $0 \leqslant x \leqslant l/3$ 的范围内的概率计算如下:

$$P = \int_0^{l/3} \phi^2 \, \mathrm{d}x = 0.36 \int_0^{l/3} \psi_1^2 \, \mathrm{d}x + 0.96 \int_0^{l/3} \psi_1 \psi_2 \, \mathrm{d}x + 0.64 \int_0^{l/3} \psi_2^2 \, \mathrm{d}x$$

$$= 0.36 \left(\frac{1}{3} - \frac{\sqrt{3}}{4\pi}\right) + 0.48 \frac{\sqrt{3}}{\pi} + 0.64 \left(\frac{1}{3} + \frac{\sqrt{3}}{8\pi}\right) = \frac{1}{3} + 0.47 \frac{\sqrt{3}}{\pi} = 0.592$$

(3)对能量作一次测量,得到的结果是不确定的,但是只有两种可能:E_1 和 E_2,有 36% 的可能是 E_1,有 64% 的可能是 E_2。

第 2 章 原子的结构和性质

内 容 提 要

化学是研究原子之间的化合和分解的科学,学习化学应从研究原子的结构和运动规律入手。原子是由一个原子核和若干个核外电子组成的体系。在量子力学建立以前,Bohr 提出氢原子结构模型,他假定电子绕核作圆周运动,处于一系列稳定状态,这些状态的角动量应为 $h/2\pi$ 的整数倍,电子由一个状态跃迁至另一个状态就会吸收或发射出光子。根据这些假定,Bohr 推出电子绕核运动的半径 r 和 Rydberg 常数 R 等数值:

$$r = n^2 h^2 \varepsilon_0 / \pi m e^2$$

当 $n=1$ 时,半径 r 为

$$r = 52.92 \text{ pm} \equiv a_0$$

a_0 称为 Bohr 半径,以后人们以它作原子单位制中的长度单位。Rydberg 常数为

$$R = me^4/8ch^3\varepsilon_0^2$$

当 m 以氢原子的折合质量代入,计算所得的 Rydberg 常数为 R_H:

$$R_H = 109678 \text{ cm}^{-1}$$

这数值和实验值符合得很好,是 Bohr 氢原子模型的一大成就。但 Bohr 模型没有涉及微观粒子的波性,不能推广用于其他原子,也不能正确表达原子的球体结构。

本章根据量子力学的原理和方法,分六节处理有关原子的结构和性质:前三节处理单电子原子(氢原子和类氢离子),后三节涉及多电子原子的结构以及元素周期表和原子光谱等。

2.1 单电子原子的 Schrödinger 方程及其解

单电子原子的 Schrödinger 方程为

$$\left(-\frac{h^2}{8\pi^2\mu}\nabla^2 - \frac{Ze^2}{4\pi\varepsilon_0 r}\right)\psi = E\psi$$

通过坐标变换,将 Laplace 算符 ∇^2 从直角坐标系 (x,y,z) 换成球极坐标系 (r,θ,ϕ):

$$\nabla^2 = \frac{\partial^2}{\partial x^2} + \frac{\partial^2}{\partial y^2} + \frac{\partial^2}{\partial z^2}$$

$$= \frac{1}{r^2}\frac{\partial}{\partial r}\left(r^2\frac{\partial}{\partial r}\right) + \frac{1}{r^2\sin\theta}\frac{\partial}{\partial \theta}\left(\sin\theta\frac{\partial}{\partial \theta}\right) + \frac{1}{r^2\sin^2\theta}\frac{\partial^2}{\partial \phi^2}$$

利用变数分离法使 $\psi(r,\theta,\phi)$ 变成只含一个变数的函数 $R(r),\Theta(\theta)$ 和 $\Phi(\phi)$ 的乘积:

$$\psi(r,\theta,\phi) = R(r) \cdot \Theta(\theta) \cdot \Phi(\phi)$$

在 $R(r),\Theta(\theta)$ 和 $\Phi(\phi)$ 各方程中,最简单的是 $\Phi(\phi)$ 方程:

$$\frac{d^2\Phi}{d\phi^2} + m^2\Phi = 0$$

利用边界条件、波函数的品优条件和正交、归一的要求,可得复函数解:
$$\Phi_m = (1/2\pi)^{\frac{1}{2}} \exp[im\phi] \qquad m = 0, \pm 1, \pm 2, \cdots$$
m 称为磁量子数,其取值是解方程时所得的必要条件。也可得实函数解:
$$\begin{cases} \Phi_{\pm m}^{\cos} = (1/\pi)^{\frac{1}{2}} \cos m\phi \\ \Phi_{\pm m}^{\sin} = (1/\pi)^{\frac{1}{2}} \sin m\phi \end{cases}$$
再将 $R(r)$ 和 $\Theta(\theta)$ 方程解出,就得单电子原子的波函数 $\psi(r,\theta,\phi)$,例如

$$\psi_{1s} = \frac{1}{\sqrt{\pi}} \left(\frac{Z}{a_0}\right)^{3/2} \exp\left[-\frac{Zr}{a_0}\right]$$

$$\psi_{2s} = \frac{1}{4\sqrt{2\pi}} \left(\frac{Z}{a_0}\right)^{3/2} \left(2 - \frac{Zr}{a_0}\right) \exp\left[-\frac{Zr}{2a_0}\right]$$

$$\psi_{2p_z} = \frac{1}{4\sqrt{2\pi}} \left(\frac{Z}{a_0}\right)^{5/2} r \exp\left[-\frac{Zr}{2a_0}\right] \cos\theta$$

2.2 量子数的物理意义

解 Schrödinger 方程及用量子力学处理微观体系,可得量子数的取值要求以及有关它们的物理意义。

主量子数 n 决定体系能量的高低,对单电子原子:
$$E_n = -\frac{\mu e^4}{8\varepsilon_0^2 h^2} \frac{Z^2}{n^2}$$
$$= -13.595 \frac{Z^2}{n^2} (\text{eV})$$

n 取值为 $1,2,3,\cdots$。

角量子数 l 决定电子的轨道角动量绝对值 $|M|$ 的大小:
$$|M| = \sqrt{l(l+1)} \frac{h}{2\pi}$$
l 取值为 $0,1,2,\cdots,n-1$。

磁量子数 m 决定电子的轨道角动量在磁场方向上的分量 M_z:
$$M_z = m \frac{h}{2\pi}$$
m 取值为 $0, \pm 1, \pm 2, \cdots, \pm l$。

自旋量子数 s 和自旋磁量子数 m_s 分别决定电子的自旋角动量绝对值的大小 $|M_s|$ 和自旋角动量在磁场方向的分量 M_{sz}:
$$|M_s| = \sqrt{s(s+1)} \frac{h}{2\pi}$$
$$M_{sz} = m_s \frac{h}{2\pi}$$

s 的数值只能为 $1/2$,而 m_s 的数值可取:$+\frac{1}{2}$ 或 $-\frac{1}{2}$。

总量子数 j 和总磁量子数 m_j 分别决定电子的轨道角动量和自旋角动量的矢量和,即总角动量的绝对值的大小 $|M_j|$ 和总角动量在磁场方向的分量 M_{jz}:

$$|M_j| = \sqrt{j(j+1)}\frac{h}{2\pi}$$

$$M_{jz} = m_j \frac{h}{2\pi}$$

原子的角动量 **M** 和原子的磁矩 **μ** 有下面关系：

$$\boldsymbol{\mu} = -\frac{e}{2m_e}\boldsymbol{M}$$

式中 $-\frac{e}{2m_e}$ 为轨道磁矩和轨道角动量的比值，称为轨道运动的磁旋比。具有角量子数 l 的电子，磁矩的大小为

$$|\mu| = \frac{|e|}{2m_e}\sqrt{l(l+1)}\frac{h}{2\pi}$$

$$= \sqrt{l(l+1)}\frac{|e|h}{4\pi m_e}$$

$$= \sqrt{l(l+1)}\beta_e$$

β_e 称为 Bohr 磁子，是磁矩的一个自然单位：

$$\beta_e = \frac{|e|h}{4\pi m_e} = 9.274 \times 10^{-24} \text{ J T}^{-1}$$

电子的自旋磁矩的大小 $|\mu_s|$ 为

$$|\mu_s| = g_e\sqrt{s(s+1)}\beta_e$$

$g_e = 2.00232$ 称为电子自旋因子。

2.3 波函数和电子云的图形

将波函数 ψ 和电子云 ψ^2 在三维空间分布的图形表示出来，对了解原子的结构和性质有很大帮助，主要图形有：

(1) ψ-r 和 ψ^2-r 图。它适用于 ns 态，因它的波函数只是 r 的函数，和 θ,ϕ 无关。这种图表示在离核为 r 的圆球面上波函数和电子云的数值。在 ns 态中，有 $n-1$ 个节面（ψ 为零）。1s 态没有节面，ψ 随 r 增加逐渐减小而趋于零。

(2) 径向分布图，即 r^2R^2-r 图或 D-r 图。径向分布函数 r^2R^2（或 D）的物理意义是：Ddr 代表在半径 $r \to r+dr$ 两个球壳夹层内找到电子的概率，它反映电子云的分布随半径 r 的变化情况。氢原子 1s 轨道的径向分布图近核处为 0，因为这时 $r \to 0$；D 值极大值在 $1a_0$ 处，与 Bohr 半径相同；当 r 值增大，D 值下降，逐渐趋于零。

对主量子数为 n 和角量子数为 l 的状态，径向分布图中有 $n-l$ 个极大值峰和 $n-l-1$ 个为 0 值的节点；n 值不同而 l 值相同的轨道，n 值越大，主峰离核越远，即主量子数大的轨道，主峰在外层，能量高，但有一小部分钻到离核较近的内层。

(3) 原子轨道等值线图。它是根据空间各点 ψ 值的正负和大小画出等值线或等值面的图形。它反映原子轨道的全貌，可以派生出电子云分布图、界面图和原子轨道轮廓图等图形。

(4) 原子轨道轮廓图。它是在直角坐标系中选择一个合适的等值面，使它反映 ψ 在空间的分布图形。由于它具有正、负和大、小，适用于了解原子轨道重叠形成化学键的情况，是一种简明而又实用的图形。

2.4 多电子原子的结构

原子核外有 2 个或 2 个以上电子的原子称为多电子原子。多电子原子的 Schrödinger 方程为

$$\left[-\frac{1}{2}\sum_{i=1}^{n}\nabla_i^2 - \sum_{i=1}^{n}\frac{Z}{r_i} + \sum_{i=1}^{n}\sum_{i>j}\frac{1}{r_{ij}}\right]\psi = E\psi$$

式中 Z 为原子序数，n 为核外电子数，这公式已用原子单位(au)化简，即角动量 $\frac{h}{2\pi}=1\,\text{au}$，电子质量 $m=1\,\text{au}$，电子电量 $e=1\,\text{au}$，$4\pi\varepsilon_0=1\,\text{au}$。由于此式的势能函数中 r_{ij} 涉及两个电子的坐标，无法分离变量，只能采用近似求解法。常用的近似求解法有自洽场法和中心力场法。

自洽场法假定电子 i 处在原子核及其他 $(n-1)$ 个电子的平均势场中运动，先采用只和 r_i 有关的近似波函数 ψ_i 代替和 r_{ij} 有关的波函数进行计算、求解，逐渐逼近，直至自洽。ψ_i 犹如单电子体系的运动状态，称为 i 电子的单电子原子轨道，E_i 叫单电子原子轨道能。

中心力场法是将原子中其他电子对第 i 个电子的排斥作用看成是球对称的、只与径向有关的力场。引进屏蔽常数 σ_i，它代表除 i 电子外其他电子对 i 电子的屏蔽，使核的正电荷减少 σ_i，第 i 个电子的单电子 Schrödinger 方程为

$$\left[-\frac{1}{2}\nabla_i^2 - \frac{Z-\sigma_i}{r_i}\right]\psi_i = E_i\psi_i$$

这样可从屏蔽常数的估算规则算出 σ_i 和单电子原子轨道能 E_i：

$$E_i = -13.6\frac{(Z-\sigma_i)^2}{n^2}(\text{eV})$$

另外，通过测定原子电离能的实验可求得中性原子中原子轨道的电子结合能，它等于电离该电子所需能量的负值。

电子结合能和单电子原子轨道能互有联系，对单电子原子两者数值相同，对多电子原子两者不同。例如 He 原子 1s 轨道上有两个电子，它的第一和第二电离能分别为 24.6 eV 和 54.4 eV。He 原子 1s 轨道的电子结合能为 −24.6 eV，单电子轨道能为 −39.5 eV。说明在多电子原子中，电子间存在相互作用，这种作用可从屏蔽效应和钻穿效应两方面来理解。

屏蔽效应把电子 i 看作客体，看它受其他电子屏蔽影响，它感受到核电荷的减少，而使能级升高的效应。钻穿效应把电子 i 看作主体，是它自身的电子云有一部分钻到近核区，避开其余电子的屏蔽，它感受到较大核电荷作用，使能级降低的效应。这两种作用使原子能级高低不仅和主量子数 n 有关，而且和角量子数 l 有关。

原子处在基态时，核外电子排布遵循 Pauli 原理、能量最低原理和 Hund 规则，电子在原子轨道中填充的顺序为：1s, 2s, 2p, 3s, 3p, 4s, 3d, 4p, 5s, 4d, 5p, 6s, 4f, 5d, 6p, 7s, …… 大部分原子基态时的电子组态即可按此排出，得到多电子原子的结构。也有一些原子在最外层电子的排布上出现不规则现象。

2.5 元素周期表与元素周期性质

元素周期表是按照原子序数、原子的电子结构和元素性质的周期性将元素排列而成的一种表。在其中，性质相似的元素按一定的规律周期地出现。

现在使用最多的是长周期表，共分 5 个区、7 个周期和 18 个族。本书采用竖排长周期表，便于读者阅读。表中周期数与基态原子的电子组态中电子开始充填最高的主量子数相对应。

同一族元素则具有相似的价电子组态,因而有着相似的化学性质。表中列出近年由IUPAC颁布的标准原子量的数值、意义和应用。利用周期表,可以系统而全面地了解全部118种元素,了解它们的原子结构、元素周期律和元素之间的相互联系,为探讨原子的结构和性质提供重要途径。

表示原子性质的原子结构参数可分两类:一类是和气态自由原子的性质相关联,如原子的电离能、电子亲和能、原子光谱谱线的波长等,它们和别的原子无关,数值单一。另一类是指化合物中表征原子性质的参数,如原子半径、电负性等,同一种原子在不同条件下有不同的数值。例如原子中电子的分布是连续函数,没有明显的边界出现,因而原子的大小没有单一的、绝对的含义。表示原子大小的原子半径值由化合物中相邻两个原子的接触距离推出,化学键类型不同,作用力不同,同一种原子表现的大小就不相同。

原子的电离能中,第一电离能 I_1 最重要,它是指气态原子失去一个电子成为一价气态正离子所需的最低能量。稀有气体原子已形成完满的电子层,它的 I_1 处于极大值,而碱金属只有一个电子在完满电子层之外,它的 I_1 处于极小值。同一周期主族元素的 I_1 大体上随着原子序数的增加而增大;同一族元素的 I_1 随原子序数增加而减小。所以在周期表中 p 区元素 I_1 大,s 区元素 I_1 小。

电负性是重要的原子结构参数,它可量度原子吸引成键电子能力的相对大小。由于衡量这种能力的方法不同,有多种电负性标度,虽然彼此数值上有一定差异,但总的趋势是一致的。电负性和 I_1 相似,电负性大的元素处在周期表右上角,小的处在左下角;非金属元素电负性大,金属元素电负性小,可近似地用电负性值为 2.0 作为区别金属和非金属的判据。周期表中同一族元素随原子序数增加电负性变小;同一周期元素随族数的增加电负性增大,其中第二周期元素从 Li 的 1.0 起,原子序数增加 1,电负性约增加 0.5,直至 F 电负性达 4.0。

电负性在化学中应用很广,主要是由于它涉及化学键类型,是影响物质性质的重要内部根据。电负性差别大的元素形成的化合物以离子键为主。电负性相近的非金属元素相互以共价键结合,金属元素相互以金属键结合。当氢原子和电负性大的原子成键,可和另一电负性大的原子间形成氢键。

近年来利用相对论效应探讨第六周期元素的许多性质获得很大成功,例如第六周期 d 区元素基态电子组态、$6s^2$ 惰性电子对效应、金和汞性质的差异、第六周期元素从 Cs 到 Hg 金属熔点高低的规律等等,增进了对原子的结构和性质的认识。

2.6 原子光谱

原子光谱是由一系列波长确定的线光谱组成,每一谱线的波数可表达为两个能级项之差,这些和能级对应的项又称为光谱项:

$$\tilde{\nu} = \frac{E_2}{hc} - \frac{E_1}{hc}$$

原子的能级和原子的整体运动状态有关。原子的每一个光谱项与一确定的原子能态相对应,它由原子的量子数 L,S,J 表达。原子在磁场中表现的微观能态还与原子的磁量子数 m_L,m_S 和 m_J 有关。

原子的光谱项用 ^{2S+1}L 表示,光谱支项用 $^{2S+1}L_J$ 表示,其中 L 值为 0,1,2,3,4,… 的能态用大写英文字母 S,P,D,F,G,… 表示,2S+1 和 J 则以具体数值写在相应位置,如 $^1S_0$,$^3P_2$ 等。

原子的量子数 L, S, J, m_L, m_S, m_J 可由原子中每个电子的量子数 l, s, j, m_l, m_s, m_j 推求，其中的关键是注意角动量的矢量和。加和的方法有 L-S 耦合法与 j-j 耦合法两种，对于原子序数小于 40 的轻原子常用 L-S 耦合法。

对单电子原子如氢原子以及只有一个价电子的碱金属原子，在普通的原子光谱实验条件下原子实没有变化，类似于单电子原子。对于它们角动量的加和，只涉及一个电子的轨道角动量和自旋角动量的加和。

ns^1 组态光谱项为 ^2S，光谱支项为 $^2S_{\frac{1}{2}}$。

np^1 组态光谱项为 ^2P，光谱支项为 $^2P_{\frac{3}{2}}$ 和 $^2P_{\frac{1}{2}}$。电子由 np^1 组态跃迁到 ns^1 组态，不论 H 原子 $(2p \to 1s)$ 或 Na 原子 $(3p \to 3s)$，都有双线光谱线出现，它们对应的光谱支项跃迁为

$$^2P_{\frac{3}{2}} \to {}^2S_{\frac{1}{2}} \quad \text{和} \quad {}^2P_{\frac{1}{2}} \to {}^2S_{\frac{1}{2}}$$

在外加磁场中，^2P 谱项可裂分为 6 种微观能态，这时原子光谱可按选律理解跃迁所产生的谱线。

对多电子原子，先由各个电子的量子数 m_l 和 m_s 求得原子的 m_L 和 m_S，进一步推出 L, S 和 J。例如由 np^2 组态的两个电子可得：

光谱项：$^1S, ^1D, ^3P$

光谱支项：$^1S_0, ^1D_2, ^3P_2, ^3P_1, ^3P_0$

在外加磁场中，进一步分裂成 15 种微观能态。

多电子原子的能量最低的光谱支项，在一般条件下是基态原子存在的最主要的能态，即在这种能态下存在的原子数量最多。最低能态的光谱支项，可按 Hund 规则用原子的量子数 S, L, J 等的表述方式推出，例如下列原子最稳定的光谱支项为

H $^2S_{\frac{1}{2}}$ C $^3P_0$ N $^4S_{\frac{3}{2}}$ O $^3P_2$

F $^2P_{\frac{3}{2}}$ Ne $^1S_0$ Ti $^3F_2$ Br $^2P_{\frac{3}{2}}$

在多电子原子中，由于微观能态数目很多，光谱线一般都很复杂，但各种原子都有其特征分布规律，可利用它作为分析鉴定的重要手段，如原子发射光谱、原子吸收光谱、原子的 X 射线谱、X 射线荧光光谱等等。

习 题 解 析

【2.1】 氢原子光谱可见波段相邻 4 条谱线的波长分别为 656.47, 486.27, 434.17 和 410.29 nm，试通过数学处理将谱线的波数归纳成下式表示，并求出常数 R 及整数 n_1, n_2 的数值。

$$\tilde{\nu} = R\left(\frac{1}{n_1^2} - \frac{1}{n_2^2}\right)$$

解 将各波长换算成波数：

$\lambda_1 = 656.47$ nm $\tilde{\nu}_1 = 15233$ cm^{-1}

$\lambda_2 = 486.27$ nm $\tilde{\nu}_2 = 20565$ cm^{-1}

$\lambda_3 = 434.17$ nm $\tilde{\nu}_3 = 23032$ cm^{-1}

$\lambda_4 = 410.29$ nm $\tilde{\nu}_4 = 24373$ cm^{-1}

由于这些谱线相邻，可令 $n_1 = m, n_2 = m+1, m+2, \cdots$。列出下列 4 式：

$$15233 = \frac{R}{m^2} - \frac{R}{(m+1)^2} \tag{1}$$

$$20565 = \frac{R}{m^2} - \frac{R}{(m+2)^2} \tag{2}$$

$$23032 = \frac{R}{m^2} - \frac{R}{(m+3)^2} \tag{3}$$

$$24373 = \frac{R}{m^2} - \frac{R}{(m+4)^2} \tag{4}$$

(1)÷(2)得

$$\frac{15233}{20565} = \frac{(2m+1)(m+2)^2}{4(m+1)^3} = 0.740725$$

用尝试法得 $m=2$（任意两式计算，结果皆同）。将 $m=2$ 代入上列 4 式中任一式，得

$$R = 109678 \text{ cm}^{-1}$$

因而，氢原子可见光谱（Balmer 线系）各谱线的波数可归纳为下式表示：

$$\tilde{\nu} = R\left(\frac{1}{n_1^2} - \frac{1}{n_2^2}\right)$$

式中，$R = 109678 \text{ cm}^{-1}$，$n_1 = 2$，$n_2 = 3, 4, 5, 6$。

【评注】 本题是将一系列数据找出它们之间的相互联系，并从中推导出 Rydberg 常数。虽然解题过程较繁，但却学习了一种归纳数据和利用数据求出物理常数和结构参数的方法。在习题 1.2 中我们曾推导出 Planck 常数，后面还将从实验数据推出 Avogadro 常数、原子和离子的半径等。

【2.2】 按 Bohr 模型计算氢原子处于基态时电子绕核运动的半径（分别用原子的折合质量和电子的质量计算，并准确到 5 位有效数字）和线速度。

解 根据 Bohr 提出的氢原子结构模型，当电子稳定地绕核作圆周运动时，其向心力与核和电子间的库仑引力大小相等，即

$$\frac{mv_n^2}{r_n} = \frac{e^2}{4\pi\varepsilon_0 r_n^2} \qquad n = 1, 2, 3, \cdots$$

式中，m, r_n, v_n, e 和 ε_0 分别是电子的质量、绕核运动的半径、半径为 r_n 时的线速度、电子的电荷和真空电容率。

同时，根据量子化条件，电子轨道运动的角动量为

$$mv_n r_n = \frac{nh}{2\pi}$$

将两式联立，推得

$$r_n = \frac{h^2 \varepsilon_0 n^2}{\pi m e^2}$$

$$v_n = \frac{e^2}{2h\varepsilon_0 n}$$

当原子处于基态即 $n=1$ 时，电子绕核运动的半径为

$$r_1 = \frac{h^2 \varepsilon_0}{\pi m e^2}$$

$$= \frac{(6.62618 \times 10^{-34} \text{ J s})^2 \times 8.85419 \times 10^{-12} \text{ C}^2 \text{ J}^{-1} \text{ m}^{-1}}{\pi \times 9.10953 \times 10^{-31} \text{ kg} \times (1.60219 \times 10^{-19} \text{ C})^2} = 52.918 \text{ pm}$$

若用原子的折合质量 μ 代替电子的质量 m，则

$$r_1 = \frac{h^2\varepsilon_0}{\pi\mu e^2} = 52.918 \text{ pm} \times \frac{m}{\mu} = \frac{52.918 \text{ pm}}{0.99946}$$
$$= 52.947 \text{ pm}$$

基态时电子绕核运动的线速度为

$$v_1 = \frac{e^2}{2h\varepsilon_0}$$
$$= \frac{(1.60219 \times 10^{-19} \text{ C})^2}{2 \times 6.62618 \times 10^{-34} \text{ J s} \times 8.85419 \times 10^{-12} \text{ C}^2 \text{ J}^{-1} \text{ m}^{-1}}$$
$$= 2.1877 \times 10^6 \text{ m s}^{-1}$$

【2.3】 对于氢原子：

(1) 分别计算从第一激发态和第六激发态跃迁到基态所产生的光谱线的波长,说明这些谱线所属的线系及所处的光谱范围。

(2) 上述两谱线产生的光子能否使：(a)处于基态的另一氢原子电离？(b)金属铜中的铜原子电离(铜的功函数为 7.44×10^{-19} J)？

(3) 若上述两谱线所产生的光子能使金属铜晶体的电子电离,请计算从金属铜晶体表面发射出的光电子的德布罗意波的波长。

解

(1) 氢原子的稳态能量由下式给出：

$$E_n = -2.18 \times 10^{-18} \cdot \frac{1}{n^2} \text{ (J)}$$

式中 n 是主量子数。

第一激发态($n=2$)和基态($n=1$)之间的能量差为

$$\Delta E_1 = E_2 - E_1$$
$$= \left(-2.18 \times 10^{-18} \times \frac{1}{2^2} \text{ J}\right) - \left(-2.18 \times 10^{-18} \times \frac{1}{1^2} \text{ J}\right)$$
$$= 1.64 \times 10^{-18} \text{ J}$$

原子从第一激发态跃迁到基态所发射出的谱线的波长为

$$\lambda_1 = \frac{ch}{\Delta E_1}$$
$$= \frac{2.9979 \times 10^8 \text{ m s}^{-1} \times 6.6262 \times 10^{-34} \text{ J s}}{1.64 \times 10^{-18} \text{ J}}$$
$$= 121 \text{ nm}$$

第六激发态($n=7$)和基态之间的能量差为

$$\Delta E_6 = E_7 - E_1$$
$$= \left(-2.18 \times 10^{-18} \times \frac{1}{7^2}\text{J}\right) - \left(-2.18 \times 10^{-18} \times \frac{1}{1^2}\text{J}\right)$$
$$= 2.14 \times 10^{-18} \text{ J}$$

所以,原子从第六激发态跃迁到基态所发射出的谱线的波长为

$$\lambda_6 = \frac{ch}{\Delta E_6}$$
$$= \frac{2.9979 \times 10^8 \text{ m s}^{-1} \times 6.6262 \times 10^{-34} \text{ J s}}{2.14 \times 10^{-18} \text{ J}}$$
$$= 92.9 \text{ nm}$$

这两条谱线皆属 Lyman 系,处于紫外光区。

在 2.1 题中,已将氢原子光谱可见波段谱线的波数归纳在下式中:
$$\tilde{\nu} = R\left(\frac{1}{n_1^2} - \frac{1}{n_2^2}\right) \quad n_1 \text{ 和 } n_2 \text{ 皆为正整数,且 } n_2 > n_1$$

事实上,氢原子光谱所有谱线的波数都可用上式表示。当 $n_1=1$ 时,谱线系称为 Lyman 系,处于紫外区。当 $n_1=2$ 时,谱线系称为 Balmer 系,处于可见光区。当 $n_1=3,4,5$ 时,谱线分别属于 Paschen 系、Brackett 系和 Pfund 系,它们皆处于红外光谱区。

(2) 使处于基态的氢原子电离所需要的最小能量为
$$\Delta E_\infty = E_\infty - E_1 = -E_1$$
$$= 2.18 \times 10^{-18} \text{ J}$$

而
$$\Delta E_1 = 1.64 \times 10^{-18} \text{ J} < \Delta E_\infty$$
$$\Delta E_6 = 2.14 \times 10^{-18} \text{ J} < \Delta E_\infty$$

所以,两条谱线产生的光子均不能使处于基态的氢原子电离。但是
$$\Delta E_1 > W_{Cu} = 7.44 \times 10^{-19} \text{ J}$$
$$\Delta E_6 > W_{Cu} = 7.44 \times 10^{-19} \text{ J}$$

所以,两条谱线产生的光子均有可能使铜晶体电离。

(3) 根据德布罗意关系式和爱因斯坦光子学说,铜晶体发射出的光电子的波长为
$$\lambda = \frac{h}{p} = \frac{h}{mv} = \frac{h}{\sqrt{2m\Delta E}}$$

式中 ΔE 为照射到铜晶体上的光子的能量和 W_{Cu} 之差。应用上式,分别计算出两条原子光谱线照射到铜晶体上后铜晶体所发射出的光电子的波长:
$$\lambda_1' = \frac{6.6262 \times 10^{-34} \text{ J s}}{[2 \times 9.1095 \times 10^{-31} \text{ kg} \times (1.64 \times 10^{-18} \text{ J} - 7.44 \times 10^{-19} \text{ J})]^{1/2}}$$
$$= 519 \text{ pm}$$

$$\lambda_6' = \frac{6.6262 \times 10^{-34} \text{ J s}}{[2 \times 9.1095 \times 10^{-31} \text{ kg} \times (2.14 \times 10^{-18} \text{ J} - 7.44 \times 10^{-19} \text{ J})]^{1/2}}$$
$$= 415 \text{ pm}$$

【2.4】 请通过计算说明,用氢原子从第六激发态跃迁到基态所产生的光子照射长度为 1120 pm 的线形分子 $CH_2CHCHCHCHCHCHCH_2$,该分子能否产生吸收光谱?若能,计算谱线的最大波长;若不能,请提出将不能变为可能的思路。

解 氢原子从第六激发态($n=7$)跃迁到基态($n=1$)所产生的光子的能量为
$$\Delta E_H = -13.595 \times \frac{1}{7^2} \text{eV} - \left(-13.595 \times \frac{1}{1^2} \text{eV}\right) = 13.595 \times \frac{48}{49} \text{eV}$$
$$\approx 13.32 \text{ eV} \approx 1.285 \times 10^6 \text{ J mol}^{-1}$$

而 $CH_2CHCHCHCHCHCHCH_2$ 分子产生吸收光谱所需要的最低能量为
$$\Delta E_{C_8} = E_5 - E_4 = \frac{5^2 h^2}{8ml^2} - \frac{4^2 h^2}{8ml^2} = 9 \times \frac{h^2}{8ml^2}$$
$$= \frac{9 \times (6.626 \times 10^{-34} \text{ J s})^2}{8 \times 9.1095 \times 10^{-31} \text{ kg} \times (1120 \times 10^{-12} \text{ m})^2}$$

$$= 4.282 \times 10^{-19} \text{ J}$$
$$= 2.579 \times 10^5 \text{ J mol}^{-1}$$

显然 $\Delta E_H > \Delta E_{C_8}$，但此两种能量不相等，根据量子化规则，$CH_2CHCHCHCHCHCHCH_2$ 不能产生吸收光效应。若使它产生吸收光谱，可改换光源，例如用连续光谱代替 H 原子光谱。此时可满足量子化条件，该共轭分子可产生吸收光谱，其吸收波长为

$$\lambda = \frac{hc}{\Delta E} = \frac{6.626 \times 10^{-34} \text{ J s} \times 2.998 \times 10^8 \text{ m s}^{-1}}{\dfrac{9 \times (6.626 \times 10^{-34} \text{ J s})^2}{8 \times 9.1095 \times 10^{-31} \text{ kg} \times (1120 \times 10^{-12} \text{ m})^2}}$$

$$= 460 \text{ nm}$$

【2.5】 计算氢原子 ψ_{1s} 在 $r = a_0$ 和 $r = 2a_0$ 处的比值。

解 氢原子基态波函数为

$$\psi_{1s} = \frac{1}{\sqrt{\pi}} \left(\frac{1}{a_0}\right)^{3/2} e^{-\frac{r}{a_0}}$$

该函数在 $r = a_0$ 和 $r = 2a_0$ 两处的比值为

$$\frac{\dfrac{1}{\sqrt{\pi}} \left(\dfrac{1}{a_0}\right)^{3/2} e^{-\frac{a_0}{a_0}}}{\dfrac{1}{\sqrt{\pi}} \left(\dfrac{1}{a_0}\right)^{3/2} e^{-\frac{2a_0}{a_0}}} = \frac{e^{-1}}{e^{-2}} = e \approx 2.71828$$

而 ψ_{1s}^2 在 $r = a_0$ 和 $r = 2a_0$ 两处的比值为

$$e^2 \approx 7.38906$$

本题计算结果中的 e 是自然对数的底数，见本书附录 C。由此表明，离核越远，电子的概率密度越小，即 ψ_{1s} 在 r 的全部区间内随着 r 的增大而单调下降，计算结果的合理性是显而易见的。

【2.6】 计算氢原子的 1s 电子出现在 $r = 100$ pm 的球形界面内的概率。

解 根据波函数、概率密度和电子的概率分布等概念的物理意义，氢原子的 1s 电子出现在 $r = 100$ pm 的球形界面内的概率为

$$P = \int_0^{100 \text{ pm}} \int_0^{\pi} \int_0^{2\pi} \psi_{1s}^2 \, d\tau$$

$$= \int_0^{100 \text{ pm}} \int_0^{\pi} \int_0^{2\pi} \frac{1}{\pi a_0^3} e^{-\frac{2r}{a_0}} r^2 \sin\theta \, dr \, d\theta \, d\phi = \frac{1}{\pi a_0^3} \int_0^{100 \text{ pm}} r^2 e^{-\frac{2r}{a_0}} \, dr \int_0^{\pi} \sin\theta \, d\theta \int_0^{2\pi} d\phi$$

$$= \frac{4}{a_0^3} \int_0^{100 \text{ pm}} r^2 e^{-\frac{2r}{a_0}} \, dr = \frac{4}{a_0^3} \left[e^{-\frac{2r}{a_0}} \left(-\frac{a_0 r^2}{2} - \frac{a_0^2 r}{2} - \frac{a_0^3}{4}\right) \right]\bigg|_0^{100 \text{ pm}}$$

$$= e^{-\frac{2r}{a_0}} \left(-\frac{2r^2}{a_0^2} - \frac{2r}{a_0} - 1\right) \bigg|_0^{100 \text{ pm}}$$

$$\approx 0.728$$

那么，氢原子的 1s 电子出现在 $r = 100$ pm 的球形界面之外的概率为 $1 - 0.728 = 0.272$。

若选定数个适当的 r 值进行计算，则可获得氢原子 1s 电子在不同半径的球形界面内、外及两个界面之间出现的概率。由上述计算可见，氢原子 1s 电子出现在半径为 r 的球形界面内的概率（$P(r)$）为

$$P(r) = 1 - e^{-\frac{2r}{a_0}} \left(\frac{2r^2}{a_0^2} + \frac{2r}{a_0} + 1\right)$$

当然，r 的取值要考虑在物理上是否有意义。

本题亦可根据径向分布函数概念，直接应用下式：

$$P(r) = \int_0^{100\text{ pm}} R^2 r^2 \mathrm{d}r$$

或

$$P(r) = \int_0^{100\text{ pm}} 4\pi r^2 \psi_{1s}^2 \mathrm{d}r$$

进行计算。计算时用原子单位稍方便些。

【2.7】 计算氢原子的积分：$P(r) = \int_0^{2\pi}\int_0^{\pi}\int_r^{\infty} \psi_{1s}^2 r^2 \sin\theta \mathrm{d}r\mathrm{d}\theta\mathrm{d}\phi$，作 $P(r)$-r 图，求 $P(r)=0.1$ 时的 r 值，说明在该 r 值以内电子出现的概率是 90%。

解
$$\begin{aligned}
P(r) &= \int_0^{2\pi}\int_0^{\pi}\int_r^{\infty} \psi_{1s}^2 r^2 \sin\theta \mathrm{d}r\mathrm{d}\theta\mathrm{d}\phi \\
&= \int_0^{2\pi}\int_0^{\pi}\int_r^{\infty} \left(\frac{1}{\sqrt{\pi}}\mathrm{e}^{-r}\right)^2 r^2 \sin\theta \mathrm{d}r\mathrm{d}\theta\mathrm{d}\phi = \int_0^{2\pi}\mathrm{d}\phi\int_0^{\pi}\sin\theta\mathrm{d}\theta\int_r^{\infty}\frac{1}{\pi}\mathrm{e}^{-2r}r^2\mathrm{d}r \\
&= 4\int_r^{\infty} r^2 \mathrm{e}^{-2r}\mathrm{d}r = 4\left(-\frac{1}{2}r^2\mathrm{e}^{-2r} + \int_r^{\infty} r\mathrm{e}^{-2r}\mathrm{d}r\right) \\
&= 4\left(-\frac{1}{2}r^2\mathrm{e}^{-2r} - \frac{1}{2}r\mathrm{e}^{-2r} + \frac{1}{2}\int_r^{\infty}\mathrm{e}^{-2r}\mathrm{d}r\right) \\
&= 4\left(-\frac{1}{2}r^2\mathrm{e}^{-2r} - \frac{1}{2}r\mathrm{e}^{-2r} - \frac{1}{4}\mathrm{e}^{-2r}\right)\Big|_r^{\infty} \\
&= \mathrm{e}^{-2r}(2r^2 + 2r + 1)
\end{aligned}$$

根据此式列出 $P(r)$-r 数据表：

r/a_0	0	0.5	1.0	1.5	2.0	2.5	3.0	3.5	4.0
$P(r)$	1.000	0.920	0.677	0.423	0.238	0.125	0.062	0.030	0.014

根据表中数据作出 $P(r)$-r 图，示于图 2.7 中。

由图可见：

$r = 2.7a_0$ 时，$P(r) = 0.1$；

$r > 2.7a_0$ 时，$P(r) < 0.1$；

$r < 2.7a_0$ 时，$P(r) > 0.1$。

即在 $r = 2.7a_0$ 的球面之外，电子出现的概率是 10%；而在 $r = 2.7a_0$ 的球面以内，电子出现的概率是 90%，即

$$\int_0^{2\pi}\int_0^{\pi}\int_0^{2.7a_0} \psi_{1s}^2 r^2 \sin\theta \mathrm{d}r\mathrm{d}\theta\mathrm{d}\phi = 0.90$$

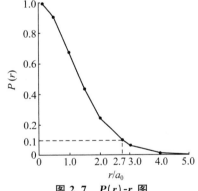

图 2.7 $P(r)$-r 图

【评注】 在解 2.6 和 2.7 题列积分公式时，对极坐标 $\mathrm{d}\theta$ 积分时要用 $\sin\theta\mathrm{d}\theta$，对 $\mathrm{d}r$ 积分时要用 $r^2\mathrm{d}r$，对 ψ 进行空间积分时微体积元 $\mathrm{d}\tau = r^2\sin\theta\mathrm{d}r\mathrm{d}\theta\mathrm{d}\phi$。另外，虽然在数学上 r 可为 0，但实际上 $r = 0$ 意味着电子落到原子核上。

【2.8】 已知氢原子的归一化基态波函数为

$$\psi_{1s} = (\pi a_0^3)^{-\frac{1}{2}} \exp\left[-\frac{r}{a_0}\right]$$

（1）利用量子力学基本假设求该基态的能量和角动量；
（2）利用位力定理（即维里定理）求该基态的平均势能和零点能。

解

（1）根据量子力学关于"本征函数、本征值和本征方程"的假设，当用 Hamilton 算符作用于 ψ_{1s} 时，若所得结果等于一常数乘以 ψ_{1s}，则该常数即氢原子的基态能量 E_{1s}。氢原子的 Hamilton 算符为

$$\hat{H} = -\frac{h^2}{8\pi^2 m}\nabla^2 - \frac{e^2}{4\pi\varepsilon_0 r}$$

由于 ψ_{1s} 的角度部分是常数，因而 $\hat{H}$ 与 θ,ϕ 无关：

$$\hat{H} = -\frac{h^2}{8\pi^2 m}\frac{1}{r^2}\frac{\partial}{\partial r}\left(r^2\frac{\partial}{\partial r}\right) - \frac{e^2}{4\pi\varepsilon_0 r}$$

将 $\hat{H}$ 作用于 ψ_{1s}，有

$$\hat{H}\psi_{1s} = \left[-\frac{h^2}{8\pi^2 m}\frac{1}{r^2}\frac{\partial}{\partial r}\left(r^2\frac{\partial}{\partial r}\right) - \frac{e^2}{4\pi\varepsilon_0 r}\right]\psi_{1s}$$

$$= -\frac{h^2}{8\pi^2 m}\frac{1}{r^2}\frac{\partial}{\partial r}\left(r^2\frac{\partial}{\partial r}\right)\psi_{1s} - \frac{e^2}{4\pi\varepsilon_0 r}\psi_{1s}$$

$$= -\frac{h^2}{8\pi^2 m}\frac{1}{r^2}\left(2r\frac{\partial}{\partial r}\psi_{1s} + r^2\frac{\partial^2}{\partial r^2}\psi_{1s}\right) - \frac{e^2}{4\pi\varepsilon_0 r}\psi_{1s}$$

$$= -\frac{h^2}{8\pi^2 m}\frac{1}{r^2}\left(-2r\pi^{-\frac{1}{2}}a_0^{-\frac{5}{2}}e^{-\frac{r}{a_0}} + r^2\pi^{-\frac{1}{2}}a_0^{-\frac{7}{2}}e^{-\frac{r}{a_0}}\right) - \frac{e^2}{4\pi\varepsilon_0 r}\psi_{1s}$$

$$= \left[-\frac{h^2(r-2a_0)}{8\pi^2 mra_0^2} - \frac{e^2}{4\pi\varepsilon_0 r}\right]\psi_{1s}$$

$$= \left[\frac{h^2}{8\pi^2 ma_0^2} - \frac{e^2}{4\pi\varepsilon_0 a_0}\right]\psi_{1s} \quad (r = a_0)$$

所以

$$E_1 = \frac{h^2}{8\pi^2 ma_0^2} - \frac{e^2}{4\pi\varepsilon_0 a_0}$$

$$= \frac{(6.6262\times 10^{-34}\ \text{J s})^2}{8\times\pi^2\times 9.1095\times 10^{-31}\ \text{kg}\times(5.2917\times 10^{-11}\ \text{m})^2}$$

$$\quad -\frac{(1.6022\times 10^{-19}\ \text{C})^2}{4\pi\times 8.8542\times 10^{-12}\ \text{C}^2\ \text{J}^{-1}\ \text{m}^{-1}\times 5.2917\times 10^{-11}\ \text{m}}$$

$$= 2.184\times 10^{-18}\ \text{J} - 4.363\times 10^{-18}\ \text{J}$$

$$= -2.179\times 10^{-18}\ \text{J}$$

也可用式 $E = \int\psi_{1s}^*\hat{H}\psi_{1s}\text{d}\tau$ 进行计算，所得结果与用上法计算结果相同。注意，此式中 $\text{d}\tau = 4\pi r^2\text{d}r$。

将角动量平方算符作用于氢原子的 ψ_{1s}，有

$$\hat{M}^2\psi_{1s} = -\left(\frac{h}{2\pi}\right)^2\left[\frac{1}{\sin\theta}\frac{\partial}{\partial\theta}\left(\sin\theta\frac{\partial}{\partial\theta}\right) + \frac{1}{\sin^2\theta}\frac{\partial^2}{\partial\phi^2}\right](\pi a_0^3)^{-\frac{1}{2}}e^{-\frac{r}{a_0}}$$

$$= 0\psi_{1s}$$

所以

$$M^2 = 0$$

$$|M|=0$$

此结果是显而易见的：$\hat{M}^2$ 不含 r 项，而 ψ_{1s} 不含 θ 和 ϕ，角动量平方当然为 0，角动量也就为 0。

通常，在计算原子轨道能等物理量时，不必一定按上述做法，只需将量子数等参数代入简单计算公式即可，如

$$E_n = -2.179 \times 10^{-18} \cdot \frac{Z^*}{n^2} \text{ (J)}$$

$$|M| = \sqrt{l(l+1)} \frac{h}{2\pi}$$

（2）对氢原子，$V \propto r^{-1}$，故

$$\langle T \rangle = -\frac{1}{2}\langle V \rangle$$

$$E_{1s} = \langle T \rangle + \langle V \rangle = -\frac{1}{2}\langle V \rangle + \langle V \rangle = \frac{1}{2}\langle V \rangle$$

$$\langle V \rangle = 2E_{1s} = 2 \times (-13.6 \text{ eV}) = -27.2 \text{ eV}$$

$$\langle T \rangle = -\frac{1}{2}\langle V \rangle = -\frac{1}{2} \times (-27.2 \text{ eV}) = 13.6 \text{ eV}$$

此即氢原子的零点能。

【2.9】 已知氢原子的 $\psi_{2p_z} = \frac{1}{4\sqrt{2\pi a_0^3}} \left(\frac{r}{a_0}\right) \exp\left[-\frac{r}{2a_0}\right] \cos\theta$，试计算回答下列问题：

（1）原子轨道能 $E = ?$
（2）轨道角动量 $|M| = ?$ 轨道磁矩 $|\mu| = ?$
（3）轨道角动量 M 和 z 轴的夹角是多少度？
（4）列出计算电子离核平均距离的公式（不必算出具体的数值）。
（5）节面的个数、位置和形状怎样？
（6）概率密度极大值的位置在何处？
（7）画出径向分布示意图。

解

（1）原子轨道能为

$$E = -2.179 \times 10^{-18} \text{ J} \times \frac{1}{2^2} = -5.45 \times 10^{-19} \text{ J}$$

（2）轨道角动量为

$$|M| = \sqrt{1(1+1)} \frac{h}{2\pi} = \sqrt{2} \frac{h}{2\pi}$$

轨道磁矩为

$$|\mu| = \sqrt{1(1+1)} \beta_e = \sqrt{2} \beta_e$$

（3）设轨道角动量 M 和 z 轴的夹角为 θ，则因 ψ_{2p_z} 的 $m=0$，故可得

$$\cos\theta = \frac{M_z}{M} = \frac{0 \cdot \frac{h}{2\pi}}{\sqrt{2} \cdot \frac{h}{2\pi}} = 0$$

$$\theta = 90°$$

（4）电子离核的平均距离的表达式为

$$\langle r \rangle = \int \psi_{2p_z}^* \hat{r} \psi_{2p_z} \mathrm{d}\tau$$
$$= \int_0^\infty \int_0^\pi \int_0^{2\pi} \psi_{2p_z}^2 r \cdot r^2 \sin\theta \mathrm{d}r \mathrm{d}\theta \mathrm{d}\phi$$

（5）令 $\psi_{2p_z}=0$，得

$$r=0, \quad r=\infty, \quad \theta=90°$$

节面或节点通常不包括 $r=0$ 和 $r=\infty$，故 ψ_{2p_z} 的节面只有一个，即 xy 平面（当然，坐标原点也包含在 xy 平面内）。

亦可直接令函数的角度部分 $Y=\sqrt{\dfrac{3}{4\pi}}\cos\theta=0$，求得 $\theta=90°$。

（6）概率密度为

$$\rho = \psi_{2p_z}^2 = \frac{1}{32\pi a_0^3}\left(\frac{r}{a_0}\right)^2 \mathrm{e}^{-\frac{r}{a_0}}\cos^2\theta$$

由式可见，当 $\theta=0°$ 或 $\theta=180°$ 时 ρ 最大$\left(\text{亦可令}\dfrac{\partial\psi}{\partial\theta}=-\sin\theta=0, \theta=0° \text{ 或 } 180°\right)$，以 ρ_0 表示，即

$$\rho_0 = \rho(r, \theta=0°, 180°) = \frac{1}{32\pi a_0^3}\left(\frac{r}{a_0}\right)^2 \mathrm{e}^{-\frac{r}{a_0}}$$

将 ρ_0 对 r 微分并使之为 0，有

$$\frac{\mathrm{d}\rho_0}{\mathrm{d}r} = \frac{\mathrm{d}}{\mathrm{d}r}\left[\frac{1}{32\pi a_0^3}\left(\frac{r}{a_0}\right)^2 \mathrm{e}^{-\frac{r}{a_0}}\right] = \frac{1}{32\pi a_0^5}r\mathrm{e}^{-\frac{r}{a_0}}\left(2-\frac{r}{a_0}\right) = 0$$

解之得 $\quad r=2a_0 \quad (r=0 \text{ 和 } r=\infty \text{ 舍去})$

又因

$$\left.\frac{\mathrm{d}^2\rho_0}{\mathrm{d}r^2}\right|_{r=2a_0} < 0$$

所以，当 $\theta=0°$ 或 $180°$，$r=2a_0$ 时 $\psi_{2p_z}^2$ 有极大值。此极大值为

$$\rho_{\max} = \frac{1}{32\pi a_0^3}\left(\frac{2a_0}{a_0}\right)^2 \mathrm{e}^{-\frac{2a_0}{a_0}} = \frac{\mathrm{e}^{-2}}{8\pi a_0^3} = 36.4 \text{ nm}^{-3}$$

（7）$D_{2p_z} = r^2 R^2 = r^2\left[\dfrac{1}{2\sqrt{6}}\left(\dfrac{1}{a_0}\right)^{\frac{5}{2}} r\mathrm{e}^{-\frac{r}{2a_0}}\right]^2 = \dfrac{1}{24a_0^5}r^4 \mathrm{e}^{-\frac{r}{a_0}}$

根据此式列出 D-r 数据表：

r/a_0	0	1.0	2.0	3.0	4.0	5.0	6.0
D/a_0^{-1}	0	0.015	0.090	0.169	0.195	0.175	0.134
r/a_0	7.0	8.0	9.0	10.0	11.0	12.0	
D/a_0^{-1}	0.091	0.057	0.034	0.019	1.02×10^{-2}	5.3×10^{-3}	

按表中数据作出 D-r 图，得图 2.9。

由图可见，氢原子 ψ_{2p_z} 的径向分布图有 $n-l=1$ 个极大（峰）和 $n-l-1=0$ 个极小（节面），这符合一般径向分布图峰数和节面数的规律。其极大值在 $r=4a_0$ 处，这与最大概率密度对应的 r 值不同，因为二者的物理意义不同。另外，由于径向分布函数只与 n 和 l 有关而与 m 无关，$2p_x$，$2p_y$ 和 $2p_z$ 的径向分布图相同。

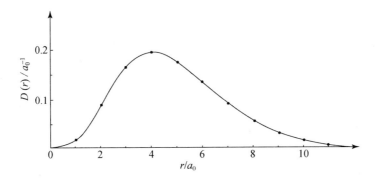

图 2.9 H 原子 ψ_{2p_z} 的 D-r 图

【评注】 对一个微观体系是用波函数 ψ 描述其状态,该体系的性质可从 ψ 求得。所用的方法是按照量子力学规定表达这个性质的物理量的算符,把算符作用于该波函数上,通过运算就可以得到该状态的性质。2.8 题是求算 H 原子 ψ_{1s} 态的能量、角动量、平均势能和零点能。2.9 题是 H 原子 ψ_{2p_z} 态的原子轨道能、角动量、轨道磁矩、轨道角动量和 z 轴的夹角、电子离核的平均距离,以及涉及波函数分布的节面、概率密度极大值、径向分布图等。通过这些计算较全面地了解原子轨道的形貌和性质。读者可根据这两题的命题方法,求算自己感兴趣的体系的形貌和性质。

【2.10】 根据《结构化学基础》(第 5 版)表 2.1.2 所列的波函数,以原子单位表示氢原子的 ψ_{1s} 和 ψ_{2s},证明它们各自是归一化函数并且相互正交。

解 按附录 B.5 的原子单位,对氢原子得 $z=1, a_0=1$,简化得

$$\psi_{1s} = \frac{1}{\sqrt{\pi}} e^{-r}$$

$$\psi_{2s} = \frac{1}{4\sqrt{2\pi}} (2-r) e^{-r/2}$$

归一化:$\int |\psi_{1s}|^2 d\tau = \int \psi_{1s}^2 r^2 \sin\theta \, dr \, d\theta \, d\phi$

$$= \frac{1}{\pi} \int_0^\infty r^2 e^{-2r} dr \int_0^\pi \sin\theta \, d\theta \int_0^{2\pi} d\phi$$

$$= \frac{1}{\pi} \left(\frac{1}{4} \times 2 \times 2\pi \right)$$

$$= 1$$

$$\int |\psi_{2s}|^2 d\tau = \frac{1}{32\pi} \int_0^\infty (2-r)^2 r^2 e^{-r} dr \int_0^\pi \sin\theta \, d\theta \int_0^{2\pi} d\phi$$

$$= \frac{1}{32\pi} (8 \times 2 \times 2\pi)$$

$$= 1$$

正交性:$\int \psi_{1s} \psi_{2s} d\tau = \frac{1}{\pi\sqrt{32}} \int_0^\infty (2-r) r^2 e^{-3r/2} dr \int_0^\pi \sin\theta \, d\theta \int_0^{2\pi} d\phi$

$$= \frac{1}{\pi\sqrt{32}} (0 \times 2 \times 2\pi) = 0$$

[注：积分公式用 $\int_0^\infty x^n e^{-ax} dx = n!/a^{n+1}, (a>0)$]

【2.11】 根据氢原子2s态的波函数,求算径向概率分布函数 $D=r^2R^2$ 中的节点、极大值位置和球形节面内电子存在的概率,作图表示,并和《结构化学基础》(第5版)图2.3.2比较。

解 $\psi_{2s} = \dfrac{1}{\sqrt{32\pi}}(2-r)e^{-r/2}$

由(2.3.6)式可知,ψ_{2s}的径向概率分布函数
$$D = r^2R^2 = 4\pi r^2 |\psi_{2s}|^2$$
$$= \dfrac{1}{8}r^2(2-r)^2 e^{-r}$$

从 $\dfrac{dD}{dr}=0$ 可求算节点位置和极大值位置。根据此式可得:$\dfrac{dD}{dr} = -\dfrac{1}{8}e^{-r}r(r^3-8r^2+16r-8)$
$=0$,解得
$$r = 0, 2, 0.764, 5.263$$

其中 $r=0$ 是原点,$r=2$ 是节点,而 $r=0.764$ 和 5.263 是极大值点。按此数据作图,如图2.11所示。所得结果和图2.3.2一致。

球形节面内的概率
$$P = \int D dr = \int_0^2 \dfrac{1}{8}r^2(2-r)^2 e^{-r} dr$$
$$= 1 - 7e^{-2} = 0.0527$$

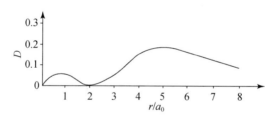

图 2.11

【2.12】 对氢原子,$\psi = c_1\psi_{210} + c_2\psi_{211} + c_3\psi_{31\bar{1}}$,所有波函数都已归一化。请对 ψ 所描述的状态计算:

(1) 能量平均值及能量 -3.4 eV 出现的概率;

(2) 角动量平均值及角动量 $\sqrt{2}h/2\pi$ 出现的概率;

(3) 角动量在 z 轴上的分量的平均值及角动量 z 轴分量 h/π 出现的概率。

解 根据量子力学基本假设Ⅳ——态叠加原理,对氢原子 ψ 所描述的状态进行计算。

(1) 能量平均值
$$\langle E \rangle = \sum_i c_i^2 E_i = c_1^2 E_1 + c_2^2 E_2 + c_3^2 E_3$$
$$= c_1^2\left(-13.6 \times \dfrac{1}{2^2}\text{eV}\right) + c_2^2\left(-13.6 \times \dfrac{1}{2^2}\text{eV}\right) + c_3^2\left(-13.6 \times \dfrac{1}{3^2}\text{eV}\right)$$
$$= -\dfrac{13.6}{4}(c_1^2+c_2^2)\text{eV} - \dfrac{13.6}{9}c_3^2\text{eV}$$

$$= -(3.4c_1^2 + 3.4c_2^2 + 1.5c_3^2)\text{eV}$$

能量-3.4 eV 出现的概率为

$$\frac{c_1^2 + c_2^2}{c_1^2 + c_2^2 + c_3^2} = c_1^2 + c_2^2$$

(2) 角动量平均值为

$$\langle M \rangle = \sum_i c_i^2 |M| = c_1^2 |M_1| + c_2^2 |M_2| + c_3^2 |M_3|$$

$$= c_1^2 \sqrt{l_1(l_1+1)} \frac{h}{2\pi} + c_2^2 \sqrt{l_2(l_2+1)} \frac{h}{2\pi} + c_3^2 \sqrt{l_3(l_3+1)} \frac{h}{2\pi}$$

$$= c_1^2 \sqrt{1(1+1)} \frac{h}{2\pi} + c_2^2 \sqrt{1(1+1)} \frac{h}{2\pi} + c_3^2 \sqrt{1(1+1)} \frac{h}{2\pi}$$

$$= \frac{\sqrt{2}h}{2\pi}(c_1^2 + c_2^2 + c_3^2)$$

角动量 $\frac{\sqrt{2}h}{2\pi}$ 出现的概率为

$$c_1^2 + c_2^2 + c_3^2 = 1$$

(3) 角动量在 z 轴上的分量的平均值为

$$\langle M_z \rangle = \sum_i c_i^2 M_{zi} = c_1^2 m_1 \frac{h}{2\pi} + c_2^2 m_2 \frac{h}{2\pi} + c_3^2 m_3 \frac{h}{2\pi}$$

$$= [c_1^2 \times 0 + c_2^2 \times 1 + c_3^2 \times (-1)] \frac{h}{2\pi} = (c_2^2 - c_3^2) \frac{h}{2\pi}$$

角动量 z 轴分量 h/π 出现的概率为 0。

【2.13】 作氢原子 ψ_{1s}^2-r 图及 D_{1s}-r 图,证明 D_{1s} 极大值在 $r=a_0$ 处,说明两图形不同的原因。

解 H 原子的

$$\psi_{1s} = (\pi a_0^3)^{-\frac{1}{2}} e^{-\frac{r}{a_0}}$$

$$\psi_{1s}^2 = (\pi a_0^3)^{-1} e^{-\frac{2r}{a_0}}$$

$$D_{1s} = 4\pi r^2 \psi_{1s}^2 = 4a_0^{-3} r^2 e^{-\frac{2r}{a_0}}$$

分析 ψ_{1s}^2,D_{1s} 随 r 的变化规律,估计 r 的变化范围及特殊值,选取合适的 r 值,计算出 ψ_{1s}^2 和 D_{1s} 列于下表:

r/a_0	0*	0.10	0.20	0.35	0.50	0.70	0.90	1.10	1.30
$\psi_{1s}^2/(\pi a_0^3)^{-1}$	1.00	0.82	0.67	0.49	0.37	0.25	0.17	0.11	0.07
D_{1s}/a_0^{-1}	0	0.03	0.11	0.24	0.37	0.48	0.54	0.54	0.50
r/a_0	1.60	2.00	2.30	2.50	3.00	3.50	4.00	4.50	5.00
$\psi_{1s}^2/(\pi a_0^3)^{-1}$	0.04	0.02	0.01	0.007	0.003	0.001	<0.001	—	—
D_{1s}/a_0^{-1}	0.42	0.29	0.21	0.17	0.09	0.04	0.02	0.01	0.005

* 从物理图像上来说,r 只能接近于 0。

根据表中数据作 ψ_{1s}^2-r 图和 D_{1s}-r 图,如图 2.12 所示。

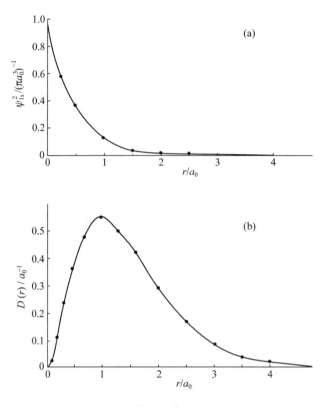

图 2.12 H 原子的 (a) ψ_{1s}^2-r 图和 (b) D_{1s}-r 图

令 $\dfrac{\mathrm{d}}{\mathrm{d}r}D_{1s}=0$，即

$$\dfrac{\mathrm{d}}{\mathrm{d}r}\left(4a_0^{-3}r^2\mathrm{e}^{-\frac{2r}{a_0}}\right)=4a_0^{-3}\left(2r\mathrm{e}^{-\frac{2r}{a_0}}-\dfrac{2r^2}{a_0}\mathrm{e}^{-\frac{2r}{a_0}}\right)$$

$$=8a_0^{-3}r\mathrm{e}^{-\frac{2r}{a_0}}\left(1-\dfrac{r}{a_0}\right)=0$$

得 $r=a_0$（舍去 $r=0$）

即 D_{1s} 在 $r=a_0$ 处有极大值，这与 D_{1s}-r 图一致。a_0 称为 H 原子的最可几半径，亦常称为 Bohr 半径。推而广之，核电荷为 Z 的单电子"原子"，1s 态最可几半径为 $\dfrac{a_0}{Z}$。

ψ_{1s}^2-r 图和 D_{1s}-r 图不同的原因是 ψ_{1s}^2 和 D_{1s} 的物理意义不同。ψ_{1s}^2 表示电子在空间某点出现的概率密度，即电子云。而 D_{1s} 的物理意义是：$D\mathrm{d}r$ 代表在半径为 r 和半径为 $r+\mathrm{d}r$ 的两个球壳内找到电子的概率。两个函数的差别在于 ψ_{1s}^2 不包含体积因素，而 $D\mathrm{d}r$ 包含了体积因素。由 ψ_{1s}^2-r 图可见，在原子核附近，电子出现的概率密度最大，随后概率密度随 r 的增大单调下降。由 D_{1s}-r 图可见，在原子核附近，D_{1s} 接近于 0，随着 r 的增大，D_{1s} 先是增大，到 $r=a_0$ 时达到极大，随后随 r 的增大而减小。由于概率密度 ψ_{1s}^2 随 r 的增大而减小，而球壳的面积 $4\pi r^2$ 随 r 的增大而增大（因而球壳体积 $4\pi r^2\mathrm{d}r$ 增大），两个随 r 变化趋势相反的因素的乘积必然使 D_{1s}（$4\pi r^2\psi_{1s}^2$）出现极大值。

【2.14】 试在直角坐标系中画出氢原子的 5 种 3d 轨道的轮廓图，比较这些轨道在空间的分

布,正、负号,节面及对称性。

解 氢原子 5 种 3d 轨道的轮廓图如图 2.13 所示。它们定性地反映了 H 原子 3d 轨道的下述性质:

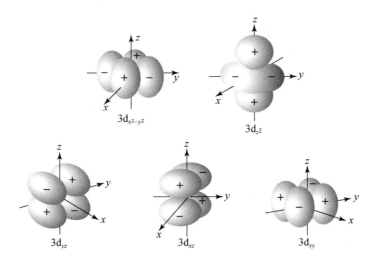

图 2.13 氢原子 5 种 3d 轨道轮廓图

(1) 轨道在空间的分布:$3d_{z^2}$ 的两个极大值分别在 z 轴的正、负方向上距核等距离处,另一类极大值则在 xy 平面、以核为心的圆周上。其余 4 个 3d 轨道彼此形状相同,但空间取向不同。其中 $3d_{x^2-y^2}$ 分别沿 x 轴和 y 轴的正、负方向伸展,$3d_{xy}$,$3d_{xz}$ 和 $3d_{yz}$ 的极大值(各有 4 个)夹在相应的两坐标轴之间。例如,$3d_{xz}$ 的 4 个极大值若以极坐标表示,分别在 $\theta=45°$,$\phi=0°$;$\theta=45°$,$\phi=180°$;$\theta=135°$,$\phi=0°$ 和 $\theta=135°$,$\phi=180°$ 方向上。

(2) 轨道的节面:$3d_{z^2}$ 有两个锥形节面($z^2=x^2+y^2$),其顶点在原子核上,锥角约 110°。另外 4 个 3d 轨道各有两个平面型节面,将 4 个瓣分开。但节面的空间取向不同:$3d_{xz}$ 的节面分别为 xy 平面($z=0$)和 yz 平面($x=0$);$3d_{yz}$ 的节面分别为 xy 平面($z=0$)和 xz 平面($y=0$);$3d_{xy}$ 的节面分别是 xz 平面($y=0$)和 yz 平面($x=0$);而 $3d_{x^2-y^2}$ 的节面则分别为 $y=x$ 和 $y=-x$(z 任意)两个平面。节面的数目服从 $n-l+1$ 规则。根据节面的数目可以大致了解轨道能级的高低,根据节面的形状可以了解轨道在空间的分布情况。

(3) 轨道的对称性:5 个 3d 轨道都是中心对称的,且 $3d_{z^2}$ 轨道沿 z 轴旋转对称。

(4) 轨道的正、负号:已在图中标明。

原子轨道轮廓图虽然只有定性意义,但它图像明确,简单实用,在研究轨道叠加形成化学键时具有重要意义。

【2.15】 写出 He 原子的 Schrödinger 方程,说明用中心力场模型解此方程时要作哪些假设,计算其激发态 $(2s)^1(2p)^1$ 的轨道角动量和轨道磁矩。

解 He 原子的 Schrödinger 方程为

$$\left[-\frac{h^2}{8\pi^2 m}(\nabla_1^2+\nabla_2^2)-\frac{2e^2}{4\pi\varepsilon_0}\left(\frac{1}{r_1}+\frac{1}{r_2}\right)+\frac{1}{4\pi\varepsilon_0}\cdot\frac{e^2}{r_{12}}\right]\psi=E\psi$$

式中 r_1 和 r_2 分别是电子 1 和电子 2 到核的距离,r_{12} 是电子 1 和电子 2 之间的距离。若以原子单位表示,则 He 原子的 Schrödinger 方程为

$$\left[-\frac{1}{2}(\nabla_1^2+\nabla_2^2)-\frac{2}{r_1}-\frac{2}{r_2}+\frac{1}{r_{12}}\right]\psi=E\psi$$

用中心力场模型解此方程时作了如下假设：

(1) 将电子 2 对电子 1(1 和 2 互换亦然)的排斥作用归结为电子 2 的平均电荷分布所产生的一个以原子核为中心的球对称平均势场的作用(不探究排斥作用的瞬时效果,只着眼于排斥作用的平均效果)。该势场叠加在核的库仑场上,形成了一个合成的平均势场。电子 1 在此平均势场中独立运动,其势能只是自身坐标的函数,而与两电子间距离无关。这样,上述 Schrödinger 方程能量算符中的第三项就消失了,它在形式上变得与单电子原子的 Schrödinger 方程相似。

(2) 既然电子 2 所产生的平均势场是以原子核为中心的球形场,那么它对电子 1 的排斥作用的效果可视为对核电荷的屏蔽,即抵消了 σ 个核电荷,使电子 1 感受到的有效核电荷降低为 $(2-\sigma)e$。这样,Schrödinger 方程能量算符中的吸引项就变成了 $-\frac{2-\sigma}{r_1}$,于是电子 1 的单电子 Schrödinger 方程变为

$$\left[-\frac{1}{2}\nabla_1^2-\frac{2-\sigma}{r_1}\right]\psi_1(1)=E_1\psi_1(1)$$

按求解单电子原子 Schrödinger 方程的方法即可求出单电子波函数 $\psi_1(1)$ 及相应的原子轨道能 E_1。

(3) 上述分析同样适用于电子 2,因此电子 2 的 Schrödinger 方程为

$$\left[-\frac{1}{2}\nabla_2^2-\frac{2-\sigma}{r_2}\right]\psi_2(2)=E_2\psi_2(2)$$

电子 2 的单电子波函数和相应的能量分别为 $\psi_2(2)$ 和 E_2。He 原子的波函数可写成两单电子波函数之积：

$$\psi(1,2)=\psi_1(1)\cdot\psi_2(2)$$

He 原子的总能量为

$$E=E_1+E_2$$

He 原子激发态 $(2s)^1(2p)^1$ 角动量加和后 $L=1$,故轨道角动量和轨道磁矩分别为

$$|M_L|=\sqrt{L(L+1)}\frac{h}{2\pi}=\sqrt{2}\frac{h}{2\pi}$$

$$|\mu|=\sqrt{L(L+1)}\beta_e=\sqrt{2}\beta_e$$

【2.16】 写出 Li^{2+} 离子的 Schrödinger 方程,说明该方程中各符号及各项的意义;写出 Li^{2+} 离子 1s 态的波函数并计算：

(1) 1s 电子径向分布最大值离核的距离;
(2) 1s 电子离核的平均距离;
(3) 1s 电子概率密度最大处离核的距离;
(4) 比较 Li^{2+} 离子的 2s 和 2p 态能量的高低;
(5) Li 原子的第一电离能(按 Slater 屏蔽常数算有效核电荷)。

解 Li^{2+} 离子的 Schrödinger 方程为

$$\left[-\frac{h^2}{8\pi^2\mu}\nabla^2-\frac{3e^2}{4\pi\varepsilon_0 r}\right]\psi=E\psi$$

方程中，μ 和 r 分别代表 Li^{2+} 的约化质量和电子到核的距离；∇^2，ψ 和 E 分别是 Laplace 算符、状态函数及该状态的能量，h 和 ε_0 则分别是 Planck 常数和真空电容率。方括号内为总能量算符，其中第一项为动能算符，第二项为势能算符（即势能函数）。

Li^{2+} 离子 1s 态的波函数为

$$\psi_{1s} = \left(\frac{27}{\pi a_0^3}\right)^{\frac{1}{2}} e^{-\frac{3}{a_0}r}$$

(1) $D_{1s} = 4\pi r^2 \psi_{1s}^2 = 4\pi r^2 \times \dfrac{27}{\pi a_0^3} e^{-\frac{6}{a_0}r} = \dfrac{108}{a_0^3} r^2 e^{-\frac{6}{a_0}r}$

$\dfrac{d}{dr} D_{1s} = \dfrac{108}{a_0^3}\left(2r - \dfrac{6}{a_0}r^2\right)e^{-\frac{6}{a_0}r} = 0$

$\because r \neq \infty \quad \therefore 2r - \dfrac{6}{a_0}r^2 = 0$

又 $\because r \neq 0 \quad \therefore r = \dfrac{a_0}{3}$

1s 电子径向分布最大值在距核 $\dfrac{a_0}{3}$ 处。

(2) $\langle r \rangle = \int \psi_{1s}^* \hat{r} \psi_{1s} d\tau = \int r \psi_{1s}^2 d\tau$

$= \int r \dfrac{27}{\pi a_0^3} e^{-\frac{6}{a_0}r} r^2 \sin\theta dr d\theta d\phi = \dfrac{27}{\pi a_0^3} \int_0^\infty r^3 e^{-\frac{6}{a_0}r} dr \int_0^\pi \sin\theta d\theta \int_0^{2\pi} d\phi$

$= \dfrac{27}{\pi a_0^3} \times \dfrac{a_0^4}{216} \times 4\pi = \dfrac{1}{2} a_0$

(3) $\psi_{1s}^2 = \dfrac{27}{\pi a_0^3} e^{-\frac{6}{a_0}r}$

因为 ψ_{1s}^2 随着 r 的增大而单调下降，所以不能用令一阶导数为 0 的方法求其最大值离核的距离。分析 ψ_{1s}^2 的表达式可见，$r = 0$ 时 $e^{-\frac{6}{a_0}r}$ 最大，因而 ψ_{1s}^2 也最大。但实际上 r 不能为 0（电子不可能落到原子核上），因此更确切的说法是 r 趋近于 0 时 1s 电子的概率密度最大。

(4) Li^{2+} 为单电子"原子"，组态的能量只与主量子数有关，所以 2s 和 2p 态简并，即 $E_{2s} = E_{2p}$。

(5) Li 原子的基组态为 $(1s)^2(2s)^1$。对 2s 电子来说，1s 电子为其相邻内一组电子，$\sigma = 0.85$。因而

$$E_{2s} = -13.6\ eV \times \dfrac{(3 - 0.85 \times 2)^2}{2^2} = -5.75\ eV$$

根据 Koopmann 定理，Li 原子的第一电离能为

$$I_1 = -E_{2s} = 5.75\ eV$$

【2.17】 Li 原子的 3 个电离能分别为 $I_1 = 5.392\ eV$，$I_2 = 75.638\ eV$，$I_3 = 122.451\ eV$，请计算 Li 原子的 1s 电子结合能。

解 根据电离能的定义，可写出下列关系式：

$Li(1s^2 2s^1) \longrightarrow Li^+(1s^2 2s^0) \qquad E_{Li^+(1s^2 2s^0)} - E_{Li(1s^2 2s^1)} = I_1 \qquad (1)$

$Li^+(1s^2 2s^0) \longrightarrow Li^{2+}(1s^1 2s^0) \qquad E_{Li^{2+}(1s^1 2s^0)} - E_{Li^+(1s^2 2s^0)} = I_2 \qquad (2)$

$Li^{2+}(1s^1 2s^0) \longrightarrow Li^{3+}(1s^0 2s^0) \qquad E_{Li^{3+}(1s^0 2s^0)} - E_{Li^{2+}(1s^1 2s^0)} = I_3 \qquad (3)$

根据电子结合能的定义，Li 原子 1s 电子结合能为
$$E_{1s} = -\left[E_{Li^+(1s^12s^1)} - E_{Li(1s^22s^1)}\right]$$
而
$$E_{Li^+(1s^12s^1)} = -13.6\,\text{eV} \times \frac{3^2}{1^2} - 13.6\,\text{eV} \times \frac{(3-0.85)^2}{2^2}$$
$$= -138.17\,\text{eV} \qquad (4)$$
$$E_{Li(1s^22s^1)} = -(I_1 + I_2 + I_3) = -(5.392 + 75.638 + 122.451)\,\text{eV}$$
$$= -203.48\,\text{eV} \qquad (5)$$

所以
$$E_{1s} = -[(4)-(5)] = (5)-(4)$$
$$= -203.48\,\text{eV} - (-138.17\,\text{eV}) \approx -65.3\,\text{eV}$$

或
$$E_{Li(1s^22s^1)} - E_{Li^+(1s^2)} = -I_1$$
$$E_{Li^+(1s^2)} - E_{Li^+(1s^1)} = -I_2$$
$$E_{Li^{2+}(1s^1)} - E_{Li^+(1s^12s^1)} = E$$
$$E = 13.6\,\text{eV} \times \frac{(3-\sigma)^2}{2^2} = 13.6 \times \frac{(3-0.85)^2}{4}\,\text{eV} = 15.7\,\text{eV}$$

1s 电子结合能为
$$E_{1s} = E_{Li(1s^22s^1)} - E_{Li^+(1s^12s^1)}$$
$$= E - I_1 - I_2$$
$$= 15.7\,\text{eV} - 5.39\,\text{eV} - 75.64\,\text{eV} = -65.3\,\text{eV}$$

【2.18】 已知 He 原子的第一电离能 $I_1 = 24.59\,\text{eV}$，试计算：
(1) 第二电离能，1s 的单电子原子轨道能和电子结合能；
(2) 基态能量；
(3) 在 1s 轨道中两个电子的互斥能；
(4) 屏蔽常数；
(5) 根据(4)所得结果求 H^- 的基态能量。

解

(1) He 原子的第二电离能 I_2 是下一电离过程所需要的最低能量，即
$$He^+(g) \longrightarrow He^{2+}(g) + e^-$$
$$I_2 = \Delta E = E_{He^{2+}} - E_{He^+}$$
$$= 0 - E_{He^+} = -E_{He^+}$$

He^+ 是单电子"原子"，E_{He^+} 可按单电子原子能级公式计算，因而
$$I_2 = -E_{He^+} = -\left(-13.595\,\text{eV} \times \frac{2^2}{1^2}\right) = 54.38\,\text{eV}$$

1s 的单电子原子轨道能为
$$-\frac{(24.6+54.4)\,\text{eV}}{2} = -39.5\,\text{eV}$$

电子结合能为 $-24.59\,\text{eV}$。

(2) 从原子的电离能的定义出发,按下述步骤推求 He 原子基态的能量:

$$He(g) \longrightarrow He^+(g) + e^- \quad I_1 = E_{He^+} - E_{He} \qquad (1)$$

$$He^+(g) \longrightarrow He^{2+}(g) + e^- \quad I_2 = E_{He^{2+}} - E_{He^+} \qquad (2)$$

由(1)式得

$$E_{He} = E_{He^+} - I_1$$

将(2)式代入,得

$$E_{He} = E_{He^+} - I_1 = E_{He^{2+}} - I_2 - I_1$$
$$= 0 - (I_1 + I_2) = -(I_1 + I_2)$$
$$= -(24.59 \text{ eV} + 54.38 \text{ eV}) = -78.97 \text{ eV}$$

推而广之,含有 n 个电子的多电子原子 A,其基态能量等于各级电离能之和的负值,即

$$E_A = -\sum_{i=1}^{n} I_i$$

(3) 用 $J(s,s)$ 表示 He 原子中两个 1s 电子的互斥能,则

$$E_{He} = 2E_{He^+} + J(s,s)$$
$$J(s,s) = E_{He} - 2E_{He^+}$$
$$= -78.97 \text{ eV} - 2 \times (-54.38 \text{ eV})$$
$$= 29.79 \text{ eV}$$

也可直接由 I_2 减 I_1 求算 $J(s,s)$,两法本质相同。

(4) $E_{He} = \left[-13.595 \text{ eV} \times \frac{(2-\sigma)^2}{1^2} \right] \times 2$

$$\sigma = 2 - \left[\frac{E_{He}}{-13.595 \text{ eV} \times 2} \right]^{\frac{1}{2}} = 2 - \left[\frac{-78.97 \text{ eV}}{-13.595 \text{ eV} \times 2} \right]^{\frac{1}{2}}$$
$$= 2 - 1.704 \approx 0.3$$

(5) H^- 是核电荷为 1 的二电子"原子",其基组态为 $(1s)^2$,因而基态能量为

$$E_{H^-} = [-13.595 \text{ eV} \times (1-\sigma)^2] \times 2$$
$$= [-13.595 \text{ eV} \times (1-0.3)^2] \times 2$$
$$= -13.32 \text{ eV}$$

【2.19】 用 Slater 法计算 Be 原子的第一至第四电离能,将计算结果与 Be 的常见氧化态联系起来。

解

| 原子或离子 | $Be(g)$ | $\longrightarrow$ | $Be^+(g)$ | $\longrightarrow$ | $Be^{2+}(g)$ | $\longrightarrow$ | $Be^{3+}(g)$ | $\longrightarrow$ | $Be^{4+}(g)$ |

组　态　　$(1s)^2(2s)^2 \underbrace{\longrightarrow}_{I_1} (1s)^2(2s)^1 \underbrace{\longrightarrow}_{I_2} (1s)^2 \underbrace{\longrightarrow}_{I_3} (1s)^1 \underbrace{\longrightarrow}_{I_4} (1s)^0$

电离能　　　　　　　I_1　　　　　I_2　　　　　I_3　　　　I_4

根据原子电离能的定义式 $I_n = E_{A^{n+}} - E_{A^{(n-1)+}}$,用 Slater 法计算 Be 原子的各级电离能如下:

$$I_1 = -\left[-13.595 \text{ eV} \times \frac{(4-0.85 \times 2-0.35)^2}{2^2} \times 2 + 13.595 \text{ eV} \times \frac{(4-0.85 \times 2)^2}{2^2} \right]$$
$$= 7.871 \text{ eV}$$

$$I_2 = -\left[-13.595 \text{ eV} \times \frac{(4-0.85 \times 2)^2}{2^2} \right] = 17.98 \text{ eV}$$

$$I_3 = -[-13.595 \text{ eV} \times (4-0.3)^2 \times 2 + 13.595 \text{ eV} \times 16] = 154.8 \text{ eV}$$

$$I_4 = -(-13.595\,\mathrm{eV} \times 4^2) = 217.5\,\mathrm{eV}$$

计算结果表明：$I_4 > I_3 > I_2 > I_1$；I_2 和 I_1 相近(差为 10.1 eV)，I_4 和 I_3 相近(差为 62.7 eV)，而 I_3 和 I_2 相差很大(差为 136.8 eV)。所以，Be 原子较易失去两个 2s 电子而在其化合物中显 +2 价。

【2.20】 用《结构化学基础》(第 5 版)2.4 节(2.4.10)式计算 Na 和 F 的 3s 和 2p 轨道的有效半径 r^*。

解 Na 原子基态为 $(1s)^2(2s)^2(2p)^6(3s)^1$

$$Z^*(3s) = 11 - 1.00 \times 2 - 0.85 \times 8 = 2.2$$
$$Z^*(2p) = 11 - 0.85 \times 2 - 0.35 \times 7 = 6.85$$

代入计算公式，得

$$r^*(3s) = \frac{3^2}{2.2} a_0 = 4.1 a_0$$

$$r^*(2p) = \frac{2^2}{6.85} a_0 = 0.58 a_0$$

F 原子基组态为 $(1s)^2(2s)^2(2p)^5$

$$Z^*(3s) = 9 - 1.00 \times 2 - 0.85 \times 7 = 1.05$$
$$Z^*(2p) = 9 - 0.85 \times 2 - 0.35 \times 6 = 5.2$$

代入公式计算，得

$$r^*(3s) = \frac{3^2}{1.05} a_0 = 8.6 a_0$$

$$r^*(2p) = \frac{2^2}{5.2} a_0 = 0.77 a_0$$

【2.21】 写出下列原子的基态光谱支项的符号：
(1) Si，(2) Mn，(3) Br，(4) Nb，(5) Ni。

解 写出各原子的基组态和最外层电子排布(对全充满的电子层，电子的自旋互相抵消，各电子的轨道角动量矢量也相互抵消，不必考虑)，根据 Hund 规则推出原子最低能态的自旋量子数 S、角量子数 L 和总量子数 J，进而写出最稳定的光谱支项。

(1) Si：[Ne]$3s^2 3p^2$ $\underline{\uparrow}\;\underline{\uparrow}\;\underline{}$
$\,1\,0-1$

$m_S = 1, S = 1; m_L = 1, L = 1; L - S = 0;\, ^3P_0$

(2) Mn：[Ar]$4s^2 3d^5$ $\underline{\uparrow}\;\underline{\uparrow}\;\underline{\uparrow}\;\underline{\uparrow}\;\underline{\uparrow}$
$\,2\,1\,0-1-2$

$m_S = \dfrac{5}{2}, S = \dfrac{5}{2}; m_L = 0, L = 0; |L - S| = \dfrac{5}{2};\, ^6S_{\frac{5}{2}}$

(3) Br：[Ar]$4s^2 3d^{10} 4p^5$ $\underline{\uparrow\downarrow}\;\underline{\uparrow\downarrow}\;\underline{\uparrow}$
$\,1\,0-1$

$m_S = \dfrac{1}{2}, S = \dfrac{1}{2}; m_L = 1, L = 1; L + S = \dfrac{3}{2};\, ^2P_{\frac{3}{2}}$

(4) Nb：[Kr]$5s^1 4d^4$ $\underline{\uparrow}\;\underline{\uparrow}\;\underline{\uparrow}\;\underline{\uparrow}\;\underline{}$
$\,2\,1\,0-1-2$

$m_S = \dfrac{5}{2}, S = \dfrac{5}{2}; m_L = 2, L = 2; |L - S| = \dfrac{1}{2};\, ^6D_{\frac{1}{2}}$

(5) Ni：[Ar]$4s^2 3d^8$

↑↓	↑↓	↑↓	↑	↑
2	1	0	−1	−2

$m_S = 1, S = 1; m_L = 3, L = 3; L+S = 4; {}^3F_4$

【2.22】 写出 Na 和 F 原子基组态以及碳的激发态 C($1s^2 2s^2 2p^1 3p^1$)存在的光谱支项符号。

解 Na 原子的基组态为($1s$)²($2s$)²($2p$)⁶($3s$)¹。其中 1s，2s 和 2p 三个电子层皆充满电子，它们对整个原子的轨道角动量和自旋角动量均无贡献。Na 原子的轨道角动量和自旋角动量仅由 3s 电子决定：$L=0, S=\frac{1}{2}$，故光谱项为 ²S；J 只能为 $\frac{1}{2}$，故光谱支项为 $^2S_{\frac{1}{2}}$。

F 原子的基组态为($1s$)²($2s$)²($2p$)⁵。与上述理由相同，该组态的光谱项和光谱支项只取决于($2p$)⁵ 组态。根据等价电子组态的"电子-空位"关系，($2p$)⁵ 组态与($2p$)¹ 组态具有相同的谱项。因此，本问题转化为推求($2p$)¹ 组态的光谱项和光谱支项。这里只有一个电子，$S=\frac{1}{2}$，$L=1$，故光谱项为 ²P。又 $J=1+\frac{1}{2}=\frac{3}{2}$ 或 $J=1-\frac{1}{2}=\frac{1}{2}$，因此有两个光谱支项：$^2P_{\frac{3}{2}}$ 和 $^2P_{\frac{1}{2}}$。

对 C 原子激发态($1s$)²($2s$)²($2p$)¹($3p$)¹，只考虑组态($2p$)¹($3p$)¹ 即可。2p 和 3p 电子是不等价电子，因而($2p$)¹($3p$)¹ 组态不受 Pauli 原理限制，可按下述步骤推求其谱项：由 $l_1=1$，$l_2=1$，得 $L=2,1,0$；由 $s_1=\frac{1}{2}, s_2=\frac{1}{2}$，得 $S=1,0$。因此可得 6 个光谱项：$^3D, ^3P, ^3S, ^1D, ^1P, ^1S$。根据自旋-轨道相互作用，每一光谱项又分裂成数目不等的光谱支项，如 ³D，它分裂为 $^3D_3$，$^3D_2$ 和 $^3D_1$ 等 3 个支项。6 个光谱项共分裂为 10 个光谱支项：$^3D_3, ^3D_2, ^3D_1, ^3P_2, ^3P_1, ^3P_0, ^3S_1, ^1D_2, ^1P_1, ^1S_0$。

【2.23】 对 Sc 原子($Z=21$)，写出：
(1) 能级最低的光谱支项；
(2) 在该光谱支项表征的状态中，原子的总轨道角动量；
(3) 在该光谱支项表征的状态中，原子的总自旋角动量；
(4) 在该光谱支项表征的状态中，原子的总角动量；
(5) 在磁场中此光谱支项分裂为多少个微观能态？

解

(1) Sc $3d^1$

2	1	0	−1	−2
↑				

$m_S = 1/2$，$S = 1/2$；$m_L = 2$，$L = 2$；$L-S = 3/2$

能级最低的光谱支项为 $^2D_{3/2}$。

(2) 总轨道角动量 $|M_L|$ 由 $L=2$ 推求。

$$|M_L| = \sqrt{L(L+1)} \frac{h}{2\pi} = \frac{\sqrt{6}h}{2\pi}$$

(3) 总自旋角动量 $|M_S|$ 由 $S=1/2$ 推求。

$$|M_S| = \sqrt{S(S+1)} \frac{h}{2\pi} = \frac{\sqrt{3}h}{4\pi}$$

(4) 总角动量 $|M_J|$ 由 $J=3/2$ 推求。

$$|M_J| = \sqrt{J(J+1)}\frac{h}{2\pi} = \frac{\sqrt{15}h}{4\pi}$$

(5) 在磁场中此光谱支项可分裂为 $2J+1$ 个微观能态,即 4 个微观能态。

【2.24】 基态 Ni 原子可能的电子组态为:(1) [Ar]$3d^84s^2$,(2) [Ar]$3d^94s^1$。由光谱实验确定其能量最低的光谱支项为 $^3F_4$,试判断它是哪种组态。

解 分别求出(1),(2)两种电子组态能量最低的光谱支项,与实验结果对照,即可确定正确的电子组态。

组态(1):$m_S=1, S=1; m_L=3, L=3; L+S=4$。因此,能量最低的光谱支项为 $^3F_4$,与光谱实验结果相同。

组态(2):$m_S=1, S=1; m_L=2, L=2; L+S=3$。因此,能量最低的光谱支项为 $^3D_3$,与光谱实验结果不同。

所以,基态 Ni 原子的电子组态为[Ar]$3d^84s^2$。

【2.25】 列式表明电负性的 Pauling 标度和 Mulliken 标度是怎样定的。

解 Pauling 标度:

$$\chi_A - \chi_B = 0.102\Delta^{\frac{1}{2}}$$

式中 χ_A 和 χ_B 分别是原子 A 和 B 的电负性,Δ 是 A—B 键的键能与 A—A 键和 B—B 键键能的几何平均值的差。定义 F 的电负性 $\chi_F=4$。

Mulliken 标度:

$$\chi_M = 0.18(I_1+Y)$$

式中 I_1 和 Y 分别为原子的第一电离能和电子亲和能(取以 eV 为单位的数值),0.18 为拟合常数。

【评注】 电负性是个相对值,在 Mulliken 标度中拟合常数有的选 0.21,有的选 0.5,用 Mulliken 标度时应予以注意。

【2.26】 原子吸收光谱较原子发射光谱有哪些优缺点,产生优缺点的原因是什么?

解 原子从某一激发态跃迁回基态,发射出具有一定波长的一条光线,而从其他可能的激发态跃迁回基态以及在某些激发态之间的跃迁都可发射出具有不同波长的光线,这些光线形成了原子发射光谱。

原子吸收光谱是由已分散成蒸气状态的基态原子吸收光源所发出的特征辐射后在光源光谱中产生的暗线形成的。

基于上述机理,原子吸收光谱分析同原子发射光谱分析相比具有下列优点:

(1) 灵敏度高。这是因为,在一般火焰温度(2000~3000 K)下,原子蒸气中激发态原子数目只占基态原子数目的 10^{-15}~10^{-3} 左右。因此,在通常条件下,原子蒸气中参与产生吸收光谱的基态原子数远远大于可能产生发射光谱的激发态原子数。

(2) 准确度较好。如上所述,处于热平衡状态时,原子蒸气中激发态原子的数目极小,外界条件的变化所引起的原子数目的波动,对于发射光谱会有较大的影响,而对于吸收光谱影响较小。例如,假设蒸气中激发态原子占 0.1%,则基态原子为 99.9%。若外界条件的变化引起 0.1% 原子的波动,则相对发射光谱会有 100% 的波动影响,而对吸收光谱,波动影响只近于

0.1%。

（3）谱线简单，受试样组成影响小。空心阴极灯光源发射出的特征光，只与待测元素的原子从其基态跃迁到激发态所需要的能量相当，只有试样中的待测元素的原子吸收，其他元素的原子不吸收此光，因而不干扰待测元素的测定。这使谱线简单，也避免了测定前大量而繁杂的分离工作。

（4）仪器、设备简单，操作方便、快速。

第3章 共价键和双原子分子的结构化学

内 容 提 要

3.1 化学键概述

化学键是将原子结合成物质世界的作用力。在物质世界里，原子互相吸引、互相推斥，以一定的次序和方式结合成独立而相对稳定存在的结构单元——分子和晶体。分子是保持化合物特性的最小微粒，是参与化学反应的基本单元。随着科学的发展，分子的概念发展为泛分子，它是泛指21世纪化学的研究对象，如原子、分子片、分子、高分子、超分子、分子聚集体和分子器件等等。分子概念的发展，也使化学键的含义发展。但物理学所探讨的万有引力相对于原子间的化学键力是微不足道的，不包含在化学键中。

通常，化学键定义为在分子或晶体中两个或多个原子间的强烈作用。共价键、离子键和金属键是化学键的3种极限键型。它们有各自的特征。

分子之间以及分子以上层次的超分子及有序高级结构的聚集体，则是依靠氢键、盐键、一些弱的共价键和相互作用以及范德华力等将分子结合在一起。这些作用能比一般强的化学键键能小1~2个数量级，它们统称为次级键。将共价键、离子键、金属键和次级键等4种不同的键型排列在四面体的顶点上，构成化学键四面体关系图。

由于键型变异和结构的复杂性，在一种单质或化合物中，常常包含多种类型的化学键，例如石墨晶体中，通过 C—C 共价 σ 键构成层形分子，层中原子间还形成离域 π 键，它可看作一种二维的金属键，使石墨具有金属光泽和导电性；层形石墨分子依靠 π⋯π 相互作用和范德华力结合成晶体。

世界物质的多样性由物质内部原子的空间排布的多样性以及它们之间的多种类型的化学键所决定。已知世界上有118种元素，其中常见的只有30多种，这些元素的原子通过各种化学键，形成了五彩缤纷的世界。例如最简单的氢原子，可以形成多种类型的化学键：共价键、离子键、金属键、氢键、缺电子多中心氢桥键、H^- 配键、分子氢配键及抓氢键等8种类型。在不同的成键环境中，一个结构最简单的氢原子能和其他原子形成多种类型的化学键。由此可以想象，对于其他具有多个价层轨道和多个价电子的原子，所能形成的化学键类型将会更多。原子结构的复杂性增加，成键环境对形成键型的影响也会增加。

根据化学键中电子的分布情况还有多种名词表达的不同的化学键，例如：定域键、离域键、多中心键、极性键、非极性键、配位键等等。

3.2 H_2^+ 的结构和共价键的本质

H_2^+ 的 Schrödinger 方程以原子单位表示为

$$\left[-\frac{1}{2}\nabla^2 - \frac{1}{r_a} - \frac{1}{r_b} + \frac{1}{R}\right]\psi = E\psi$$

式中第一项为电子的动能算符，r_a 和 r_b 分别为电子离 H 原子核 a 和核 b 的距离，R 为原子核间的距离，ψ 和 E 为分子的波函数和能量。式中不含核动能算符，即假定电子处在固定的核势场中运动，ψ 只反映电子的运动状态。改变 R 值解方程，可得一系列 ψ 和 E，能量最低时的核间距为平衡核间距 R_e。

上述方程可用变分法求解。变分法的原理是：对任意一个品优波函数 ψ，用体系的 $\hat{H}$ 算符求得的能量平均值，将大于或接近于体系基态的能量 E_0。根据此原理，利用求极值方法调节参数，找出能量最低时对应的波函数，即为和体系基态相近似的波函数。

对 H_2^+ 选择下一品优的线性变分函数：

$$\psi = c_a \psi_a + c_b \psi_b$$

式中 ψ_a 和 ψ_b 均为 H 原子的 ψ_{1s}，c_a 和 c_b 为待定参数。用变分法解 H_2^+ 的 Schrödinger 方程，经过归一化，可得两个波函数 ψ_1 和 ψ_2 以及相应的能量 E_1 和 E_2：

$$\psi_1 = \frac{1}{\sqrt{2+2S}}(\psi_a + \psi_b), \quad E_1 = \frac{\alpha + \beta}{1+S}$$

$$\psi_2 = \frac{1}{\sqrt{2-2S}}(\psi_a - \psi_b), \quad E_2 = \frac{\alpha - \beta}{1-S}$$

式中 α 积分又称为库仑积分，在平衡核间距 R_e 时，其值接近于 H 原子能量；β 积分又称为交换积分，它与 ψ_a 和 ψ_b 的重叠程度有关，当两个原子接近成键，ψ_a 和 ψ_b 互相重叠，β 积分为负值，使 E_1 能量降低，是使分子稳定的主要原因；S 积分又称重叠积分，是 ψ_a 和 ψ_b 乘积的积分，也和核间距离有关，其值介于 0 和 1 之间。这些积分均为核间距 R 的函数，给定 R 值可计算出一数值，作 E-R 曲线，可得 E_1 值低于 H 原子和 H^+ 离子的能量之和，且随 R 的变化 E_1 值有一最低点，它从能量角度说明 H_2^+ 能稳定存在。E_2 值高于 H 原子和 H^+ 离子的能量之和，它随 R 增加单调下降。

ψ_1 的能量比 1s 轨道低，当电子从氢原子的 1s 轨道进入 ψ_1，体系的能量降低，ψ_1 为成键轨道，这时原子间靠它形成的化学键即共价键。若电子进入 ψ_2，H_2^+ 能量就要升高，ψ_2 为反键轨道。

电子在 H_2^+ 分子中的分布情况，即电子云的分布可从 ψ_1^2 来了解：

$$\psi_1^2 = \frac{1}{2+2S}(\psi_a^2 + \psi_b^2 + 2\psi_a\psi_b)$$

由此可见，ψ_1^2 不是 ψ_a^2 和 ψ_b^2 的简单加和，它多了 $2\psi_a\psi_b$，即核 a 和核 b 之间由于 ψ_a 和 ψ_b 的互相重叠成键，多出了电子云 $2\psi_a\psi_b$，这些电子云是从两个原子核连线外侧转移到两核之间，增加核间区域的电子云，它们同时受到两个核中正电荷的吸引而成键的，这就是共价键的本质。

3.3 分子轨道理论和双原子分子的结构

将 H_2^+ 成键的一般原理推广，可得适用于一般分子的分子轨道理论。分子轨道理论将分子中每一个电子的运动看作是在核和其余的电子平均势场中的运动。它的运动状态可以用单电子波函数 ψ 来描述，这种单电子波函数称为分子轨道。分子轨道可由能级相近的原子轨道线性组合得到。要使各轨道有效组合，必须满足能级高低相近、对称性匹配和轨道最大重叠 3 个条件。组合时，轨道数目不变，而轨道的能量改变。分子中的电子根据 Pauli 原理、能量最低原理和 Hund 规则排布在分子轨道上。

在讨论分子轨道问题时,对反键轨道应当予以重视,因为它是分子轨道系列中不可缺少的一部分,具有和成键轨道相似的性质:可和其他轨道叠加形成化学键,而且它是了解分子激发态性质的关键。

按分子轨道沿键轴分布的特点,可分为 σ 轨道、π 轨道和 δ 轨道。沿键轴一端观看,呈圆柱对称、没有节面者为 σ 轨道,有一个节面者为 π 轨道,有两个节面者为 δ 轨道。由 σ 轨道上的电子形成的共价键为 σ 键,由 π 轨道和 δ 轨道上的电子形成的共价键分别为 π 键和 δ 键。

化学键的键级定义为成键电子数减去反键电子数后被 2 除所得的数值。两原子间的键级可看作共价键的数目。2 个电子占据成键轨道,键级为 1,相当于 1 个共价键。1 个电子占据成键轨道形成的单电子键,键级为 1/2,相当于半个共价键。2 个电子占据成键轨道,1 个电子占据反键轨道,这 3 个电子形成的三电子键,键级为 1/2,相当于半个共价键。

第二周期元素的原子组成的双原子分子,对 2s 和 $2p_z$ 原子轨道能级差别较大的 O_2 和 F_2,价层分子轨道能级的顺序为

$$\sigma_{2s} < \sigma_{2s}^* < \sigma_{2p_z} < \pi_{2p_x} = \pi_{2p_y} < \pi_{2p_x}^* = \pi_{2p_y}^* < \sigma_{2p_z}^*$$

而 N_2,C_2,B_2 等因 2s 和 $2p_z$ 原子轨道能级相近,由它们组成的分子轨道 σ_{2s} 和 σ_{2p_z},σ_{2s}^* 和 $\sigma_{2p_z}^*$ 对称性相同,互相产生 s-p 混杂,轨道组成改变,其能级顺序为

$$1\sigma_g < 1\sigma_u < 1\pi_u(2\text{个}) < 2\sigma_g < 1\pi_g(2\text{个}) < 2\sigma_u$$

因 s-p 混杂的结果,下标不再标出 2s 和 $2p_z$ 等,而标出中心对称的 g 和中心反对称的 u。由于 s-p 混杂结果,$1\sigma_u$ 为弱反键,$2\sigma_g$ 为弱成键。

对异核双原子分子,可利用最外层电子能级高低相似的特点,组合成分子轨道排布电子。由于两个原子核不同,g 和 u 已失去意义,所以只按顺序标记出 σ 和 π 轨道。

3.4 H_2 分子的结构和价键理论

根据 H_2 分子中 2 个核和 2 个电子的坐标写出 H_2 分子的 Schrödinger 方程,选择原子轨道作为近似基函数,利用线性变分法定变分参数,可得到 H_2 分子的波函数和相应的能量。H_2 分子的波函数是包括轨道运动和自旋运动两个部分的全波函数,按 Pauli 原理,全波函数应是反对称的。对能量低的轨道运动部分是对称波函数,则自旋运动部分必须是反对称的。能量和核间距的关系曲线上有一最低点,很好地阐明 H_2 分子稳定存在的原因。能量高的轨道运动部分是反对称波函数,相应的自旋运动波函数则要求是对称的,包含 2 个电子的对称自旋波函数有 3 个,所以对应的能量高的全波函数是三重态。

从 H_2 分子的结构及杂化轨道概念等综合所得的价键理论,是阐明共价键本质的基本理论之一。价键理论以原子轨道作为近似基函数处理分子中电子的运动规律,它认为原子在化合前有未成对电子,这些不同原子的未成对电子互相接近时,按自旋相反配对,使体系能量降低,形成化学键。每一对电子互相配对,应形成一个共价键。

根据价键理论,若原子 A 在它的价层原子轨道 ψ_a 中有一未成对电子,另一原子 B 在它的价层原子轨道 ψ_b 中也有一未成对电子,当 A,B 两原子接近时,这两个电子就以自旋相反配对成键。若它们各有 2 个和 3 个未成对电子,则可两两配对构成共价双键或叁键。若原子 A 有 2 个未成对电子而原子 B 只有一个,则 A 能和 2 个 B 结合成 AB_2 分子。一个电子和另一个电子配对成键后,就不能再和第三个电子配对,因而共价键有饱和性;原子轨道重叠愈多,共价键愈强,沿轨道最大重叠方向成键,使共价键具有方向性。若 A 原子有孤对电子,B 原子有能量

合适的空轨道,原子 A 孤对电子所占据的轨道与原子 B 的空轨道有效重叠,共享孤对电子,形成共价配键 A→B。

价键理论和分子轨道理论都是处理共价键的近似理论,各有其优缺点。价键理论用定域轨道概念描述分子的结构,配合杂化轨道法,适合于处理基态分子的结构,了解分子的几何构型和解离能等性质。分子轨道理论把每个分子轨道都看作遍及于分子整体,可了解各个状态波函数的分布和能级的高低,阐明分子光谱的性质以及有关激发态分子的性质。

3.5 分子光谱

分子有多种运动方式,包括分子整体的平动、分子的转动、分子中原子的振动、分子中电子的跃迁运动、电子自旋和核自旋等。分子的平动能级间隔太小,分子光谱反映不出来;核和电子的自旋运动在分子光谱中不予考虑。分子光谱只涉及分子的转动、振动和电子的跃迁等。

分子转动光谱在远红外或微波区。根据分子转动的角动量平方算符的意义和本征值,可推得转动能级 E_R:

$$E_R = J(J+1)\frac{h^2}{8\pi^2 I} \qquad J = 0,1,2,\cdots$$

式中 J 为转动量子数,I 为转动惯量,据此可得转动能级图。刚性转子的选律为 $\Delta J = \pm 1$,由此推得转动光谱的波数为

$$\tilde{\nu} = 2 \times \frac{h}{8\pi^2 Ic}(J+1) = 2B(J+1)$$

式中 $B = h/(8\pi^2 Ic)$,称为转动常数。通过实验测定转动光谱的波数 $\tilde{\nu}$ 值,可求得 I 值,进一步推出分子中核间距离 r 值。

双原子分子振动能级间隔在红外区。按简谐振子模型可为双原子分子振动列出 Schrödinger 方程:

$$\left[-\frac{h^2}{8\pi^2\mu}\frac{d^2}{dq^2} + \frac{1}{2}kq^2\right]\psi = E\psi$$

式中 $q = r - r_e$,代表分子核间距和平衡核间距之差,k 为力常数,μ 为分子的约化质量。解此方程,可得一系列振动波函数 ψ_v 和相应的振动能级 E_v:

$$E_v = \left(v + \frac{1}{2}\right)h\nu \qquad v = 0,1,2,\cdots$$

v 为振动能量量子数。凡分子振动伴随有偶极矩变化者,为红外活性振动。谐振子的光谱选律为 $\Delta v = \pm 1$,因此,谐振子光谱理论上只有一条谱线,它的波数称为谐振子经典振动波数 $\tilde{\nu}_e$。实验证明,它和极性双原子分子的红外光谱基本相符。$E_0 = \frac{1}{2}h\nu$ 称为零点能。

分子的实际振动势能可近似用 Morse 势能函数表达:

$$V = D_e\{1 - \exp[-\beta(r - r_e)]\}^2$$

D_e 为在平衡距离 r_e 时能量曲线最低点的平衡解离能。在 r_e 附近将 Morse 势能函数展开并简化,用它列出 Schrödinger 方程,解之得

$$E_v = \left(v + \frac{1}{2}\right)h\nu_e - \left(v + \frac{1}{2}\right)^2 xh\nu_e \qquad v = 0,1,2,\cdots$$

根据实验测定值可得经典振动波数 $\tilde{\nu}_e$ 及非谐性常数 x,还可以求得力常数 k 和光谱解

离能 D_0：

$$k = 4\pi^2 c^2 \tilde{\nu}_e^2 \mu$$

$$D_0 = D_e - \frac{1}{2}h\nu_e + \frac{1}{4}h\nu_e x$$

由于振动能级差较转动能级差大，振动能级的改变伴随有转动能级的改变，即振动光谱的每条谱线中因包含转动能的不同而呈现由许多谱线构成的带状光谱，叫谱带。用高分辨光谱仪，可以测出谱带中各条谱线的强度和波数等精细结构。

实验证明，在多原子分子的振动光谱中，强谱线的频率就是该分子经典振动的频率。分子的简正振动方式，即所有原子都同位相且有相同频率的振动方式，有其独立性。分子的各种振动不论怎样复杂，都可表示成这些简正振动方式的叠加。每个简正振动都可近似地应用谐振子的性质去描述。

在各种化合物中，同一种官能团或化学键，都有它们各自的特征振动频率，使红外光谱成为研究化合物组成和结构的重要方法。

Raman 光谱是利用可见光或紫外光照射化合物时，光子和分子发生碰撞、交换能量，使散射光的方向和频率发生改变。根据散射光频率的改变数据，可得到分子能级的结构。Raman 光谱相当于把分子的振动-转动光谱从红外区移到紫外-可见光区来研究。

分子的电子光谱是分子中的电子从一种分子轨道跃迁至另一种分子轨道所产生的光谱。电子跃迁能级差大于分子振动能级差，电子跃迁谱线中因所含振动能级的差异而构成谱带。由于电子跃迁，基态分子转变为激发态分子，这种跃迁时间很短，分子中原子间的距离来不及改变，在谱带中振动能级间跃迁强度最高的谱线是和相同的核间距对应的，是在有最高概率密度的振动态间的跃迁，此即为 Franck-Condon 原理。

3.6 光电子能谱

光电子能谱是探测被入射辐射从物质中击出的光电子的能量分布、强度分布和空间分布的一种图谱，其基本物理过程为

$$M + h\nu \longrightarrow M^{+*} + e^-$$

M 和 M^{+*} 分别代表分子和激发态分子离子，e^- 是光电子，$h\nu$ 是入射辐射。分子电离时，从一个轨道上移去一个电子，若不改变其余电子的波函数时，该电子的电离能等于它原来占据的轨道能量的负值。这个关系称为 Koopmann 定理。若 $h\nu$ 用紫外光，称为紫外光电子能谱 (UPS)；当 $h\nu$ 用 X 射线时，称为 X 射线光电子能谱(XPS)。X 射线不仅可激发出价电子，还可击出内层电子，而内层电子不参与形成化学键，保持其原子时的特性，可用它进行化学成分分析，所以 XPS 又称为化学分析能谱(ESCA)。

电子能谱能够测定分子中从各个被占分子轨道上电离电子所需的能量，可直接证明分子轨道能级的高低。

在光电子能谱中，与谱带起点相应的能量为绝热电离能(I_A)，它表示中性分子基态跃迁到分子离子基态的能量差。与最强谱线相应的能量为垂直电离能(I_V)，它是跃迁概率最高的振动态间的能量差，即 Franck-Condon 原理阐明的跃迁能量。

电子能谱可研究分子轨道的性质：一个非键电子电离，核间距变化小，谱带振动序列短；一个成键或反键电子电离，核间平衡距离改变大，谱带序列长；谱带内谱线分布的疏密，反映分

子中振动能级的分布。

电子能谱是研究表面化学和表面物理的一种重要技术。

习 题 解 析

【3.1】 试计算当 Na^+ 和 Cl^- 相距 280 pm 时,两离子间的静电引力和万有引力;并说明讨论化学键作用力时,万有引力可以忽略不计。

(已知：万有引力 $F=G\dfrac{m_1 m_2}{r^2}$，$G=6.7\times 10^{-11}\ \text{N m}^2\ \text{kg}^{-2}$；静电引力 $F=K\dfrac{q_1 q_2}{r^2}$，$K=9.0\times 10^9\ \text{N m}^2\ \text{C}^{-2}$)

解 万有引力

$$F = G\frac{m_1 m_2}{r^2}$$
$$= (6.7\times 10^{-11}\ \text{N m}^2\ \text{kg}^{-2})\frac{(23\times 35)\times (1.6\times 10^{-27}\ \text{kg})^2}{(2.8\times 10^{-10}\ \text{m})^2}$$
$$= 1.76\times 10^{-43}\ \text{N}$$

静电引力

$$F = k\frac{q_1 q_2}{r^2} = (9.0\times 10^9\ \text{N m}^2\ \text{C}^{-2})\frac{(1.6\times 10^{-19}\ \text{C})^2}{(2.8\times 10^{-10}\ \text{m})^2}$$
$$= 2.94\times 10^{-9}\ \text{N}$$

由以上计算可见,在这种情况下静电引力比万有引力大 10^{34} 倍,因而万有引力可以忽略不计。

【3.2】 写出 O_2，O_2^+，O_2^-，O_2^{2-} 的键级、键长长短次序及磁性。

解

微粒及化学键	O_2^+	O_2	O_2^-	O_2^{2-}
	:Ö—Ö:⊕	:Ö—Ö:	:Ö—Ö:⊖	⊖:Ö—Ö:⊖
	$\sigma,\pi_{x2}^2\pi_{y2}^3$	$\sigma,\pi_{x2}^3,\pi_{y2}^3$	σ,π_{y2}^3	σ
键级	2.5	2	1.5	1
键长次序	最短 →	次短 →	次长 →	最长
磁性	顺磁	顺磁	顺磁	抗磁

【评注】 这里化学键的表示式中,实线代表两个原子共用一对电子的 σ 键,两条虚线代表两个方向的 π 键。π_{x2}^3 表示 x 方向的 π 键由 2 个原子和 3 个电子(成键轨道上 2 个电子,反键轨道上 1 个电子)组成。O_2 中原子外侧各有一对孤对电子,它代表 $(\sigma_{2s})^2(\sigma_{2s}^*)^2$ 两个轨道上的两对电子,因成键和反键互相抵消而不形成化学键。在 O_2^- 中,每个 O 原子上各有两对孤对电子;在 O_2^{2-} 中,每个 O 原子上各有 3 对孤对电子。

【3.3】 H_2 分子基态的电子组态为 $(\sigma_{1s})^2$,其激发态有

(1) $\dfrac{\uparrow}{\sigma_{1s}}\dfrac{\downarrow}{\sigma_{1s}^*}$； (2) $\dfrac{\uparrow}{\sigma_{1s}}\dfrac{\uparrow}{\sigma_{1s}^*}$； (3) $\dfrac{}{\sigma_{1s}}\dfrac{\uparrow\downarrow}{\sigma_{1s}^*}$。

试比较(1),(2),(3)三者能级的高低次序,并说明理由。能量最低的激发态是顺磁性还是反磁性?

解 能级高低次序为:$E_3 \gg E_1 > E_2$。因为(3)中2个电子都在反键轨道上,与H原子的基态能量相比,E_3约高出-2β。而(1)和(2)中2个电子分别处在成键轨道和反键轨道上,E_1和E_2都与H原子的基态能量相近,但(1)中2个电子的自旋相反,(2)中2个电子的自旋相同,因而E_1稍高于E_2。

能级最低的激发态(2)是顺磁性的。

【3.4】 试比较下列同核双原子分子:B_2,C_2,N_2,O_2,F_2的键级、键能和键长的大小关系,在相邻两个分子间填入"<"或">"符号表示。

解
键级　　$B_2 < C_2 < N_2 > O_2 > F_2$
键能　　$B_2 < C_2 < N_2 > O_2 > F_2$
键长　　$B_2 > C_2 > N_2 < O_2 < F_2$

【评注】 通常所说的"键级愈大,则键能愈大,键长愈短",对于同类双原子"分子"(如O_2^n,$n=0,\pm1,-2$)无疑是正确的。因为此类"分子"中原子的共价半径、化学键的类型等都是相同的,差别只是成键电子数或反键电子数不同。但对非同类"分子",上述说法只具有相对的正确性,笼统地说,键级大者键长短。由于化学键的种类不同、原子的共价半径不同等诸多因素,并非键级大者键长就短,键级小者键长就长。例如,B_2分子的键级(1~2)大于F_2分子的键级(1),但B_2分子的键长(158.9 pm)却不小于F_2分子的键长(141.7 pm)。主要原因是,B原子的共价半径(82 pm)大于F原子的共价半径(72 pm)。而且,人们是在简单分子轨道理论的基础上定义分子中定域键键级的。分子轨道只是近似求解Schrödinger方程得到的单电子波函数。即使用最精确的椭圆坐标法求解H_2^+的Schrödinger方程,也只能勉强算是一种严格的求解,更何况多电子双原子分子了。因此,在定量结果上,分子轨道法处理结果在许多方面与实验结果不吻合是不奇怪的。

【3.5】 基态C_2为反磁性分子,试写出其电子组态;实验测定C_2分子键长为124 pm,比C原子共价双键半径和(2×67 pm)短,试说明其原因。

解 C_2分子的基组态为

$$KK(1\sigma_g)^2(1\sigma_u)^2(1\pi_u)^4$$

由于s-p混杂,$1\sigma_u$为弱反键,C_2分子的键级在2~3之间,从而使实测键长比按共价双键半径计算得到的值短。

【3.6】 根据分子轨道理论,指出Cl_2的键比Cl_2^+的键是强还是弱?为什么?

解 Cl_2的键比Cl_2^+的键弱。原因是:Cl_2的基态价电子组态为$(\sigma_{3s})^2(\sigma_{3s}^*)^2(\sigma_{3p_z})^2(\pi_{3p})^4(\pi_{3p}^*)^4$,键级为1。而$Cl_2^+$比$Cl_2$少1个反键电子,键级为1.5。

【3.7】 画出CN^-的分子轨道示意图,写出基态电子组态,计算键级及磁矩(忽略轨道运动对磁矩的贡献)。

解 CN^-与N_2为等电子"分子"。其价层分子轨道与N_2分子大致相同,分子轨道轮廓图如图3.7。

基态的价电子组态为$(1\sigma)^2(2\sigma)^2(1\pi)^4(3\sigma)^2$

键级 = $\frac{1}{2}$(成键电子数 − 反键电子数) = $\frac{1}{2}$(8−2) = 3

未成对电子数为 0，因而磁矩为 0。

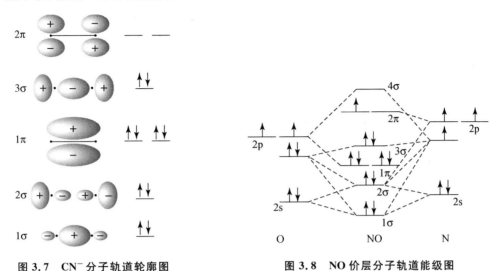

图 3.7　CN^- 分子轨道轮廓图　　　　图 3.8　NO 价层分子轨道能级图

【3.8】 画出 NO 的分子轨道能级示意图，计算键级及自旋磁矩，试比较 NO 和 NO^+ 何者的键更强？哪一个键长长一些？

解 NO 的价层分子轨道能级示意于图 3.8。它的分子轨道轮廓图和图 3.7 相似。

键级 = $\frac{1}{2}$(8−3) = 2.5

不成对电子数为 1；自旋磁矩 $\mu = \sqrt{1(1+2)}\beta_e = 1.73\,\beta_e$。

由于 NO^+ 失去了 1 个反键的 2π 电子，因而键级为 3，所以它的化学键比 NO 化学键强。相应地，其键长比 NO 的键长短。

【3.9】 按分子轨道理论写出 NF，NF^+，NF^- 的基态电子组态，说明它们的不成对电子数和磁性（提示：按类似 O_2 的能级排）。

解 NF，NF^+ 和 NF^- 分别是 O_2，O_2^+ 和 O_2^- 的等电子体，它们的基态电子组态、键级、不成对电子数及磁性等情况如下：

"分子"	基态电子组态	键级	不成对电子数	磁性
NF	$KK(1\sigma)^2(2\sigma)^2(3\sigma)^2(1\pi)^4(2\pi)^2$	2	2	顺磁性
NF^+	$KK(1\sigma)^2(2\sigma)^2(3\sigma)^2(1\pi)^4(2\pi)^1$	2.5	1	顺磁性
NF^-	$KK(1\sigma)^2(2\sigma)^2(3\sigma)^2(1\pi)^4(2\pi)^3$	1.5	1	顺磁性

【3.10】 试用分子轨道理论讨论 SO 分子的电子结构，说明基态时有几个不成对电子。

解 在 SO 分子的紫外光电子能谱中观察到 6 个峰，它们所对应的分子轨道的归属和性质已借助于量子力学半经验计算(CNDO)得到指认。结果表明，SO 分子的价电子结构与 O_2 分子和 S_2 分子的价电子结构相似。但 SO 是异核双原子分子，因而其价电子组态可表述为

$$(1\sigma)^2(2\sigma)^2(3\sigma)^2(1\pi)^4(2\pi)^2$$

其中，1σ，3σ 和 1π 轨道是成键轨道，2σ 和 2π 轨道是反键轨道。这些价层分子轨道是由 O 原子的 2s，2p 轨道和 S 原子的 3s，3p 轨道叠加成的。

根据价层分子轨道的性质和电子数，可算出 SO 分子的键级为

$$P = \frac{1}{2}(8-4) = 2$$

在简并的 2π 轨道上各有一个电子，因而 SO 分子的不成对电子数为 2，若忽略轨道运动对磁矩的影响，则 SO 分子的磁矩为 $\sqrt{2(2+2)}\beta_e = 2\sqrt{2}\beta_e$。

【3.11】 CF 和 CF^+ 的键能分别为 548 和 753 kJ mol^{-1}，试用分子轨道理论探讨其键级（按 F_2 能级次序）。

解 CF 的基态价电子组态为

$$(1\sigma)^2(2\sigma)^2(3\sigma)^2(1\pi)^4(2\pi)^1$$

CF 和 CF^+ 的化学键可表示如下：

:C——F: :C——F:$^{\oplus}$

$\sigma, \pi_{x2}^3, \pi_{y2}^2$ $\sigma, \pi_{x2}^2, \pi_{y2}^2$

CF 键级为 $\frac{1}{2}(8-3)=2.5$。而 CF^+ 比 CF 少 1 个反键电子，因而其键级为 3。所以，CF^+ 的键能比 CF 的键能大。

【3.12】 下列 AB 型分子：NO，CN，CO，XeF 中，哪几个是得电子变为 AB^- 后比原来中性分子键能大？哪几个是失电子变为 AB^+ 后比原来中性分子键能大？

解 就得电子而言，若得到的电子填充到成键分子轨道上，则 AB^- 比 AB 键能大；若得到的电子填充到反键分子轨道上，则 AB^- 比 AB 键能小。就失电子而言，若从反键分子轨道上失去电子，则 AB^+ 比 AB 键能大；若从成键分子轨道上失去电子，则 AB^+ 比 AB 键能小。根据这些原则和题中各分子的电子组态，就可得出如下结论：

得电子变为 AB^- 后比原中性分子键能大者有 CN。失电子变为 AB^+ 后比原中性分子键能大者有 NO 和 XeF。CO 无论得电子变为负离子（CO^-）还是失电子变为正离子（CO^+），键能都减小。

【评注】 3.2~3.12 题有关双原子分子结构是重要的基础知识。通过对这些习题的解答，要求准确而熟练地掌握下面几点内容：

（1）分子轨道理论的要点。

（2）两个原子接近时，它们的原子轨道怎样相互叠加成分子轨道呢？哪些是成键轨道，哪些是反键轨道？哪些是弱成键轨道，哪些是弱反键轨道？

（3）熟练地写出各种双原子分子基态时的价电子组态。

（4）熟练地写出各种双原子分子所形成的化学键的键型及有关电子的排布。

（5）在上述基础上了解键级、键的强度、键长及分子的磁性等性质。

【3.13】 写出 Cl_2，CN 的价层电子组态和基态光谱项。

解

$$Cl_2:(\sigma_{3s})^2(\sigma_{3s}^*)^2(\sigma_{3p_z})^2(\pi_{3p_x})^2(\pi_{3p_y})^2(\pi_{3p_x}^*)^2(\pi_{3p_y}^*)^2,$$

$$S = 0, \Lambda = 0, \text{基态光谱项}: {}^1\Sigma。$$

CN:$(1\sigma)^2(2\sigma)^2(1\pi)^4(3\sigma)^1$,

$$S = 1/2, \Lambda = 0, \text{基态光谱项}: {}^2\Sigma。$$

【3.14】 OH 分子于 1964 年在星际空间被发现。

(1) 试按分子轨道理论只用 O 原子的 2p 轨道和 H 原子的 1s 轨道叠加,写出其电子组态;

(2) 在哪个分子轨道中有不成对电子?

(3) 此轨道是由 O 和 H 的原子轨道叠加形成,还是基本上定域于某个原子上?

(4) 已知 OH 的第一电离能为 13.2 eV, HF 的第一电离能为 16.05 eV,它们的差值几乎和 O 原子与 F 原子的第一电离能(15.8 eV 和 18.6 eV)的差值相同,为什么?

(5) 写出它的基态光谱项。

解

(1) H 原子的 1s 轨道和 O 原子的 $2p_z$ 轨道满足对称性匹配、能级相近等条件,可叠加形成 σ 轨道。OH 的基态价电子组态为 $(1\sigma)^2(2\sigma)^2(1\pi)^3$。$(1\sigma)^2$ 实际上是 O 原子的 $(2s)^2$,而 $(1\pi)^3$ 实际上是 O 原子的 $(2p_x)^2(2p_y)^1$ 或 $(2p_x)^1(2p_y)^2$。因此,OH 的基态价电子组态亦可写为 $(\sigma_{2s})^2(\sigma)^2(\pi_{2p})^3$。$\sigma_{2s}$ 和 π_{2p} 是非键轨道,OH 有 2.5 对非键电子,键级为 1。

(2) 在 1π 轨道上有不成对电子。

(3) 1π 轨道基本上定域于 O 原子。

(4) OH 和 HF 的第一电离能分别是电离它们的 1π 电子所需要的最小能量,而 1π 轨道是非键轨道,即电离的电子是由 O 和 F 提供的非键电子,因此,OH 和 HF 的第一电离能差值与 O 原子和 F 原子的第一电离能差值相等。

(5) $S=1/2, \Lambda=1$,基态光谱项为:${}^2\Pi$。

【3.15】 $H^{79}Br$ 在远红外区有一系列间隔为 16.94 cm^{-1} 的谱线,计算 HBr 分子的转动惯量和平衡核间距。

解 双原子分子的转动可用刚性转子模型来模拟。据此模型,可建立起双原子分子的 Schrödinger 方程。解之,便得到转动波函数 ψ_R,转动能级 E_R 和转动量子数 J。由 E_R 的表达式可推演出分子在相邻两能级间跃迁所产生的吸收光的波数为

$$\tilde{\nu} = 2B(J+1)$$

而相邻两条谱线的波数之差(亦即第一条谱线的波数)为

$$\Delta\tilde{\nu} = 2B$$

B 为转动常数:

$$B = \frac{h}{8\pi^2 Ic}$$

由题意知,$H^{79}Br$ 分子的转动常数为

$$B = 16.94 \text{ cm}^{-1}/2 = 8.470 \text{ cm}^{-1}$$

其转动惯量为

$$I = \frac{h}{8\pi^2 Bc} = \frac{6.6262 \times 10^{-34} \text{ J s}}{8\pi^2 \times 8.470 \times 10^2 \text{ m}^{-1} \times 2.9979 \times 10^8 \text{ m s}^{-1}}$$

$$= 3.308 \times 10^{-47} \text{ kg m}^2$$

H^{79}Br 的约化质量为

$$\mu = \frac{m_H m_{Br}}{m_H + m_{Br}} = 1.643 \times 10^{-27} \text{ kg}$$

其平衡核间距为

$$r_e = \left(\frac{I}{\mu}\right)^{\frac{1}{2}} = \left(\frac{3.308 \times 10^{-47} \text{ kg m}^2}{1.643 \times 10^{-27} \text{ kg}}\right)^{\frac{1}{2}}$$
$$= 141.9 \text{ pm}$$

【3.16】 $^{12}C^{16}O$ 的核间距为 112.83 pm，计算其纯转动光谱前 4 条谱线所应具有的波数。

解 $^{12}C^{16}O$ 的折合质量为

$$\mu = \frac{12 \times 16}{12 + 16} \times \frac{10^{-3}}{N_A} = 1.1385 \times 10^{-26} \text{ (kg)}$$

其转动常数为

$$B = h/8\pi^2 \mu r^2 c$$
$$= 6.6262 \times 10^{-34} \text{ J s}/[8\pi^2 \times 1.1385 \times 10^{-26} \text{ kg} \times$$
$$(112.83 \times 10^{-12} \text{ m})^2 \times 2.9979 \times 10^8 \text{ m s}^{-1}]$$
$$= 1.932 \text{ cm}^{-1}$$

第一条谱线的波数以及相邻两条谱线的波数差都是 $2B$，所以前 4 条谱线的波数分别为

$$\tilde{\nu}_1 = 2B = 2 \times 1.932 \text{ cm}^{-1} = 3.864 \text{ cm}^{-1}$$
$$\tilde{\nu}_2 = 4B = 4 \times 1.932 \text{ cm}^{-1} = 7.728 \text{ cm}^{-1}$$
$$\tilde{\nu}_3 = 6B = 6 \times 1.932 \text{ cm}^{-1} = 11.592 \text{ cm}^{-1}$$
$$\tilde{\nu}_4 = 8B = 8 \times 1.932 \text{ cm}^{-1} = 15.456 \text{ cm}^{-1}$$

亦可用下式：

$$\tilde{\nu} = 2B(J+1)$$

进行计算，式中的 J 分别为 0,1,2,和 3。

【3.17】 $CO_2(^{12}C, ^{16}O)$ 的转动惯量为 7.167×10^{-46} kg m^2。

(1) 计算 CO_2 分子中 C=O 键的键长；

(2) 假定同位素置换不影响 C=O 键的键长，试计算 $^{12}C, ^{18}O$ 和 $^{13}C, ^{16}O$ 组成的 CO_2 分子的转动惯量。

提示：线形分子 A—B—C 的转动惯量 I 可按下式计算：

$$I = \frac{m_A m_B r_{AB}^2 + m_B m_C r_{BC}^2 + m_A m_C (r_{AB} + r_{BC})^2}{m_A + m_B + m_C}$$

解

(1) 由于 CO_2 分子的质心和对称中心重合，C 原子对分子转动惯量无贡献，所以

$$I_{^{12}C^{16}O_2} = 2m_{^{16}O} \cdot r_{C=O}^2$$

$$r_{C=O} = \left(\frac{I_{^{12}C^{16}O_2}}{2m_{^{16}O}}\right)^{\frac{1}{2}}$$
$$= \left(\frac{7.167 \times 10^{-46} \text{ kg m}^2 \times 6.022 \times 10^{23} \text{ mol}^{-1}}{2 \times 16 \times 10^{-3} \text{ kg mol}^{-1}}\right)^{\frac{1}{2}}$$
$$= 1.161 \times 10^{-10} \text{ m}$$

(2) 由于假定同位素置换不改变 C=O 键键长,因而有

$$I_{^{12}C^{18}O_2} = 2m_{^{18}O} \cdot r_{C=O}^2$$
$$= \frac{2 \times (18 \times 10^{-3} \text{ kg mol}^{-1}) \times (1.161 \times 10^{-10} \text{ m})^2}{6.022 \times 10^{23} \text{ mol}^{-1}}$$
$$= 8.058 \times 10^{-46} \text{ kg m}^2$$

由于(1)中一开始就阐明的原因,$^{13}C^{16}O_2$ 的转动惯量和 $^{12}C^{16}O_2$ 的转动惯量相等,即

$$I_{^{13}C^{16}O_2} = I_{^{12}C^{16}O_2} = 7.167 \times 10^{-46} \text{ kg m}^2$$

线形分子 A—B—C 的转动惯量为

$$I = \frac{m_A m_B r_{AB}^2 + m_B m_C r_{BC}^2 + m_A m_C (r_{AB} + r_{BC})^2}{m_A + m_B + m_C}$$

本题亦可按此式进行计算。

【3.18】 在 N_2,HCl 和 HBr 混合气体的远红外光谱中,前几条谱线的波数分别为:16.70, 20.70,33.40,41.85,50.10,62.37 cm^{-1}。计算产生这些谱线的分子的键长(Cl:35.457;Br: 79.916;N:14.007)。

解 N_2 是非极性分子,不产生红外光谱,故谱线是由 HCl 和 HBr 分子产生的。分析谱线波数的规律,可知这些谱线由下列两个系列组成:

第一系列: 16.70,33.40,50.10 cm^{-1}
第二系列: 20.70,41.85,62.37 cm^{-1}

由于 $r_{HBr} > r_{HCl}$,$\mu_{HBr} > \mu_{HCl}$,因而 $I_{HBr} > I_{HCl}$ ($I = \mu r^2$)。根据 $B = \frac{h}{8\pi^2 Ic}$ 知,$B_{HBr} < B_{HCl}$,所以,第一系列谱线是由 HBr 产生的,第二系列谱线是由 HCl 产生的。

对 HBr:

$$B = \frac{1}{2}\Delta\tilde{\nu} = \frac{1}{2} \times 16.70 \text{ cm}^{-1} = 8.35 \text{ cm}^{-1}$$

$$I = \frac{h}{8\pi^2 Bc} = \frac{6.626 \times 10^{-34} \text{ J s}}{8\pi^2 \times (8.350 \times 10^2 \text{ m}^{-1}) \times 2.998 \times 10^8 \text{ m s}^{-1}} = 3.349 \times 10^{-47} \text{ kg m}^2$$

$$\mu = \frac{1.008 \text{ g mol}^{-1} \times 79.916 \text{ g mol}^{-1}}{1.008 \text{ g mol}^{-1} + 79.916 \text{ g mol}^{-1}} \times 10^{-3} \text{ kg g}^{-1}/6.022 \times 10^{23} \text{ mol}^{-1}$$
$$= 1.641 \times 10^{-27} \text{ kg}$$

$$r = \left(\frac{I}{\mu}\right)^{\frac{1}{2}} = (3.349 \times 10^{-47} \text{ kg m}^2/1.641 \times 10^{-27} \text{ kg})^{\frac{1}{2}} = 142.9 \text{ pm}$$

对 HCl:

$$B = \frac{1}{2}\Delta\tilde{\nu} = \frac{1}{2} \times 20.82 \text{ cm}^{-1} = 10.42 \text{ cm}^{-1}$$

$$I = \frac{h}{8\pi^2 Bc} = \frac{6.626 \times 10^{-34} \text{ J s}}{8\pi^2 \times (10.42 \times 10^2 \text{ m}^{-1}) \times 2.998 \times 10^8 \text{ m s}^{-1}}$$
$$= 2.684 \times 10^{-47} \text{ kg m}^2$$

$$\mu = \frac{1.008 \text{ g mol}^{-1} \times 35.45 \text{ g mol}^{-1}}{1.008 \text{ g mol}^{-1} + 35.45 \text{ g mol}^{-1}} \times 10^{-3} \text{ kg g}^{-1}/6.022 \times 10^{23} \text{ mol}^{-1}$$
$$= 1.627 \times 10^{-27} \text{ kg}$$

$$r = \left(\frac{I}{\mu}\right)^{\frac{1}{2}} = (2.684 \times 10^{-47} \text{ kg m}^2/1.627 \times 10^{-27} \text{ kg})^{\frac{1}{2}} = 128.4 \text{ pm}$$

【3.19】 在 $H^{127}I$ 的振动光谱图中观察到 $2309.5\ cm^{-1}$ 强吸收峰,若将 HI 的简正振动看作谐振子,请计算或说明:

(1) 这个简正振动是否为红外活性;
(2) HI 简正振动频率;
(3) 零点能;
(4) $H^{127}I$ 的力常数。

解 按简谐振子模型,$H^{127}I$ 的振动光谱中只出现一条谱线,其波数就是经典振动波数 $\tilde{\nu}_e$,亦即 $2309.5\ cm^{-1}$。既然只出现一条谱线,因此下列关于 $H^{127}I$ 分子振动光谱的描述都是指与这条谱线对应的简正振动的。

(1) $H^{127}I$ 分子是极性分子,根据选律,它应具有红外活性。

(2) 振动频率为
$$\nu = c\tilde{\nu} = 2.9979 \times 10^8\ m\,s^{-1} \times 2309.5 \times 10^2\ m^{-1}$$
$$= 6.924 \times 10^{13}\ s^{-1}$$

(3) 振动零点能为
$$E_0 = \frac{1}{2}hc\tilde{\nu}$$
$$= \frac{1}{2} \times 6.6262 \times 10^{-34}\ J\,s \times 2.9979 \times 10^8\ m\,s^{-1} \times 2309.5 \times 10^2\ m^{-1}$$
$$= 2.294 \times 10^{-20}\ J$$

(4) $H^{127}I$ 的约化质量为
$$\mu = \frac{1.008 \times 10^{-3}\ kg\,mol^{-1} \times 126.9 \times 10^{-3}\ kg\,mol^{-1}}{(1.008 + 126.9) \times 10^{-3}\ kg\,mol^{-1} \times 6.022 \times 10^{23}\ mol^{-1}}$$
$$= 1.661 \times 10^{-27}\ kg$$

$H^{127}I$ 的力常数为
$$k = 4\pi^2 c^2 \tilde{\nu}^2 \mu$$
$$= 4\pi^2 (2.998 \times 10^8\ m\,s^{-1})^2 \times (2309.5 \times 10^2\ m^{-1})^2 \times 1.661 \times 10^{-27}\ kg$$
$$= 314.2\ N\,m^{-1}$$

【3.20】 在 CO 的振动光谱中观察到 $2169.8\ cm^{-1}$ 强吸收峰,若将 CO 的简正振动看作谐振子,计算 CO 的简正振动频率、力常数和零点能。当 CO 吸附在 CuCl/分子筛吸附剂表面上时,它的伸缩频率有何变化?

解
$$\nu = c\tilde{\nu} = 2.998 \times 10^8\ m\,s^{-1} \times 2169.8 \times 10^2\ m^{-1}$$
$$= 6.505 \times 10^{13}\ s^{-1}$$
$$\mu = \frac{12.01 \times 10^{-3}\ kg\,mol^{-1} \times 16.00 \times 10^{-3}\ kg\,mol^{-1}}{(12.01 + 16.00) \times 10^{-3}\ kg\,mol^{-1} \times 6.022 \times 10^{23}\ mol^{-1}}$$
$$= 1.139 \times 10^{-26}\ kg$$
$$k = 4\pi^2 c^2 \tilde{\nu}^2 \mu$$
$$= 4\pi^2 (2.998 \times 10^8\ m\,s^{-1})^2 \times (2169.8 \times 10^2\ m^{-1})^2 \times 1.139 \times 10^{-26}\ kg$$
$$= 1901\ N\,m^{-1}$$

$$E_0 = \frac{1}{2}hc\tilde{\nu} = \frac{1}{2} \times 6.626 \times 10^{-34} \text{ J s} \times 2.998 \times 10^8 \text{ m s}^{-1} \times 2169.8 \times 10^2 \text{ m}^{-1}$$
$$= 2.155 \times 10^{-20} \text{ J}$$

当 CO 吸附在 CuCl/分子筛吸附剂表面上时,由于 CO 分子和 Cu(Ⅰ)间形成 σ-π 配键,使 CO 分子的键级减小,力常数减小,C—O 伸缩振动频率降低。

【3.21】 写出 O_2,O_2^+ 和 O_2^- 的基态光谱项。今有 3 个振动吸收峰,波数分别为 1097,1580 和 1865 cm^{-1},请将这些吸收峰与上述 3 种微粒关联起来。

解 写出 O_2,O_2^+ 和 O_2^- 的价电子组态,推求它们的量子数 S 和 Λ,即可求出基态光谱项。根据价电子组态,比较力常数大小,即可根据表达式 $\tilde{\nu} = \frac{1}{2\pi c}\sqrt{k/\mu}$ 判定波数大小次序。结果如下:

分子或离子	基态光谱项	键级	波数/cm^{-1}
O_2	$^3\Sigma$	2.0	1580
O_2^+	$^2\Pi$	2.5	1865
O_2^-	$^2\Pi$	1.5	1097

【3.22】 在 $H^{35}Cl$ 的基本振动吸收带的中心处,有波数分别为 2925.78,2906.25,2865.09 和 2843.56 cm^{-1} 的转动谱线。其倍频为 5668.0 cm^{-1},请计算:

(1) 非谐性常数;
(2) 力常数;
(3) 平衡解离能;
(4) 键长。

解

(1) 在此振-转光谱中,波数为 2925.78 和 2906.25 cm^{-1} 的谱线属 R 支,波数为 2865.09 和 2843.56 cm^{-1} 的谱线属 P 支,在两支转动谱线的中心处即振动基频:

$$\tilde{\nu} = \frac{2906.25 \text{ cm}^{-1} + 2865.09 \text{ cm}^{-1}}{2} = 2885.67 \text{ cm}^{-1}$$

已知倍频为 $\tilde{\nu}_2 = 5668.0 \text{ cm}^{-1}$,根据非谐振子模型,得联立方程如下:

$$\begin{cases} (1-2x)\tilde{\nu}_e = 2885.67 \text{ cm}^{-1} \\ 2(1-3x)\tilde{\nu}_e = 5668.0 \text{ cm}^{-1} \end{cases}$$

解之,得

$$\tilde{\nu}_e = 2989.01 \text{ cm}^{-1}, \quad x = 1.7287 \times 10^{-2}$$

(2) 由 $\tilde{\nu}_e = \frac{1}{2\pi c}\sqrt{\frac{k}{\mu}}$,得

$$k = 4\pi^2 c^2 \mu \tilde{\nu}_e^2$$
$$= 4\pi^2 (2.998 \times 10^{10} \text{ cm s}^{-1})^2 \times \frac{1 \times 35}{1+35} \times (2989.01 \text{ cm}^{-1})^2 \times \frac{1}{6.022 \times 10^{23} \text{ mol}^{-1}}$$
$$= 512.5 \text{ N m}^{-1}$$

(3) 由 $\tilde{\nu}_e$ 和 x 得

$$D_e = \frac{h\nu_e}{4x} = \frac{6.626 \times 10^{-34} \text{ J s} \times 2989.01 \times 10^2 \text{ m}^{-1} \times 2.998 \times 10^8 \text{ m s}^{-1}}{4 \times 1.7287 \times 10^{-2}}$$

$$= 8.587 \times 10^{-19} \text{ J}$$
$$= 517.1 \text{ kJ mol}^{-1}$$

(4) 由 $H^{35}Cl$ 的振-转光谱 P 支 $= 2865.09 \text{ cm}^{-1}, 2843.56 \text{ cm}^{-1}$ 可得

$$2B = 21.53 \text{ cm}^{-1} = 2 \times \frac{h}{8\pi^2 Ic} = \frac{2h}{8\pi^2 \mu r^2 c}$$

$$r = \sqrt{\frac{h}{8\pi^2 \mu Bc}} = \sqrt{\frac{6.626 \times 10^{-34} \text{ J s}}{8\pi^2 \times \frac{1 \times 35}{1+35} \times 10.765 \times 10^2 \text{ m}^{-1} \times 2.998 \times 10^8 \text{ m s}^{-1}}}$$

$$= 126.86 \text{ pm}$$

【3.23】 已知 N_2 的平衡解离能 $D_e = 955.42 \text{ kJ mol}^{-1}$，其基本振动波数为 2330.0 cm^{-1}，计算光谱解离能 D_0 值。

解 按简谐振子模型，N_2 的光谱解离能为

$$D_0 = D_e - \frac{1}{2}h\nu_e = D_e - \frac{1}{2}hc\tilde{\nu}_e$$

$$= 955.42 \text{ kJ mol}^{-1} - \frac{1}{2} \times 6.62618 \times 10^{-34} \text{ J s} \times 2.9979$$
$$\times 10^8 \text{ m s}^{-1} \times 2330.0 \times 10^2 \text{ m}^{-1} \times 6.02205 \times 10^{23} \text{ mol}^{-1}$$

$$= 955.42 \text{ kJ mol}^{-1} - 13.936 \text{ kJ mol}^{-1}$$

$$= 941.48 \text{ kJ mol}^{-1}$$

按非谐振子模型，N_2 的光谱解离能为

$$D_0 = D_e - \frac{1}{2}h\nu_e + \frac{1}{4}h\nu_e x = D_e - \frac{1}{2}h\nu_e + \frac{1}{4}h\nu_e \cdot \frac{h\nu_e}{4D_e}$$

$$= D_e - \frac{1}{2}hc\tilde{\nu}_e + \frac{h^2 c^2 \tilde{\nu}_e^2}{16 D_e} = 941.48 \text{ kJ mol}^{-1} + 0.0510 \text{ kJ mol}^{-1}$$

$$= 941.53 \text{ kJ mol}^{-1}$$

【3.24】 $H_2(g)$ 的光谱解离能为 4.4763 eV，振动基频波数为 4395.24 cm^{-1}。若 $D_2(g)$ 与 $H_2(g)$ 的力常数、核间距和 D_e 等都相同，计算 $D_2(g)$ 的光谱解离能。

解 按双原子分子的谐振子模型，D_2 的光谱解离能为

$$D_0^{D_2} = D_e^{D_2} - \frac{1}{2}h\nu_e^{D_2}$$

因此，只要求出 $D_e^{D_2}$ 和 $\nu_e^{D_2}$，即可算得 $D_0^{D_2}$。

依题意，D_2 的平衡解离能为

$$D_e^{D_2} = D_e^{H_2} = D_0^{H_2} + \frac{1}{2}h\nu_e^{H_2}$$

仍依题意，$k_{D_2} = k_{H_2}$，由式 $\nu_e = \frac{1}{2\pi}\left(\frac{k}{\mu}\right)^{\frac{1}{2}}$ 可推得

$$\nu_e^{D_2} = \nu_e^{H_2} \times \left(\frac{\mu_{H_2}}{\mu_{D_2}}\right)^{\frac{1}{2}}$$

所以

$$D_0^{D_2} = D_e^{D_2} - \frac{1}{2}h\nu_e^{D_2} = D_0^{H_2} + \frac{1}{2}h\nu_e^{H_2} - \frac{1}{2}h\nu_e^{H_2}\left(\frac{\mu_{H_2}}{\mu_{D_2}}\right)^{\frac{1}{2}}$$

$$= D_0^{H_2} + \frac{1}{2}h\nu_e^{H_2}\left[1 - \left(\frac{\mu_{H_2}}{\mu_{D_2}}\right)^{\frac{1}{2}}\right]$$

$$= 4.4763\,\text{eV} + \frac{1}{2} \times 6.6262 \times 10^{-34}\,\text{J s} \times 2.9979 \times 10^8\,\text{m s}^{-1}$$

$$\times 4395.24 \times 10^2\,\text{m}^{-1} \times \left[1 - \left(\frac{8.3683 \times 10^{-28}\,\text{kg}}{1.6722 \times 10^{-27}\,\text{kg}}\right)^{\frac{1}{2}}\right]$$

$$= 4.4763\,\text{eV} + 0.0797\,\text{eV}$$

$$= 4.556\,\text{eV}$$

【3.25】 H—O—O—H 和 H—C≡C—H 分子的简正振动数目各有多少？画出 H—C≡C—H 简正振动方式，并分别指明其为红外活性或 Raman 活性。

解 由 n 个原子组成的非线形分子有 $3n-6$ 个简正振动，而由 n 个原子组成的线形分子有 $3n-5$ 个简正振动。因此，H_2O_2 和 C_2H_2 的简正振动数目分别为 $3\times 4-6=6$ 和 $3\times 4-5=7$。C_2H_2 的简正振动方式如下：

H⃗—C⃗—C⃖—H⃖ H⃗—C⃖—C⃗—H⃖ H⃗—C⃗—C⃗—H⃖
（Raman 活性）　（Raman 活性）　（红外活性）

H—C̥—C̥—H （↕）　H—C̥—C̥—H （↑）
（Raman 活性，二重简并）　（红外活性，二重简并）

【3.26】 画出 SO_2 的简正振动方式，已知与 3 个基频对应的谱带波数分别为 1361,1151,519 cm^{-1}，指出每种频率所对应的振动，说明是否为红外活性或 Raman 活性[参看《结构化学基础》(第 5 版)4.6 节]。

解 SO_2 分子有 3 种($3n-6=3\times 3-6$)简正振动，其中 2 种($n-1$)为伸缩振动，1 种($2n-5$)为弯曲振动。这些简正振动方式示意如下：

　　1151 cm^{-1}　　　　1361 cm^{-1}　　　　519 cm^{-1}
　对称伸缩振动　　　不对称伸缩振动　　　弯曲振动

一般说来，改变键长所需要的能量比改变键角所需要的能量大，因此，伸缩振动的频率比弯曲振动的频率大。而不对称伸缩振动的频率又比相应的对称伸缩振动的频率大。据此，可将 3 个波数($\tilde{\nu}=c^{-1}\nu$)与 3 种简正振动方式一一关联起来。

简单说来，SO_2 分子的 3 种振动方式均使其偶极矩发生变化，因而皆是红外活性的。同时，这 3 种振动方式又都使 SO_2 的极化率发生变化，所以，又都是 Raman 活性的。

【3.27】 用 HeⅠ(21.22 eV)作为激发源，N_2 的 3 个分子轨道的电子电离所得光电子动能为多少？[按《结构化学基础》(第 5 版)图 3.6.3 估计]

解 图 3.27 是 N_2 的光电子能谱图，与各谱带相应的分子轨道也已在图中标出。

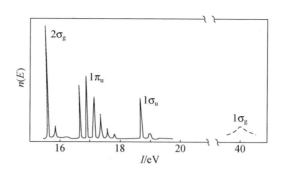

图 3.27 N₂ 的光电子能谱图

根据该谱图估计,基态 N₂ 分子的各价层分子轨道的绝热电离能分别为,$1\sigma_g$:约 40 eV; $1\sigma_u$:约 18.80 eV;$1\pi_u$:约 16.70 eV;$2\sigma_g$:约 15.60 eV。He I 线的能量为 21.22 eV,它只能使 $1\sigma_u$,$1\pi_u$ 和 $2\sigma_g$ 电子电离。

对气体样品,忽略能谱仪本身的功函数,光电子的动能 E_k 可由下式计算:
$$E_k = E_{He I} - |E_b| = E_{He I} - I_A$$
式中 $E_{He I}$,E_b 和 I_A 分别为激发源的能量、电离轨道的能级(电子结合能)和电离轨道的绝热电离能。将有关数据代入,可得从 N₂ 分子的 $1\sigma_u$,$1\pi_u$ 和 $2\sigma_g$ 三个分子轨道电离出的光电子动能,它们分别为

$$21.22\ eV - 18.80\ eV = 2.42\ eV$$
$$21.22\ eV - 16.70\ eV = 4.52\ eV$$
$$21.22\ eV - 15.60\ eV = 5.62\ eV$$

【3.28】 什么是垂直电离能和绝热电离能?试以 N₂ 分子的电子能谱图为例[参看《结构化学基础》(第 5 版)图 3.6.3],说明 3 个轨道的数据。

解 分子价层电子的电离必然伴随着振动和转动能级的改变。因此,分子的紫外光电子能谱(UPS)并非呈现一个个单峰,而是有精细结构。但由于分子的转动能级间隔太小,通常所用的激发源(如 He I 线和 He II 线)产生的 UPS 只能分辨气体分子的振动精细结构。分子从其振动基态($v=0$)跃迁到分子离子的振动基态($v'=0$)的电离过程叫绝热电离,相应的电离能称为绝热电离能,用 I_A 表示。它对应于 UPS 中各振动精细结构的第一个小峰。分子亦可从振动基态跃迁到分子离子跃迁概率最大的振动态,即 Franck-Condon 跃迁,这一电离过程称为垂直电离,相应的电离能称为垂直电离能,用 I_V 表示。它对应于各振动精细结构中强度最大的小峰。

从图 3.27 中估计,相应于 N₂ 分子 $2\sigma_g$ 轨道的 $I_A \approx I_V \approx 15.6$ eV;相应于 $1\pi_u$ 轨道的 $I_A \approx 16.7$ eV,而 $I_V \approx 16.9$ eV,两者之差(约 0.2 eV)即 $N_2^+(1\pi_u)$ 的振动能级间隔;相应于 $1\sigma_u$ 轨道的 $I_A \approx I_V \approx 18.8$ eV。这与从分子轨道理论得到的下述结论是一致的:若电子从非键轨道电离,I_A 和 I_V 相等;若电子从弱成键轨道或弱反键轨道电离,则 I_A 和 I_V 近似相等;若电子从强成键或强反键轨道电离,则 I_A 和 I_V 不等,两者相差一个或数个振动能级间隔。

【3.29】 怎样根据电子能谱区分分子轨道的性质?

解 紫外光电子能谱不仅能够直接测定分子轨道的能级,而且还可区分分子轨道的性质。这主要是通过分析分子离子的振动精细结构(即谱带的形状和小峰间的距离)来实现的。

(1) 非键电子电离,平衡核间距不变,分子从其振动基态跃迁到分子离子振动基态的概率最大,$I_A=I_V$。当然,分子也可从其振动基态跃迁到分子离子的其他振动态,但跃迁概率很小。因此,若"电离轨道"是非键轨道,则跃迁概率集中,相应谱带的振动序列短而简单:只呈现一个尖锐的强峰和一两个弱峰,且强度依次减小(弱峰的产生主要源于非 Franck-Condon 跃迁)。

(2) 成键电子电离,分子离子的平衡核间距比原分子的平衡核间距大;反键电子电离,分子离子的平衡核间距比原分子的平衡核间距小。核间距增大或减小的幅度与成键或反键的强弱有关。此时垂直跃迁的概率最大。但到分子离子其他振动能级的跃迁也有一定概率,因此分子离子的振动精细结构比较复杂,谱带的序列较长,强度最大的峰不再是第一个峰。"电离轨道"的成键作用越强,垂直跃迁对应的振动量子数 v' 越大,分子离子的振动能级间隔越小;"电离轨道"的反键作用越强,垂直跃迁对应的振动量子数 v' 越大,分子离子的振动能级间隔也越大。

(3) 若分子离子的平衡核间距与分子(基态)的平衡核间距相差很大,则分子离子的振动能级间隔很小,电子能谱仪已不能分辨,谱线表现为连续的谱带。

综上所述,根据紫外光电子能谱的振动精细结构(谱带形状和带中小峰间的距离),便可判断电离的电子所在的分子轨道的性质:若谱带中有一个强峰和一两个弱峰,则相关分子轨道为非键轨道或弱键轨道。至于是弱成键轨道还是弱反键轨道,须进一步看振动能级间隔的大小。振动能级间隔变小者为弱成键轨道,反之为弱反键轨道。若谱带的振动序列很长且振动能级间隔变小(与原分子相比),则相关分子轨道为强成键轨道;若谱带的振动序列很长且振动能级间隔变大,则相关分子轨道为强反键轨道。例如,在 N_2 的紫外光电子能谱中(参见图 3.27),与 $2\sigma_g$ 和 $1\sigma_u$ 轨道对应的谱带振动序列很短,跃迁概率集中,说明 $2\sigma_g$ 和 $1\sigma_u$ 皆为弱键轨道。但 $2\sigma_g$ 谱带的振动能级间隔小(2100 cm^{-1}),$1\sigma_u$ 谱带的振动能级间隔大(2390 cm^{-1}),所以 $2\sigma_g$ 为弱成键轨道,$1\sigma_u$ 为弱反键轨道。而相应于 $1\pi_u$ 轨道的谱带振动序列很长,包含的峰很多,峰间距较小(1800 cm^{-1}),而且第一个峰不是最大峰,所以 $1\pi_u$ 为强成键轨道。与 $1\sigma_g$ 对应的谱线已变成连续的谱带,说明 $1\sigma_g$ 是特强成键分子轨道。

【3.30】 由紫外光电子能谱实验知,NO 分子的第一电离能为 9.26 eV,比 CO 分子的 I_1 (14.01 eV)小很多,试从分子的电子组态解释其原因。

解 基态 CO 分子的价层电子组态为
$$(1\sigma)^2(2\sigma)^2(1\pi)^4(3\sigma)^2$$
基态 NO 分子的价层电子组态为
$$(1\sigma)^2(2\sigma)^2(1\pi)^4(3\sigma)^2(2\pi)^1$$
CO 分子的第一电离能是将其 3σ 电子击出所需要的最低能量,NO 分子的第一电离能则是将其 2π 电子击出所需要的最低能量。3σ 电子是成键电子,能量较低。2π 电子是反键电子,能量较高。所以,NO 分子的第一电离能比 CO 分子的第一电离能小很多。

【3.31】 下图示出由等摩尔的 CH_4,CO_2 和 CF_4 气体混合物的 C_{1s} XPS,指出 CH_4 的 XPS 峰。

解 和 C 原子结合的原子的电负性(χ):$\chi_F>\chi_O>\chi_H$
C 原子 1s 电子的结合能:$CH_4<CO_2<CF_4$
电离能的大小次序则应为:$CH_4<CO_2<CF_4$

(a)　　(b)　　(c)

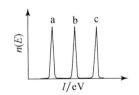

【3.32】 三氟代乙酸乙酯的 XPS 中,有 4 个不同化学位移的 C 1s 峰,其结合能大小次序如何?为什么?

解 三氟代乙酸乙酯分子

$$F_3\overset{1}{C}-\overset{2}{\underset{\underset{O}{\|}}{C}}-O-\overset{3}{C}H_2-\overset{4}{C}H_3$$

中,碳原子的有效电负性的大小次序为 $C_1 > C_2 > C_3 > C_4$,所以,1s 电子结合能大小次序为 $C_1 > C_2 > C_3 > C_4$。

【评注】 目前关于化学位移的理论模型较多,一般计算都比较复杂。下述经验规律可作为分析 X 射线光电子能谱的参考:

(1) 原子失去价电子或因和电负性高的原子结合而使电子远离时,内层电子的结合能增大。
(2) 原子获得电子时内层电子的结合能减小。
(3) "原子"的氧化态愈高,结合能愈大。
(4) 价层发生某种变化,所有内层电子结合能的位移都相同。

【3.33】 银的下列 4 个 XPS 峰中,强度最大的特征峰是什么?

Ag 4s 峰, Ag 3p 峰, Ag 3s 峰, Ag 3d 峰

解 X 射线光电子能谱特征峰的强度也有一些经验规律:就给出峰的轨道而言,主量子数小的峰比主量子数大的峰强;主量子数相同时,角量子数大者峰强;主量子数和角量子数都相同时,总量子数大者峰强。根据这些经验规律,Ag 的 3d 峰最强。

【3.34】 由于自旋-轨道耦合,Ar 的紫外光电子能谱第一条谱线分裂成强度比为 2:1 的两个峰,它们所对应的电离能分别为 15.759 和 15.937 eV。

(1) 指出相应于此第一条谱线的光电子是从 Ar 原子的哪个轨道被击出的;
(2) 写出 Ar 原子和 Ar^+ 离子的基态光谱支项;
(3) 写出与两电离能对应的电离过程表达式;
(4) 计算自旋-轨道耦合常数。

解

(1) 从 Ar 原子的某一轨道(设其轨道角量子数为 l)打出一个电子变成 Ar^+ 后,在该轨道上产生一个空穴和一个未成对电子。自旋-轨道耦合的结果产生了两种状态,可分别用量子数 j_1 和 j_2 表示:$j_1 = l + \frac{1}{2}, j_2 = l - \frac{1}{2}$。这两种状态具有不同的能量,其差值为自旋-轨道耦合常数。因自旋-轨道耦合产生的两个峰的相对强度比为

$$(2j_1+1):(2j_2+1) = (l+1):l$$

依据题意,$(l+1):l = 2:1$,因此 $l=1$,即电子是从 3p 轨道上被打出的。

(2)

Ar 原子:

  电子组态 $(1s)^2(2s)^2(2p)^6(3s)^2(3p)^6$

  量子数 $m_L=0, L=0; m_S=0, S=0; J=0$

光谱支项　　　$^1S_0$

Ar$^+$离子：

电子组态　　　$(1s)^2(2s)^2(2p)^6(3s)^2(3p)^5$

量子数　　　　$m_L=1, L=1; m_S=\dfrac{1}{2}, S=\dfrac{1}{2}; J=\dfrac{3}{2}, \dfrac{1}{2}$

光谱支项　　　$^2P_{3/2}, ^2P_{1/2}$

(3) 根据 Hund 规则，$E(^2P_{1/2}) > E(^2P_{3/2})$，所以两电离过程及相应的电离能分别为

$$Ar(^1S_0) \longrightarrow Ar^+(^2P_{3/2}) + e^- \quad I = 15.759 \text{ eV}$$

$$Ar(^1S_0) \longrightarrow Ar^+(^2P_{1/2}) + e^- \quad I = 15.937 \text{ eV}$$

微粒的状态及能量关系可简单示意如下：

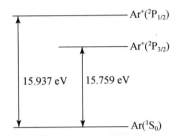

(4) 自旋-轨道耦合常数为

$$15.937 \text{ eV} - 15.759 \text{ eV} = 0.178 \text{ eV}$$

此即图 3.34 所示的两个分裂峰之间的"距离"。

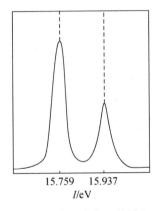

图 3.34　Ar 的紫外光电子能谱(一部分)

第 4 章 分子的对称性

内 容 提 要

4.1 对称操作和对称元素

对称操作是指不改变物体内部任何两点间的距离而使物体复原的操作。对称操作所依据的几何元素称为对称元素。对于分子等有限物体,在进行操作时,物体中至少有一点是不动的,这种对称操作叫点操作。点对称操作和相应的点对称元素有下列几类。

1. 旋转操作和旋转轴

旋转操作是将分子绕通过其中心的轴旋转一定的角度使分子复原的操作,旋转所依据的对称元素为旋转轴。n 次旋转轴的记号为 C_n。使物体复原的最小旋转角称为基转角 α,对 C_n 轴,$\alpha=360°/n$。和 C_n 轴相应的基本旋转操作为 C_n^1,它为绕轴转 $360°/n$ 的操作。分子中若有多个旋转轴,一般将轴次最高的轴称作主轴。

一次轴 C_1 的操作 C_1^1 是个恒等操作,又称为主操作 E,因为任何物体在任一方向上绕轴转 $360°$ 均可复原,它和乘法中的 1 相似。

C_2 轴的基转角是 $180°$,基本操作是 C_2^1,连续进行两次 C_2^1 相当于主操作,即 $C_2^1 \cdot C_2^1 = C_2^2 = E$。

C_3 轴的基转角是 $120°$,它的特征操作为 C_3^1 和 C_3^2。

C_4 轴的基转角为 $90°$,因 $C_4^2 = C_2^1$,$C_4^4 = E$,所以它的特征操作为 C_4^1 和 C_4^3。

C_6 轴的基转角为 $60°$,因 $C_6^2 = C_3^1$,$C_6^3 = C_2^1$,$C_6^4 = C_3^2$,$C_6^6 = E$,所以它的特征操作为 C_6^1 和 C_6^5。

各种对称操作相当于坐标变换,可用坐标变换矩阵表示对称操作。C_n 轴(通过原点和 z 轴重合)的 k 次对称操作 C_n^k 的表示矩阵为

$$C_n^k = \begin{bmatrix} \cos\dfrac{2k\pi}{n} & -\sin\dfrac{2k\pi}{n} & 0 \\ \sin\dfrac{2k\pi}{n} & \cos\dfrac{2k\pi}{n} & 0 \\ 0 & 0 & 1 \end{bmatrix}$$

按此,上述各旋转轴的特征对称操作的表示矩阵分别为

$$C_1^1 = \begin{bmatrix} 1 & 0 & 0 \\ 0 & 1 & 0 \\ 0 & 0 & 1 \end{bmatrix}, \quad C_2^1 = \begin{pmatrix} -1 & 0 & 0 \\ 0 & -1 & 0 \\ 0 & 0 & 1 \end{pmatrix}, \quad C_3^1 = \begin{pmatrix} -\dfrac{1}{2} & -\dfrac{\sqrt{3}}{2} & 0 \\ \dfrac{\sqrt{3}}{2} & -\dfrac{1}{2} & 0 \\ 0 & 0 & 1 \end{pmatrix}$$

$$\boldsymbol{C}_3^2 = \begin{pmatrix} -\frac{1}{2} & \frac{\sqrt{3}}{2} & 0 \\ -\frac{\sqrt{3}}{2} & -\frac{1}{2} & 0 \\ 0 & 0 & 1 \end{pmatrix}, \quad \boldsymbol{C}_4^1 = \begin{pmatrix} 0 & -1 & 0 \\ 1 & 0 & 0 \\ 0 & 0 & 1 \end{pmatrix}, \quad \boldsymbol{C}_4^3 = \begin{pmatrix} 0 & 1 & 0 \\ -1 & 0 & 0 \\ 0 & 0 & 1 \end{pmatrix}$$

$$\boldsymbol{C}_6^1 = \begin{pmatrix} \frac{1}{2} & -\frac{\sqrt{3}}{2} & 0 \\ \frac{\sqrt{3}}{2} & \frac{1}{2} & 0 \\ 0 & 0 & 1 \end{pmatrix}, \quad \boldsymbol{C}_6^5 = \begin{pmatrix} \frac{1}{2} & \frac{\sqrt{3}}{2} & 0 \\ -\frac{\sqrt{3}}{2} & \frac{1}{2} & 0 \\ 0 & 0 & 1 \end{pmatrix}$$

2. 反演操作和对称中心

依据对称中心进行的对称操作为反演操作,处于坐标原点的对称中心 i 的反演操作 i 的表示矩阵为

$$\boldsymbol{i} = \begin{pmatrix} -1 & 0 & 0 \\ 0 & -1 & 0 \\ 0 & 0 & -1 \end{pmatrix}$$

由此可见,从分子中任一原子至对称中心连一直线,将此线延长,必可在和对称中心等距离的另一侧找到另一相同原子。连续进行反演操作,可得

$$\boldsymbol{i}^n = \begin{cases} \boldsymbol{E} & n \text{ 为偶数} \\ \boldsymbol{i} & n \text{ 为奇数} \end{cases}$$

3. 反映操作和镜面

反映操作是使分子中的每一点都反映到该点到镜面垂线的延长线上、在镜面另一侧等距离处。通过原点和 xy 面平行的镜面 σ_{xy} 的反映操作 $\boldsymbol{\sigma}_{xy}$ 的表示矩阵为

$$\boldsymbol{\sigma}_{xy} = \begin{pmatrix} 1 & 0 & 0 \\ 0 & 1 & 0 \\ 0 & 0 & -1 \end{pmatrix}$$

连续进行反映操作,可得

$$\boldsymbol{\sigma}^n = \begin{cases} \boldsymbol{E} & n \text{ 为偶数} \\ \boldsymbol{\sigma} & n \text{ 为奇数} \end{cases}$$

和主轴垂直的镜面以 σ_h 表示;通过主轴的镜面以 σ_v 表示;通过主轴、平分副轴夹角的镜面以 σ_d 表示。

4. 旋转反演操作和反轴以及旋转反映操作和映轴

反轴 I_n 的基本操作为绕轴转 $360°/n$,接着按轴上的中心点进行反演,它是 C_n^1 和 i 相继进行的联合操作:

$$\boldsymbol{I}_n^1 = \boldsymbol{i}\boldsymbol{C}_n^1$$

映轴 S_n 的基本操作为绕轴转 $360°/n$,接着按垂直于轴的平面进行反映,是 C_n^1 和 $\boldsymbol{\sigma}$ 相继进行的联合操作:

$$\boldsymbol{S}_n^1 = \boldsymbol{\sigma}\boldsymbol{C}_n^1$$

反轴 I_n 和映轴 S_n 互有联系、互相包含,它们和其他对称元素的关系如下:

$$I_1 = S_2^- = i \qquad\qquad S_1 = I_2^- = \sigma$$
$$I_2 = S_1^- = \sigma \qquad\qquad S_2 = I_1^- = i$$
$$I_3 = S_6^- = C_3 + i \qquad S_3 = I_6^- = C_3 + \sigma$$
$$I_4 = S_4^- \qquad\qquad\qquad S_4 = I_4^-$$
$$I_5 = S_{10}^- = C_5 + i \qquad S_5 = I_{10}^- = C_5 + \sigma$$
$$I_6 = S_3^- = C_3 + \sigma \qquad S_6 = I_3^- = C_3 + i$$

上列式中右上角的负号表示逆操作,式中连续的等号表示这个对称元素可以由两个或其他对称元素组合而成,不是独立存在的对称元素。由上述关系可见:对于反轴 I_n,当 n 为奇数时,它由 C_n 和 i 组成;当 n 为偶数而不为 4 的整数倍时,由旋转轴 $C_{\frac{n}{2}}$ 和 σ_h 组成;当 n 为 4 的整数倍时,I_n 是一个独立的对称元素,这时 I_n 轴与 $C_{\frac{n}{2}}$ 轴同时存在。对于映轴 S_n,当 n 为奇数时,它由 C_n 轴和 σ_h 组成;当 n 为偶数而不为 4 的整数倍时,由 $C_{\frac{n}{2}}$ 和 i 组成;当 n 为 4 的整数倍时,S_n 是一个独立的对称元素,这时 S_n 轴和 $C_{\frac{n}{2}}$ 轴同时存在。

在上述操作中,旋转操作为实操作,或称第一类对称操作;其他的对称操作为虚操作,或称第二类对称操作。

4.2 对称元素的组合与对称操作群

一个分子具有的全部对称元素构成一个完整的对称元素系,和该对称元素系对应的全部对称操作,形成一个对称操作群。它们同时满足下列群的 4 个条件:

(1) 封闭性:群中任意两个元 **A** 和 **B** 的乘积,**AB**=**C**,则 **C** 一定是群中的一个元。
(2) 主操作:群中一定存在主操作,即恒等元 **E**。
(3) 逆操作:群中每一个元 **A** 均有其逆操作元 **A**$^{-1}$ 存在。
(4) 结合律:群中元的乘法满足结合律,即 **A**(**BC**)=(**AB**)**C**。

一个群中的一部分元满足群的 4 个条件,这部分元构成的群称为该群的子群。

一个对称群中元的数目称为群的阶,阶也代表组成物体的等同部分的数目。

一个 h 阶有限群的元及这些元所有可能的乘积共 h^2 个,可以用乘法表表达。乘法表由 h 行(每行由左到右)和 h 列(每列由上到下)组成。在行坐标为 **x**、列坐标为 **y** 的交点上的元为 **yx**,即先操作 **x**,再操作 **y** 所得的元。

对称元素相互结合可产生新的对称元素,下面通过几个实例来说明:

(1) 夹角为 $\frac{2\pi}{2n}$ 的两个 C_2 轴相组合,在其交点上将出现垂直于该两个 C_2 轴的一个 C_n 轴,而且垂直 C_n 轴有 n 个 C_2 轴。另外,一个 C_n 轴和与它垂直的 C_2 轴组合,则过这两个轴的交点有 n 个 C_2 轴,它们都垂直于 C_n 轴,相邻的 C_2 轴的夹角为 $\frac{2\pi}{2n}$。

(2) 夹角为 $\frac{2\pi}{2n}$ 的两个镜面相组合,则其交线为一个 C_n 轴,且出现 n 个镜面。

(3) 一个偶次轴与一个垂直于它的镜面组合,在交点上将出现对称中心。对称操作 σ_{xy}, $C_{2n}^n(z)$ 和 i 这 3 个操作中每一个操作必为其余两个操作的乘积。

4.3 分子的点群

判别分子所属的点群是本章学习的中心内容,因为根据分子的点群即可了解分子所具有的一些性质。

分子所属的点群按 Schönflies 记号可分为下列几类：

(1) C_n：C_n 群只有 1 个 C_n 轴。

(2) C_{nh}：C_{nh} 群中有 1 个 C_n 轴，垂直于此轴有 1 个 σ_h。

(3) C_{nv}：C_{nv} 群中有 1 个 C_n 轴，通过此轴有 n 个 σ_v。

(4) S_n 和 C_{ni}：分子中有 1 个 I_n 轴，当 n 为奇数时，属 C_{ni} 点群；当 n 为偶数但不为 4 的整数倍时，属 $C_{\frac{n}{2}h}$ 点群；当 n 为 4 的整数倍时，属 S_n 点群。

(5) D_n：D_n 群由 1 个 C_n 轴和垂直于此轴的 n 个 C_2 轴组成。

(6) D_{nh}：D_{nh} 群为 D_n 群的对称元素系中加入垂直于 C_n 轴的 σ_h 组成。若 C_n 为奇数轴，将产生出 I_{2n} 和 n 个 σ_v，注意这时对称元素系中不含对称中心 i。若 C_n 为偶数轴，对称元素系中含有 I_n，n 个 σ_v 和 i。

(7) D_{nd}：D_{nd} 群由 D_n 群的对称元素系和通过 C_n 又平分 2 个 C_2 轴的夹角的 n 个 σ_d 组成。若 C_n 为奇数轴，对称元素系中含有 C_n，n 个 C_2，n 个 σ_d，i 和 I_n；若 C_n 为偶数轴，对称元素系中含有 C_n，n 个 C_2，n 个 σ_d 和 I_{2n}，注意这时不包含对称中心 i。

(8) T，T_h 和 T_d：这些是四面体群，其特点是都含有 4 个 C_3 轴，按立方体体对角线排列。

T 点群由 4 个 C_3 和 3 个 C_2 组成。

T_h 点群由 4 个 C_3，3 个 C_2，3 个 σ_h（它们分别和 3 个 C_2 轴垂直）和 i 组成。

T_d 点群由 4 个 C_3，3 个 I_4（其中含有 C_2）和 6 个 σ_d（分别平分 4 个 C_3 轴的夹角）组成，注意其中不含对称中心 i。

(9) O 和 O_h：这些是八面体群，其特点是都含有 3 个 C_4 轴。

O 点群由 3 个 C_4，4 个 C_3 和 6 个 C_2 组成。

O_h 点群由 3 个 C_4，4 个 C_3，6 个 C_2，3 个 σ_h（分别和 3 个 C_4 轴垂直），6 个 σ_d（分别平分 4 个 C_3 轴的夹角）和 i 等组成。

(10) I 和 I_h：这些是二十面体群，其特点是都含有 6 个 C_5 轴。

I 点群由 6 个 C_5，10 个 C_3 和 15 个 C_2 组成。

I_h 点群由 6 个 C_5，10 个 C_3，15 个 C_2，15 个 σ 和 i 组成。I_h 点群有时又称 I_d 点群。

一个分子的对称性一定属上述 10 类点群中的一种，判别分子所属点群的方法可按下面的步骤进行。首先查看有无多个高次轴：注意有无 6 个 C_5，或 3 个 C_4，或 4 个 C_3，以区分二十面体群、八面体群和四面体群。再查看有无一个 $n \geqslant 2$ 的 C_n 轴、n 个 C_2 轴、垂直 C_n 轴的 σ_h、平分 C_2 轴的 σ_d，以区分 D_n，D_{nh} 和 D_{nd}；进一步区分只有一个 I_n 轴的点群 S_n 和 C_{ni}；区分只有一个 C_n 轴的 C_n，C_{nv} 和 C_{nh} 等。

4.4 分子的偶极矩和极化率

分子有无偶极矩和分子的对称性有密切关系，只有属于 C_n 和 C_{nv} 这两类点群（注意 $C_{1v} \equiv C_{1h} \equiv C_s$）的分子才具有永久偶极矩，其他点群的分子不可能有永久偶极矩。偶极矩 μ 的单位为库仑米（Cm）。

分子的偶极矩反映分子极性的大小，而分子的极性由分子中原子的相对位置和键的性质决定。异核双原子分子偶极矩的大小反映两个原子的电负性的差异，反映键的性质。多原子分子的偶极矩反映分子中整体电荷的分布，可通过实验测定。从分子结构出发，可近似地将分子的偶极矩由化学键的偶极矩(简称键矩)按矢量加和而得。

各种化学键的键矩是由实验测定值推出的平均值,表示它对整个分子的偶极矩的贡献,它具有一定的守恒性,因而可近似地用以计算各种构型的分子的偶极矩,和实验值比较,以了解分子的结构和性质。

在电场 E 中,分子发生诱导极化,产生诱导偶极矩($\mu_{诱}$):

$$\boldsymbol{\mu}_{诱} = \alpha \boldsymbol{E}$$

α 称为分子的极化率,E 为电场强度。

极化率和摩尔折射度 R 有关,而 R 可由物质的折射率 n、摩尔质量 M 及物质的密度 d 等数值求得:

$$R = \frac{n^2 - 1}{n^2 + 2} \cdot \frac{M}{d}$$

当由实验测定出折射率 n,利用物质的 M 和 d 等数值及 Avogadro 常数 N_A 可由下式计算出该物质的极化率:

$$\alpha = \frac{3\varepsilon_0 R}{N_A} = \frac{3\varepsilon_0 (n^2 - 1)}{N_A (n^2 + 2)} \cdot \frac{M}{d}$$

摩尔折射度 R 具有加和性,可从离子和键的折射度计算得到,并可和实验值进行比较,以了解物质的组成、结构和性质。

4.5 分子的对称性和旋光性

具有旋光性的分子又称为光活性分子,它的特点是分子本身和它在镜子中的像只有对映关系,而不完全相同,是一对等同而非全同的对映体。它们和人的左、右手一样,故称为手性分子。

从对称性看,若分子具有反轴 $I_n(n=1,2,3,4,\cdots)$ 的对称性,则该分子一定没有旋光性;若分子不具有反轴的对称性,则可能出现旋光性。

由于一重反轴 I_1 等于对称中心 i,二重反轴等于镜面 σ,而独立的反轴只有 I_{4n},所以判断分子有无旋光性可归结为分子是否具有镜面 σ、对称中心 i 或反轴 I_{4n} 等对称性。

所有具有螺旋形结构的分子都没有反轴对称性,都可能出现旋光性。

大多数含有不对称碳原子或氮原子(指 C 或 N 原子按 sp³ 杂化成键,分别和 4 个不等同的基团相连接的结构)的分子是手性分子。用有无不对称碳原子来判断分子是否为手性分子,是一种简单实用的方法,但它并不是全面的判断标准。

用化学方法在一般实验条件下合成的产品若含有手性分子,该分子的两种对映体的数量总是相等的,没有旋光性,称为外消旋产品。由天然动植物所得的手性分子,因在酶催化或不对称环境中形成,大部分只有一种对映体出现。用作生物体的药物需要特定的手性对映体,要进行不对称合成制得。

4.6 群的表示

根据分子的对称性探讨分子的性质,群的表示起重要的作用。

将对称操作用矩阵表示,这样的矩阵群称为相应点群的表示。

群中元的作用对象称为基,基可以为原子坐标或其他函数或物理量。基不同,同一对称操作的表示矩阵不同。

任何一个矩阵 A,都可以找到一个合适的变换矩阵 S,经过相似变换,即进行 $S^{-1}AS$ 操作,将它变成对角方块矩阵,这种相似变换的过程称为矩阵的约化。当对角方块矩阵通过相似变换无法约化了,称为不可约化的矩阵。群的可约表示总是可用不可约表示描述。一个群可以有许多个可约表示,但只有几个不可约表示。

当进行 $S^{-1}AS=C$ 相似变换时,A 和 C 称为相互共轭的元。若 A 和 C 共轭,B 和 C 共轭,则 A 和 B 也共轭。群中所有相互共轭元的集合称为共轭类,简称类。

在矩阵约化过程中,矩阵元的值在变,但正方矩阵的迹,即矩阵的对角元之和,在相似变换中是不改变的。这种对称操作的矩阵的迹称为特征标。群的不可约表示和特征标具有下列性质:

(1) 群的不可约表示的数目等于群中类的数目;
(2) 群的不可约表示的维数的平方和等于群的阶;
(3) 群的各不可约表示的特征标之间满足正交性和归一性条件。

将点群的所有不可约表示的特征标及相应的基列成表称为特征标表。特征标表是讨论和处理有关对称性问题的重要工具。特征标表的应用可按下列步骤进行:

(1) 用一个合适的基得出点群的一个可约表示;
(2) 约化这个可约表示成为构成它自己的不可约表示;
(3) 解释各个不可约表示所对应的图像,找出问题的答案。

例如有关水(H_2O)分子的振动光谱问题,先用 3 个原子的 9 个运动自由度为基,结合水分子的对称性和坐标关系得出可约表示;然后用特征标表约化这个可约表示,成为不可约表示,除去平动和转动的不可约表示,水分子的振动有 3 种不可约表示($2A_1$ 和 B_1);再利用特征标表中的基判断哪些振动为红外活性、哪些振动为 Raman 活性。判断的标准为:

(1) 若振动隶属的对称类型和偶极矩的一个分量隶属的对称类型相同,即和 x 或 y 或 z 隶属的对称类型相同,它具有红外活性。

(2) 若振动隶属的对称类型和极化率的一个分量隶属的对称类型相同,即和 x^2 或 y^2,或 z^2 或 xy,或 x^2-y^2 等二次方中的一个或二次方的组合所隶属的对称类型相同,那么它就是 Raman 活性。

H_2O 分子有 3 种振动方式,3 种都是红外活性,也都是 Raman 活性。

习 题 解 析

【4.1】 HCN 和 CS_2 都是直线形分子,写出它们的对称元素。

解 HCN:C_∞,$\sigma_v(\infty)$,括号中的 ∞ 表示它的数目有无穷多个。
CS_2:C_∞,$C_2(\infty)$,σ_h,$\sigma_v(\infty)$,i

【4.2】 写出 H_3CCl 分子的对称元素。

解 C_3,$\sigma_v(3)$

【4.3】 写出三重映轴 S_3 和三重反轴 I_3 的全部对称操作。

解 依据三重映轴 S_3 所进行的全部对称操作为

$$S_3^1 = \sigma_h C_3^1, \quad S_3^2 = C_3^2, \quad S_3^3 = \sigma_h,$$
$$S_3^4 = C_3^1, \quad S_3^5 = \sigma_h C_3^2, \quad S_3^6 = E$$

依据三重反轴 I_3 进行的全部对称操作为
$$I_3^1 = iC_3^1, \quad I_3^2 = C_3^2, \quad I_3^3 = i,$$
$$I_3^4 = C_3^1, \quad I_3^5 = iC_3^2, \quad I_3^6 = E$$

【4.4】 写出四重映轴 S_4 和四重反轴 I_4 的全部对称操作。

解 依据 S_4 进行的全部对称操作为
$$S_4^1 = \sigma_h C_4^1, \quad S_4^2 = C_2^1, \quad S_4^3 = \sigma_h C_4^3, \quad S_4^4 = E$$

依据 I_4 进行的全部对称操作为
$$I_4^1 = iC_4^1, \quad I_4^2 = C_2^1, \quad I_4^3 = iC_4^3, \quad I_4^4 = E$$

【评注】 上述两题是涉及分子的映轴和反轴的对称操作群的典型例子。其中 4.3 题涉及的是奇次映轴和反轴，4.4 题涉及的是偶次映轴和反轴。读者再根据 S_6 和 I_6 的关系至少可归纳出下列几个结论：

(1) 依据映轴和反轴进行的对称操作都是实操作(旋转)和虚操作(反映或反演)的复合操作。图像(分子)仅经过简单的实操作或虚操作后都不能复原，只有完成了两步操作后才能复原。至于实操作和虚操作孰先孰后则无关紧要(操作互换)，即
$$S_n^1 = \sigma_h C_n^1 = C_n^1 \sigma_h$$
$$I_n^1 = iC_n^1 = C_n^1 i$$

(2) 映轴或反轴的对称操作群的阶次与轴次 n 有如下关系：
一个奇次映轴或反轴给出一个 $2n$ 阶的对称操作群：
$$\{S_n^1, S_n^2, \cdots, S_n^{2n-1}, E\}$$
$$\{I_n^1, I_n^2, \cdots, I_n^{2n-1}, E\}$$
而一个偶次映轴或反轴给出一个 n 阶的对称操作群：
$$\{S_n^1, S_n^2, \cdots, S_n^{n-1}, E\}$$
$$\{I_n^1, I_n^2, \cdots, I_n^{n-1}, E\}$$

(3) 某些映轴和反轴是独立的，而另一些映轴和反轴可看作是由两个相关对称元素组成的，具体情况取决于映轴和反轴的轴次 n。

若 n 为 4 的整数倍，则 S_n 和 I_n 都是独立的对称元素，此时 S_n 和 I_n 与 $C_{n/2}$ 轴共存且重合。例如，在甲烷分子中有 3 个 I_4，它们分别与 3 个 C_2 轴重合；在丙二烯分子中有 1 个 I_4，它与其中 1 个 C_2 轴(C—C—C 连线)重合。

若 n 不为 4 的整数倍，则 S_n 和 I_n 都可看作是由 2 个对称元素组成的。当 n 为奇数时，
$$S_n = C_n + \sigma_h$$
$$I_n = C_n + i$$
即 S_n 包括了 C_n 和 σ_h 的全部对称操作，I_n 包括了 C_n 和 i 的全部对称操作。此种情形已在 4.3 题中予以说明。当 n 为 4 的整数倍以外的偶数时，
$$S_n = C_{n/2} + i$$
$$I_n = C_{n/2} + \sigma_h$$
即 S_n 包含了 $C_{n/2}$ 和 i 的全部对称操作，I_n 包含了 $C_{n/2}$ 和 σ_h 的全部对称操作。

(4) 映轴和反轴是相通的。它们互相联系，互相包含，也互有区别。在讨论分子的对称性时可采用映轴，也可采用反轴，在讨论晶体的对称性时须采用反轴。示于 p.66 的映轴和反轴

的关系可简写如下：

$$S_1 = I_2^-, \quad S_2 = I_1^-, \quad S_3 = I_6^-$$
$$S_4 = I_4^-, \quad S_5 = I_{10}^-, \quad S_6 = I_3^-$$

或

$$I_1 = S_2^-, \quad I_2 = S_1^-, \quad I_3 = S_6^-$$
$$I_4 = S_4^-, \quad I_5 = S_{10}^-, \quad I_6 = S_3^-$$

映轴和反轴右上角的负号表示依据该对称元素进行的基本操作的逆操作。除上述三例外,读者还可自举数例加以验证。

在研读了上述评注后,读者可自行解答下列两个问题。这两个问题密切相关,也是学生经常产生误解和误判的问题。

(1) 具有 n 次映轴的分子是否一定具有 n 次旋转轴和镜面? 具有 n 次反轴的分子是否一定具有 n 次旋转轴和对称中心?

(2) 在进行旋转-反映这个复合操作时,反映这一步所依据的"垂直于映轴的平面"是否像单纯的反映操作一样都是分子的镜面? 而在进行旋转-反演这个复合操作时,反演这一步所依据的"反轴上的一个点"是否像单纯的反演操作一样都是分子的对称中心?

在解答了上述两个问题后,读者可进一步通过实例归纳出下述 3 个结论: (a) $n=4m+1$ 或 $4m+3$ 的反轴必含对称中心; (b) $n=4m+2$ 的反轴必含镜面; (c) $n=4m$ 的反轴或映轴既不含对称中心,也不含镜面。

【4.5】 写出 $\boldsymbol{\sigma}_{xz}$ 和通过原点并与 x 轴重合的 C_2 轴的对称操作 $\boldsymbol{C}_2^1$ 的表示矩阵。

解

$$\boldsymbol{\sigma}_{xz} = \begin{bmatrix} 1 & 0 & 0 \\ 0 & -1 & 0 \\ 0 & 0 & 1 \end{bmatrix}, \quad \boldsymbol{C}_{2(x)}^1 = \begin{bmatrix} 1 & 0 & 0 \\ 0 & -1 & 0 \\ 0 & 0 & -1 \end{bmatrix}$$

【4.6】 用对称操作的表示矩阵证明:

(1) $\boldsymbol{C}_2^1(z)\boldsymbol{\sigma}_{xy} = \boldsymbol{i}$;

(2) $\boldsymbol{C}_2^1(x)\boldsymbol{C}_2^1(y) = \boldsymbol{C}_2^1(z)$;

(3) $\boldsymbol{\sigma}_{yz}\boldsymbol{\sigma}_{xz} = \boldsymbol{C}_2^1(z)$。

解

(1) $\boldsymbol{C}_{2(z)}^1 \boldsymbol{\sigma}_{xy} \begin{bmatrix} x \\ y \\ z \end{bmatrix} = \boldsymbol{C}_{2(z)}^1 \begin{bmatrix} x \\ y \\ -z \end{bmatrix} = \begin{bmatrix} -x \\ -y \\ -z \end{bmatrix}, \quad \boldsymbol{i} \begin{bmatrix} x \\ y \\ z \end{bmatrix} = \begin{bmatrix} -x \\ -y \\ -z \end{bmatrix}$

$\therefore \boldsymbol{C}_{2(z)}^1 \boldsymbol{\sigma}_{xy} = \boldsymbol{i}$

推广之,有

$$\boldsymbol{C}_{2n(z)}^n \boldsymbol{\sigma}_{xy} = \boldsymbol{\sigma}_{xy} \boldsymbol{C}_{2n(z)}^n = \boldsymbol{i}$$

即,一个偶次旋转轴与一个垂直于它的镜面组合,必定在垂足上出现对称中心。

(2) $\boldsymbol{C}_{2(x)}^1 \boldsymbol{C}_{2(y)}^1 \begin{bmatrix} x \\ y \\ z \end{bmatrix} = \boldsymbol{C}_{2(x)}^1 \begin{bmatrix} -x \\ y \\ -z \end{bmatrix} = \begin{bmatrix} -x \\ -y \\ z \end{bmatrix}, \quad \boldsymbol{C}_{2(z)}^1 \begin{bmatrix} x \\ y \\ z \end{bmatrix} = \begin{bmatrix} -x \\ -y \\ z \end{bmatrix}$

$\therefore \boldsymbol{C}_{2(x)}^1 \boldsymbol{C}_{2(y)}^1 = \boldsymbol{C}_{2(z)}^1$

这说明,若分子中存在两个互相垂直的 C_2 轴,则在其交点上必定出现垂直于这两个 C_2 轴的第三个 C_2 轴。推而广之,夹角为 $\frac{2\pi}{2n}$ 的两个 C_2 轴组合,在其交点上必定出现一个垂直于这两个 C_2 轴的 C_n 轴,在垂直于 C_n 轴且过交点的平面内必有 n 个 C_2 轴。进而可推得,一个 C_n 轴与垂直于它的 C_2 轴组合,在垂直于 C_n 轴的平面内有 n 个 C_2 轴,相邻两轴的夹角为 $\frac{2\pi}{2n}$。

(3) $\boldsymbol{\sigma}_{yz}\boldsymbol{\sigma}_{xz}\begin{bmatrix}x\\y\\z\end{bmatrix}=\boldsymbol{\sigma}_{yz}\begin{bmatrix}x\\-y\\z\end{bmatrix}=\begin{bmatrix}-x\\-y\\z\end{bmatrix}$, $\quad \boldsymbol{C}_{2(z)}^1\begin{bmatrix}x\\y\\z\end{bmatrix}=\begin{bmatrix}-x\\-y\\z\end{bmatrix}$

$$\therefore \boldsymbol{\sigma}_{yz}\boldsymbol{\sigma}_{xz}=\boldsymbol{C}_{2(z)}^1$$

这说明,两个互相垂直的镜面组合,可得一个 C_2 轴,此 C_2 轴正是两镜面的交线。推而广之,若两个镜面相交且夹角为 $\frac{2\pi}{2n}$,则其交线必为一个 n 次旋转轴。同理,C_n 轴和通过该轴的镜面组合,可得 n 个镜面,相邻镜面之夹角为 $\frac{2\pi}{2n}$。

【4.7】 写出 ClHC═CHCl(反式)分子的全部对称操作及其乘法表。

解 反式 $C_2H_2Cl_2$ 分子的全部对称操作为

$$E, C_2^1, \boldsymbol{\sigma}_h, i$$

对称操作群的乘法表如下:

C_{2h}	E	C_2^1	$\boldsymbol{\sigma}_h$	i
E	E	C_2^1	$\boldsymbol{\sigma}_h$	i
C_2^1	C_2^1	E	i	$\boldsymbol{\sigma}_h$
$\boldsymbol{\sigma}_h$	$\boldsymbol{\sigma}_h$	i	E	C_2^1
i	i	$\boldsymbol{\sigma}_h$	C_2^1	E

【4.8】 写出下列分子所隶属的点群:HCN, SO_3,氯苯(C_6H_5Cl),苯(C_6H_6),萘$(C_{10}H_8)$。

解

分子	HCN	SO_3	C_6H_5Cl	C_6H_6	$C_{10}H_8$
点群	$C_{\infty v}$	D_{3h}	C_{2v}	D_{6h}	D_{2h}

【4.9】 判断下列结论是否正确,说明理由。

(1) 凡线形分子一定有 C_∞ 轴;

(2) 甲烷分子有对称中心;

(3) 分子中最高轴次(n)与点群记号中的 n 相同(例如 C_{3h} 中最高轴次为 C_3 轴);

(4) 分子本身有镜面,它的镜像和它本身全同。

解

(1) 正确。线形分子可能具有对称中心($D_{\infty h}$ 点群),也可能不具有对称中心($C_{\infty v}$ 点群)。但无论是否具有对称中心,当将它们绕着连接各原子的直线转动任意角度,都能复原。因此,所有线形分子都有 C_∞ 轴,该轴与连接各原子的直线重合。

(2) 不正确。因为,若分子有对称中心,则必可在从任一原子至对称中心连线的延长线上等距离处找到另一相当原子。甲烷分子(T_d点群)呈正四面体构型,显然不符合此条件。因此,它无对称中心。按分子中的四重反轴进行旋转-反演操作时,反演所依据的"反轴上的一个点"是分子的中心,但不是对称中心。事实上,属于T_d点群的分子皆无对称中心。

(3) 就具体情况而言,应该说本小题不全错,但作为一个命题,它就错了。

这里的对称轴包括旋转轴和反轴(或映轴)。在某些情况下,分子最高对称轴的轴次(n)与点群记号中的n相同,而在另一些情况下,两者不同。这两种情况可以在属于C_{nh},D_{nh}和D_{nd}等点群的分子中找到。

在C_{nh}点群的分子中,当n为偶数时,最高对称轴是C_n轴或I_n轴。其轴次与点群记号中的n相同。例如,反式$C_2H_2Cl_2$分子属C_{2h}点群,其最高对称轴为C_2轴,轴次与点群记号中的n相同。当n为奇数时,最高对称轴为I_{2n},即最高对称轴的轴次是分子点群记号中的n的2倍。例如,H_3BO_3分子属C_{3h}点群,而最高对称轴为I_6。

在D_{nh}点群的分子中,当n为偶数时,最高对称轴为C_n轴或I_n轴,其轴次(n)与点群记号中的n相同。例如,C_6H_6分子属D_{6h}点群,其最高对称轴为C_6或I_6,轴次与点群记号中的n相同。而当n为奇数时,最高对称轴为I_{2n},轴次为点群记号中的n的2倍。例如,CO_3^{2-}属D_{3h}点群,最高对称轴为I_6,轴次是点群记号中的n的2倍。

在D_{nd}点群的分子中,当n为奇数时,最高对称轴为C_n轴或I_n轴,其轴次与分子点群记号中的n相同。例如,椅式环己烷分子属D_{3d}点群,其最高对称轴为C_3或I_3,轴次与点群记号中的n相同。当n为偶数时,最高对称轴为I_{2n},其轴次是点群记号中的n的2倍。例如,丙二烯分子属D_{2d}点群,最高对称轴为I_4,轴次是点群记号中的n的2倍。

(4) 正确。可以证明,若一个分子具有反轴对称性,即拥有对称中心、镜面或$4m$(m为正整数)次反轴,则它就能被任何第二类对称操作(反演、反映)或第一、二类两类对称操作的联合操作(旋转-反演或旋转-反映)复原。若一个分子能被任何第二类对称操作复原,则它就一定能和它的镜像叠合,即全同。因此,分子本身有镜面时,其镜像与它本身全同。

【4.10】 联苯C_6H_5—C_6H_5有3种不同构象,两苯环的二面角(α)分别为:(1) $\alpha=0$,(2) $\alpha=90°$,(3) $0<\alpha<90°$。试判断这3种构象的点群。

解

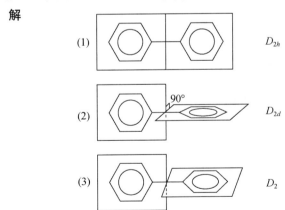

【4.11】 SF_5Cl分子的形状和SF_6相似,试指出它的点群。

解 SF_6分子呈正八面体构型,属O_h点群。当其中1个F原子被Cl原子取代后,所得分子SF_5Cl的形状与SF_6分子的形状相似(见图4.11),但对称性降低了。SF_5Cl分子的点群为C_{4v}。

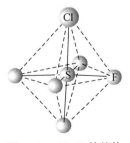

图4.11 SF_5Cl的结构

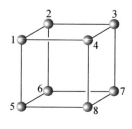

图 4.12

【4.12】 画一立方体,在 8 个顶角上放 8 个相同的球,写明编号。若:(1) 去掉 2 个球,(2) 去掉 3 个球。分别列表指出所去掉的球的号数,指出剩余的球构成的图形属于什么点群?(不考虑球间的连线)

解 图 4.12 示出 8 个相同球的位置及其编号。

(1) 去掉 2 个球:

去掉的球的号数	所剩球构成的图形所属的点群	图形记号
1 和 2,或任意两个共棱的球	C_{2v}	A
1 和 3,或任意两个面对角线上的球	C_{2v}	B
1 和 7,或任意两个体对角线上的球	D_{3d}	C

(2) 去掉 3 个球:

去掉的球的号数	所剩球构成的图形所属的点群	图形记号
1,2,4,或任意两条相交的棱上的三个球	C_s	D
1,3,7,或任意两条平行的棱上的三个球	C_s	E
1,3,8,或任意由 C_3 轴联系起来的三个球	C_{3v}	F

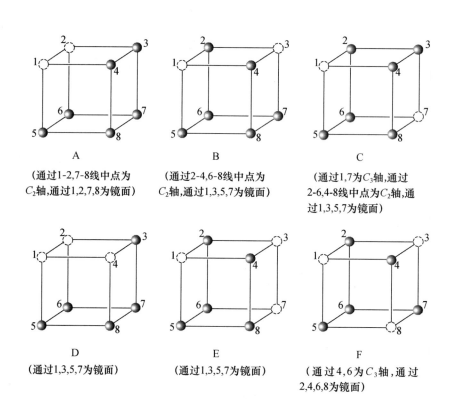

A
(通过1-2,7-8线中点为 C_2 轴,通过1,2,7,8为镜面)

B
(通过2-4,6-8线中点为 C_2 轴,通过1,3,5,7为镜面)

C
(通过1,7为 C_3 轴,通过2-6,4-8线中点为 C_2 轴,通过1,3,5,7为镜面)

D
(通过1,3,5,7为镜面)

E
(通过1,3,5,7为镜面)

F
(通过4,6为 C_3 轴,通过2,4,6,8为镜面)

【4.13】 判断一个分子有无永久偶极矩和有无旋光性的标准分别是什么?

解 凡是属于 C_n 和 C_{nv} 点群的分子都具有永久偶极矩,而其他点群的分子无永久偶极矩。由于 $C_{1v} \equiv C_{1h} \equiv C_s$,因而 C_s 点群也包括在 C_{nv} 点群之中。

凡是具有反轴对称性的分子一定无旋光性,而不具有反轴对称性的分子则可能出现旋光性。"可能"二字的含义是:在理论上,这种分子肯定具有旋光性,但有时由于某种原因(如消旋或仪器灵敏度太低等)在实验上测不出来。

反轴的对称操作是一联合的对称操作。一重反轴等于对称中心,二重反轴等于镜面,只有 $4m$ 次反轴是独立的。因此,判断分子是否有旋光性,可归结为分子中是否有对称中心、镜面和 $4m$ 次反轴的对称性。具有这 3 种对称性的分子(只要存在 3 种对称元素中的一种)皆无旋光性,而不具有这 3 种对称性的分子都可能有旋光性。

【4.14】 画出 $Ni(en)(NH_3)_2Cl_2$ 可能的异构体,说明它们是否有旋光性。

解 见图 4.14。

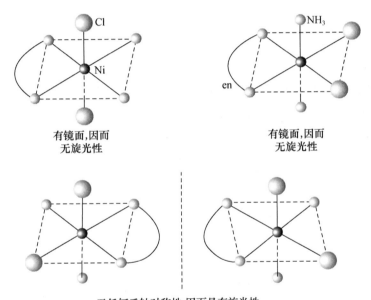

图 4.14

【4.15】 由下列分子的偶极矩数据,推测分子立体构型及其点群。

分 子	$\mu/(10^{-30} \text{C m})$	分 子	$\mu/(10^{-30} \text{C m})$
(1) C_3O_2	0	(5) $O_2N—NO_2$	0
(2) SO_2	5.4	(6) $H_2N—NH_2$	6.14
(3) $N\equiv C—C\equiv N$	0	(7) $H_2N—\text{〇}—NH_2$	5.34
(4) $H—O—O—H$	6.9		

解

序 号	分 子	几何构型	点 群
(1)	C_3O_2	O=C=C=C=O	$D_{\infty h}$
(2)	SO_2	S 与两个 O	C_{2v}
(3)	N≡C—C≡N	同左	$D_{\infty h}$
(4)	H—O—O—H	96°52′, 93°51′	C_2
(5)	$O_2N—NO_2$		D_{2h}
(6)*	$H_2N—NH_2$		C_{2v} 或 C_2
(7)*	H_2N—⌬—NH_2		C_{2v}

* 由于 N 原子中有孤对电子存在，使它和相邻 3 个原子形成的化学键呈三角锥形分布。①

【4.16】 指出下列分子的点群、旋光性和偶极矩情况：

(1) $H_3C—O—CH_3$； (2) $H_3C—CH=CH_2$；
(3) IF_5； (4) S_8（环形）；
(5) $ClH_2C—CH_2Cl$（交叉式）；
(6) 3-溴吡啶； (7) 2-硝基-2′-氯-6-甲基联苯。

解 兹将各分子的序号、点群、旋光性和偶极矩等情况列表如下：

序 号	点 群	旋光性	偶极性
(1)*	C_{2v}	无	有
(2)*	C_s	无	有
(3)	C_{4v}	无	有
(4)	D_{4d}	无	无
(5)	C_{2h}	无	无
(6)	C_s	无	有
(7)	C_1	有	有

* 在判断分子的点群时，除特别注明外，总是将—CH_3看作圆球对称性的基团。

---

① 本书的分子结构式为了和分子的球棍模型结构表达式一致，共价键用"——"或"———"表示。

【4.17】《结构化学基础》(第5版)表4.4.3中给出4对化学式相似的化合物,每对化合物中两个化合物的偶极矩不同,请阐明分子构型主要差异是什么?

解 在 C_2H_2 分子中,C 原子以 sp 杂化轨道分别与另一个 C 原子的 sp 杂化轨道和 H 原子的 1s 轨道重叠形成两个 σ 键;两个 C 原子的 p_x 轨道相互重叠形成 $π_x$ 键,p_y 轨道相互重叠形成 $π_y$ 键,分子呈直线形,属 $D_{∞h}$ 点群,因而偶极矩为 0。而在 H_2O_2 分子中,O 原子以 sp^3 杂化轨道(也有人认为以纯 p 轨道)分别与另一个 O 原子的 sp^3 杂化轨道和 H 原子的 1s 轨道重叠形成两个夹角为 96°52′ 的 σ 键;两个 O—H 键分布在以过氧键—O—O—为交线,夹角为 93°51′ 的两个平面内,分子呈弯曲形(见 4.15 题答案附图),属 C_2 点群,因而有偶极矩。

在 C_2H_4 分子中,C 原子以 sp^2 杂化轨道分别与另一个 C 原子的 sp^2 杂化轨道及两个 H 原子的 1s 轨道重叠形成共面的 3 个 σ 键;两个 C 原子剩余的 p 轨道互相重叠形成 π 键,分子呈平面构型,属 D_{2h} 点群(∠C—C—H=121.3°,∠H—C—H=117.4°)。对于 N_2H_4 分子,既然偶极矩不为 0,则其几何构型既不可能是平面的:,也不可能是反式的:。它应是顺式构型:,属 C_{2v} 点群[见 4.15 题(6)];或介于顺式和反式构型之间,属 C_2 点群。

反式-$C_2H_2Cl_2$ 和顺式-$C_2H_2Cl_2$ 化学式相同,分子内成键情况相似,皆为平面构型。但两者对称性不同,前者属 C_{2h} 点群,后者属 C_{2v} 点群。因此,前者偶极矩为 0,后者偶极矩不为 0。

分子的偶极矩为 0,表明它呈平面构型,N 原子以 sp^2 杂化轨道与 C 原子成键,分子属 D_{2h} 点群。 分子的偶极矩不为 0,表明 S 原子连接的两苯环不共面。可以推测,S 原子以 sp^3 杂化轨道成键,分子沿着 S⋯S 连线折叠成蝴蝶形,具有 C_{2v} 点群的对称性。

【4.18】 已知连接苯环上 C—Cl 键矩为 $5.17×10^{-30}$ C m,C—CH_3 键矩为 $-1.34×10^{-30}$ C m。试推算邻位、间位和对位的 $C_6H_4ClCH_3$ 的偶极矩,并与实验值 $4.15×10^{-30}$,$5.94×10^{-30}$,$6.34×10^{-30}$ C m 相比较。

解 若忽略分子中键和键之间的各种相互作用(共轭效应、空间阻碍效应和诱导效应等),则整个分子的偶极矩近似等于各键矩的矢量和。按矢量加和规则,$C_6H_4ClCH_3$ 三种异构体的偶极矩推算如下:

$$\mu_{(o-)} = [\mu_{C-Cl}^2 + \mu_{C-CH_3}^2 + 2\mu_{C-Cl}\mu_{C-CH_3} \cdot \cos 60°]^{\frac{1}{2}}$$

$$= \left[(5.17×10^{-30}\ \text{C m})^2 + (-1.34×10^{-30}\ \text{C m})^2 \right.$$

$$\left. + 2×5.17×10^{-30}\ \text{C m}×(-1.34×10^{-30}\ \text{C m})×\frac{1}{2}\right]^{\frac{1}{2}}$$

$$= 4.65×10^{-30}\ \text{C m}$$

$$\mu_{(m-)} = [\mu_{C-Cl}^2 + \mu_{C-CH_3}^2 - 2\mu_{C-Cl}\mu_{C-CH_3} \cdot \cos 60°]^{\frac{1}{2}}$$
$$= \left[(5.17 \times 10^{-30} \text{ C m})^2 + (-1.34 \times 10^{-30} \text{ C m})^2 \right.$$
$$\left. - 2 \times 5.17 \times 10^{-30} \text{ C m} \times (-1.34 \times 10^{-30} \text{ C m}) \times \frac{1}{2}\right]^{\frac{1}{2}}$$
$$= 5.95 \times 10^{-30} \text{ C m}$$
$$\mu_{(p-)} = \mu_{C-Cl} - \mu_{C-CH_3}$$
$$= 5.17 \times 10^{-30} \text{ C m} + 1.34 \times 10^{-30} \text{ C m}$$
$$= 6.51 \times 10^{-30} \text{ C m}$$

由推算结果可见,$C_6H_4ClCH_3$ 间位异构体偶极矩的推算值和实验值很吻合,而对位异构体和邻位异构体,特别是邻位异构体两者差别较大。这既与共轭效应有关,更与紧邻的 Cl 原子和—CH_3 之间的空间阻碍效应有关。事实上,两基团夹角大于 60°。

【4.19】 水分子的偶极矩为 6.18×10^{-30} C m,而 F_2O 的偶极矩只有 0.90×10^{-30} C m,它们的键角值很相近,试说明为什么 F_2O 的偶极矩比 H_2O 小很多。

解 H_2O 分子和 F_2O 分子均属于 C_{2v} 点群。前者的键角为 104.5°,后者的键角为 103.2°。由于 O 和 H 两元素的电负性差 ($\Delta\chi_P = 1.24$) 远大于 O 和 F 两元素的电负性差 ($\Delta\chi_P = 0.54$),因而键矩 μ_{O-H} 大于键矩 μ_{O-F}。多原子分子的偶极矩近似等于各键矩的矢量和,H_2O 分子和 F_2O 分子的偶极矩可分别表达为

$$\mu_{H_2O} = 2\mu_{O-H} \cdot \cos\frac{104.5°}{2}$$
$$\mu_{F_2O} = 2\mu_{O-F} \cdot \cos\frac{103.2°}{2}$$

因为两分子键角很接近,而 μ_{O-H} 远大于 μ_{O-F},所以 H_2O 分子的偶极矩比 F_2O 的偶极矩大很多。不过,两分子偶极矩的方向相反,如图 4.19 所示。

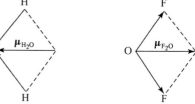

图 4.19

【4.20】 甲烷分子及其置换产物的结构如下所示,试标出各个分子所具有的镜面上原子的编号(若有多个镜面,要一一标出),说明分子所属的点群、极性和旋光性。

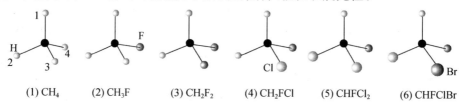

(1) CH_4 (2) CH_3F (3) CH_2F_2 (4) CH_2FCl (5) $CHFCl_2$ (6) $CHFClBr$

解 因为 3 个原子定一个平面,下表镜面栏中 1C2 表示由 1 号原子、C 原子和 2 号原子所定的平面为镜面。

分子	(1) CH_4	(2) CH_3F	(3) CH_2F_2	(4) CH_2FCl	(5) $CHFCl_2$	(6) $CHFClBr$
镜面	1C2,1C3 1C4,2C3 2C4,3C4	1C4,2C4 3C4	1C2,3C4	3C4	1C4	—
点群	T_d	C_{3v}	C_{2v}	C_s	C_s	C_1
极性	非极性	极性	极性	极性	极性	极性
旋光性	无	无	无	无	无	有

【4.21】 八面体配位的 $Fe(C_2O_4)_3^{3-}$ 有哪些异构体？属什么点群？旋光性情况如何？

解 $Fe(C_2O_4)_3^{3-}$ 有两种异构体，它们互为对映体，具有旋光性，属 D_3 点群，如图 4.21 所示。

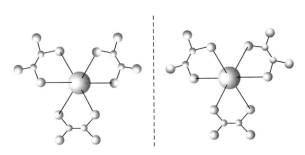

图 4.21 $Fe(C_2O_4)_3^{3-}$ 配位结构示意图

【4.22】 利用《结构化学基础》(第 5 版)表 4.4.5 所列有关键的折射度数据，求算 CH_3COOH 分子的摩尔折射度 R 值，并和实验值进行比较。实验测定醋酸折射率 $n=1.3718$，密度为 $1.046\ g\ cm^{-3}$。

解 摩尔折射度是反映分子极化率(主要是电子极化率)大小的物理量。它是在用折射法测定分子的偶极矩时定义的。在高频光的作用下，测定物质的折射率 n，代入 Lorenz-Lorentz 方程：

$$R = \frac{(n^2-1)M}{(n^2+2)d}$$

即可求得分子的摩尔折射度。常用高频光为可见光或紫外光，例如钠的 D 线。

摩尔折射度具有加和性。一个分子的摩尔折射度等于该分子中所有化学键摩尔折射度的和。据此，可由化学键的摩尔折射度数据计算分子的摩尔折射度。将用此法得到的计算值与通过测定 n, d 等参数代入 Lorenz-Lorentz 方程计算得到的实验值进行比较，互相验证。

利用表中数据，将醋酸分子中各化学键的摩尔折射度加和，得到醋酸分子的摩尔折射度：

$$\begin{aligned}R_{计} &= 3R_{C-H} + R_{C-C} + R_{C=O} + R_{C-O} + R_{O-H}\\ &= 3\times 1.676\ cm^3\ mol^{-1} + 1.296\ cm^3\ mol^{-1} + 3.32\ cm^3\ mol^{-1}\\ &\quad + 1.54\ cm^3\ mol^{-1} + 1.80\ cm^3\ mol^{-1}\\ &= 12.98\ cm^3\ mol^{-1}\end{aligned}$$

将 n, d 等实验数据代入 Lorenz-Lorentz 方程，得到醋酸分子的摩尔折射度：

$$R_{实} = \frac{(1.3718^2-1)\times 60.05\ g\ mol^{-1}}{(1.3718^2+2)\times 1.046\ g\ cm^{-3}} = 13.04\ cm^3\ mol^{-1}$$

结果表明，计算值和实验值非常接近。

【4.23】 用 C_{2v} 群的元进行相似变换，证明 4 个对称操作分 4 类。[提示：选群中任意一个操作为 S，逆操作为 S^{-1}，对群中某一个元(例如 C_2^1)进行相似变换，若 $S^{-1}C_2^1 S = C_2^1$，则 C_2^1 自成一类。]

证明 一个对称操作群中各对称操作间可以互相变换，这犹如对称操作的"搬家"。若将群中某一对称操作 X 借助于另一对称操作 S 变换成对称操作 Y，即

$$Y = S^{-1}XS$$

则称 Y 与 X 共轭。与 X 共轭的全部对称操作称为该群中以 X 为代表的一个级或一类。级的阶次是群的阶次的一个因子。

若对称操作 S 和 X 满足：
$$SX = XS$$
则称 S 和 X 这两个操作为互换操作。互换操作一定能分别使相互的对称元素复原。若一个群中每两个操作都是互换的，则这样的群称为互换群。可以证明，任何一个四阶的群必为互换群（读者可以用 C_{2v}, C_{2h} 和 D_2 等点群为例自行验证）。在任何一个互换群中，每个对称操作必自成一个级或一类。

C_{2v} 点群为 4 阶互换群，它的 4 个对称操作是：$E, C_{2(z)}^1, \sigma_{xz}, \sigma_{yz}$。选 $C_{2(z)}^1$ 以外的任一对称操作（例如 σ_{xz}）对 $C_{2(z)}^1$ 进行相似变换：
$$\sigma_{xz}^{-1} C_{2(z)}^1 \sigma_{xz} = \sigma_{xz}^{-1} \sigma_{xz} C_{2(z)}^1 = C_{2(z)}^1$$

或

$$\sigma_{xz}^{-1} C_{2(z)}^1 \sigma_{xz} = \begin{bmatrix} 1 & 0 & 0 \\ 0 & -1 & 0 \\ 0 & 0 & 1 \end{bmatrix}^{-1} \begin{bmatrix} -1 & 0 & 0 \\ 0 & -1 & 0 \\ 0 & 0 & 1 \end{bmatrix} \begin{bmatrix} 1 & 0 & 0 \\ 0 & -1 & 0 \\ 0 & 0 & 1 \end{bmatrix}$$

$$= \begin{bmatrix} 1 & 0 & 0 \\ 0 & -1 & 0 \\ 0 & 0 & 1 \end{bmatrix} \begin{bmatrix} -1 & 0 & 0 \\ 0 & 1 & 0 \\ 0 & 0 & 1 \end{bmatrix} = \begin{bmatrix} -1 & 0 & 0 \\ 0 & -1 & 0 \\ 0 & 0 & 1 \end{bmatrix} = C_{2(z)}^1$$

（因为 $\sigma^{-1} = \sigma$，故可以将第一个表示矩阵右上角的 -1 去掉。）

根据上述说明，$C_{2(z)}^1$ 自成一类。同理，其他 3 个对称操作也各自成一类。这就证明了 C_{2v} 点群的 4 个对称操作分四类。

【4.24】用 C_{3v} 群的元进行相似变换，证明 6 个对称操作分 3 类。

证明 C_{3v} 点群是 6 阶群，其乘法表如下：

C_{3v}	E	C_3^1	C_3^2	σ_a	σ_b	σ_c
E	E	C_3^1	C_3^2	σ_a	σ_b	σ_c
C_3^1	C_3^1	C_3^2	E	σ_c	σ_a	σ_b
C_3^2	C_3^2	E	C_3^1	σ_b	σ_c	σ_a
σ_a	σ_a	σ_b	σ_c	E	C_3^1	C_3^2
σ_b	σ_b	σ_c	σ_a	C_3^2	E	C_3^1
σ_c	σ_c	σ_a	σ_b	C_3^1	C_3^2	E

相应的对称图像和对称元素系示于图 4.24。

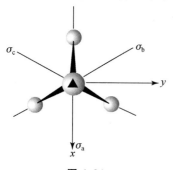

图 4.24

（1）根据乘法表可得

$E^{-1} \sigma_a E = E^{-1} \sigma_a = \sigma_a$

$\sigma_a^{-1} \sigma_a \sigma_a = \sigma_a^{-1} E = \sigma_a$（反映操作与其逆操作相等）

$\sigma_b^{-1} \sigma_a \sigma_b = \sigma_b^{-1} C_3^1 = \sigma_c$

$\sigma_c^{-1} \sigma_a \sigma_c = \sigma_c^{-1} C_3^2 = \sigma_b$

$C_3^{-1} \sigma_a C_3^1 = C_3^{-1} \sigma_b = \sigma_c$

$C_3^{-2} \sigma_a C_3^2 = C_3^{-2} \sigma_c = \sigma_b$

由上题的说明可知，σ_a, σ_b 和 σ_c 是相互共轭的对称操作，

它们形成以 σ_a 为代表的一类。当然,亦可借助于 σ_b 以外的任一对称操作对 σ_b 进行相似变换,或借助于 σ_c 以外的任一对称操作对 σ_c 进行相似变换,结果相同。

（2）根据乘法表得

$$E^{-1}C_3^1 E = E^{-1}C_3^1 = C_3^1, \quad C_3^{-1}C_3^1 C_3^1 = C_3^{-1}C_3^2 = C_3^1$$

$$C_3^{-2}C_3^1 C_3^2 = C_3^{-2}E = C_3^1, \quad \sigma_a^{-1}C_3^1 \sigma_a = \sigma_a^{-1}\sigma_c = C_3^2$$

$$\sigma_b^{-1}C_3^1 \sigma_b = \sigma_b^{-1}\sigma_a = C_3^2, \quad \sigma_c^{-1}C_3^1 \sigma_c = \sigma_c^{-1}\sigma_b = C_3^2$$

根据和（1）相同的理由,C_3^1 和 C_3^2 共轭,形成一类。借助于 C_3^2 以外的任一对称操作对 C_3^2 进行相似变换,结果相同。

（3）在任何群中,$X^{-1}EX = E$,即主操作 E 自成一类。

综上所述,C_{3v} 群的 6 个对称操作分成三类,即 3 个反映操作形成一类,两个旋转操作也形成一类,主操作自成一类。

【评注】 由 4.23 和 4.24 两题可见,C_{2v} 群中的 4 个对称操作分为四类,而 C_{3v} 群中的 6 个对称操作分为三类。其原因在于前者为互换群,而后者为非互换群。可以证明,任何一个互换群中的每一个对称操作都自成一类,而非互换群则否。

由于 C_{2v} 群是互换群而 C_{3v} 群不是互换群,因而在 4.23 题的证明中直接应用互换概念即可得出结论,而在 4.24 题的证明中须应用乘法表。当然,4.23 题亦可应用乘法表。应用群的乘法表解决此类问题是更一般（对各种群都适用）的方法。

【4.25】 试述分子具有红外活性的判据。

解 严格意义上的红外光谱包括处在近红外区和中红外区的振动光谱及处在远红外或微波区的转动光谱。但通常所说的红外光谱是指前者,而把后者称作远红外光谱。

分子在一定条件下产生红外光谱,则称该分子具有红外活性。判断分子是否具有红外活性的依据是选择定则,或称选律。具体地说:

非极性双原子分子,$\Delta v = 0$,$\Delta J = 0$,不产生振动-转动光谱,即无红外活性;极性双原子分子,$\Delta v = \pm 1, \pm 2, \pm 3, \cdots$,$\Delta J = \pm 1$,产生振动-转动光谱,即有红外活性。

在多原子分子中,每一种振动方式都有一特征频率,但并非所有的振动频率都能产生红外吸收从而得到红外光谱。这是因为分子的红外光谱起源于分子在振(转)动基态 ψ_a 和振(转)动激发态 ψ_b 之间的跃迁。可以证明,只有在跃迁过程中有偶极矩变化的振(转)动 $\left(\text{即} \int \psi_a \mu \psi_b \text{d}\tau \neq 0\right)$ 才会产生红外光谱。偶极矩改变大者,红外吸收带就强;偶极矩改变小者,吸收带弱;偶极矩不变者,不出现红外吸收,即为非红外活性。

【4.26】 试述分子具有 Raman 活性的判据。

解 Raman 光谱的选律是:具有各向异性的极化率的分子会产生 Raman 光谱。例如 H—H 分子,当其电子在电场作用下沿键轴方向的变形大于垂直于键轴方向时,就会产生诱导偶极矩,出现 Raman 光谱活性。

利用群论可很方便地判断分子的哪些振动具有红外活性,哪些振动具有 Raman 活性。判断的标准是:

（1）若一个振动隶属的对称类型和偶极矩的一个分量隶属的对称类型相同,即和 x（或 y,或 z）隶属的对称类型相同,则它具有红外活性。

(2) 若一个振动隶属的对称类型和极化率的一个分量隶属的对称类型相同,即一个振动隶属于 $x^2, y^2, z^2, xy, xz, yz$ 这样的二元乘积中的某一个,或者隶属于 x^2-y^2 这样的一个乘积的组合,则它就具有 Raman 活性。

【4.27】 将分子或离子:$Co(en)_3^{3+}$,NO_2^+,$FHC=C=CHF$,$(NH_2)_2CO$,C_{60},丁三烯,$B(OH)_3$,$N_4(CH_2)_6$ 等按下列条件进行归类:

(1) 既有极性又有旋光性;
(2) 既无极性又无旋光性;
(3) 无极性但有旋光性;
(4) 有极性但无旋光性。

解

(1) $FHC=C=CHF$ (C_2)
(2) NO_2^+ ($D_{\infty h}$), C_{60} (I_h), 丁三烯 (D_{2h}), $B(OH)_3$ (C_{3h}), $N_4(CH_2)_6$ (T_d)
(3) $Co(en)_3^{3+}$ (D_3)
(4) $(NH_2)_2CO$ (C_{2v})

【评注】 有偶极矩的分子属于 C_n 或 C_{nv} 点群,但属于 C_{nv} 点群的分子因具有镜面对称性而无旋光性,所以既有旋光性又有偶极矩的分子只能是属于 C_n 点群的分子。

分子既然有旋光性,它必无反轴对称性,即不具有对称中心、镜面和 $4m$(m 为自然数)次反轴等第二类对称元素。这样的分子所属的点群有:C_n, D_n, T, O, I。而在这些点群中,只有 C_n 点群的分子具有偶极矩。因此,既有旋光性又有偶极矩的分子属于 C_n 点群。

【4.28】 写出 CH_3^+,C_5H_5N,$Li_4(CH_3)_4$,$H_2C=C=C=CH_2$,椅式环己烷,$XeOF_4$ 等分子所属的点群。

解

分子	点群
CH_3^+	D_{3h}
C_5H_5N	C_{2v}
$Li_4(CH_3)_4$	T_d
$H_2C=C=C=CH_2$	D_{2h}
椅式环己烷	D_{3d}
$XeOF_4$	C_{4v}

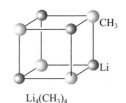

Li$_4$(CH$_3$)$_4$

XeOF$_4$

【4.29】 正八面体 6 个顶点上的原子有 3 个被另一个原子取代,有几种可能的方式?取代产物各属于什么点群?取代后所得产物是否具有旋光性和偶极矩?

解 只有下列两种取代方式,产物(a)属于 C_{3v} 点群,产物(b)属于 C_{2v} 点群。两产物皆无旋光性,而皆有偶极矩。

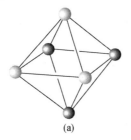
(a)

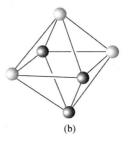
(b)

第 5 章 多原子分子的结构和性质

内 容 提 要

5.1 多原子分子结构的一些原理和概念

1. 非金属单质的成键特征

根据非金属单质的成键特征可归纳出：

(1) $8-N$ 规则：周期表中第 NA 族非金属元素，每个原子可以提供 $8-N$ 个价电子与 $8-N$ 个邻近原子，形成 $8-N$ 个共价单键，或键价数为 $8-N$。

(2) 同一族元素随着原子序数的增加，金属性也增加。

(3) 对形成凸多面体的分子，凸多面体的面数(F)、棱数(E)和顶点数(V)间的关系符合 Euler 公式：

$$F+V=E+2$$

2. 价电子对互斥(VSEPR)理论

价电子对互斥理论认为：原子周围各个价电子对(包括成键电子对 bp 和孤对电子对 lp)之间由于相互排斥作用，在键长一定条件下，互相间距离愈远愈稳定。据此可以定性地判断分子的几何构型。价电子对间的斥力来源于：各电子对之间的静电排斥作用和自旋相同的电子互相回避的效应。

当中心原子 A 的周围存在着 m 个配位体 L 和 n 个孤对电子对 E(AL_mE_n)时，考虑价电子对间的斥力，考虑多重键中价电子多、斥力大，孤对电子对分布较大，以及电负性大小等因素，提出判断分子几何构型的规则：

(1) 为使价电子对斥力最小，将 $m+n$ 个原子和孤对电子对等距离地排布在同一球面上，形成规则的多面体形式。

(2) 键对电子排斥力的大小次序为：

叁键—叁键 > 叁键—双键 > 双键—双键 > 双键—单键 > 单键—单键

(3) 成键电子对受核吸引，比较集中在键轴位置；孤对电子没有这种限制，显得肥大。价电子对间排斥力大小次序为：

$$\text{lp-lp} \gg \text{lp-bp} > \text{bp-bp}$$

lp 和 lp 必然排列在相互夹角 $>90°$ 的构型中。

(4) 电负性高的配位体吸引价电子的能力强，价电子离中心原子较远，占据空间角度相对较小。

价电子对互斥理论简单实用，对分子结构能给以启发和预见，但它不能判断某些分子的几何构型。

3. 二面角和扭角

二面角(ϕ)和扭角(ω)是描述分子结构的几何参数。二面角指分子结构中两个相交平面的法线在第三个面上的夹角。扭角是指链形排列的 4 个原子 A—B—C—D 的结构中,当沿着 B—C 键投影,顺着 B—C 键观看时,将 A—B 键顺时针方向扭转,使它和 C—D 键重合所转角度<180°的角度值($+\omega$),逆时针方向扭转定为负值($-\omega$)。

5.2 杂化轨道理论

在周围原子作用下,根据原子的成键要求,将一个原子中原有的原子轨道线性组合成新的原子轨道,称为原子轨道的杂化,杂化后的原子轨道称为原子的杂化轨道。

杂化时,轨道的数目不变,轨道在空间的分布方向和分布情况发生改变。原子轨道在杂化过程中沿一个方向更集中地分布,成键能力增强。一般杂化轨道均和其他原子形成 σ 键或安排孤对电子,而不会以空的杂化轨道形式存在。

杂化轨道具有和 s 轨道、p 轨道等原子轨道相同的性质,必须满足正交、归一性。两个等性杂化轨道的最大值之间的夹角 θ 可按下式计算:

$$\alpha + \beta\cos\theta + \gamma\left(\frac{3}{2}\cos^2\theta - \frac{1}{2}\right) = 0$$

式中 α, β 和 γ 分别为杂化轨道中 s,p 和 d 轨道所占的百分数。例如 CH_4 分子中,C 原子以 sp^3 杂化轨道成键,每个 sp^3 杂化轨道中 s 轨道占 25%,p 轨道占 75%。注意,参加杂化的原子轨道的组合系数为该原子轨道所占成分的平方根值(未归一化):

$$\psi_{sp^3} = \sqrt{0.25}\,s + \sqrt{0.75}\,p$$

此式不适用于 dsp^2 杂化轨道。

对于两个不等性杂化轨道 ψ_i 和 ψ_j,其最大值之间的夹角 θ_{ij} 可按下式计算:

$$\sqrt{\alpha_i}\sqrt{\alpha_j} + \sqrt{\beta_i}\sqrt{\beta_j}\cos\theta_{ij} + \sqrt{\gamma_i}\sqrt{\gamma_j}\left(\frac{3}{2}\cos^2\theta_{ij} - \frac{1}{2}\right) = 0$$

杂化轨道理论是通俗易懂而又应用广泛的一种理论,这与它能简明地阐明分子的几何构型及一部分分子的性质有关。

一个原子的杂化轨道和其他原子的轨道形成较强的 σ 键,构成分子骨架。原子的部分价层轨道杂化后,剩余的价轨道具有一定的方向性。常可和周围原子形成 π 键,π 键也有一定方向。例如,丙二烯($H_2C=C=CH_2$)分子的中间 C 原子以 sp_z 杂化轨道和两端的 C 原子形成 2 个直线形的 σ 键,3 个 C 原子在一条直线上。中间 C 原子还剩余 p_x 和 p_y 两个互相垂直、还和 z 轴垂直的价轨道。两端的 C 原子都采用 sp^2 杂化,分别和两个 H 原子及中间的 C 原子成键。为了配合中间 C 原子剩余两个 p_x 和 p_y 轨道成键的条件,左端的 C 原子是用 s, p_y, p_z 3 个轨道进行杂化,形成平面三角形的 sp^2 杂化轨道,剩余 p_x 轨道;右端的 C 原子是用 s, p_x, p_z 3 个轨道进行杂化,形成平面三角形的 sp^2 杂化轨道,剩余 p_y 轨道。这样,中间 C 原子和两端 C 原子形成的 π 键是互相垂直的,因而两端的 CH_2 基团也是互相垂直的,如下图所示:

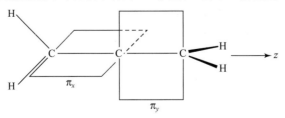

π键显露在键轴之外,易受干扰,较σ键活泼;π键电子容易变形极化,因而含有π键的化合物折射度较大;σ→σ*能级差范围常在紫外区,因此只含σ键的化合物是无色的;而π→π*能级差较小,接近可见光区,含有π键化合物容易产生颜色。

在化学反应中,化学键数目不变,键能改变。2个C—C单键(即σ键)键能大于1个C=C双键(即1个σ键和1个π键)键能。因此,在有机反应中,有σ键变为π键时,通常是吸热反应;有π键变为σ键时,通常是放热反应;无σ和π键键型转变的反应,反应热很小。反应热的大小涉及反应焓变(ΔH)的大小,再考虑反应时熵的改变(ΔS),就可以了解化学反应时自由焓的改变(ΔG),以判断反应进行的方向和外界条件的影响。物质的各种宏观性质均有其内部结构根源,可以将物质微观的结构和宏观的热力学函数联系起来。

利用杂化轨道可以正确地理解弯键的结构,还可理解共价键的饱和性和分子的不饱和度。

5.3 离域分子轨道理论

用分子轨道理论处理多原子分子,可用非杂化的原子轨道进行线性组合,构成离域的分子轨道,这些轨道中的电子不是定域在两个原子之间,而是遍及整个分子、在多个原子间离域运动。例如,CH_4分子中的8个分子轨道是由8个原子轨道(即C原子的$2s, 2p_x, 2p_y, 2p_z$和4个H原子的1s轨道)线性组合而成。4个H原子的1s轨道先线性组合,使它的每一个都分别和中心C原子的1个原子轨道对称性匹配,再组合成离域分子轨道。

离域分子轨道是单电子能量算符的本征态,它的轨道可通过解单电子运动的本征方程得到,是一个可观察量,这种具有确定能量的分子轨道称为正则分子轨道。由CH_4分子的离域分子轨道出发计算得到的分子轨道能级与由光电子能谱所得的实验结果符合得很好,可看出离域分子轨道理论的成功。

杂化轨道理论将CH_4分子中的C原子进行sp^3杂化,每个杂化轨道和一个H原子的1s轨道形成一个定域分子轨道,在此成键轨道中的一对电子形成定域键C—H。从衍射实验证明,CH_4具有T_d点群对称性,4个C—H键是等同的。而离域分子轨道理论处理CH_4分子所得的能级图,说明4个轨道的能级高低不同:ψ_s能级低,而ψ_x, ψ_y和ψ_z这3个能级高,这从CH_4分子的光电子能谱图得到了证明。由这两个理论所得结果的差别说明,不能把分子轨道理论中的成键轨道简单地和化学键直接联系起来。分子轨道是指分子中的单电子波函数,本质上是离域的,属于整个分子,成键轨道上的电子对分子中的每个化学键都有贡献,它们的成键作用是分摊到各个化学键上的。而定域键理论是指所有价电子在定域轨道区域内的平均行为,而不是某两个电子真正局限于某个定域区域内运动。

离域轨道和定域轨道两种模型是等价的,只是反映的物理图像有所差别。离域轨道能清楚地反映分子的谱学性质,定域轨道能直观地和分子的几何构型相联系。

5.4 休克尔分子轨道法(HMO法)

Hückel分子轨道法是一个经验性的处理共轭分子的结构和性质的近似方法。

有机平面构型的共轭分子中,σ键是定域键,构成分子骨架,而垂直于分子平面的p轨道组合成离域π键,所有π电子在整个分子骨架内运动。HMO法的方案是:

(1) 将σ键和π键分开处理;

(2) σ键形成不变的分子骨架,而分子的性质主要由π电子的状态决定;

(3) 每个 π 电子 k 的运动状态用 ψ_k 描述,其 Schrödinger 方程为

$$\hat{H}_\pi \psi_k = E_k \psi_k$$

(4) 考虑各个 C 原子的 α 积分相同,各相邻 C 原子的 β 积分也相同,而不相邻原子的 β 积分和重叠积分 S 均为 0。

按上述方案,就不需要考虑势能函数 V 及 $\hat{H}_\pi$ 的具体形式,而可按下列步骤处理:
(1) 共轭分子 π 电子的分子轨道 ψ 由 p 轨道 ϕ_i 线性组合而成:

$$\psi = c_1\phi_1 + c_2\phi_2 + \cdots + c_n\phi_n = \sum c_i\phi_i$$

(2) 根据线性变分法得久期方程式。
(3) 按上述方案(4)简化行列式方程,求出 n 个 E_k,将每个 E_k 值代回久期方程求得 c_{ki} 和 ψ_k。
(4) 画出 ψ_k 图形以及和 ψ_k 相应的能级 E_k 图,排布电子。
(5) 计算:电荷密度 ρ_i(即 π 电子在第 i 个 C 原子附近出现的概率, $\rho_i = \sum_k n_k c_{ki}^2$);键级 $P_{ij}(P_{ij} = \sum_k n_k c_{ki} c_{kj})$;自由价 $F_i(F_i = \sqrt{3} - \sum_i P_{ij})$。根据 ρ_i, P_{ij} 和 F_i 作分子图。
(6) 讨论分子的性质。

本节以丁二烯分子为例,详细地介绍 HMO 法处理共轭分子的结构和性质。学习时,宜一步一步地联系实际、深入了解,做到能够举一反三。

本节还用 HMO 法处理环状共轭多烯分子 C_nH_n,得到 $4m+2$ 规则。这规则说明,当 π 电子数 $n=4m+2$ 时,在全部成键轨道中都充满电子,反键轨道是空的,构成稳定的 π 键体系;当 $n=4m$ 时,除成键轨道充满电子外,它还有一对二重简并的非键轨道,在每一轨道中有一个 π 电子,从能量上看是不稳定的构型,不具有芳香性。

5.5 离域 π 键和共轭效应

在经典结构式中,由单键和双键交替连接的原子,通常能够形成多原子 π 键,又称离域 π 键。一般地说,满足下面两个条件,就可以形成离域 π 键:
(1) 原子共面,每个原子可提供一个方向相同的 p 轨道;
(2) π 电子数少于参加成键的 p 轨道数的 2 倍。

这两个条件不是绝对的,常常还要由分子的性质来判断。

离域 π 键可用 π_n^m 表示,下标 n 为参加成键的原子数目,上标 m 为电子数。含有离域 π 键的分子,常常又称共轭分子。

共轭分子的结构可在分子的结构式中将参加形成离域 π 键的原子间用虚线连接,再将各个原子提供的电子用黑点表示,例如:

$$H_2\overset{\cdot}{C}-\overset{\cdot}{C}H-\overset{\cdot}{Cl} \qquad R-C\underset{\underset{NH_2}{|}}{\overset{O}{\|}}$$
$$\pi_3^4 \qquad\qquad\qquad \pi_3^4$$

共轭分子的结构也可用两个或多个价键共振结构式表达,把分子的真实结构看作由这些价键结构的共振式叠加的结果,例如:

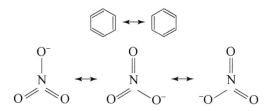

由于离域 π 键的形成,共轭分子的性质不能简单地看作各个单键和双键性质的简单加和,而表现出特有的性能,称为共轭效应或离域效应。共轭效应是化学中的一种基本效应,主要表现在:

(1) 对分子构型的影响:当用单双键交替的经典结构式表达共轭分子结构时,单键缩短、双键增长,即键长均匀化;参加共轭的原子保持共面;用经典结构表达共轭体系时,式中的单键不能自由旋转。

(2) 增加物质的导电性能。

(3) 离域 π 键的形成,增大 π 电子活动范围,使体系能量降低、能级间隔变小,相应光谱的波长变长。

(4) 影响物质的酸碱性。

(5) 影响化合物的化学反应性能。

在多肽和蛋白质分子中,酰胺基团(—C(=O)—NH—)中 C—N 键和相邻的 C=O 键中的 π 电子形成的离域 π 键(π_3^4),称为肽键,其结构见右图:

肽键的形成使 C—N 具有双键成分,表现在键长缩短(约 132 pm),C—N 和周围原子共平面,即形成平面构象而不能自由旋转等。

超共轭效应是指 C—H 等 σ 键轨道和相邻原子的 π 键轨道及其他轨道相互叠加而形成离域轨道,扩大 σ 键电子的活动范围所产生的离域效应。例如,与单键相邻的多重键将使单键的键长缩短:

—C—C—	—C—C—	—C—C≡
154 pm	151 pm	146 pm

=C—C—	=C—C≡	≡C—C≡
146 pm	144 pm	137 pm

超共轭效应会改变分子的电性和光谱谱线的波长。

5.6 分子轨道的对称性和反应机理

1. 有关化学反应的概念和原理

化学反应的实质有两个方面:一是分子轨道在化学反应过程中进行改组,在改组时涉及分子轨道的对称性;二是电荷分布发生改变,电子发生转移,电子转移时一般削弱原有化学键,加强新的化学键,使产物分子稳定。

化学反应的可能性和限度由化学势决定,反应沿化学势降低的方向进行,直至化学势相等,达到化学平衡。

化学反应的速率取决于活化能的高低:活化能高,反应不易进行,反应速率慢;活化能低,反应容易进行,反应速率快。在反应时,若正反应是基元反应,则逆反应也是基元反应,且经过同一活化体。

化学反应的条件指在加热(△)下进行,或在光照($h\nu$)下进行,或在催化剂作用下进行。不同条件影响电子所处的分子轨道,反应进行的方式、速率和产物的分子构型,要根据具体条件进行分析。

2. 前线轨道理论

分子轨道中最高占据轨道(HOMO)和最低空轨道(LUMO)合称为前线轨道。前线轨道理论认为:

(1) 分子在反应过程中,分子轨道发生相互作用,优先起作用的是前线轨道。当两个分子互相接近时,一个分子中的 HOMO 和另一个分子中的 LUMO 必须对称性合适,才能起反应。

(2) 互相起作用的 HOMO 和 LUMO 的能级高低接近。

(3) 电子的转移要和削弱旧的化学键一致。

按照上述理论可分析双分子化学反应进行难易的原因及反应所需的条件和反应的方式。

3. 分子轨道对称守恒原理

这个原理是将整个分子轨道一起考虑,即在一步完成的化学反应中,若反应物分子和产物分子的分子轨道对称性一致,即从反应物、中间态到产物,分子轨道始终保持某一对称性,反应容易进行。

分子轨道对称守恒原理是将反应过程中分子轨道的变化关系用能量相关图联系起来,使:

(1) 反应物的分子轨道和产物的分子轨道一一对应;

(2) 相关轨道的对称性相同;

(3) 相关轨道的能量相近;

(4) 对称性相同的相关线不相交。

在能量相关图中,若产物的成键轨道都只和反应物的成键轨道相关联,则反应活化能低,易于反应,称作对称允许,加热即可实现;若有成键轨道和反键轨道相关联,则反应活化能高,难于反应,称作对称禁阻,需要光照将电子激发到激发态。所以,分子轨道的对称性控制基元反应进行的条件和方式。对 C_2 轴对称,采用顺旋方式;对镜面 σ 对称,采用对旋方式。

含有 $4m$ 个 π 电子的体系,如丁二烯电环合或环丁烯开环,加热条件下进行的是顺旋反应,光照条件下进行对旋反应;含有 $4m+2$ 个 π 电子的体系,加热条件下进行的是对旋反应,光照条件下进行的是顺旋反应。产物分子的构型可根据分子轨道对称性和反应条件选择。

5.7 缺电子多中心键和硼烷的结构

Li,Be,B,Al 等原子的价层原子轨道数多于价电子数,由它们组成的化合物中,常常由于没有足够的电子使原子间均能形成二电子键,而出现缺电子多中心键。例如在硼烷和碳硼烷中,常出现 BHB,BBB 和 BBC 等三中心二电子(3c-2e)键。

用价键理论和多中心键表达硼烷的结构时,常用 $styx$ 数码表示。$styx$ 数码是分别表示在一个硼烷分子中下列 4 种型式化学键的数目:

利用 $styx$ 数码结构式时,必须遵循下列规则:
(1) 每一对相邻的 B 原子由一个 B—B,或 BBB,或 BHB 键连接;
(2) 每一个 B 原子利用它的 4 个价轨道去成键,以达到八电子组态;
(3) 每个 B 原子不能同时通过二中心 B—B 键和三中心 BBB 键,或同时通过二中心 B—B 键和三中心 BHB 键结合;
(4) 每个 B 原子至少和一个端接 H 原子结合。

根据上述规则对一个硼烷分子所得的 $styx$ 结构式常和实际分子的几何构型不同,其差别可通过共振结构来理解,即把一种 $styx$ 结构式看作一种共振杂化体。

在学习过程中,读者可选择二三个硼烷分子,如 $B_6H_6^{2-}$,B_5H_9,用 $styx$ 数码及结构式表达它们的结构,加深印象。

本节还介绍了八隅律和分子骨干键数的计算。八隅律是指一个由主族元素(H 和 He 除外)组成的分子,其中每个原子都倾向于达到稳定的 8 个电子的电子组态。这 8 个电子由原子本身的价电子和与它成键的其他原子提供,使分子中成键分子轨道和非键轨道都填满电子,而 HOMO 和 LUMO 间的能级差较大。

对一个由 n 个主族元素原子组成的分子骨干 M_n(M 是 B,C 等原子),g 为其已有的价电子总数。当骨干中有一个共价单键在两个 M 原子间形成时,这两个 M 原子都互相得到一个价电子。为了使整个分子骨干满足八隅律,原子间应有 $\frac{1}{2}(8n-g)$ 对电子形成共价单键,这些成键的电子对数目,定义为分子骨干的键数 b(文献中常称 b 值为键价):

$$b = \frac{1}{2}(8n-g)$$

对于含有缺电子多中心键的化合物,当形成一个三中心二电子(3c-2e)键时,由于 3 个原子共享一对电子,这时一个 3c-2e 键起着提供补偿 4 个电子的作用,相当于键数为 2。

g 值可由下列电子数目加和而得:(1) 组成分子骨干 M_n 的 n 个 M 原子的价电子数,(2) 围绕分子骨干 M_n 的配位体提供的电子数,(3) 化合物所带的正、负电荷数。例如 $B_{12}H_{12}^{2-}$ 中,12 个 B 原子看作分子骨干,12 个 H 原子看作配位体,$B_{12}H_{12}^{2-}$ 的 g 值为

$$g = 12 \times 3 + 12 \times 1 + 2 = 50$$

B_{12} 分子骨干的键数为

$$b = \frac{1}{2}(8 \times 12 - 50) = 23$$

从 $B_{12}H_{12}^{2-}$ 的三角二十面体的几何构型可知,分子中有 30 条 B—B 连线和 12 条 B—H 连线,而分子全部只有 50 个价电子,这些连线不可能都是共价单键,而要形成缺电子多中心键来补偿。

利用 $styx$ 数码及硼烷的结构规则,可以推得:
(1) 封闭式硼烷 $B_nH_n^{2-}$ 分子骨干中的化学键包括 3 个 B—B 共价单键和 $(n-2)$ 个 BBB 3c-2e 键,即 $s=0, t=n-2, y=3, x=0$。例如 $B_{12}H_{12}^{2-}$ 中含 BBB 3c-2e 键 10 个,B—B 单键 3 个。
(2) 鸟巢式硼烷 B_nH_{n+4} 分子骨干中,$s=4, t=n-4, y=2, x=0$。例如 B_5H_9 中含 BHB 3c-2e 键 4 个,BBB 3c-2e 键 1 个,B—B 单键 2 个。

5.8 非金属元素的结构特征

1. 非金属单质的结构特征

非金属单质的结构,有的很简单,例如稀有气体通常是单原子分子;有的很复杂,例如硫的

同素异构体可多达近50种。从非金属的单质结构可为非金属元素的结构化学归纳出下面三点结构特征：

(1) 非金属元素虽然有的存在多种同素异构体，但每种原子的成键方式、配位情况、键长、键角等数据却很一致，或出现有限的几种情况。

(2) 非金属单质的成键规律一般符合 $8-N$ 规则。

(3) 同一族元素随着原子序数的递增，金属性也相应地递增。分子间的最短接触距离与分子内的键长的比值，随着原子序数的增加而缩小，分子间的界限越来越模糊。

2. 非金属化合物的结构特征

对于大量非金属化合物的结构特征，可从下列4个方面进行分析：

(1) 分析各原子的成键规律。单质的成键规律，在一定程度上将由这些元素所形成的化合物加以继承。

例如，根据单质碳的3种异构体的结构特征和成键规律，可将有机化合物分成三族：

脂肪族化合物(RX)——典型代表是正烷烃 C_nH_{2n+2}，它的结构特征是由四面体取向成键的碳原子(如金刚石中的碳原子)连接成一维碳链。

芳香族化合物(ArX)——典型代表是苯 C_6H_6，它的结构特征是由平面三角形成键的碳原子(如石墨中的碳原子)组成二维平面结构。

球碳族化合物(FuX)——典型代表是含球碳 C_{60} 基团的化合物，球碳基团的结构特征是由球面形状的成键碳原子(如足球碳 C_{60} 中的碳原子)组成三维封闭的球形多面体结构。

(2) 分析各个原子 d 轨道是否参与成键。从第三周期元素起有空的 nd 轨道和 ns,np 的价层轨道能级接近，价层轨道数目扩充，配位数和配位型式增加。另外，还可形成 d_π-p_π 键，增强原有化学键。

(3) 通过分子的立体构型了解分子中原子的成键情况。分子中原子的配位情况不同、几何构型不同，反映该原子的成键型式不同。例如 N 原子的成键情况可分析如下：

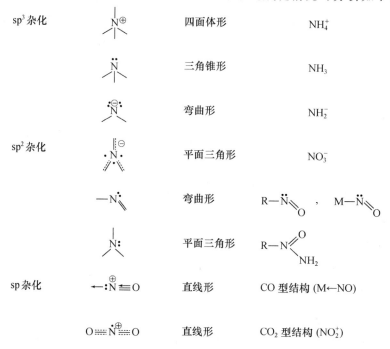

(4) 从分子的成键情况了解分子的性质。例如,按价电子对互斥理论了解各原子的孤对电子和键对电子的排布,进一步了解分子的性质。

5.9 共价键的键长和键能

1. 共价键的键长和原子的共价半径

通过衍射和光谱方法,已测出大量共价化合物分子的键长,为人们了解分子的结构提供了大量数据。由于各种分子内部结构不同,相同种类的共价键键长彼此间略有差异,这种差异是了解各种化学效应,如共轭效应、超共轭效应、诱导效应、空间阻碍效应等对分子结构和性能的影响,了解各种分子的特性的重要依据。

将相同种类的共价键求出它们的平均值,即得各种共价键的典型键长值。这种键长值具有两重应用意义:一是作为相对的标准和实际分子中的键长值比较,讨论分子的性质;二是用以推引出原子的共价半径值。由原子的共价半径可以了解原子的大小等特征,用更少量的数据概括大量的典型的共价键键长值。

将两个相同原子的共价单键的键长除以2,即得到该原子的共价单键半径。将两个成键原子的共价半径加和在一起,即得到共价键的键长。这时应考虑两点:

(1) 异核原子间键长的计算值常比实验测定值稍大。因为原子电负性的差异,额外增加原子间吸引力,使键缩短。这时可根据原子共价半径和电负性差值计算键长(取 pm 为单位):

$$r_{A-B} = r_A + r_B - 9\,|\chi_A - \chi_B|$$

(2) 利用计算值和实测值的差异,探讨化学键的性质。

2. 共价键键能

双原子分子 A—B 的键能是指在 0.1013 MPa 和 298 K 时下式焓的增量:

$$\text{AB}(g) \longrightarrow \text{A}(g) + \text{B}(g)$$

可由光谱解离能 D_0,考虑温度影响,计算 298 K 时的解离能 D_{298}。

对多原子分子,分子中的全部化学键键能的总和等于把这个分子分解为组成它的全部原子时所需要的能量。

键能数据的大小遵循两方面规律:(1) $2E_{A-B} > E_{A-A} + E_{B-B}$;(2) $2E_{C-C} > E_{C=C}$。

可以利用键能数据估算化学反应热。根据反应前后反应物分子和产物分子的化学键种类和数目,计算出各自键能,按下式即得反应焓变 ΔH:

$$\Delta H = \text{反应物分子中键能的总和} - \text{产物分子中键能的总和}$$

3. 碳和硅化学键的比较

碳和硅是元素周期表第 14 族的前两种元素。碳在地壳中的含量按质量计只占 0.027%,而碳原子的 99.7% 在地壳中以煤、碳酸盐和甲烷水合物等矿物形式存在,0.2% 在大气中以 CO_2 和 CH_4 形式存在,剩下不到 0.1% 的碳构成地球上全部生命物种赖以生存和发展的主要的物质基础。为什么这么少量的碳发挥着这么大的作用?这是碳的丰富多彩的化学键类型以及和 H,O,N 等元素的原子牢固地结合在一起的本领。硅在地壳中按质量计占 28%,它和氧以及其他元素一起结合形成的硅酸盐占地壳质量的 80% 以上。从化学元素成分来看,碳统治着有机化学,硅统治着无机化学。从微观结构来分析,碳和硅的这种特性主要是由它们的化学键的强弱,即键能的大小决定的。下面列出一些碳和硅化学键的键能值(以 kJ·mol^{-1} 为单位):

C—C 356, C—H 413, C—O 343, C=C 615

Si—Si 226, Si—H 318, Si—O 452, Si=Si —

习 题 解 析

【5.1】 利用价电子对互斥理论,说明 XeF_4,XeO_4,XeO_3,XeF_2,$XeOF_4$ 等分子的形状。

解 根据价电子对互斥理论,按照"AL_mE_n"计算 $m+n$ 数→确定价电子空间分布→计算孤对电子对数 n 及其分布→找出分子可能的几何构型"这样的思路,再考虑孤对电子对的特殊作用(特别是夹角小于或等于 90°的电子对间的排斥作用)、元素的电负性、是否有多重键(粗略推断几何构型时按键区数计算,比较键角大小时需加以区别)以及等电子原理等,即可确定许多分子的几何构型。按此思路和方法处理上述分子,所得结果列表如下:

分　　子	XeF_4	XeO_4	XeO_3	XeF_2	$XeOF_4$
$m+n$ (不计 π 电子)	6	4	4	5	6
价电子空间分布	八面体	四面体	四面体	三角双锥	八面体
孤对电子对数	2	0	1	3	1
配位原子数 (σ 电子对)	4	4	3	2	5
几何构型	正方形	四面体	三角锥	直线形	四方锥

【5.2】 利用价电子对互斥理论,说明 AsH_3,ClF_3,SO_3,SO_3^{2-},CH_3^+,CH_3^- 等分子和离子的几何形状,说明哪些分子有偶极矩?

解 按 5.1 题的思路和方法,尤其要考虑"肥大"的孤对电子对对相邻电子对有较大排斥作用这一因素,推测出各分子和离子的几何形状,进而判断各个分子是否有偶极矩(离子不必推测)。结果列于下表:

分子或离子	AsH_3	ClF_3	SO_3	SO_3^{2-}	CH_3^+	CH_3^-
$m+n$ 数	4	5	3	4	3	4
价电子空间分布	四面体	三角双锥	平面三角形	四面体	平面三角形	四面体
孤对电子对数	1	2	0	1	0	1
配位原子数	3	3	3	3	3	3
几何构型	三角锥	T 形	平面三角形	三角锥	平面三角形	三角锥
是否有偶极矩	有	有	无	—	—	—

表中 ClF_3 分子中 Cl 原子周围的 5 对价电子按三方双锥分布,可能的形状有下面 3 种:

孤对电子 排布方式	A	B	C
lp-lp	0	1	0
lp-bp	4	3	6
bp-bp	2	2	0

A 和 B 相比,B 有 lp-lp(孤对-孤对)排斥作用代替 A 的 lp-bp(孤对-键对)相互作用,故 A 比 B 稳定。A 和 C 相比,C 有 2 个 lp-bp 相互作用代替了 A 的 2 个 bp-bp 相互作用,故 A 最稳定。

【5.3】 画出下列分子中孤对电子和键对电子在空间的排布图:

(1) ICl_2^+,N_2O;

(2) H_3O^+,BrF_3,NF_3;

(3) ICl_4^-,IF_4^+,SbF_4^-,XeO_2F_2;

(4) IF_5,XeF_5^+。

解 这是 VSEPR 方法的具体应用,现将分子中孤对电子和键对电子在空间的排布图示于图 5.3。

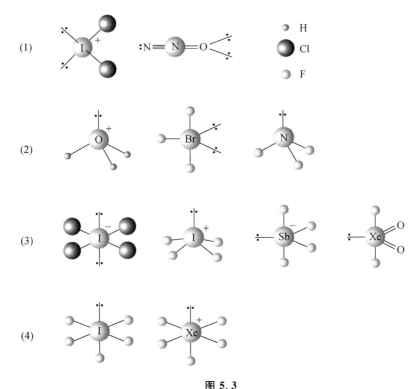

图 5.3

【5.4】 椅式环己烷(C_6H_{12})的结构示于《结构化学基础》(第 5 版)图 4.3.7(b),它具有 D_{3d}-$\bar{3}m$ 点群的对称性,若将 C 原子按正四面体方向和相邻的 2 个 C 原子以及 2 个 H 原子形成共价键,试作图并回答下列问题:

(1) 画出分子的结构图,依次在图中将 C 原子编号标出;

(2) 画出 C 原子骨架沿三重反轴($\bar{3}$,△)的投影图,在图中标出三重反轴的位置以及 C—C—C 键的键角值;

(3) 画出 C_6 的六元环中 4 个 C—C—C—C 原子沿着中间两个 C 原子所连接的 4 个 H 原子和 2 个 C 原子的投影图;

(4) 写出这 4 个 C 原子排布形成的扭角和二面角。

解

(1)
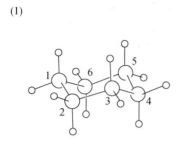

(2)
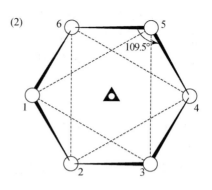

(3)
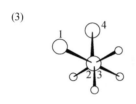

(4) 扭角：$\omega = 60°$
二面角：$\phi = 180° - 60° = 120°$

【5.5】 正交硫中环形 S_8 分子具有 $D_{4d}\text{-}\overline{8}2m$ 点群的对称性，S—S 键长 206 pm，S—S—S 键角 108°，S—S—S—S 扭角 98°。

(1) 画出 S_8 分子沿 $\overline{8}$ 轴的投影图形[参看示于《结构化学基础》(第 5 版)图 5.1.1(b)的结构图]，在图中标出键长和键角；

(2) 画出 S—S—S—S 的扭角(ω)和二面角(ϕ)所表示的图形。

解

(1) 沿 S_8 分子中 $\overline{8}$ 轴的投影图形和键长、键角数值示于图(a)：

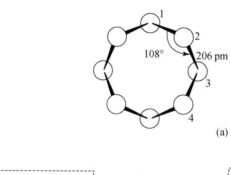

(a)

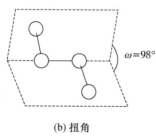

(b) 扭角

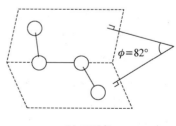

(c) 二面角

(2) $\phi = 180° - |\omega| = 180° - 98° = 82°$，图形示于(b)和(c)。

【5.6】 写出下列分子或离子中，中心原子所采用的杂化轨道：CS_2，NO_2^+，NO_3^-，BF_3，CBr_4，PF_4^+，SeF_6，SiF_5^-，AlF_6^{3-}，IF_6^+，$MoCl_5$，$(CH_3)_2SnF_2$。

解 在基础课学习阶段,判断分子中某一原子是否采用杂化轨道以及采用何种杂化轨道成键,主要依据是该分子的性质和几何构型。上述分子或离子的几何构型及中心原子所采用的杂化轨道见下表:

分子或离子	几何构型	中心原子的杂化轨道	分子或离子	几何构型	中心原子的杂化轨道
CS_2	直线形	sp	SeF_6	八面体	sp^3d^2
NO_2^+	直线形	sp	SiF_5^-	四方锥	sp^3d
NO_3^-	三角形	sp^2	AlF_6^{3-}	八面体	sp^3d^2
BF_3	三角形	sp^2	IF_6^+	八面体	sp^3d^2
CBr_4	四面体	sp^3	$MoCl_5$	三角双锥	dsp^3
PF_4^+	四面体	sp^3	$(CH_3)_2SnF_2$	准四面体	sp^3

【5.7】 臭氧 O_3 的键角为 116.8°。若用杂化轨道 $\psi = c_1\psi_{2s} + c_2\psi_{2p}$ 描述中心氧原子的成键轨道,试按键角与轨道成分的关系式 $\cos\theta = -c_1^2/c_2^2$ 计算:

(1) 成键杂化轨道 ψ 中系数 c_1 和 c_2 值;
(2) 成键杂化轨道中每个原子轨道贡献的百分数。

解

(1) 根据杂化轨道 ψ 的正交、归一性可得下列联立方程[在本题中方程(2)作为已知条件给出]:

$$\begin{cases} \int \psi^2 d\tau = \int (c_1\psi_{2s} + c_2\psi_{2p})^2 d\tau = c_1^2 + c_2^2 = 1 & (1) \\ c_1^2/c_2^2 = -\cos\theta = -\cos 116.8° = 0.4509 & (2) \end{cases}$$

解之,得

$$c_1^2 = 0.3108, \quad c_1 = \pm 0.56$$
$$c_2^2 = 0.6892, \quad c_2 = \pm 0.83$$

所以,O_3 的中心 O 原子的成键杂化轨道为

$$\psi_{成} = 0.56\psi_{2s} + 0.83\psi_{2p}$$

而被孤对电子占据的杂化轨道为

$$\psi_{孤} = \sqrt{1 - 2 \times 0.3108}\,\psi_{2s} + \sqrt{2 - 2 \times 0.6892}\,\psi_{2p}$$
$$= 0.62\psi_{2s} + 0.79\psi_{2p}$$

可见,$\psi_{孤}$ 中的 s 成分比 $\psi_{成}$ 中的 s 成分多。

(2) 按态叠加原理,杂化轨道中某一原子轨道所占的成分(即该原子轨道对杂化轨道的贡献)等于该原子轨道组合系数的平方。因此,ψ_{2s} 和 ψ_{2p} 对 $\psi_{成}$ 的贡献分别为 c_1^2 和 c_2^2,即分别约为 0.3108 和 0.6892。

【5.8】 直线形对称构型的 I_3^- 离子,若成键电子只是 5p 轨道上的电子(即将 $5s^2$ 电子作为原子实的一部分)。

(1) 画出 I_3^- 中每个 σ 和 π 轨道的原子轨道叠加图;
(2) 画出 I_3^- 分子轨道能级图;
(3) 试以 I 原子间的键长(d)和键级(n)关系方程:$d = 267\,\text{pm} - (85\,\text{pm})\lg n$,计算 I_3^- 中 I—I 键的键级。实验测定 I_2 分子中 I—I 键长为 267 pm,而 I_3^- 中 I—I 键长为 292 pm。

解

(1) 以 z 轴为键轴,按简单分子轨道理论,将 I_3^- 中 σ 和 π 轨道的原子轨道叠加图示于图 5.8(a)。($\pi_y^b, \pi_y^n, \pi_y^*$ 和 $\pi_x^b, \pi_x^n, \pi_x^*$ 形状一样,只是方向不同。)

(2) 按题意,I_3^- 离子的分子轨道只由 I 原子的 5p 轨道叠加而成。因此,I_3^- 离子中只有 9 个分子轨道,其中 3 个 σ 轨道,6 个 π 轨道(成键、非键和反键 π 轨道各两个,分别沿 x, y 方向分布)。16 个电子按能量最低原理、Pauli 原理和 Hund 规则排布在 8 个分子轨道上,能级图示于图 5.8(b)中。

I_3^- 离子中无不成对电子,因而它是反磁性的。

(3) 按 I 原子间的键长和键级的关系方程,代入有关数据得

$$292 \text{ pm} = 267 \text{ pm} - (85 \text{ pm}) \lg n$$
$$n = 0.5$$

即,I_3^- 中 I—I 间的键级为 0.5。

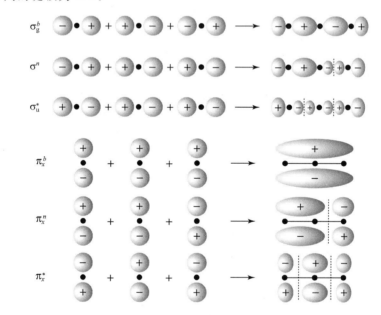

图 5.8(a)　I_3^- 原子轨道叠加示意图

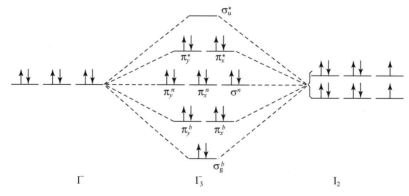

图 5.8(b)　I_3^- 能级示意图

【评注】 本题把 I 原子的 5s 电子看作原子实电子,只用 5p 轨道叠加形成分子轨道来解释 I_3^- 离子的化学键和几何构型。有人曾试图把 5s 电子看作被激发到高能级上去,用中心 I 原子形成 sp 杂化轨道来解释 I_3^- 离子的化学键和几何构型。显然,这种处理远不如本题的处理合理。

I_3^- 中 I—I 间的键级,也可从 [I—I—I]$^-$ 的总键级为 (6-4)/2=1,但其中有 2 个 I—I 键,所以每个 I—I 键的键级为 1/2,即 I 原子与 I 原子之间只形成了半个 σ 键。有了键长和键级的关系方程,就可定量地计算其他条件下 I 原子间的成键情况。

【5.9】 PF_5 分子呈三方双锥构型,P 原子采用 sp^3d 杂化轨道与 F 原子成 σ 键。若将 sp^3d 杂化轨道视为 sp^2 和 pd 两杂化轨道的组合,请先将 PF_5 安放在一直角坐标系中,根据坐标系和杂化轨道的正交、归一性写出 P 原子的 5 个杂化轨道。

解 PF_5 分子的坐标关系如图 5.9 所示。

根据图中各原子轨道、杂化轨道的相对位置和空间方向以及杂化轨道的正交、归一性质,P 原子的 5 个杂化轨道为

$$\psi_1 = \sqrt{\frac{1}{3}}(s + \sqrt{2}p_y)$$

$$\psi_2 = \sqrt{\frac{1}{3}}\left(s - \sqrt{\frac{1}{2}}p_y - \sqrt{\frac{3}{2}}p_x\right)$$

$$\psi_3 = \sqrt{\frac{1}{3}}\left(s - \sqrt{\frac{1}{2}}p_y + \sqrt{\frac{3}{2}}p_x\right)$$

$$\psi_4 = \sqrt{\frac{1}{2}}(p_z + d_{z^2})$$

$$\psi_5 = \sqrt{\frac{1}{2}}(p_z - d_{z^2})$$

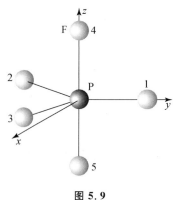

图 5.9

【5.10】 PCl_5 分子为三方双锥形结构,请说明或回答:

(1) 分子所属的点群和 P 原子所用的杂化轨道,全部 P—Cl 键是否等长?

(2) 若用 VSEPR 方法判断 P—Cl 键的键长,三次轴方向上的键长较水平面上的键长是长还是短?

(3) 晶态时五氯化磷由 $[PCl_4]^+ [PCl_6]^-$ 组成,试解释什么因素起作用?

解

(1) 分子点群属 D_{3h}。P 原子采用 sp^3d 杂化轨道,它可看作 sp^2 和 pd 两个杂化轨道的组合。两种杂化轨道形成的 P—Cl 键的键长不要求相等。

(2) 按 VSEPR 方法判断 bp-bp 间的推斥力时,三次轴上 P—Cl 中的 bp 同时受到夹角为 90°的水平面上的 3 个 bp 推斥,而水平面上只受到 2 个 bp 推斥,轴上的 P—Cl 键应长于水平面上的 P—Cl 键。此判断符合实验测定值,轴上 P—Cl 键长 214 pm,长于水平面上的 P—Cl 键长 202 pm。

(3) 从晶体中离子的堆积考虑,由四面体形的 PCl_4^+ 与八面体形的 PCl_6^- 堆积,可看作 Cl^- 作密堆积而 P^{5+} 填入四面体空隙和八面体空隙之中,有利于得到密堆积的结构。所以,由于堆积密度因素使 P 原子改变成键的方式:PCl_4^+ 中 P 原子按 sp^3 杂化轨道成键,PCl_6^- 中 P 原子按 sp^3d^2 杂化轨道成键。

【5.11】 N_2H_2 有两种同分异构体,是哪两种? 为什么 C_2H_2 只有一种同分异构体?

解 N_2H_2 分子中 N≡N 为双键,不能自由旋转(因双键中 π 轨道叠加有方向性),故有顺式和反式两种异构体,它们的结构式如下:

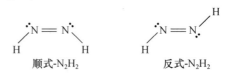
顺式-N_2H_2 反式-N_2H_2

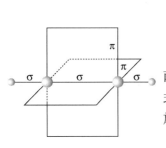

图 5.11

两种异构体中 N 原子都用 sp^2 杂化轨道成键,分子呈平面形。顺式-N_2H_2 分子属 C_{2v} 点群,反式-N_2H_2 分子属 C_{2h} 点群。两者皆无旋光性。

C_2H_2 分子的 C 原子采用 sp 杂化轨道成键,分子呈直线形,属 $D_{\infty h}$ 点群,因而它无两种同分异构体。C_2H_2 分子的结构如图 5.11。

【5.12】 试证明含 C,H,O,N 的有机分子,若相对分子质量为奇数,则分子中含 N 原子数必为奇数;若相对分子质量为偶数,则含 N 原子数亦为偶数。

证明 本题所涉及的是分子中各原子相互化合时的数量关系,其实质是共价键的饱和性。这些数量关系对于确定有机化合物的结构式很有用。

分子中各个原子周围化学键数目的总和为偶数(n 重键计作 n 个单键)。由此可推得,具有奇数个单键的原子的数目之和必为偶数,即奇数价元素的原子数之和必为偶数。在含 C,H,O,N 的有机物分子中,C 和 O 是偶数价原子,H 和 N 是奇数价原子。因此,H 和 N 原子数之和为偶数,即 H 原子数为奇数时 N 原子数亦为奇数;H 原子数为偶数时 N 原子数亦为偶数。

含 C,H,O,N 的有机化合物,其相对分子质量为
$$12n_C + 16n_O + 14n_N + n_H$$

式中 n_C, n_O, n_N 和 n_H 分别是 C,O,N 和 H 的原子数。由于前三项之和为偶数,因而相对分子质量的奇偶性与 H 原子数的奇偶性一致。而上面已证明,H 原子数的奇偶性与 N 原子数的奇偶性一致。所以,相对分子质量的奇偶性与 N 原子数的奇偶性一致,即相对分子质量为奇数时,N 原子数必为奇数;相对分子质量为偶数时,N 原子数必为偶数。

【5.13】 用 HMO 法解环丙烯正离子$(C_3H_3)^+$的离域 π 键分子轨道波函数,并计算 π 键键级和 C 原子的自由价。

解 (1) $(C_3H_3)^+$ 的骨架如图 5.13(a)所示。

按 LCAO,其离域 π 键分子轨道为
$$\psi = c_1\phi_1 + c_2\phi_2 + c_3\phi_3 = \sum c_i\phi_i$$

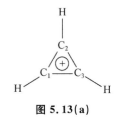

图 5.13(a)

式中 ϕ_i 为参与共轭的 C 原子的 p 轨道; c_i 为变分参数,即分子轨道中 C 原子的原子轨道组合系数,其平方表示相应原子轨道对分子轨道的贡献。

按变分法并利用 HMO 法的基本假设进行简化,可得组合系数 c_i 应满足的久期方程:
$$\begin{cases}(\alpha-E)c_1 + \beta c_2 + \beta c_3 = 0 \\ \beta c_1 + (\alpha-E)c_2 + \beta c_3 = 0 \\ \beta c_1 + \beta c_2 + (\alpha-E)c_3 = 0\end{cases}$$

98

用 β 除各式并令 $x=(\alpha-E)/\beta$，则得
$$\begin{cases} xc_1+c_2+c_3=0 \\ c_1+xc_2+c_3=0 \\ c_1+c_2+xc_3=0 \end{cases}$$

欲使 c_i 为非零解，则必须使其系数行列式为零，即
$$\begin{vmatrix} x & 1 & 1 \\ 1 & x & 1 \\ 1 & 1 & x \end{vmatrix}=0$$

解此行列式,得
$$x_1=-2,\quad x_2=1,\quad x_3=1$$

将 x 值代入 $x=(\alpha-E)/\beta$，得
$$E_1=\alpha+2\beta,\quad E_2=\alpha-\beta,\quad E_3=\alpha-\beta$$

能级及电子分布如图 5.13(b)。

将 $E_1=\alpha+2\beta$ 代入久期方程,得
$$\begin{cases} 2c_1\beta-c_2\beta-c_3\beta=0 \\ c_1\beta-2c_2\beta+c_3\beta=0 \\ c_1\beta+c_2\beta-2c_3\beta=0 \end{cases}$$

解之,得:$c_1=c_2=c_3$。根据归一化条件,$c_1^2+c_2^2+c_3^2=1$,求得

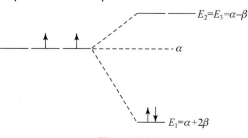

图 5.13(b)

$$c_1=c_2=c_3=\frac{1}{\sqrt{3}}$$
$$\psi=\frac{1}{\sqrt{3}}(\phi_1+\phi_2+\phi_3)$$

将 $E_2=E_3=\alpha-\beta$ 代入久期方程,得
$$\begin{cases} c_1\beta+c_2\beta+c_3\beta=0 \\ c_1\beta+c_2\beta+c_3\beta=0 \\ c_1\beta+c_2\beta+c_3\beta=0 \end{cases}$$

即
$$c_1+c_2+c_3=0$$

利用分子的镜面对称性,可简化计算工作。若考虑分子对过 C_2 的镜面对称,则有
$$c_1=c_3,\quad c_2=-2c_1$$

根据归一化条件可得
$$c_1=c_3=\frac{1}{\sqrt{6}},\quad c_2=-\frac{2}{\sqrt{6}}$$

波函数为
$$\psi=\frac{1}{\sqrt{6}}(\phi_1-2\phi_2+\phi_3)$$

若考虑反对称,则 $c_1=-c_3,c_2=0$。根据归一化条件可得
$$c_1=\frac{1}{\sqrt{2}},\quad c_3=-\frac{1}{\sqrt{2}}$$

波函数为
$$\psi=\frac{1}{\sqrt{2}}(\phi_1-\phi_3)$$

所以，$(C_3H_3)^+$ 的离域 π 键分子轨道为

$$\begin{cases} \psi_1 = \dfrac{1}{\sqrt{3}}(\phi_1 + \phi_2 + \phi_3) \\ \psi_2 = \dfrac{1}{\sqrt{6}}(\phi_1 - 2\phi_2 + \phi_3) \\ \psi_3 = \dfrac{1}{\sqrt{2}}(\phi_1 - \phi_3) \end{cases}$$

3 个分子轨道的轮廓图示于图 5.13(c)中(各轨道的相对大小只是近似的)。

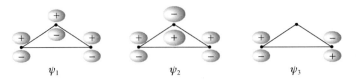

图 5.13(c) $(C_3H_3)^+$ 分子轨道轮廓图

在已经求出 ψ_1 和关系式 $c_1 + c_2 + c_3 = 0$ 的基础上，既可根据"每一碳原子对各 π 分子轨道的贡献之和为 1"列方程组，求出 ψ_2 和 ψ_3，也可以利用正交性求出 ψ_2 和 ψ_3，在此不赘述。

（2）共轭体系中相邻原子 i, j 间 π 键键级为

$$P_{ij} = \sum n_k c_{ki} c_{kj}$$

式中 c_{ki} 和 c_{kj} 分别是第 k 个分子轨道中 i 和 j 的原子轨道组合系数，n_k 则是该分子轨道中的 π 电子数。

$(C_3H_3)^+$ 中有 2 个 π 电子，基态时都在 ψ_1 上。所以 π 键键级为

$$P_{12} = P_{23} = P_{31} = 2 \times \dfrac{1}{\sqrt{3}} \times \dfrac{1}{\sqrt{3}} + 0 + 0 = \dfrac{2}{3}$$

（3）既然 $P_{12} = P_{23} = P_{31}$，各 C 原子的自由价必然相等，即

$$F_1 = F_2 = F_3 = 4.732 - 3 - \sum P_{ij} = 4.732 - 3 - 2 \times \dfrac{2}{3} = 0.40$$

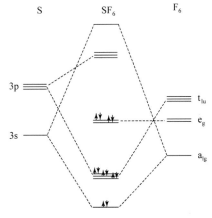

图 5.14 SF_6 分子轨道能级示意图
（本图引自《结构化学基础》(第 5 版)
第 5 章参考文献 [19]）

【5.14】 有人根据分子轨道理论，认为 SF_6 分子中因 S 原子的 d 轨道能级较高，不可能参加杂化形成 sp^3d^2 杂化轨道，SF_6 的八面体成键能级图应如图 5.14 所示，试按这种成键模型讨论下列问题：

（1）成键电子对、非键电子对和反键电子对的数目各多少？

（2）S—F 键的键级数目是多少？

（3）查原子共价半径值(《结构化学基础》(第 5 版)表 5.9.1)计算 S—F 键长，将它和实验值 156.1 pm 比较，哪种成键方式更接近？

（4）将它和 sp^3d^2 杂化轨道理论比较，说明它的优缺点。

解

(1) 成键电子对数目为4,非键电子对数目为2,反键电子对数目为0。

(2) 键级为4,即SF_6中S—F键的平均键级为2/3。

(3) S和F原子的共价单键半径分别为102 pm和72 pm,即S—F键的理论平均键长值为174 pm,它比SF_6的实验测定值156.1 pm要长得多。

(4) 由上可见,正八面体构型的SF_6分子仍然可以用能级较低的s,p轨道成键,开阔了对分子中原子间化学键形成的思维。但是,这种分子轨道模型用在SF_6分子中,出现了键级低(只有2/3),键长反而缩短的矛盾。而sp^3d^2杂化轨道理论简单明确,S—F键的键价为1,键长较短是由S和F原子的电负性差异较大,出现极性的静电吸引力所致。

【5.15】 说明N_3^-的几何构型和成键情况;用HMO法求离域π键的波函数及离域能。

解 叠氮离子N_3^-是CO_2分子的等电子体,呈直线构型,属$D_{\infty h}$点群。中间的N原子以sp杂化轨道分别与两端N原子的p_z轨道叠加形成2个σ键。3个N原子的p_x轨道相互叠加形成离域π键π_{x3}^4,p_y轨道相互叠加形成离域π键π_{y3}^4。成键情况示于下图:

$$:\ddot{N}=N^{\ominus}=\ddot{N}: \qquad \pi_{x3}^4, \pi_{y3}^4$$

对一个π_3^4,可仿照上题丙二烯双自由基的久期方程及其解,得分子轨道及其能量:

$$\psi_1 = \frac{1}{2}(\phi_1 + \sqrt{2}\phi_2 + \phi_3), \quad E_1 = \alpha + \sqrt{2}\beta$$

$$\psi_2 = \frac{1}{\sqrt{2}}(\phi_1 - \phi_3), \quad E_2 = \alpha$$

$$\psi_3 = \frac{1}{2}(\phi_1 - \sqrt{2}\phi_2 + \phi_3), \quad E_3 = \alpha - \sqrt{2}\beta$$

N_3^-的2个π_3^4中π电子的能量为

$$2[2(\alpha + \sqrt{2}\beta) + 2\alpha] = 8\alpha + 4\sqrt{2}\beta$$

按生成定域π键计算,π电子的总能量为

$$2[2(\alpha + \beta) + 2\alpha] = 8\alpha + 4\beta$$

所以N_3^-的离域能为

$$(8\alpha + 4\sqrt{2}\beta) - (8\alpha + 4\beta) = 4(\sqrt{2} - 1)\beta = 1.656\beta$$

【5.16】 已知三次甲基甲烷$[C(CH_2)_3]$为平面形分子,形成π_4^4键。试用HMO法处理,证明中心碳原子和周围3个碳原子间的π键键级之和为$\sqrt{3}$。

证明 画出分子骨架并给各C原子编号,及3个镜面$\sigma_Ⅰ$,$\sigma_Ⅱ$和$\sigma_Ⅲ$,如图5.16(a)。根据Hückel近似,写出相应于此骨架的久期方程如下:

$$\begin{bmatrix} x & 1 & 1 & 1 \\ 1 & x & 0 & 0 \\ 1 & 0 & x & 0 \\ 1 & 0 & 0 & x \end{bmatrix} \begin{bmatrix} c_1 \\ c_2 \\ c_3 \\ c_4 \end{bmatrix} = 0 \qquad x = \frac{\alpha - E}{\beta}$$

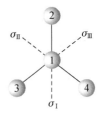

图 5.16(a)

利用分子的对称性将久期方程化简,求出x,代回久期方程,结合归一化条件求出组合系数c_i,进而写出分子轨道。将x代入$x = \frac{\alpha - E}{\beta}$,可求出与分子轨道相应的能级。

考虑对镜面 σ_{I} 和 σ_{II} 都对称,则有 $c_2=c_3=c_4$,于是久期方程可化简为

$$\begin{cases} xc_1 + 3c_2 = 0 \\ c_1 + xc_2 = 0 \end{cases}$$

令其系数行列式为

$$\begin{vmatrix} x & 3 \\ 1 & x \end{vmatrix} = 0$$

解之,得 $x=\pm\sqrt{3}$。将 $x=-\sqrt{3}$ 代入简化的久期方程并结合归一化条件 $c_1^2+c_2^2+c_3^2+c_4^2=1$,得

$$c_1 = \frac{1}{\sqrt{2}}, \quad c_2 = c_3 = c_4 = \frac{1}{\sqrt{6}}$$

由此可得分子轨道:

$$\psi_1 = \frac{1}{\sqrt{2}}\phi_1 + \frac{1}{\sqrt{6}}(\phi_2 + \phi_3 + \phi_4)$$

相应的能量为

$$E_1 = \alpha - x\beta = \alpha + \sqrt{3}\beta$$

将 $x=\sqrt{3}$ 代入简化的久期方程并结合归一化条件 $c_1^2+c_2^2+c_3^2+c_4^2=1$,得

$$c_1 = \frac{1}{\sqrt{2}}, \quad c_2 = c_3 = c_4 = -\frac{1}{\sqrt{6}}$$

由此得分子轨道:

$$\psi_4 = \frac{1}{\sqrt{2}}\phi_1 - \frac{1}{\sqrt{6}}(\phi_2 + \phi_3 + \phi_4)$$

相应的能量为

$$E_4 = \alpha - x\beta = \alpha - \sqrt{3}\beta$$

考虑对镜面 σ_{II} 反对称,有 $c_2=-c_3$,$c_1=c_4=0$。代入久期方程后可推得 $x=0$。将 $x=0$ 代入 $x=\frac{\alpha-E}{\beta}$,得 $E_2=\alpha$。根据归一化条件 $c_1^2+c_2^2+c_3^2+c_4^2=1$ 推得 $c_2=-c_3=\frac{1}{\sqrt{2}}$,分子轨道为

$$\psi_2 = \frac{1}{\sqrt{2}}(\phi_2 - \phi_3)$$

考虑对镜面 σ_{II} 是对称的,有 $c_2=c_3\neq c_4$,代入久期方程后得 $x=0$,$c_1=0$,$c_2=c_3=-\frac{1}{2}c_4$。根据归一化条件 $c_1^2+c_2^2+c_3^2+c_4^2=1$,得 $c_2=c_3=\frac{1}{\sqrt{6}}$,$c_4=-\frac{2}{\sqrt{6}}$。由此得分子轨道:

$$\psi_3 = \frac{1}{\sqrt{6}}(\phi_2 + \phi_3 - 2\phi_4)$$

相应的能量为 $E_3 = \alpha - x\beta = \alpha$

总之,按能级从低到高的顺序排列,$C(CH_2)_3$ 的 4 个分子轨道及其相应的能级为

$$\psi_1 = \frac{1}{\sqrt{2}}\phi_1 + \frac{1}{\sqrt{6}}(\phi_2 + \phi_3 + \phi_4), \quad E_1 = \alpha + \sqrt{3}\beta$$

$$\psi_2 = \frac{1}{\sqrt{2}}(\phi_2 - \phi_3), \qquad E_2 = \alpha$$

$$\psi_3 = \frac{1}{\sqrt{6}}(\phi_2 + \phi_3 - 2\phi_4), \qquad E_3 = \alpha$$

$$\psi_4 = \frac{1}{\sqrt{2}}\phi_1 - \frac{1}{\sqrt{6}}(\phi_2 + \phi_3 + \phi_4), \quad E_4 = \alpha - \sqrt{3}\beta$$

能级及 π 电子的分布如图 5.16(b)所示。

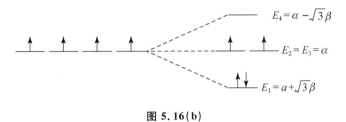

图 5.16(b)

由分子轨道和电子排布情况可计算 C 原子之间 π 键的键级:

$$P_{12} = P_{13} = P_{14} = 2 \times \frac{1}{\sqrt{2}} \times \frac{1}{\sqrt{6}} = \frac{1}{\sqrt{3}}$$

因而,中间 C 原子和周围 3 个 C 原子间 π 键键级之和为

$$3 \times P_{12} = \frac{3}{\sqrt{3}} = \sqrt{3}$$

加上 3 个 σ 键,中心 C 原子的总成键度为

$$N = 3 + \sqrt{3} = 4.732$$

这是 C 原子理论上的最高成键度(虽然有人主张用根据丙二烯双自由基计算得到的 C 原子的最大成键度——4.828 作为 C 原子的最大成键度,但由于该分子比不上三次甲基甲烷更具代表性,因而仍未被多数人采纳)。

【评注】 本题若用通常的解法,将 $E_2 = E_3 = \alpha$ 代入久期方程组后得 $c_1 = 0$, $c_2 + c_3 + c_4 = 0$。即使加上归一化条件 $c_1^2 + c_2^2 + c_3^2 + c_4^2 = 1$,仍缺一个条件而无法得到组合系数。此时应理解为有无穷多组解。可选取线性无关的两组解。

【5.17】 烯丙基 $H_2C=CH-\dot{C}H_2$ 和丙烯基 $H_3C-CH=\dot{C}H$ 自由基中的各个 C 原子采用什么杂化轨道? 形成什么 π 键? 写出结构式,说明 C 原子骨架的构型;说明哪个自由基较稳定,为什么?

解

烯丙基　　　　　　　　丙烯基

（结构式图：烯丙基 π_3^3，丙烯基 π_2^2）

这两个自由基均为弯曲形。烯丙基较稳定,因为它的自由基中标明的3个电子组成了π_3^3键。丙烯基右端C原子形成sp^2杂化轨道,这种结构能量较低,它分别构成C—C,C—H键和放未成键的单电子;剩余的p_z空轨道和1个电子与中心C原子的p_z轨道共同组成π键(π_2^2),如上式所示。丙烯基因有未成键单电子存在,不如烯丙基稳定。若丙烯基组成π_2^3,则必有一个电子处在反键π^*轨道上,能量高,更不稳定。

【5.18】 用前线轨道理论分析CO加H_2反应,说明只有使用催化剂该反应才能顺利进行。

解 基态CO分子的HOMO和LUMO分别为3σ和2π,基态H_2分子的HOMO和LUMO分别为σ_{1s}和σ_{1s}^*。它们的轮廓图示于图5.18(a)。

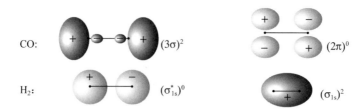

图5.18(a) CO和H_2的前线轨道轮廓图

由图可见,当CO分子的HOMO和H_2分子的LUMO接近时,彼此对称性不匹配;当CO分子的LUMO和H_2分子的HOMO接近时,彼此对称性也不匹配。因此,尽管在热力学上CO加H_2(生成烃或含氧化合物)反应能够进行,但实际上,在非催化条件下,该反应难以发生。

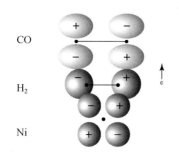

图5.18(b) CO和H_2在Ni催化剂上轨道叠加和电子转移情况

若使用某种过渡金属催化剂,则该反应在不太高的温度下即可进行。以金属Ni为例,Ni原子的d轨道与H_2分子的LUMO对称性匹配,可互相叠加,Ni原子的d电子转移到H_2分子的LUMO上,使之成为有电子的分子轨道,该轨道可与CO分子的LUMO叠加,电子转移到CO分子的LUMO上。这样,CO加H_2反应就可顺利进行。轨道叠加及电子转移情况示于图5.18(b)中。Ni原子的d电子向H_2分子的LUMO转移的过程即H_2分子的吸附、解离而被活化的过程,它是CO加H_2反应的关键中间步骤。

【5.19】 用前线轨道理论分析加热或光照条件下,环己烯和丁二烯一起进行加成反应的规律。

解 环己烯与丁二烯的加成反应和乙烯与丁二烯的加成反应类似。在加热条件下,电子处于基态。当环己烯和丁二烯的两个原子接近时,环己烯的π型HOMO与丁二烯的LUMO(ψ_3)对称性匹配;环己烯的π^*型LUMO与丁二烯的HOMO(ψ_2)对称性也匹配,如图5.19所示。原子相互接近,HOMO和LUMO叠加,由HOMO提供电子成键。环己烯提供成键电子,失去π键,由双键变成单键;丁二烯提供ψ_3反键电子,由单键变成双键。反应的主要产物表达式如下:

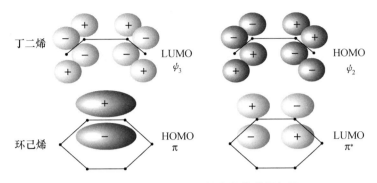

图 5.19 环己烯和丁二烯前线轨道叠加图

在光照条件下，π电子被激发，两分子激发态的 HOMO 与 LUMO 对称性不再匹配，因而不能发生上述加成反应(但可发生其他反应)。

【5.20】 用前线轨道理论分析乙烯环加成变为环丁烷的反应条件及轨道叠加情况。

解 在加热条件下，乙烯分子处在基态，其 HOMO 和 LUMO 分别为 π_{2p} 和 π_{2p}^*。当一个分子的 HOMO 与另一个分子的 LUMO 接近时，对称性不匹配，不能发生环加成反应，如图 5.20(a)。

但在光照条件下，部分乙烯分子被激发，电子由 π_{2p} 轨道跃迁到 π_{2p}^* 轨道，此时 π_{2p}^* 轨道变为 HOMO，与另一乙烯分子的 LUMO 对称性匹配，可发生环加成反应生成环丁烷，如图 5.20(b)。

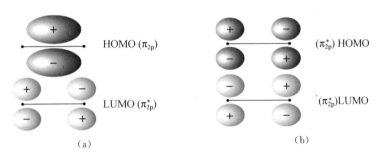

图 5.20

【5.21】 试用分子轨道对称守恒原理讨论己三烯衍生物电环合反应在光照和加热条件下产物的立体构型。

解 分子轨道对称守恒原理的基本思想是，在一步完成的反应中，若反应物的分子轨道和产物的分子轨道对称性一致，则该反应容易进行。换言之，若整个反应体系从反应物、中间态到产物，分子轨道始终保持某一点群的对称性，则该反应容易进行。

己三烯衍生物电环合为环己二烯衍生物是一步完成的单分子反应。若顺旋闭环，则反应自始至终保持着 C_2 点群对称性；若对旋闭环，则反应自始至终保持着 C_s 点群的对称性。因此，对这两种闭环方式，应分别按 C_2 轴和镜面 σ 对反应物和产物的分子轨道进行分类。分类情况见轨道能级相关图(见图 5.21，图中 S 和 A 分别表示对称和反对称)。

在讨论反应条件、关环方式及产物的立体构型时，只需考虑那些参与旧键断裂和新键形成的分子轨道，并且把它们作为一个整体一起考虑。对产物而言，C_1 和 C_6 间形成的 σ 轨道以及

C_2 和 C_3，C_4 和 C_5 间形成的 π 轨道是反应中所涉及的分子轨道。

根据节面数目的多少，确定反应物和产物分子轨道的能级次序（这是一种简便的方法，其结果与由计算得到的能级次序一致）。根据反应物的分子轨道与产物的分子轨道——对应、相关轨道的对称性相同并且能量相近以及对称性相同的关联线不相交等原则，作出己三烯电环合反应的分子轨道能级相关图，如图 5.21 所示。

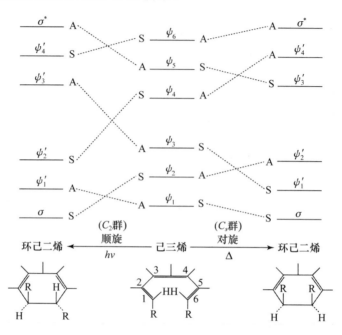

图 5.21 己三烯电环合反应的分子轨道能级相关图

由图可见，在进行顺旋闭环时，反应物的成键轨道 ψ_3 与产物的反键轨道 ψ'_3 相关联，而产物的成键轨道 ψ'_2 却与反应物的反键轨道 ψ_4 相关联，这说明反应物必须处在激发态（即 π 电子由 ψ_3 被激发到 ψ_4），才能转化为产物的基态。因此，顺旋闭环需在光照条件下进行，得到反式产物。而在对旋闭环时，反应物的成键轨道与产物的成键轨道相关联，反应物处于基态就可直接转化为产物，反应活化能较低，在一般加热条件下即可进行，得到顺式产物。

总之，根据分子轨道对称守恒原理，己三烯衍生物电环合为环己二烯衍生物（有 π_4^4）的反应具有鲜明的立体选择性。在加热条件下，分子保持镜面对称性，进行对旋闭环，得顺式产物；在光照条件下，分子保持 C_2 轴对称性，采取顺旋闭环，得反式产物。

【5.22】 试分析下列分子中的成键情况，指出 C—Cl 键键长大小次序，并说明理由。

(1) H_3CCl；

(2) $H_2C=CHCl$；

(3) $HC\equiv CCl$。

解

(1) H_3CCl：该分子为 CH_4 分子的衍生物。同 CH_4 分子一样，C 原子也采用 sp^3 杂化轨道成键。4 个 sp^3 杂化轨道分别与 3 个 H 原子的 1s 轨道及 Cl 原子的 3p 轨道重叠，共形成 4 个 σ 键。分子呈四面体构型，属 C_{3v} 点群。

(2) $H_2C=CHCl$：该分子为 $H_2C=CH_2$ 分子的衍生物，其成键情况与 C_2H_4 分子的成键情况既有相同之处，又有差别。在 C_2H_3Cl 分子中，$C_{(1)}$ 原子的 3 个 sp^2 杂化轨道分别与两个 H 原子的 1s 轨道和 $C_{(2)}$ 原子的 sp^2 杂化轨道重叠，共形成 3 个 σ 键；$C_{(2)}$ 原子的 3 个 sp^2 杂化轨道则分别与 H 原子的 1s 轨道、Cl 原子的 3p 轨道及 $C_{(1)}$ 原子的 sp^2 杂化轨道重叠，共形成 3 个 σ 键。此外，两个 C 原子和 Cl 原子的相互平行的 p 轨道重叠形成离域 π 键 π_3^4。成键情况示于下图：

$$\begin{array}{c} H\diagdown\sigma\diagup H \\ \sigmaC_{(1)}\text{---}\sigma\text{---}C_{(2)}\sigma \\ H\diagup\diagdown Cl \end{array}$$

C_2H_3Cl 分子呈平面构型，属于 C_s 点群。π_3^4 的形成使 C—Cl 键缩短，Cl 的活泼性下降。

(3) $HC\equiv CCl$：该分子为 C_2H_2 分子的衍生物。其成键情况与 C_2H_2 分子的成键情况也既有相同之处，又有区别。在 C_2HCl 分子中，C 原子采取 sp 杂化。C 原子的 sp 杂化轨道分别与 H 原子的 1s 轨道（或 Cl 原子的 3p 轨道）及另一个 C 原子的 sp 杂化轨道共形成两个 σ 键。此外，C 原子和 Cl 原子的 p 轨道（3 个原子各剩 2 个 p 轨道）相互重叠，形成两个离域 π 键：π_{x3}^4 和 π_{y3}^4。分子呈直线构型，属于 $C_{\infty v}$ 点群。两个 π_3^4 的形成使 C_2HCl 中 C—Cl 键更短，Cl 原子的活性更低。

根据以上对成键情况的分析，C—Cl 键键长大小次序为

$$CH_3Cl > C_2H_3Cl > C_2HCl$$

【5.23】 试分析下列分子的成键情况，比较 Cl 的活泼性，并说明理由。

(1) C_6H_5Cl； (2) $C_6H_5CH_2Cl$；
(3) $(C_6H_5)_2CHCl$； (4) $(C_6H_5)_3CCl$。

解 (1) 在 C_6H_5Cl 分子中，一方面，C 原子相互间通过 sp^2-sp^2 杂化轨道重叠形成 C—C σ 键，另一方面，一个 C 原子与 Cl 原子间通过 sp^2-3p 轨道重叠形成 C—Cl σ 键。此外，6 个 C 原子和 Cl 原子通过 p 轨道重叠，形成垂直于分子平面的离域 π 键 π_7^8。由于 Cl 原子参与形成离域 π 键，因而其活性较低。

(2) 在 $C_6H_5CH_2Cl$ 分子中，苯环上的 C 原子仍采用 sp^2 杂化轨道与周边原子的相关轨道重叠形成 σ 键，而次甲基上的 C 原子则采用 sp^3 杂化轨道与周边原子的相关轨道重叠形成 σ 键。此外，苯环上的 6 个 C 原子相互间通过 p 轨道重叠形成离域 π 键 π_6^6。在中性分子中，次甲基上的 C 原子并不参与形成离域 π 键，但当 Cl 原子被解离后，该 C 原子的轨道发生了改组，由 sp^3 杂化轨道改组为 sp^2 杂化轨道，此时它就有条件参加形成离域 π 键。因此，在 $[C_6H_5CH_2]^+$ 中存在 π_7^6。由于 π 电子的活动范围扩大了，π_7^6 的能量比 π_6^6 的能量低，这是 $C_6H_5CH_2Cl$ 分子中的 Cl 原子比 C_6H_5Cl 分子中的 Cl 原子活性高的另一个原因。

(3) 在 $(C_6H_5)_2CHCl$ 分子中，苯环上的 C 原子采用 sp^2 杂化轨道与周边原子的相关轨道重叠形成 σ 键，而非苯环上的 C 原子则采用 sp^3 杂化轨道与周边原子的相关轨道重叠形成 σ 键。这些 σ 键和各原子核构成了分子骨架。在中性分子中，非苯环上的 C 原子不参与形成离域 π 键，分子中有 2 个 π_6^6。但当 Cl 原子解离后，该 C 原子形成 σ 键所用的杂化轨道由 sp^3 改组为 sp^2，于是它就有条件参与共轭，从而在 $[(C_6H_5)_2CH]^+$ 中形成了更大的离域 π 键 π_{13}^{12}。这使得 $(C_6H_5)_2CHCl$ 分子中的 Cl 原子更活泼。

(4) 在$(C_6H_5)_3CCl$分子中，C原子形成σ键的情形与上述两分子相似。非苯环上的C原子也不参与共轭，分子中有3个π_6^6。当Cl原子解离后，非苯环上的C原子改用sp^2杂化轨道形成σ键，剩余的p轨道与18个C原子的p轨道重叠，形成更大更稳定的离域π键π_{19}^{18}，这使得$(C_6H_5)_3CCl$分子中的Cl原子在4个分子中最活泼。

综上所述，Cl原子的活泼性次序为

$$C_6H_5Cl < C_6H_5CH_2Cl < (C_6H_5)_2CHCl < (C_6H_5)_3CCl$$

【5.24】 试比较CO_2，CO和丙酮中 C—O 键键长大小次序，并说明理由。

解 3个分子中碳-氧键键长大小次序为

$$丙酮 > CO_2 > CO$$

丙酮分子中的碳-氧键为一般双键，键长最长。CO_2分子中除形成σ键外，还形成两个离域π键π_3^4。虽然碳-氧键键级也为2，但由于离域π键的生成使键能较大，键长较短，但比一般叁键要长。在CO分子中，形成一个σ键、一个π键和一个π配键，键级为3，因而碳-氧键键长最短。

实验测定丙酮、CO_2和CO分子中碳-氧键键长分别为121 pm，116 pm和113 pm。

【5.25】 苯胺的紫外可见光谱和苯差别很大，但其盐酸盐的光谱却和苯相近，解释这现象。

解 通常，有机物分子的紫外-可见光谱是由π电子在不同能级之间的跃迁产生的。苯及其简单的取代产物在紫外-可见光谱中出现3个吸收带，按简单HMO理论，这些吸收带是π电子在最高被占分子轨道和最低空轨道之间跃迁产生的。

苯分子中有离域π键π_6^6，而苯胺分子中有离域π键π_7^8。两分子的分子轨道数目不同，能级间隔不同，π电子的状态不同，因而紫外-可见光谱不同。但在$C_6H_5NH_3Cl$分子中，N原子采用sp^3杂化轨道成键，所形成的离域π键仍为π_6^6，所以其紫外-可见光谱和苯相近。

【5.26】 试分析下列分子中的成键情况，比较其碱性的强弱，并说明理由。

(1) NH_3； (2) $N(CH_3)_3$；
(3) $C_6H_5NH_2$； (4) CH_3CONH_2。

解 碱性的强弱和提供电子对能力大小有关，当N原子提供孤对电子的能力大，碱性强。分子的几何构型和有关性质主要取决于分子中骨干原子的成键情况。下表列出分析4个分子中的骨干原子，特别是N原子的成键轨道以及所形成的化学键的类型，并结合有关原子或基团的电学性质，比较N原子上电荷密度的大小，从而推断出4个分子碱性强弱的次序。

分 子	$\overset{..}{N}H_3$	$\overset{..}{N}(CH_3)_3$	$C_6H_5\overset{..}{N}H_2$	$H_3C-\overset{O}{\overset{\|\|}{C}}-\overset{..}{N}H_2$
C原子成键所用轨道	—	sp^3	sp^2	sp^3，sp^2
N原子成键所用轨道	sp^3	sp^3	sp^2	sp^2
N原子成键类型及数目	3σ	3σ	$3σ+\pi_7^8$	$3σ+\pi_3^4$
有关原子或基团电学性质	—	甲基的推电子作用使N原子上的电荷密度增大	N原子的孤对电子参加形成π_7^8键比左边两个电荷密度低	除参加形成π_3^4外，O原子电负性大，拉电子作用使N原子上的电荷密度下降
碱性强弱	较强	最强	较弱	最弱
pK_b	4.75	4.2	9.38	12.60

【5.27】 下列化合物的 pK_a 列于相应结构式后的括号里,试从结构上解释它们的大小。

(1) $CF_3COOH(0.2)$;

(2) $p\text{-}C_6H_4(NO_2)(COOH)(3.42)$;

(3) $CH_3COOH(4.74)$;

(4) $C_6H_5OH(10.00)$;

(5) $C_2H_5OH(15.9)$。

解 (1) F 是电负性最高的元素,F 原子的极强的吸电子能力以及羰基的诱导作用,使 CF_3COOH 分子中羟基 O 原子的正电性增强,从而对 H 原子的吸引力减弱而使其易于解离。当 H 原子解离后,生成的阴离子 CF_3COO^- 中形成离域 π 键 π_3^4,大大增加了该阴离子的稳定性。因此,CF_3COOH 具有很强的酸性。

(2) $p\text{-}C_6H_4(NO_2)(COOH)$ 分子中的 H 原子解离后,生成的阴离子中存在着稳定的离域 π 键 π_{12}^{14},这是该分子具有强酸性的原因之一。—NO_2 是强吸电子基团(其吸电子能力比 —CF_3 基团稍强),它的吸电子作用以及羟基的诱导作用使羟基 O 原子的负电性降低,从而使 H 原子易于解离。这是 $p\text{-}C_6H_4(NO_2)(COOH)$ 具有强酸性的原因之二。但是,由于 $p\text{-}C_6H_4(NO_2)(COOH)$ 分子较大,—NO_2 的吸电子作用传递到对位的羟基上时已减弱。所以,尽管 $p\text{-}C_6H_4(NO_2)(COOH)$ 分子也具有强酸性,但其酸性比 CF_3COOH 弱。

(3) 在 CH_3COOH 分子中,羰基具有诱导作用,且 H 原子解离后生成具有离域 π 键 π_3^4 的稳定阴离子 CH_3COO^-,因而 CH_3COOH 也具有较强的酸性。

(4) 在 C_6H_5OH 分子中,无吸电子基团,只是 H 原子解离后生成的阴离子具有离域 π 键 π_7^8,因而该分子虽具有酸性,但酸性较弱。

(5) C_2H_5OH 分子中不存在任何使羟基上的 H 原子易于解离的因素($C_2H_5O^-$ 中无离域 π 键),因而它的酸性极弱,基本上为中性。

【5.28】 C_2N_2 分子中碳-碳键键长比乙烷中碳-碳键键长短约 10%,试述其结构根源。

解 在 C_2N_2 分子中,C 原子采取 sp_z 杂化。其中一个 sp_z 杂化轨道与另一个 C 原子的 sp_z 杂化轨道叠加形成 C—C σ 键,另一个 sp_z 杂化轨道与 N 原子的 p_z 轨道叠加形成 C—N σ 键,分子呈直线构型。分子骨架(含 3 个 σ 键)及两端孤对电子可简示为 $:N\overset{\sigma}{-}C\overset{\sigma}{-}C\overset{\sigma}{-}N:$。此外,分子中 4 个原子皆剩余 2 个 p 轨道(p_x,p_y),每个 p 轨道上只含一个电子。这些 p 轨道沿着 z 轴(σ 键轴)"肩并肩"地重叠,形成两个离域 π 键:π_{x4}^4 和 π_{y4}^4。分子的成键情况可表示为

$$:N-C-C-N: \quad \pi_{y4}^4 \quad \pi_{x4}^4$$

由于 C 原子间除形成 σ 键外还有离域 π 键,因而 C_2N_2 分子中的碳-碳键键级比乙烷分子中的碳-碳键键级大,而键长则缩短。

C_2N_2 分子的 π_{x4}^4 分子轨道图示于图 5.28 中,4 个 π 电子填充在两个成键分子轨道(π_u 和 π_g,下标 g 为中心对称,u 为中心反对称)上。π_{y4}^4 和 π_{x4}^4 的情况相似。

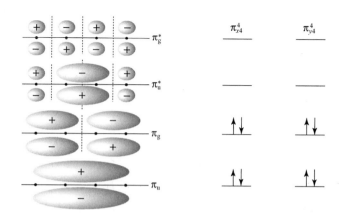

图 5.28 C_2N_2 的分子轨道图

【5.29】 对下列分子和离子 CO_2，NO_2^+，NO_2，NO_2^-，SO_2，ClO_2，O_3 等，判断它们的形状，指出中性分子的极性，以及每个分子和离子的不成对电子数。

解 根据价键理论(特别是杂化轨道理论)和分子轨道理论(包括离域 π 键理论)分析诸分子和离子的成键情况，即可推断出它们的形状、极性和不成对电子数。兹将推断结果列于下表：

分子或离子	成键情况	几何构型	点群	极性情况	不成对电子数
CO_2	:O—C—O:	直线形	$D_{\infty h}$	非极性	0
NO_2^+	:O—N⊕—O:	直线形	$D_{\infty h}$	—	0
NO_2	(N, O, O 结构)	弯曲形	C_{2v}	极性	1
NO_2^-	(N⊖, O, O 结构)	弯曲形	C_{2v}	—	0
SO_2	(S, O, O 结构)	弯曲形	C_{2v}	极性	0
ClO_2	(Cl, O, O 结构)	弯曲形	C_{2v}	极性	1
O_3	(O, O, O 结构)	弯曲形	C_{2v}	极性	0

【评注】 表中 ClO_2 分子的成键情况也可写成

左右两边形成 Cl→O 配键的概率相等，分子呈 C_{2v} 对称性。

【5.30】 指出 NO_2^+，NO_2，NO_2^- 中 N—O 键的相对长度，并说明理由。

解 在这 3 个分子或离子中，N—O 键的相对长度次序为

$$NO_2^+ < NO_2 < NO_2^-$$

理由简述如下：在 NO_2^+ 离子中，N 原子除采用 sp 杂化轨道成 σ 键外，还与 2 个 O 原子共同形成 2 个 π_3^4 离域 π 键，键级较大，从而使 N—O 键大大缩短。有人认为，由于 N 原子采用的杂化轨道中 s 成分较高而导致了 N—O 键键长缩短，这似乎不妥。而在 NO_2 分子和 NO_2^- 离子中，N 原子采用 sp^2 杂化轨道与 O 原子形成 σ 键，此外还形成 1 个 π_3^4 离域 π 键，键级较小，因而 N—O 键相对长些。在 NO_2 分子中，N 原子的一个 sp^2 杂化轨道上只有一个孤电子，它对键对电子的排斥作用较小，使得键角相对较大而键长相对较小。而在 NO_2^- 中，N 原子的一个 sp^2 杂化轨道上有一对孤对电子，它们对键对电子的排斥作用较大，使得键角相对较小而键长相对较大。有人从比较 NO_2 分子和 NO_2^- 离子 π 键键级的相对大小出发来说明两者 N—O 键长的差别，但论据不是很有力。

从分析成键情况出发，对这 3 个分子或离子的键参数相对大小的预测与列于下表的实验结果一致。

分子或离子	键角/(°)	键长/pm
NO_2^+	180	115.4
NO_2	134.25	119.7
NO_2^-	115.4	123.6

【5.31】 $B_5H_5^{2-}$ 离子中 B 原子排成三方双锥形多面体，试计算它的 styx 数码，并画出它的结构式。

解 封闭式硼烷 $B_nH_n^{2-}$ 的 s 和 x 均为 0，对 $B_5H_5^{2-}$
$$t = n - 2 = 5 - 2 = 3$$
$$y = 3$$

styx 数码为 0330，即 $B_5H_5^{2-}$ 中有 3 个 B—B 共价单键和 3 个 3c-2e 键。结构式可写为

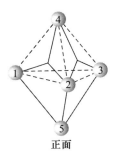

正面

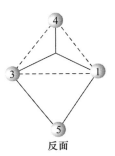

反面

【5.32】 计算封闭式 $B_4H_4^{2-}$ 离子的 styx 数码，用硼烷结构所遵循的规则，说明它不可能稳定存在的理由。

解 封闭式硼烷 $B_nH_n^{2-}$ 的 s 和 x 均为 0，对 $B_4H_4^{2-}$
$$t = n - 2 = 4 - 2 = 2$$
$$y = 3$$

$styx$ 数码为 0230，即 $B_4H_4^{2-}$ 中有 3 个 B—B 共价单键和 2 个

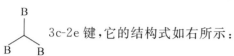

3c-2e 键，它的结构式如右所示：

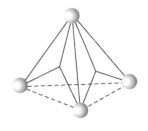

这种结构违背了"两个 B 原子不能同时通过二中心 B—B 键和三中心 BBB 键结合"的规则。所以，$B_4H_4^{2-}$ 不能稳定存在，迄今没有制得这种化合物。

【5.33】 已知 Cl_2 分子的键能为 242 kJ mol^{-1}，而 Cl 原子和 Cl_2 分子的第一电离能分别为 1250 和 1085 kJ mol^{-1}，试计算 Cl_2^+ 的键能，并讨论 Cl_2^+ 和 Cl_2 哪一个键能大，说明理由。

解 在 0.1013 MPa，298 K 时，双原子分子的解离能即它的键能，可直接从热化学测量中得到。根据热力学第一定律，利用本题所给数据，设计下列循环，即可求得 Cl_2^+ 的键能。

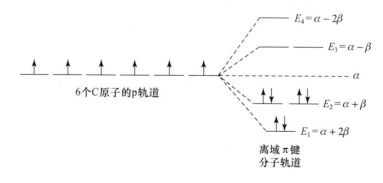

$$E_{Cl_2^+} = E_{Cl-Cl} + I_{Cl} - I_{Cl_2}$$
$$= 242 \text{ kJ mol}^{-1} + 1250 \text{ kJ mol}^{-1} - 1085 \text{ kJ mol}^{-1}$$
$$= 407 \text{ kJ mol}^{-1}$$

由计算结果可见，Cl_2^+ 的键能大于 Cl_2 的键能。这是因为 Cl_2^+ 比 Cl_2 少一个反键(π_{3p}^*)电子，键级增大(1.5)的缘故。当然，Cl_2^+ 的有效核电荷比 Cl_2 大，原子轨道重叠程度大，使键强度增大，也是一个原因。

【5.34】 苯(C_6H_6)、环己烯(C_6H_{10})、环己烷(C_6H_{12})和 H_2 的燃烧热分别为 3301.6，3786.6，3953.0 和 285.8 kJ mol^{-1}，试求算苯的离域能。

解 离域能是由共轭效应引起的。按照 HMO 法，苯分子中 6 个 C 原子的 p 轨道组合成 6 个离域 π 键分子轨道，其中成键轨道和反键轨道各占一半。分子轨道能级和电子排布如下图所示：

按此电子排布，体系中 π 电子的总能量为
$$2 \times (\alpha + 2\beta) + 4 \times (\alpha + \beta) = 6\alpha + 8\beta$$

而根据定域键的经典结构,苯分子中生成 3 个 2c-2e π 键,π 电子的总能量为
$$3 \times 2 \times (\alpha + \beta) = 6\alpha + 6\beta$$
因此,生成离域 π 键比生成 3 个定域 π 键体系中 π 电子的总能量降低了 2β(即键能增加了 -2β),此能量降低值即苯的离域能,或称共振能。

苯的离域能相当于环己烯氢化热的 3 倍与苯氢化热的差值,即环己烯→苯这一过程的 ΔH。据此,利用题中所给的热化学参数,即可按以下步骤计算出苯的离域能。

$$C_6H_{10} + H_2 \longrightarrow C_6H_{12} \qquad \Delta H_1$$
$$C_6H_6 + 3H_2 \longrightarrow C_6H_{12} \qquad \Delta H_2$$

$$\begin{aligned}
\Delta H_1 &= \Delta H_C(C_6H_{12}) - \Delta H_C(C_6H_{10}) - \Delta H_C(H_2) \\
&= 3953.0 \text{ kJ mol}^{-1} - 3786.6 \text{ kJ mol}^{-1} - 285.8 \text{ kJ mol}^{-1} \\
&= -119.4 \text{ kJ mol}^{-1}
\end{aligned}$$

$$\begin{aligned}
\Delta H_2 &= \Delta H_C(C_6H_{12}) - \Delta H_C(C_6H_6) - 3 \times \Delta H_C(H_2) \\
&= 3953.0 \text{ kJ mol}^{-1} - 3301.6 \text{ kJ mol}^{-1} - 3 \times 285.8 \text{ kJ mol}^{-1} \\
&= -206 \text{ kJ mol}^{-1}
\end{aligned}$$

$$\begin{aligned}
\Delta H &= 3\Delta H_1 - \Delta H_2 \\
&= 3 \times (-119.4 \text{ kJ mol}^{-1}) - (-206 \text{ kJ mol}^{-1}) \\
&= -152.2 \text{ kJ mol}^{-1}
\end{aligned}$$

【5.35】 $H_2O_2(g)$ 的生成热 $\Delta H_f = -133 \text{ kJ mol}^{-1}$,O—H 键键能为 463 kJ mol^{-1},而 H_2 和 O_2 的解离能分别为 436 和 495 kJ mol^{-1},试求 O—O 键的键能。为什么不用 O_2 分子的解离能作为 O—O 键键能?

解 下式表示 H_2O_2 的生成:
$$H_2(g) + O_2(g) \Longrightarrow H_2O_2(g) \qquad \Delta H_f = -133 \text{ kJ mol}^{-1}$$
$$\Delta H_f = (E_{H-H} + E_{O=O}) - (E_{O-O} + 2E_{O-H})$$
$$\begin{aligned}
E_{O-O} &= E_{H-H} + E_{O=O} - 2E_{O-H} - \Delta H_f \\
&= 436 \text{ kJ mol}^{-1} + 495 \text{ kJ mol}^{-1} - \\
&\quad 2 \times 463 \text{ kJ mol}^{-1} - (-133 \text{ kJ mol}^{-1}) \\
&= 138 \text{ kJ mol}^{-1}
\end{aligned}$$

O_2 分子中包含 1 个 O—O σ 键和 2 个三电子 π 键,键级为 2,相当于 1 个 O=O 双键。O_2 的解离能是打开此双键所需要的能量,当然不等于 O—O 单键的键能。

【5.36】 为什么存在 OH_3^+ 和 NH_4^+,而不存在 CH_5^+?为什么存在 SF_6,而不存在 OF_6?

解 根据价键理论和分子轨道理论,原子的成键数目主要取决于该原子能够提供的符合成键条件的原子轨道数目。C,N,O 都是第二周期的元素,它们的原子都只有 4 个价层轨道,最多可形成 4 个共价单键。不管这些原子以纯原子轨道还是以杂化轨道参与成键,与之以单键相结合的配位原子数最大为 4。这是由共价键的饱和性所决定的。因此,OH_3^+ 和 NH_4^+ 都可存在,而 CH_5^+ 和 OF_6 不存在。

在 OH_3^+ 中,O 原子的 sp^3 杂化轨道与 H 原子的 1s 轨道重叠形成 σ 键,离子呈三角锥形,属 C_{3v} 点群。作为一种理解,OH_3^+ 的形成可用下式表示:

$$\overset{..}{\underset{H\ \ H}{O}} \quad + H^+ \longrightarrow \overset{\overset{..}{\oplus}}{\underset{H\ \ \overset{|}{H}\ \searrow H}{O}}$$

由于 O 原子的半径较小,已带正电荷,剩下的 sp^3 杂化轨道上的孤对电子很难再接受质子而生成 OH_4^{2+}。NH_4^+ 的成键情况与 OH_3^+ 相似,只是几何构型不同、所属点群不同而已(NH_4^+ 属 T_d 点群)。

对于第三周期的元素,其原子有 9 个价层轨道,理论上最多可形成 9 个共价单键,但 d 轨道能否有效地参加成键,还要看它的分布情况。若 d 轨道分布弥散,离核较远,则成键效率低,或根本不能参与成键;反之,则可有效地参与成键。SF_6 分子的成键情况属于后者,又由于 S 原子的半径较大,周围有足够的空间容纳 6 个配位原子,因而 SF_6 分子能够稳定地存在。在该分子中,S 原子以 sp^3d^2 杂化轨道与 F 原子成键,分子呈正八面体构型,属于 O_h 点群。这样的结构决定了 SF_6 的某些性质,如它是绝缘性能良好的液体,可作变压器油。

【5.37】 C_{70} 为一椭球形分子,它有 12 个五元环的面,25 个六元环的面,试计算它的棱数(E)和键数(b)。平均而言,每个棱的键数是多少?若按价键结构表达,C—C 单键和 C=C 双键的数目各多少?碳原子间的键长处在什么范围?

解 按 Euler 公式,棱数(E)为

$$E = F + V - 2$$
$$= (12+25)+70-2 = 105$$

按键数(b)计算公式得

$$b = \frac{1}{2}(8n-g)$$
$$= \frac{1}{2}(8 \times 70 - 280) = 140$$

平均而言,每条棱的键数为 $(140/105) = 1\frac{1}{3}$。按价键结构表达,相当于 70 条 C—C 单键和 35 条 C=C 双键。C_{70} 中每条棱的平均键数和 C_{60} 相同,都为 $1\frac{1}{3}$,键长值在 139~147 pm 之间。

【5.38】 图 5.38 示出氙的氟化物和氧化物的分子(或离子)结构。
(1) 根据图形及 VSEPR 理论,指出分子的几何构型名称和所属点群;
(2) Xe 原子所用的杂化轨道;
(3) Xe 原子的表观氧化态;
(4) 已知在 $XeF_2 \cdot XeF_4$ 加合物晶体中,两种分子的构型与单独存在时的几何构型相同,不会相互化合成 XeF_3,从中说明什么问题?

解 (1),(2),(3)题的答案列于下页表中。
(4) 在 $XeF_2 \cdot XeF_4$ 加合物晶体中,两种分子的几何构型依然保持单独存在时的情况,说明它们都很稳定,不会化合成 Xe_2F_6 或形成 $XeF_3^- \cdot XeF_3^+$ 的结构。

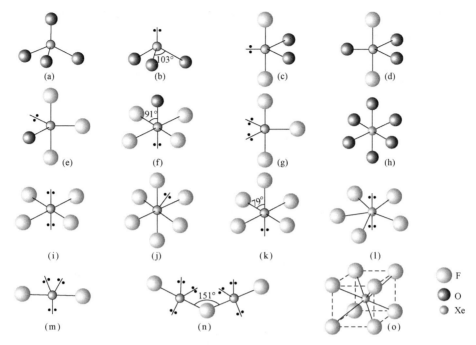

图 5.38 氙的氧化物和氟化物的分子结构

(a) XeO_4, (b) XeO_3, (c) XeO_2F_2, (d) XeO_3F_2, (e) $XeOF_3^+$, (f) $XeOF_4$, (g) XeF_3^+, (h) XeO_6^{4-}, (i) XeF_4, (j) XeF_6, (k) XeF_5^+, (l) XeF_5^-, (m) XeF_2, (n) $Xe_2F_3^+$, (o) XeF_8^{2-}

化合物	分子几何构型	分子点群	Xe的杂化轨道	氧化态
(a) XeO_4	四面体形	T_d	sp^3	8
(b) XeO_3	三角锥形	C_{3v}	sp^3	6
(c) XeO_2F_2	马鞍形	C_{2v}	sp^3d	6
(d) XeO_3F_2	三方双锥形	D_{3h}	sp^3d	8
(e) $XeOF_3^+$	马鞍形	C_s	sp^3d	6
(f) $XeOF_4$	四方锥形	C_{4v}	sp^3d^2	6
(g) XeF_3^+	T形	C_{2v}	sp^3d	4
(h) XeO_6^{4-}	八面体形	O_h	sp^3d^2	8
(i) XeF_4	平面四方形	D_{4h}	sp^3d^2	4
(j) XeF_6	变形八面体	C_{3v}	sp^3d^3	6
(k) XeF_5^+	四方锥形	C_{4v}	sp^3d^2	6
(l) XeF_5^-	平面五角形	D_{5h}	sp^3d^3	4
(m) XeF_2	直线形	$D_{\infty h}$	sp^3d	2
(n) $Xe_2F_3^+$	V形	C_{2v}	sp^3d	2
(o) XeF_8^{2-}	四方反棱柱形	D_{4d}	sp^3d^4	6

【评注】

(1) Xe原子的电子组态为$[Kr]4d^{10}5s^25p^6$，即价层轨道均充满电子。在和F或O化合过程中，一般不用4d轨道，而用s,p轨道或加一些5d轨道进行杂化改组，以适应周围原子的成键要求。若只考虑σ键，而不计及周围O原子的孤对电子和Xe原子间形成的π键，可用下面的点电子结构式表达，例如：

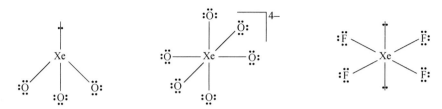

若计及O原子和Xe原子间形成的π键，即O原子孤对电子所处的轨道和Xe原子的d轨道进行叠加，由O原子提供孤对电子。对于中性分子和带正电的离子，只要将Xe—O键改为Xe=O即可；对于带负电的离子，将负电荷记在O原子上，Xe—O键不变。例如：

注意，和双键相连的O原子只有2对孤对电子，=Ö:。利用这种方法表达稀有气体化合物的结构较好：(a) 它符合VSEPR理论，包括O原子所在位置也可预言；(b) O, F原子都符合八隅律；(c) 有的化合物中Xe原子周围电子数超过了8个，可以了解Xe原子有d轨道参加成键，并可解析He, Ne, Ar等原子不易形成化合物的原因；(d) 符合实验测定的键长数据，Xe=O键长处于170～171 pm之间，而在XeO_6^{4-}中，每个Xe—O键是由4个单键和2个双键平均而得，相当于键价为1.33，实验测定这个离子中Xe—O键长为186 pm。

（2）按分子轨道理论模型处理XeF_2分子的成键情况，可理解如下：设键轴为z轴，Xe的$5p_z$轨道在$+z$方向和$-z$方向分别和F原子的$2p_z$轨道叠加组合，产生一个成键轨道、一个非键轨道和一个反键轨道，4个电子（2个来自Xe的$5p_z$，每个F原子提供一个$2p_z$上的电子）填在成键轨道和非键轨道中，形成三中心四电子(3c-4e)σ键。这个分子中Xe—F键的键级只有0.5。实验测定XeF_2中Xe—F键键长为198.3 pm，比XeF_4的195 pm和XeF_6的189 pm长。按VSEPR理论，XeF_2周围bp和lp排列的结构和图5.38(m)所示一致，处于轴上的F原子受到3个lp的推斥，使Xe—F键拉长。两种理论都可解析。

【5.39】 在《结构化学基础》（第5版）5.9.3小节中，根据硅-氧键的特性，认为天然矿物质中不可能含有Si=O键的偏硅酸化合物。怎样理解书刊和产品说明中出现的"偏硅酸钙""含偏硅酸矿泉水"等内容？

解 按照无机化学命名原则的规定，偏酸(meta acid)是指正酸分子脱去一分子水后得到的酸。偏硅酸和偏硅酸根的化学式分别为

迄今，人们从大量天然存在的硅酸盐和硅氧化合物的结构，证明硅和氧都是通过$[SiO_4]$四

面体基团共用顶点连接成链形、层形或三维骨架型的结构存在,或者再和其他金属离子结合成稳定的硅酸盐,不可能含有"Si═O"结构基元。根据这个特点应当注意以下几点:

(1) 组成为二氧化硅的石英、鳞石英和方石英等物质,不能称它们为"二氧化硅分子",也不能仿照 CO_2 的结构式,将二氧化硅用"O═Si═O"结构式表达。

(2) 在化学书刊中,对天然矿物的名称不要用"偏硅酸"和"偏硅酸钙"等命名,应根据它的实际结构用相应的寡聚硅酸盐表达。

(3) 对含硅的矿泉水等商品的名称,建议不要用"含偏硅酸矿泉水",而改用"含寡聚硅酸盐矿泉水"。

第6章 配位化合物的结构和性质

内 容 提 要

6.1 概述

配位化合物是一类含有中心金属原子（或离子）(M)和若干配位体(L)的化合物(ML_n)。中心原子M通常是过渡金属元素的原子，具有空的价轨道，而配位体L则有一对或一对以上孤对电子。M和L之间通过配位键结合而成配位化合物。

一个配位化合物分子中只含一个中心原子的叫单核配位化合物，含两个或两个以上中心原子的叫多核配位化合物。在含两个以上金属原子多核配位化合物分子中有M—M键结合在一起的叫金属原子簇化合物。配位化合物是金属原子最普遍的一种存在形式，有许多是工业上应用的催化剂和材料。

根据配位体所能提供的配位点数目和结构特征，可将配位体分成下面四类：

(1) 单齿配位体：只有一个配位点的配位体；

(2) 非螯合多齿配位体：配位体有多个配位点，但不能同时和一个金属原子配位；

(3) 螯合配位体：同一个配位体中的几个配位点同时和同一个金属原子配位；

(4) π键配位体：利用成键的π电子和反键的空轨道同时和金属原子配位的配位体。

配位体化学式前的 μ_n- 表示该配位体同时和 n 个金属原子配位；η^n- 表示该配位体有 n 个配位点和同一个金属原子配位。

不同配位体提供给中心骨干原子的电子数常常不同，有时，同一配位体由于配位结合的原子数目不同，提供的电子数也不同。例如，H，CR_3，μ_1-X(卤素原子)都是提供1个电子；CO，CR_2，NR_3 及 μ_2-O 提供2个电子；CR，NO，μ_2-OR，μ_2-X 提供3个电子，等等。

在计算中心金属原子的配位数时，配位体中每个原子提供一对孤对电子形成σ配键，配位数算1；对于π键配位体不是按配位点数目计算，而是按π配位体提供的电子对数目计算。例如，η^2-C_2R_4 有2个C原子同时和M成键，它提供1对π电子，配位数算1；η^5-$C_5H_5^-$，η^6-C_6H_6 的配位数算3，所以 $(\eta^6$-$C_6H_6)_2$Cr 中Cr的配位数为6。

阐明配位化合物结构的理论，重要的有价键理论、晶体场理论、分子轨道理论和配位场理论等。

配位化合物的价键理论是根据配位化合物的性质，按杂化轨道理论用共价配键和电价配键解释配位化合物中金属离子和配位体间的结合力。价键理论能简明地解释配位化合物的几何构型和磁性等性质，但它是个定性的理论，没有涉及反键轨道和激发态，不能满意地解释光谱数据。

晶体场理论是静电作用模型，把中心离子(M)和配位体(L)的相互作用看作类似离子晶体中正、负离子的静电作用。当L接近M，M中的d轨道受到L负电荷的静电微扰作用，使原来能级简并的d轨道发生分裂，引起电子排布及其他一系列性质的变化，解释配位化合物的性质。例如八面体配位离子中,6个配位体沿 x,y,z 三个坐标轴接近金属离子,L 的负电荷对 $d_{x^2-y^2}$ 和 d_{z^2} 轨道的电子排斥作用大,使这两轨道能级上升较多,而处在坐标轴间的 d_{xy},d_{yz},d_{xz} 受到排斥较小,能级上升较少,使 d 轨道分裂成两组:低能级的 3 个 t_{2g} 轨道和高能级的 2 个 e_g 轨道。能级间的差值称晶体场分裂能(Δ)。d 电子根据分裂能 Δ 和成对能 P 的相对大小填在这两组轨道上,形成强场低自旋或弱场高自旋结构,成功地解释了配位化合物的结构和性质。晶体场理论只按静电作用模型处理,相当于只考虑离子键作用,对分裂能大小次序等问题难以满意地解释。

用分子轨道理论的观点和方法处理金属离子和配位体的成键作用,称为配位化合物的分子轨道理论。将分子轨道理论和晶体场理论相结合,根据配位体场的对称性进行简化,并吸收晶体场理论的成果,称为配位场理论。

6.2 配位场理论

本节主要是利用配位场理论处理最常见的八面体配位化合物的结构和性质,其他配位多面体的配位化合物只作简单介绍。

在处理八面体配位化合物 ML_6 时,先按 M 和 L 组成的分子轨道是 σ 轨道还是 π 轨道,将 M 价轨道进行分组:

$$\sigma: s, p_x, p_y, p_z, d_{x^2-y^2}, d_{z^2}$$
$$\pi: d_{xy}, d_{xz}, d_{yz}$$

配位体的轨道则按照和 M 形成 σ 键的对称性,组合成群轨道。M 的 6 个 σ 轨道和 L 的 6 个群轨道组合成 ML_6 的分子轨道,其中 6 个为能级较低的成键轨道,能级由低到高依次为 a_{1g}, t_{1u}, e_g;6 个为能级较高的反键轨道,能级由低到高依次为 e_g^*, a_{1g}^* 和 t_{1u}^*。M 的 π 轨道则成为 ML_6 的非键 t_{2g} 分子轨道。因为 L 的电负性高而能级低,L 的电子进入 ML_6 的成键轨道,相当于形成 L→M 的配键。M 的 d 电子则安排在 t_{2g} 和 e_g^* 轨道上。t_{2g} 和 e_g^* 间的能级间隔称为分裂能(Δ_o)。

八面体场的分裂能(Δ_o)的大小,随 L 和 M 的性质而异,具有下面经验规则:
(1) 对同一种 M,不同配位体的场强不同,其大小次序为
$$CO, CN^- > NO_2^- > en > NH_3 > Py > H_2O > F^- > OH^- > Cl^- > Br^- > I^-$$
若只看配位体中直接配位原子,Δ_o 的大小次序为
$$C > N > O > F > S > Cl > Br > I$$
(2) 对一定的配位体,Δ_o 随 M 不同而异,大小次序为
$$Pt^{4+} > Ir^{3+} > Pd^{4+} > Rh^{3+} > Mo^{3+} > Ru^{3+} > Co^{3+}$$
$$> Cr^{3+} > Fe^{3+} > V^{2+} > Co^{2+} > Ni^{2+} > Mn^{2+}$$
价态高,Δ_o 大;M 所处周期数高,Δ_o 大。
(3) Δ_o 可分为 L 的贡献 f 和 M 的贡献 g 两部分的乘积,即
$$\Delta_o = f \times g$$

分裂能 Δ_o 和成对能 P 的相对大小,标志配位场的强弱。当 $P > \Delta_o$,电子倾向于多占轨道,形成弱场高自旋型(HS)配位化合物;当 $P < \Delta_o$,电子占据能级低的轨道,形成强场低自旋型(LS)配位化合物。

当选取 t_{2g} 和 e_g^* 能级的权重平均值作为能级的零点,即 M 在球形场中未分裂的 d 轨道的

能级：
$$2E(e_g^*) + 3E(t_{2g}) = 0$$

而
$$E(e_g^*) - E(t_{2g}) = \Delta_o$$

由此可得 e_g^* 的能级为 $0.6\Delta_o$，t_{2g} 的能级为 $-0.4\Delta_o$。M 的 d 电子进入 ML_6 的 t_{2g} 和 e_g^* 轨道时，若不考虑成对能，能级降低的总值称为配位场稳定化能（LFSE）。

弱场的 LFSE 在 d^3 和 d^8 处有极大值，在 "LFSE-n" 图上出现双峰。强场的 LFSE 只在 d^6 处出现单峰。H_2O 和卤素都是弱配位体，M^{2+} 价态低，对第四周期过渡金属二价离子由 Ca^{2+} 到 Zn^{2+} 的水化热，MX_2 的点阵能等随着 d 电子数 n 的变化将出现双峰。LFSE 也影响离子半径，HS 态的半径比 LS 态的半径大。

八面体配位的 t_{2g} 和 e_g^* 轨道为全满、半满或全空时，d 电子的分布都是对称的，最稳定的构型是正八面体。当 t_{2g} 或 e_g^* 中各个轨道上电子数不同时，就会出现简并态。例如 Cu^{2+} 具有 $(t_{2g})^6(e_g^*)^3$ 组态，e_g^* 比全充满少一个电子，会出现 $(d_{x^2-y^2})^2(d_{z^2})^1$ 和 $(d_{x^2-y^2})^1(d_{z^2})^2$ 两种简并态。这时配位化合物的构型将会发生变形，使这两个轨道能级分裂，两个电子填入低能级轨道，获得额外的稳定化能。这现象称为 Jahn-Teller 效应。大多数 Cu^{2+} 出现拉长的四方双锥构型。

配位化合物的热力学稳定性常用稳定常数表示，而影响稳定常数的因素有配位反应的焓变和熵变两部分。焓变取决于配位场稳定化能，熵变主要影响是螯合效应。

除八面体配位场外，另外两个重要的配位场是：四面体场和平面四方形场。在四面体场中，d_{xy}，d_{xz}，d_{yz} 轨道要比 $d_{x^2-y^2}$，d_{z^2} 轨道的能级高，和八面体场是相反的。3 个 σ 型的是 t_{2g}^* 轨道，2 个 π 型是 e_g 轨道。这两组轨道间的分裂能 Δ_t 较小，几乎所有四面体的过渡金属配位化合物都具有高自旋的基态电子组态。在平面四方形配位场中，除 $d_{x^2-y^2}$ 能级特别高外，其他都较低，因此 d^8 的四配位化合物常采用平面四方形模型，获得更多的 LFSE。

6.3 σ-π 配键与有关配位化合物的结构和性质

π 键配位体，如 C_2H_4，C_2H_2 以及具有 π^* 空轨道的配位体，如 CO，CN^- 等，它们和过渡金属原子同时形成 σ 配键和 π 配键，合称为 σ-π 配键。在 σ-π 配键中，配位体一方面利用孤对电子或成键 π 电子给予中心原子的空轨道形成 σ 配键，另一方面又有空的 π^* 轨道或 π 轨道和中心原子的 d 轨道叠加，由中心原子提供电子形成 π 配键。这两方面的授受作用，互相促进，形成较强配键。过渡金属羰基配位化合物、不饱和烃配位化合物都是由这种类型的化学键形成的。环多烯和过渡金属的配位化合物也是利用环多烯的离域 π 键和金属原子形成多中心 π 键而形成配位化合物。

大多数通过 σ-π 配键和过渡金属形成的配位化合物符合十八电子规则，即每个金属原子的价电子数和它周围配位体提供的价电子数加在一起，满足十八电子结构规则。例如 $Fe(CO)_5$，$HMn(CO)_5$，$Ni(CO)_4$ 等。

CO 分子和金属原子 M 通过 σ-π 配键端接形成 M—CO 配位化合物，以及含 C=C，C≡C 多重键分子和 M 原子通过 σ-π 配键侧接形成的 M—|| 配位化合物，是现代配位化学的重要基础内容。

平面构型的环多烯 $(C_3Ph_3)^+$，$(C_4H_4)^{2-}$，$(C_5H_5)^-$，C_6H_6，$(C_7H_7)^+$，$(C_8H_8)^{2-}$ 等具有离

域 π 键的结构,它可以作为一个整体和过渡金属原子 M 通过多中心键形成配位化合物,如 $TiCl_2(C_5H_5)_2$,$Cr(C_6H_6)_2$,$Fe(C_5H_5)_2$,$Mn(C_5H_5)(CO)_3$,$Fe(C_4H_4)(CO)_3$ 等等。在结构中,多烯环的平面与键轴垂直,这里键轴不是指 M 原子和环上原子的连线,而是 M 原子和环的中心的连线。

6.4 金属-金属四重键和五重键

四重键的形成必须有 d 轨道参加,所以它只能在过渡金属原子间形成。在 $K_2(Re_2Cl_8)\cdot 2H_2O$ 晶体的 $Re_2Cl_8^{2-}$ 离子中,存在 Re≡≡Re 四重键。

Re 原子的电子组态为 $[Xe]5d^56s^2$,取 Re—Re 键轴为 z 轴,Re 原子以 dsp^2($d_{x^2-y^2}$,s,p_x,p_y)杂化轨道和 Cl 原子成键外,价层尚余 4 个 d 轨道(d_{xy},d_{yz},d_{xz},d_{z^2})和 4 个价电子,两个 Re 的 d 轨道沿键轴互相叠加成键:

d_{z^2}-d_{z^2} 生成 σ 键
d_{xz}-d_{xz} 生成 π 键
d_{yz}-d_{yz} 生成 π 键
d_{xy}-d_{xy} 生成 δ 键

电子组态为 $\sigma^2\pi^4\delta^2$,键级为 4。由于 Re≡≡Re 四重键的形成,使 Re---Re 间的距离缩短为 224 pm,比金属铼中原子的距离 276 pm 短得多。另外两个 Re 原子上的 Cl 原子上下对齐成四方柱形,Cl 原子间的距离为 332 pm,短于 Cl 原子的范德华半径和。这种不因 Cl 原子空间阻碍而互相错开,反而形成重叠构象,正是形成四重键的需要。

$Mo_2(O_2CR)_4$,$Cr_2(O_2CR)_4$ 和 $Re_2(O_2CR)_4$ 等分子中也存在 Mo≡≡Mo,Cr≡≡Cr,Re≡≡Re 等四重键。含四重键的化合物可进行多种类型的反应,如置换、加成、环化、氧化还原等,大大丰富了配位化学的内容。

在 Ar′Cr≡≡≡CrAr′[Ar′=C_6H_3-2,6-$(C_6H_3$-2,6-$^iPr_2)_2$]中发现含 Cr≡≡≡Cr 五重键,它由 Cr 原子的 5 个 d 轨道组成。其中 1 个为 σ 键,由 2 个 Cr 原子的(s+d_{z^2})杂化轨道形成;2 个为 π 键,由 d_{xz}+d_{xz} 和 d_{yz}+d_{yz} 形成;2 个为 δ 键,由 d_{xy}+d_{xy} 和 $d_{x^2-y^2}$+$d_{x^2-y^2}$ 形成。

6.5 过渡金属簇合物的结构

1. 十八电子规则和金属-金属键的键数

过渡金属原子簇化合物日益受到人们重视,因为它们中具有多种键型:σ 键、π 键、δ 键、多中心键和过渡键型,有的是优良的催化剂,在生产实践和化学键理论上都有重要意义。

在簇合物分子中,每个过渡金属原子(M)可容纳 18 个电子以形成稳定的结构。在含 n 个 M 的多核簇合物中,除 M 本身的价电子、配位体提供的电子和簇合物带有的电荷外,金属原子间直接成键,互相提供电子以满足十八电子规则。所以在 M_n 中,n 个 M 原子间成键的总数可用键数 b 按下式计算:

$$b = \frac{1}{2}(18n - g)$$

式中 g 为 n 个 M 本身的价电子、配位体提供的电子和簇合物带有的电荷等三部分电子数的总和。键数不同,簇合物的几何构型不同。计算键数是了解簇合物中 M_n 几何构型的重要方法。例如:

$Ir_4(CO)_{12}$：$g=60, b=6$，Ir_4 呈 6 条边的四面体形；

$Re_4(CO)_{16}^{2-}$：$g=62, b=5$，Re_4 呈 5 条边的菱形；

$Os_4(CO)_{16}$：$g=64, b=4$，Os_4 呈 4 条边的四方形。

由这些实例可见，键数 b 不同，M_n 的几何构型不同。有时由于在 M_n 中形成 3c-2e 多中心键，不同的键数也可以具有相同的几何构型以适应多中心键的形成，例如下列 3 个 M_n 的 b 值不同，但均为八面体形的簇合物。

$[Mo_6(\mu_3\text{-}Cl)_8Cl_6]^{2-}$：12 个 2c-2e Mo—Mo 键，$b=12$；

$[Nb_6(\mu_2\text{-}Cl)_{12}Cl_6]^{4-}$：8 个 3c-2e NbNbNb 键，$b=16$；

$Rh_6(\mu_3\text{-}CO)_4(CO)_{12}$：4 个 3c-2e RhRhRh 键和 3 个 2c-2e Rh—Rh 键，$b=11$。

2. 等瓣相似、等同键数和等同结构

配位化合物分子中的成键情况和简单有机分子的成键情况是相似的，可用等瓣相似规则进行分析。等瓣相似是指两个或两个以上的分子片，它们的前线轨道的数目、能级分布、形状、对称性和所含电子数等均相似。当分子片等瓣相似时，它们形成化合物的情况可用相似的分子轨道等瓣相似连接模型进行分析。例如，$Mn(CO)_5$ 和 CH_3 两个分子片相似，它们可以各自成单键连接，也可互相连接，形成 H_3C—CH_3，$(CO)_5Mn$—$Mn(CO)_5$，$(CO)_5Mn$—CH_3 等。由等瓣相似的分子片相结合，可得形式多样的化合物，在无机化学和有机化学间架起桥梁。

将八隅律和十八电子规则结合起来，可用以计算一个由 n_1 个过渡金属原子和 n_2 个主族元素原子组成的簇合物骨干的键数(b)：

$$b = \frac{1}{2}(18n_1 + 8n_2 - g)$$

其中 g 是包括主族元素和过渡金属元素的簇合物骨干的价电子数。例如 $B_6H_6^{2-}$ 与 $[Ru(CO)_3]_6^{2-}$ 都是八面体形分别由 B_6 和 Ru_6 组成的簇合物骨干，b 值都是 11。若将(BH)基团被$(CH)^+$ 或 $Ru(CO)_3$ 置换，b 值不变，由 B，C 或 Ru 组成的簇合物骨干的八面体形结构不变。它们形成等同键数和等同结构系列。利用这种关系，可为了解簇合物结构提供一种简单方法。

3. 簇合物的催化性能

许多原子簇化合物具有优良的催化性能，这与它们的空间构型和电子组态有关。例如 $Ni_4[CNCMe_3]_7$ 中 Ni_4 簇具有四面体的几何构型，它能为乙炔环聚成苯提供合适的微观空间的结构和成键电子的需要，为苯分子的形成提供催化模板性能。

同理，根据 $HFe_4(CO)_{12}(\mu_4\text{-}CO)^-$ 的结构，可为阐明 N_2 和 H_2 在铁催化剂作用下合成氨的催化过程提供重要的依据。

6.6 物质的磁性和磁共振

1. 物质的磁性及其在结构化学中的应用

磁性是普遍存在的一种物质属性，任何一种物质材料都有磁性。根据物质磁性的起源、磁化率的大小和温度的关系，可将物质的磁性分为五类：抗磁性、顺磁性、铁磁性、亚铁磁性和反铁磁性。其中抗磁性物质、顺磁性物质和反铁磁性物质的磁化率都很小，属弱磁性，当一块永久磁铁靠近这些物质时，它们既不被吸引，也不被排斥，但对它们磁性的研究，可了解它们内部电子的组态。铁磁性物质和亚铁磁性物质属强磁性，是用来制造各种磁性材料的物质。

化学中常用摩尔磁化率 χ_m 表达物质的磁性，它可通过磁天平等实验测定。由 χ_m 减去摩尔抗磁磁化率 χ_d，可得摩尔顺磁磁化率 χ_p：

$$\chi_p = \chi_m - \chi_d$$

化合物的摩尔抗磁磁化率近似地具有加和性，即由该化合物的原子和离子的摩尔抗磁磁化率加和，并对某些结构单元和化学键的影响予以修正而得。

物质的磁矩 μ 和化合物中具有的未成对电子有关，它和顺磁磁化率 χ_p 的关系为

$$\chi_p = \mu_0 N_A \mu^2 / 3kT$$

式中 μ_0 为真空磁导率，N_A 为 Avogadro 常数，k 为 Boltzmann 常数。

对于轨道磁矩可以不计的化合物，磁矩由未成对电子贡献，这时

$$\mu = 2\sqrt{S(S+1)}\beta_e = \sqrt{n(n+2)}\beta_e$$

式中系数 2 为电子自旋因子，n 为未成对电子数，自旋量子数 $S=n/2$，β_e 为 Bohr 磁子。由此式可求得未成对电子数 n。

2. 顺磁共振

顺磁共振又称电子顺磁共振(EPR)或电子自旋共振(ESR)，它是研究具有未成对电子的物质，如配合物、自由基和含有奇数电子的分子等顺磁性物质结构的一种重要方法。

当物质处于外磁场(磁感应强度为 B)时，电子自旋磁矩和外磁场作用，不同取向的磁矩有不同的能量，产生能级分裂。B 值不同，能级分裂大小不同，能级差 $\Delta E = h\nu$。由于磁能级跃迁的选律为 $\Delta m_s = \pm 1$，所以顺磁共振吸收频率 ν 和磁感应强度 B 的关系为

$$h\nu = g\beta_e B$$

式中 g 为电子自旋因子。在垂直于 B 的方向加频率为 ν 的微波，电子得到能量 $h\nu$，则进行吸收跃迁。常用的顺磁共振仪是采用扫场式，即固定 ν，改变 B，使之满足 $\Delta E = h\nu$ 的条件。以 B 为横坐标，吸收量为纵坐标，画出吸收曲线，即得顺磁共振谱。

利用顺磁共振谱可以测定自由基的浓度，测定未成对电子所处的状态和环境，还可测定 g 值，了解配合物的电子组态等。

3. 核磁共振谱

和电子一样，原子核也有自旋运动，由核自旋量子数 I 及核自旋磁量子数 m_I 描述。核自旋角动量 M_N 和核自旋磁矩 μ_N 分别为

$$M_N = \sqrt{I(I+1)}\,\frac{h}{2\pi}$$

$$\mu_N = g_N \beta_N \sqrt{I(I+1)}$$

式中 g_N 是核的 g 因子，β_N 为核磁子。

在强度为 B 的恒定磁场作用下，核磁矩有 $2I+1$ 种取向，相应地产生 $2I+1$ 个磁能级：

$$E = -\mu_N B \cos\theta$$

θ 是 μ 与 B 的夹角。若在与恒定磁场方向垂直的方向上再加一交变电磁场，当此电磁辐射频率与核磁能级间隔相当时，电磁波被吸收，发生核磁共振，共振频率一般位于电磁波射频部分。

$I=0$ 的核无 NMR 谱；$I \geqslant 1$ 的核由于有电四极矩，使吸收线宽化而失去化学上有价值的细节信息，所以通常只研究 $I=\frac{1}{2}$ 的核，其中应用最多的是 ^{1}H 和 ^{13}C。

对 ^1H,$I=\frac{1}{2}$,M_I 可为 $-\frac{1}{2}$ 和 $\frac{1}{2}$。随外磁场 B 增加,不同 m_I 值的能级间隔增大。在外磁场为 1 T 时,^1H 核的吸收频率为 42.576 MHz。

NMR 的主要参量是化学位移 δ,它是指由于周围化学环境不同、核周围电子云的密度不同,对核的屏蔽作用不同;屏蔽作用强,核感受到的有效磁场强度小,使共振峰发生位移,这种改变叫化学位移。通常选屏蔽作用强的四甲基硅[$Si(CH_3)_4$,称为 TMS]作为参比物,所以化学位移 δ 是量纲为 1 的值。化学位移对各种基团具有一定特征性,是鉴定基团、确定分子结构的重要信息。

NMR 是化学中最重要的谱学技术。根据峰的位置可鉴定是什么基团,根据峰的数目了解该核所处不同化学环境数目、峰的面积确定各类基团中核数目的比值,根据自旋裂分可了解各种环境下核的相互作用。随着高强磁场超导 NMR 问世,使 NMR 的应用扩展到生物学的许多领域。^{13}C FT-NMR 的应用,以及二维和多维 NMR 的发展,提供了解决化学结构的丰富信息。

习 题 解 析

【6.1】 写出下列配合物中各配位体提供给中心金属原子的电子数目,计算中心原子周围的价电子总数:

(1) $(\eta^5\text{-}C_5H_5)_2Fe$; (2) $Ni(CN)_4^{2-}$; (3) $K[PtCl_3 \cdot C_2H_4] \cdot H_2O$;
(4) $[Co(en)_2Cl_2]^+$。

解 (1) 每个 $\eta^5\text{-}C_5H_5$ 配位体提供给 Fe 原子 5 个电子,Fe 原子周围 18 个电子。

(2) 每个 CN^- 提供给 Ni^{2+} 2 个电子,Ni 周围 16 个电子。

(3) 每个 Cl 提供 1 个电子,C_2H_4 提供 2 个电子,Pt 原子周围 16 个电子。

(4) 每个 en 提供 4 个电子,每个 Cl^- 提供 2 个电子,Co^{3+} 周围 18 个电子。

【6.2】 计算下列配合物中金属原子的配位数:

(1) $Ti(C_5H_5)_2Cl_2$; (2) $Ag(NH_3)_4^+$; (3) $Cr(C_6H_6)(CO)_3$; (4) $[Co(en)_2Cl_2]^+$。

解 (1) 8, (2) 4, (3) 6, (4) 6

【评注】

(1) 配位数的定义为:配位化合物或有机金属化合物或分子片的中心原子所结合的配位体原子的数目以及 π 配位体的 π 电子对数目。

(2) 在计算 $M(C_5H_5)_2$ 中 M 的配位数时,可先看作中心金属原子 M 将一个电子转移到 C_5H_5,金属原子带正电荷,环戊二烯基带负电荷 $C_5H_5^-$,有 6 个 π 电子。当整个配位体的 5 个 C 原子同时和 M 配位时,配位数为 3。若 $C_5H_5^-$ 只有两个原子和一个金属原子配位,配位数算 1,可从下式理解:

(3) 不要将配位数和价键结构式中的价电子对数目相混,配位数是指配位原子的数目,例如 $TiCl_4$ 和 MnO_4^- 中,Ti 和 Mn 的配位数都是 4。

【6.3】 判断下列配位离子是高自旋型还是低自旋型,画出 d 电子排布方式,计算 LFSE(用 Δ_o 表示):

(1) $Mn(H_2O)_6^{2+}$; (2) $Fe(CN)_6^{4-}$; (3) FeF_6^{3-}。

解 兹将各项结果列于下表:

配 位 离 子	$Mn(H_2O)_6^{2+}$	$Fe(CN)_6^{4-}$	FeF_6^{3-}
d 电子排布	↑ ↑ / ↑ ↑ ↑	/ ↑↓ ↑↓ ↑↓	↑ ↑ / ↑ ↑ ↑
自旋情况	HS	LS	HS
LFSE(Δ_o)	0	2.4	0

【6.4】 试给出 $Co(NH_3)_6^{3+}$ 配位离子的分子轨道能级图,指出配位离子生成前后电子的分布,并在能级图上标明分裂能位置。

解

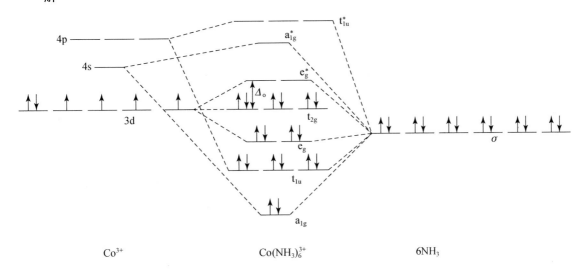

【6.5】 已知 $Co(NH_3)_6^{3+}$ 的 Δ_o 为 23000 cm^{-1},P 为 22000 cm^{-1};$Fe(H_2O)_6^{3+}$ 的 Δ_o 为 13700 cm^{-1},P 为 30000 cm^{-1}。试说明这两种离子的 d 电子排布。

解

	$Co(NH_3)_6^{3+}$	$Fe(H_2O)_6^{3+}$
Δ_o/cm^{-1}	23000	13700
P/cm^{-1}	22000	30000
HS 或 LS	LS($\Delta_o > P$)	HS($\Delta_o < P$)
d 电子排布	$(t_{2g})^6(e_g^*)^0$	$(t_{2g})^3(e_g^*)^2$

【6.6】 解释:为什么水溶液中八面体配位的 Mn^{3+} 不稳定,而八面体配位的 Cr^{3+} 却稳定?

解 水是弱场配位体,故 $Mn(H_2O)_6^{3+}$ 为高自旋配位离子($P = 28000\ \text{cm}^{-1}$,$\Delta_o = 21000\ \text{cm}^{-1}$),其 d 电子排布为$(t_{2g})^3(e_g^*)^1$,配位场稳定化能为 $0.6\Delta_o$。处在 e_g^* 轨道上的电子

易失去,失去后配位场稳定化能增大为 $1.2\Delta_o$。这就是 $Mn(H_2O)_6^{3+}$ 不稳定的原因。另外,它还容易发生 Jahn-Teller 畸变。

$Cr(H_2O)_6^{3+}$ 中 d 电子的排布为 $(t_{2g})^3(e_g^*)^0$,配位场稳定化能为 $1.2\Delta_o$。反键轨道上无电子是 $Cr(H_2O)_6^{3+}$ 较稳定的原因。该配位离子不发生 Jahn-Teller 畸变。

【6.7】 解释:为什么大多数 Zn^{2+} 的配位化合物都是无色的?

解 Zn^{2+} 的 3d 轨道已充满电子,它通常以 sp^3 杂化轨道形成配键,无 d-d 能级跃迁。电子跃迁只能发生在 σ-σ^* 之间,能级差大,在可见光的短波之外。因此,其配位化合物一般是无色的。

【6.8】 作图给出下列每种配位离子可能出现的异构体:

(1) $[Co(en)_2Cl_2]^+$; (2) $[Co(en)_2(NH_3)Cl]^{2+}$; (3) $[Co(en)(NH_3)_2Cl_2]^+$。

解 可能出现的异构体如图 6.8 所示。垂直线表示镜面,左右两侧代表互为旋光异构体。

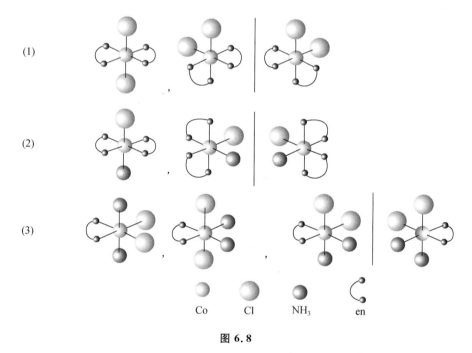

图 6.8

【6.9】 已知在化学式为 $Co(NH_3)_4Br(CO_3)$ 的配合物中,中心 Co^{3+} 为六配位的八面体形结构,CO_3^{2-} 作为配位体既可按单齿,也可按双齿进行配位。据此回答下列问题:

(1) 根据配位体场的强弱,写出这个化合物的组成结构式;
(2) 画出全部可能的异构体的立体结构;
(3) 根据它们的什么性质可用实验方法来区分异构体?

解

(1) 按配位体的强弱次序为 $NH_3 > CO_3^{2-} > Br^-$,4 个 NH_3 全部和 Co^{3+} 配位。当 CO_3^{2-} 为单齿配体时,组成为 $Co(NH_3)_4Br(\mu_1\text{-}CO_3)$。这时形式上 Co 剩余电价为(+),$(CO_3)$ 剩余电价为(−)。即为

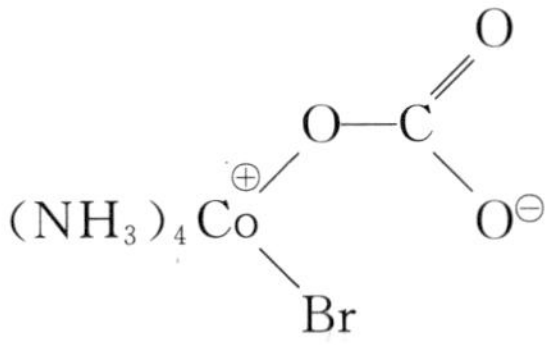

$$(NH_3)_4\overset{\oplus}{Co}-O-C\overset{O}{\underset{O^{\ominus}}{\diagdown}}$$
$$\underset{Br}{|}$$

当 CO_3^{2-} 为双齿配体时,组成为

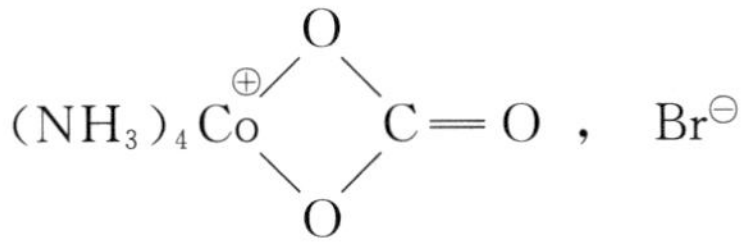

$$(NH_3)_4\overset{\oplus}{Co}\overset{O}{\underset{O}{\diagup\diagdown}}C=O \text{ , } Br^{\ominus}$$

其中 Br^- 作为游离的离子不和 Co 配位。

(2) $Co(NH_3)_4Br(\mu_1\text{-}CO_3)$ 有两种立体异构体:

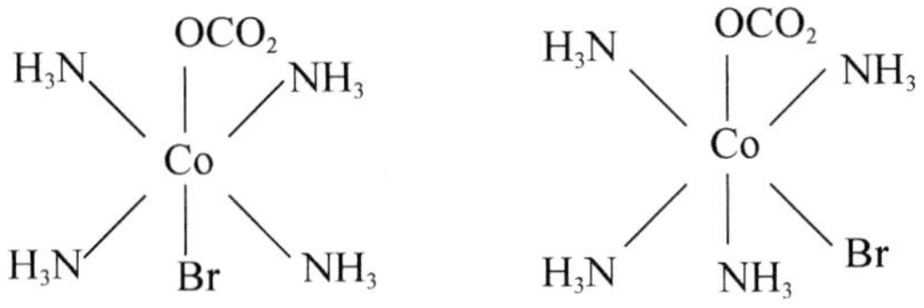

(a) (b)

$[Co(NH_3)_4(\mu_2\text{-}CO_3)]^+$ 只有一种立体异构体:

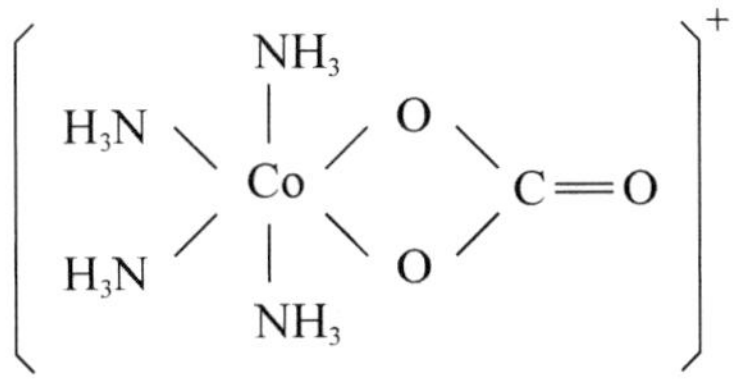

(3) 当 CO_3^{2-} 为双齿配体时,Br^- 作为游离的离子存在。因此,加入 $Ag^+(aq)$ 会立即产生白色沉淀。

当 CO_3^{2-} 为单齿配体时,(a)和(b)两种异构体的极性大小不同,(a)的极性小于(b),可利用极性大小区分。

【6.10】 许多 Cu^{2+} 的配位化合物为平面四方形结构,试写出 Cu^{2+} 的 d 轨道能级排布及电子组态。

解 Cu^{2+} 为 d^9 构型,在平面四方形配合物中 d 轨道的能级分裂及电子排布情况如下:

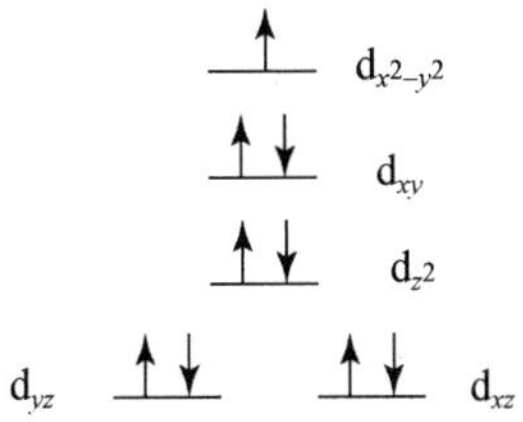

【6.11】 利用配位场理论推断下列配位离子的结构及不成对电子数。

(1) MnO_4^{3-};　　(2) $Pd(CN)_4^{2-}$;　　(3) NiI_4^{2-};　　(4) $Ru(NH_3)_6^{3+}$;

(5) $MoCl_6^{3-}$;　　(6) $IrCl_6^{2-}$;　　(7) $AuCl_4^-$。

解

离子	d电子数	形状	d电子排布	不成对电子数
MnO_4^{3-}	d^2	四面体		2
$Pd(CN)_4^{2-}$	d^8	正方形		0
NiI_4^{2-}	d^8	四面体		2
$Ru(NH_3)_6^{3+}$	d^5	八面体		1
$MoCl_6^{3-}$	d^3	八面体		3
$IrCl_6^{2-}$	d^5	八面体		1
$AuCl_4^-$	d^8	正方形		0

一个配位离子究竟采取何种几何构型,主要取决于它在能量上和几何上是否有利。对于六配位的离子,比较容易判断,只是有时需要考虑是否会发生 Jahn-Teller 效应。但对于四配位的离子,因素复杂些,判断起来费点脑筋。本题中的 MnO_4^{3-} 离子,从配位场稳定化能来看,采取正方形(LFSE=1.028Δ_o)比采取四面体构型(LFSE=0.534Δ_o)有利。但由于 Mn(V)半径较小(47 pm),若采取正方形构型,则配体之间的排斥力较大,不稳定;若采取四面体构型,则配体之间的排斥力减少,离子较稳定[此时 Mn(V)的半径也略有增大]。在 NiI_4^{2-} 配离子中,尽管 Ni^{2+} 属 d^8 构型,但由于它的半径仍较小,而 I^- 的半径较大(约 216 pm)且电负性也较大,因而采取正方形构型时配体之间的斥力太大。而采取四面体构型可使斥力减少,因而稳定。同是 d^8 构型的 Pd^{2+} 和 Au^{3+},它们分属第二和第三长周期,半径较大,周围有较大的空间,此时配位场稳定化能是决定配位离子几何构型的主要因素。由于采取正方形构型比采取四面体构型可获得较大的配位场稳定化能,因而它们的四配位离子[如 $Pd(CN)_4^{2-}$,$AuCl_4^-$]一般采取平面四方形,呈抗磁性。

【6.12】 解释:为什么 $Co(C_5H_5)_2$ 极易被氧化为 $Co(C_5H_5)_2^+$?

解 在 $Co(C_5H_5)_2$ 中性分子中,Co 原子周围有 19 个价电子(10 个来自 2 个 C_5H_5,9 个来自 Co 原子),其中 18 个成对地填在成键轨道上,而余下的 1 个价电子则填在反键轨道上,它能级较高,容易氧化电离而成为 $Co(C_5H_5)_2^+$,这时 Co 原子周围形成稳定的满足十八电子规则的结构。

【6.13】 用 Jahn-Teller 效应说明下列配位离子中哪些会发生变形。

(1) $Ni(H_2O)_6^{2+}$; (2) $CuCl_4^{2-}$; (3) $CuCl_6^{4-}$; (4) $Ti(H_2O)_6^{3+}$;
(5) $Cr(H_2O)_6^{2+}$; (6) $MnCl_6^{4-}$。

解 Jahn-Teller 效应的大意是:在对称的非线性配合物中,若出现简并态,则该配合物是不稳定的。此时它必然会发生变形,使其中一个轨道能级降低,消除简并,获得额外的稳定化能。

对过渡金属配合物来说,产生 Jahn-Teller 效应的根源是中心原子 d 电子分布的不对称性。

对于六配位的配合物,d 电子的构型为 d^0、d^5(HS)和 d^{10} 时,其电子分布是球对称的,最稳定的几何构型是正八面体;d 电子的构型为 d^3、d^6(LS)和 d^8 时,其分布是八面体对称,配合物也呈正八面体构型。

若 d 电子分布不对称,则配合物将发生畸变,产生长键和短键之别。若 d 电子分布的不对称性涉及能级较高的 e_g^* 轨道,则畸变程度大;若 d 电子分布的不对称性只涉及能级较低的 t_{2g} 轨道,则畸变程度小。具体情况是:d 电子构型为 d^1、d^2、d^4(LS)、d^5(LS)、d^6(HS)和 d^7(HS)时,配合物发生小畸变;d 电子构型为 d^4(HS)、d^7(LS)和 d^9 时,配合物发生较大畸变。

根据上述分析,$CuCl_6^{4-}$(3)和 $Cr(H_2O)_6^{2+}$(5)会发生较大的变形;$Ti(H_2O)_6^{3+}$(4)会发生较小的变形;$CuCl_4^{2-}$(2)若为四面体,则会发生变形。

[6.14] 写出下列分子的结构式,使其符合十八电子规则:

(1) $V_2(CO)_{12}$;　　　　　(2) $Ni_2(CO)_2(C_5H_5)_2$(羰基成桥);
(3) $Cr_2(CO)_4(C_5H_5)_2$;　(4) $[Cp_3Mo_3(CO)_6(\mu_3\text{-}S)]^+$;
(5) $[H_3Re_3(CO)_{10}]^{2-}$(有 2 个 Re—Re 单键,1 个 Re=Re 双键)。

解

(1) 每个 V 原子周围的价电子数为:5(V 原子本身的电子)+1(由金属键摊到的)+2×6(6 个配体提供的)=18。

(短横线另一端接配位体 CO)

(2) 每个 Ni 原子周围的价电子数为:10+2+1+5=18。

(3) 每个 Cr 原子周围的价电子数为:6+2×2+3+5=18。

(4) 每个 Mo 原子周围的价电子数为:6(Mo 原子本身的价电子)+5(由 Cp 提供)+2×2(由 CO 提供)+2(由金属键提供)+1(由 S 原子提供)=18。

(5) 与 4 个 CO 相连的 Re 原子周围的价电子数为:7(Re 原子本身的)+1(H 原子提供的)+2×4(4 个 CO 提供的)+1×2(两个 Re—Re 键各提供一个)=18。

与 3 个 CO 相连的 Re 原子周围的价电子数为:7(Re 原子本身具有的)+1(由 H 原子提供)+1(由 Re—Re 单键提供)+2(由 Re—Re 双键提供)+2×3(由 3 个 CO 提供)+1(外来电子)=18。

【6.15】 硅胶干燥剂中常加入 $CoCl_2$（蓝色），吸水后变为粉红色，试用配位场理论解释其原因。

解 Co^{2+} 为 d^7 组态。在无水 $CoCl_2$ 中，Co^{2+} 受配体 Cl^- 的作用，d 轨道能级发生分裂，7 个 d 电子按电子排布三原则填充在分裂后的轨道上。当电子发生 d-d 跃迁时，吸收波长为 650～750 nm 的红光，因而显示蓝色。但 $CoCl_2$ 吸水后变为 $[Co(H_2O)_6]Cl_2$，即由相对较强的配体 H_2O 取代了相对较弱的配体 Cl^-，引起 d 轨道分裂能变大，使电子发生 d-d 跃迁时吸收的能量增大，即吸收光的波长缩短（蓝移）。$[Co(H_2O)_6]Cl_2$ 吸收波长为 490～500 nm 的蓝光，因而呈粉红色。

【6.16】 尖晶石的化学组成可表示为 AB_2O_4，氧离子紧密堆积构成四面体空隙和八面体空隙。当金属离子 A 占据四面体空隙时，称为正常尖晶石；而当 A 占据八面体空隙时，则称反式尖晶石。试从配位场稳定化能计算结果说明 $NiAl_2O_4$ 是何种尖晶石结构。

解 若 Ni^{2+} 占据四面体空隙，则其 d 电子组态为 $(e_g)^4(t_{2g}^*)^4$。此时配位场稳定化能为

$$LFSE(T_d) = -[4 \times 0.178 + 4 \times (-0.267)]\Delta_o = 0.356\Delta_o$$

若 Ni^{2+} 占据八面体空隙，则其 d 电子的组态为 $(t_{2g})^6(e_g^*)^2$。此时配位场稳定化能为

$$LFSE(O_h) = -[6 \times (-0.4) + 2 \times 0.6]\Delta_o = 1.2\Delta_o$$

显然，$LFSE(O_h) > LFSE(T_d)$，所以 Ni^{2+} 占据八面体空隙，$NiAl_2O_4$ 采取反式尖晶石结构。

【6.17】 某学生测定了 3 种配合物的 d-d 跃迁光谱，但忘记了贴标签，请帮他将光谱波数与配合物对应起来。3 种配合物是：CoF_6^{3-}，$Co(NH_3)_6^{3+}$ 和 $Co(CN)_6^{3-}$；3 种光谱波数是：34000 cm^{-1}，13000 cm^{-1} 和 23000 cm^{-1}。

解 d-d 跃迁光谱的波数与配位场分裂能的大小成正比：$\tilde{\nu} = \dfrac{\Delta E}{hc} = \dfrac{\Delta_o}{hc}$。而分裂能大小又与配体的强弱及中心离子的性质有关。因此，光谱波数与配体强弱及中心离子的性质有关。而在这 3 种配合物中，中心离子及其 d 电子组态都相同，因此光谱波数只取决于各自配体的强弱。配体强者，光谱波数大；反之，光谱波数小。据此，可将光谱波数与配合物对应起来：

CoF_6^{3-}	$Co(NH_3)_6^{3+}$	$Co(CN)_6^{3-}$
13000 cm^{-1}	23000 cm^{-1}	34000 cm^{-1}

【6.18】 试画出三方柱形的配合物 MA_4B_2 的全部几何异构体。

解

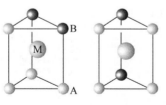 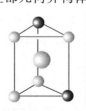 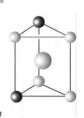

【6.19】 画出羰基配合物 $Fe_2(CO)_6(\mu_2\text{-}CO)_3$ 的结构式，说明它是否符合十八电子规则。已知端接羰基的红外伸缩振动频率为 1850～2125 cm^{-1}，而桥羰基的振动频率为 1700～1860 cm^{-1}，解释原因。

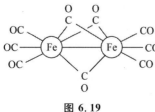

图 6.19

解 该羰基配合物的结构式如图 6.19 所示。每个 Fe 原子周围的价电子数为：8 + 2×3（端接 CO 提供）+ 1×3（桥式 CO 提供）+ 1（Fe—Fe 键提供）= 18，即结构式符合十八电子规则。

相对于端接 CO，桥连的 CO 同时与 2 个 Fe 原子配位，其反键轨道同时接受来自 2 个 Fe 原子的 d 电子，形成较强的反馈 π 键，CO 键级下降更多，故其红外伸缩振动频率更低。

【6.20】 二氯二氨合铂有两种几何异构体，一种是顺式，一种是反式，简称顺铂和反铂。顺铂是一种常用的抗癌药，而反铂没有抗癌作用。

(1) 写出顺铂和反铂的结构式。

(2) 若用 1,2-二氨基环丁烯二酮代替 2 个 NH_3 与铂配位，则生成什么结构的化合物，有无顺反异构体？分析化合物中原子的成键情况。

(3) 若把 1,2-二氨基环丁烯二酮上的双键加氢然后再代替 2 个 NH_3 与铂配位，则生成什么化合物？写出其结构式。该化合物有无 σ-π 配键形成？

解

(1)

顺铂　　　　反铂

(2) 用 1,2-二氨基环丁烯二酮与铂原子配位，只生成顺式配合物，其结构式如右图所示：

Pt 原子用 dsp^2 杂化轨道分别与 Cl 原子的 p 轨道和 N 原子的 sp^3 杂化轨道叠加形成 4 个 σ 键。Pt 原子、Cl 原子和 N 原子处在一个平面上。该平面与 C，O 原子所在的平面交成一定角度。

(3)

该化合物无 σ-π 配键。

【6.21】 将烷烃和烯烃混合物通过 $AgNO_3$ 或 $AgClO_4$ 等银盐溶液，可将烷烃和烯烃分离。这一方法既可用于色谱分离，也可用于工业分离，请说明所依据的原理。

解 烯烃可与 Ag^+ 生成稳定的配位化合物，而烷烃却不能。因此，当它们的混合物通入银盐溶液时，两者即可被分离。现以乙烯与 Ag^+ 的结合为例予以说明：

乙烯分子中有成键的 π 轨道和反键的 $π^*$ 轨道。Ag^+ 的外层电子组态为 $4d^{10}5s^0$。当乙烯分子和 Ag^+ 结合时，乙烯分子的 π 轨道和 Ag^+ 的 5s 空轨道叠加，乙烯的 π 电子进入 Ag^+ 的 5s 轨道而形成 σ 键。与此同时，乙烯分子的 $π^*$ 轨道和 Ag^+ 的 d 轨道（如 d_{xz}）叠加，Ag^+ 的 d 电子进入乙烯分子的 $π^*$ 轨道，形成 π 键。这样，在乙烯分子和 Ag^+ 间形成了 σ-π 配键。其他烯烃和 Ag^+ 的结合情形与乙烯相似。

σ-π 配键的形成使烯烃和 Ag^+ 形成稳定的配合物，从而使烯烃和烷烃分离。

【6.22】 把亚铜盐分散到分子筛表面上可制得固体吸附剂，它能够把 CO 从工业废气中吸附

下来,从而避免了对环境的污染,解吸后又可获得高纯 CO。试从表面化学键的形成说明 CO 吸附剂的作用原理。

解 大量实验表明,某些亚铜盐(例如 CuCl)能够自发地分散到分子筛的内、外表面,形成单层或亚单层。乍一看来,这是不可思议的。因为按热力学观点,固体的分散必将引起表面积和自由能的增加,因而它不应该是自发过程。但是,注意到载体的作用,这一现象就容易理解了。上述固体吸附剂中除含亚铜盐外,还有具有相当大比表面积的稳定的分子筛。在此情况下,体系的总表面积和自由能将不增加。相反,总自由能由于亚铜盐离子和载体表面原子间形成的表面化学键或离子和表面偶极子的相互作用而降低。而且,由于三维结构变为二维结构,熵将增加(这与气-固吸附和液-固吸附不同)。因此,从热力学上看,亚铜盐在分子筛表面上的分散应该是自发过程。从动力学上看,原子沿载体表面扩散比向载体内部扩散容易得多,即原子表面扩散活化能比体相扩散活化能小得多。因此,在不太高的温度下,即可通过固-固吸附实现亚铜盐在分子筛表面的分散,从而制得固体吸附剂。

当 CO 分子接近该吸附剂时,由于与 Cu 原子生成表面化学键而被吸附在固体表面上。这种表面化学键是 σ-π 配键。CO 分子一方面以孤对电子给予 Cu 原子的空轨道形成 σ 键,另一方面又以空的反键 π^* 轨道和 Cu 原子的 d 轨道形成 π 键,由 Cu 原子提供电子。σ-π 配键的电子授受作用互相促进,使 CO 分子被吸附(化学吸附)在固体表面,从废气中分离出来。由于这种吸附剂具有很大的表面积和其他表面结构特性,它对 CO 的吸附容量大,选择性强。

在一定条件(例如减压和升温)下,σ-π 配键可以被破坏,CO 解吸下来,从而获得高纯度的气体产物。

【6.23】 根据磁性测定结果知 $NiCl_4^{2-}$ 为顺磁性,而 $Ni(CN)_4^{2-}$ 为抗磁性,试推测它们的几何构型。

解 Ni^{2+} 为 $(3d)^8$ 组态,半径较小,其四配位化合物既可呈四面体构型,也可呈平面正方形构型,决定因素是配体间排斥作用的大小。若 Ni^{2+} 的四配位化合物呈四面体构型,则 d 电子的排布方式如图 6.23(a)所示。

配合物因有未成对的 d 电子而显顺磁性。若呈平面正方形,则 d 电子的排布方式如图 6.23(b)所示。

配合物因无不成对电子而显抗磁性。反之,若 Ni^{2+} 的四配位化合物显顺磁性,则它呈四面体构型;若显抗磁性,则它呈平面正方形。此推论可推广到其他具有 d^8 组态过渡金属离子的四配位化合物。

$NiCl_4^{2-}$ 为顺磁性离子,因而呈四面体构型。$Ni(CN)_4^{2-}$ 为抗磁性离子,因而呈平面正方形。

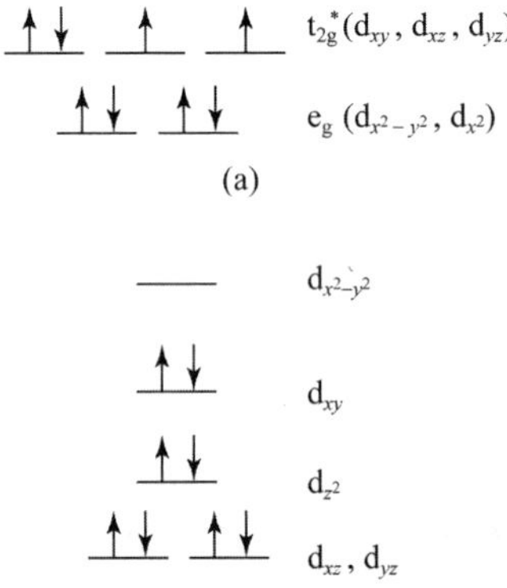

图 6.23

【6.24】 用查表得到的数据计算 C_6H_5COCl 的摩尔抗磁磁化率,并和实验测定值 $-979 \times 10^{-12} \; m^3 \; mol^{-1}$ 比较。

解 将—COCl 中的 O 采用 O(羰基),查表可得摩尔抗磁磁化率

$$\chi(C_6H_5COCl) = 7\chi_C + 5\chi_H + \chi_{O(羰基)} + \chi_{Cl} + \chi_{苯环} + \chi_{C-Cl}$$
$$= (-7 \times 75.4 - 5 \times 36.8 - 42.2 - 253 - 18 + 39) \times 10^{-12} \; m^3 \; mol^{-1}$$
$$= -986 \times 10^{-12} \; m^3 \; mol^{-1}$$

此数据和实验测定值 -979×10^{-12} m³ mol⁻¹ 相近。

【6.25】 用查表得到的数据计算 $C_5H_{11}OH$ 的摩尔抗磁磁化率。实验测得正戊醇的抗磁磁化率为 -848×10^{-12} m³ mol⁻¹，异戊醇为 -886×10^{-12} m³ mol⁻¹，试予以比较。

解 $\chi(C_5H_{11}OH)=5\chi_C+12\chi_H+\chi_O$
$=(-5\times75.4-12\times36.8-57.9)\times10^{-12}$ m³ mol⁻¹
$=-877$ m³ mol⁻¹

此计算值介于正戊醇和异戊醇之间，由于查表并未获得有关碳架结构校正数据，故无法判断应为哪种异构体。

【6.26】 试从下列化合物实验测定的磁矩数据，判断其自旋态、未成对电子数、磁矩的计算值及轨道角动量对磁矩的贡献。

(1) $K_4[Mn(NCS)_6]$；　　(2) $K_4[Mn(CN)_6]$；　　(3) $[Cr(NH_3)_6]Cl_3$。
　　　$6.06\beta_e$　　　　　　　　$1.8\beta_e$　　　　　　　　$3.9\beta_e$

解

(1) $K_4[Mn(NCS)_6]$：弱八面体场，高自旋态，未成对电子数 $n=5$，
$\mu=\sqrt{5(5+2)}\beta_e=5.92\beta_e$，接近实验值，轨道角动量贡献很小。

(2) $K_4[Mn(CN)_6]$：强八面体场，低自旋态，未成对电子数 $n=1$，
$\mu=\sqrt{1(1+2)}\beta_e=1.73\beta_e$，接近实验值，轨道角动量贡献很小。

(3) $[Cr(NH_3)_6]Cl_3$：八面体场，未成对电子数 $n=3$，
$\mu=\sqrt{3(3+2)}\beta_e=3.87\beta_e$，接近实验值，轨道角动量贡献很小。

【6.27】 下列各个配位离子分别具有八面体(六配位)和四面体(四配位)构型，由它们组成的配合物，哪些能给出顺磁共振信号？

(1) $[Fe(H_2O)_6]^{2+}$；　(2) $[Fe(CN)_6]^{4-}$；　(3) $[Fe(CN)_6]^{3-}$；　(4) $[CoF_6]^{3-}$；
(5) $[Co(en)_3]^{3+}$；　(6) $[Co(NO_2)_6]^{4-}$；　(7) $[FeCl_4]^-$；　　(8) $[Ag(NH_3)_4]^+$；
(9) $[ZnCl_4]^{2-}$。

解

配位离子	配位体场	自旋态	电子组态	顺磁信号
(1) $[Fe(H_2O)_6]^{2+}$	弱八面体场	高自旋	$t_{2g}^4 e_g^2$	有
(2) $[Fe(CN)_6]^{4-}$	强八面体场	低自旋	$t_{2g}^6 e_g^0$	无
(3) $[Fe(CN)_6]^{3-}$	强八面体场	低自旋	$t_{2g}^5 e_g^0$	有
(4) $[CoF_6]^{3-}$	弱八面体场	高自旋	$t_{2g}^4 e_g^2$	有
(5) $[Co(en)_3]^{3+}$	强八面体场	低自旋	$t_{2g}^6 e_g^0$	无
(6) $[Co(NO_2)_6]^{4-}$	强八面体场	低自旋	$t_{2g}^6 e_g^1$	有
(7) $[FeCl_4]^-$	弱四面体场	高自旋	$e_g^2 t_{2g}^3$	有
(8) $[Ag(NH_3)_4]^+$	弱四面体场	—	$e_g^4 t_{2g}^6$	无
(9) $[ZnCl_4]^{2-}$	弱四面体场	—	$e_g^4 t_{2g}^6$	无

【6.28】 用波长为 1.00 cm 的微波进行一个自由基样品的电子顺磁共振测定，吸收峰出现的磁感应强度是多少？

解　由于自由基中自由电子 g 值为 2.0023，可得

$$B = \frac{h\nu}{g\beta_e} = \frac{hc}{g\beta_e\lambda} = \frac{(6.626\times10^{-34}\text{ J s})(2.998\times10^{10}\text{ cm s}^{-1})}{(2.0023)(9.274\times10^{-24}\text{ J T}^{-1})(1.00\text{ cm})}$$
$$= 1.07\text{ T}$$

【6.29】 用220 MHz进行质子(^{1}H)核磁共振实验,磁感应强度(B)应为多少?

解

$$\nu = \frac{|\Delta E|}{h} = \frac{g_N\beta_N B}{h}$$
$$B = \frac{h\nu}{g_N\beta_N} = \frac{6.626\times10^{-34}\text{ J s}\times220\times10^6\text{ s}^{-1}}{5.586\times5.051\times10^{-27}\text{ J T}^{-1}} = 5.17\text{ T}$$

【6.30】 解释在NMR法中,化学位移的产生原因和定义。

解 按照式 $\nu = \frac{g_N\beta_N B}{h}$,对于同一种原子核,若固定磁感应强度,则共振频率是一定的。但实际情况并非完全如此。同一种核,由于所处的化学环境不同,核磁共振频率(或吸收峰的位置)有所变化,此即化学位移。核 i 的化学位移定义式为

$$\delta_i = \frac{B_\text{参} - B_i}{B_\text{参}} \times 10^6$$

式中 $B_\text{参}$ 和 B_i 分别是使参比核和核 i 产生磁共振跃迁吸收的外磁感应强度。定义式也可写作

$$\delta_i = \frac{\Delta\nu}{\nu} \times 10^6 = \frac{\nu_i - \nu_\text{参}}{\nu_\text{参}} \times 10^6$$

式中 ν_i 和 $\nu_\text{参}$ 分别为核 i 和参比核的共振频率。化学位移的单位为 ppm(它来自 $\times 10^6$)。

产生化学位移的原因是由于核周围的电子对外加磁场的屏蔽作用。核周围的电子在外磁场的作用下,产生了一个大小与外磁场成正比而方向与外磁场相反的微弱的感应磁场 $-\sigma B$,使核实际感受到的有效磁感应强度为 $B_\text{有效} = (1-\sigma)B$,$\sigma$ 为屏蔽常数。同一种核在分子中所处的环境不同,σ 就不同,$B_\text{有效}$ 不同,因而所产生的核磁共振频率不同,即吸收峰位置不同,亦即产生了化学位移。

影响化学位移的因素很多,也很复杂。了解这些因素是根据化学位移推测分子结构的基础。

【6.31】 化学位移 δ 常用 ppm 表示,但因耦合常数常以 Hz 表示,因而 δ 也可用 Hz 表示。对于磁感应强度 B 为 1.41 T 的 ^{1}H NMR 谱仪,化学位移 $\delta = 1.00$ ppm,相当于产生多少赫[兹]的化学位移?

解

$$\delta = \frac{B_\text{参} - B_i}{B_\text{参}} \times 10^6 = \frac{\Delta\nu}{\nu} \times 10^6 = 1$$
$$\nu = \frac{g_N\beta_N B}{h} = \frac{5.586\times5.051\times10^{-27}\text{ J T}^{-1}\times1.41\text{ T}}{6.626\times10^{-34}\text{ J s}} = 6.00\times10^7\text{ s}^{-1}$$
$$\Delta\nu = \nu\times10^{-6} = 6.00\times10^7\text{ s}^{-1}\times10^{-6} = 60\text{ s}^{-1}$$

即相当于产生 60 Hz 的化学位移。

第7章 晶体的点阵结构和晶体的性质

内 容 提 要

7.1 晶体结构的周期性和点阵

晶体是由原子或分子在空间按一定规律、周期重复地排列所构成的固体物质。晶体内部原子或分子按周期性规律排列,是晶体结构最基本的特征。

在晶体内部原子或分子周期性地排列的每个重复单位的相同位置上定一个点,这些点按一定周期性规律排列在空间,这些点构成一个点阵。点阵是一组无限个全同点的集合,连接其中任意两点可得一矢量,将各个点按此矢量平移能使它复原。点阵中每个点都具有完全相同的周围环境。

在晶体的点阵结构中每个点阵点所代表的具体内容,包括原子或分子的种类和数量及其在空间按一定方式排列的结构,称为晶体的结构基元。结构基元是指重复周期中的具体内容;点阵点是代表结构基元在空间重复排列方式的抽象的点。如果在晶体点阵中各点阵点位置上,按同一种方式安置结构基元,就得整个晶体的结构。所以可简单地将晶体结构表示为:

晶体结构＝点阵＋结构基元

或

晶体结构＝结构基元@点阵

在晶体的三维周期结构中,周期性结构可划分成平行六面体重复单位。代表晶体结构周期重复内容的平行六面体单位称为晶胞。整块晶体就是按晶胞共用顶点并置排列堆砌而成的。能用一个点阵点代表晶胞中的全部内容者称为素晶胞,它和结构基元对应。含2个或2个以上结构基元的晶胞称为复晶胞。

空间点阵必可选择3个不相平行的连接相邻两个点阵点的单位矢量 a,b,c,它们将点阵划分成并置的平行六面体单位,称为点阵单位。相应地,按照晶体结构的周期性划分所得的平行六面体单位称为晶胞。矢量 a,b,c 的长度 a,b,c 及其相互间的夹角 α,β,γ 称为点阵参数或晶胞参数。通常根据矢量 a,b,c 选择晶体的坐标轴 x,y,z,使它们和矢量 a,b,c 平行,并按右手定则安排。

空间点阵按照确定的平行六面体单位连线划分,获得一套网格,称为空间格子或晶格。点阵和晶格是分别用几何的点和线反映晶体结构的周期性,它们具有同样的意义。

点阵单位和晶胞都是用来描述晶体的周期性结构的。点阵是抽象的,只反映晶体结构周期性重复的方式;晶胞是按晶体实际情况划分出来的,它包含原子在空间的排布等内容。晶体结构的内容包含在晶胞的两个基本要素中:(1)晶胞的大小和形状,即晶胞参数 $a,b,c,\alpha,\beta,\gamma$;(2)晶胞内部各个原子的坐标位置,即原子的坐标参数 (x,y,z)。有了这两方面的数据,整个晶体的空间结构也就知道了。

7.2 晶体结构的对称性

1. 晶体结构中可能存在的对称元素

晶体的点阵结构使晶体的对称性和分子的对称性有差别,一方面具有分子对称性的 4 种类型的对称操作和对称元素为:(1)旋转操作——旋转轴,(2)反映操作——镜面,(3)反演操作——对称中心,(4)旋转反演操作——反轴;还增加与平移的对称操作有关的 3 种类型的对称操作和对称元素:(5)平移操作——点阵,(6)螺旋旋转操作——螺旋轴,(7)反映滑移操作——滑移面。另一方面晶体的对称操作和对称元素又受到点阵制约:其中旋转轴、螺旋轴和反轴的轴次只能为 1,2,3,4,6 等几种;螺旋轴和滑移面中的滑移量也只能符合点阵结构中平移量的几种数值。

晶体结构中可能存在的对称元素有:对称中心($\bar{1}$);镜面(m);轴次为 1,2,3,4,6 的旋转轴(1,2,3,4,6)、螺旋轴($2_1, 3_1, 3_2, 4_1, 4_2, 4_3, 6_1, 6_2, 6_3, 6_4, 6_5$)、反轴($\bar{2}, \bar{3}, \bar{4}, \bar{6}$);滑移面($a, b, c, n, d, e$)等。

2. 晶系

根据晶体的对称性,按有无某种特征对称元素为标准,将晶体分成 7 个晶系:

立方晶系:在立方晶胞 4 个体对角线方向上均有三次旋转轴。

六方晶系:有 1 个六次对称轴。

四方晶系:有 1 个四次对称轴。

三方晶系:有 1 个三次对称轴。

正交晶系:有 3 个互相垂直的二次对称轴或 2 个互相垂直的对称面。

单斜晶系:有 1 个二次对称轴或对称面。

三斜晶系:没有特征对称元素。

7 个晶系分为三级:高级晶系指立方晶系;中级晶系指六方、四方和三方晶系;低级晶系指正交、单斜和三斜晶系。

3. 晶族

根据晶体的对称性选择平行六面体晶胞,要遵循下列 3 条原则:(1)所选的平行六面体应能反映晶体的对称性;(2)晶胞参数中轴的夹角 α, β, γ 为 90°的数目最多;(3)在满足上述 2 个条件下,所选的平行六面体的体积最小。按此原则可选 6 种几何特征的平行六面体晶胞,每种晶胞和一种晶族相对应,将晶体分成 6 类晶族:

立方晶族,记号为 c,用立方晶胞($a=b=c, \alpha=\beta=\gamma=90°$),它包括立方晶系。

四方晶族,记号为 t,用四方晶胞($a=b, \alpha=\beta=\gamma=90°$),它包括四方晶系。

六方晶族,记号为 h,用六方晶胞($a=b, \alpha=\beta=90°, \gamma=120°$),它包括六方晶系和三方晶系。

正交晶族,记号为 o,用正交晶胞($\alpha=\beta=\gamma=90°$),它包括正交晶系。

单斜晶族,记号为 m,用单斜晶胞($\alpha=\gamma=90°$),它包括单斜晶系。

三斜晶族,记号为 a,用三斜晶胞(无晶胞参数限制),它包括三斜晶系。

所以,除了将六方晶系和三方晶系合为一个六方晶族外,其他各个晶族都和晶系相同。

4. 晶体的空间点阵型式

将点阵点在空间的分布按晶族规定的晶胞形状和带心型式进行分类,得到 14 种型式:

(1) 简单三斜，aP；　　(2) 简单单斜，mP；　　(3) C 心单斜，mC；
(4) 简单正交，oP；　　(5) C 心正交，oC；　　(6) 体心正交，oI；
(7) 面心正交，oF；　　(8) 简单六方，hP；　　(9) R 心六方，hR；
(10) 简单四方，tP；　　(11) 体心四方，tI；　　(12) 简单立方，cP；
(13) 体心立方，cI；　　(14) 面心立方，cF。

三方晶系晶体和六方晶系晶体都属六方晶族。六方晶系晶体只有一种简单六方(hP)点阵型式；三方晶系晶体一部分属简单六方(hP)，而另一部分属于 R 心六方(hR)。

5. 晶体学点群

晶体学点群是晶体结构中存在的点对称操作群，共有 32 种。

晶体具有空间点阵式的结构，晶体中存在的独立的宏观对称元素有：对称中心、镜面，以及轴次为 1，2，3，4，6 的旋转轴和 4 次反轴等。

晶体学点群是指：把晶体中可能存在的各种宏观对称元素，通过一个公共点，按一切可能性组合起来，得到 32 种形式，和这些形式对应的对称操作群就是 32 种晶体学点群。

由上可知，根据晶体的对称性，晶体可分为 7 个晶系、6 个晶族、14 个空间点阵型式、32 个点群。

7.3　点阵的标记和点阵平面间距

在空间点阵中选择某一点作原点，并规定了单位矢量 $\boldsymbol{a}, \boldsymbol{b}, \boldsymbol{c}$ 后，点阵单位就已确定。点阵点指标 uvw 按下式定义：

$$\boldsymbol{r} = u\boldsymbol{a} + v\boldsymbol{b} + w\boldsymbol{c}$$

$\boldsymbol{r}$ 为原点至该点阵点的矢量。

直线点阵的记号 $[uvw]$，则由该直线点阵和矢量 $u\boldsymbol{a}+v\boldsymbol{b}+w\boldsymbol{c}$ 平行所规定。

平面点阵指标或晶面指标 (hkl)，则由该平面和 3 个坐标轴相交的倒易截数互质的比值来规定。这里的截数是指该平面与坐标轴的交点和原点的距离，用点阵单位的长度作计数的单位。

平面点阵族 (khl) 中相邻两个平面间的垂直距离用 $d_{(hkl)}$ 表示，$d_{(hkl)}$ 又称晶面间距，在测定晶体结构、学习晶体的衍射时极为重要。

晶面间距 $d_{(hkl)}$ 和晶胞参数及晶面指标有关，例如对立方晶系为

$$d_{(hkl)} = a(h^2+k^2+l^2)^{-\frac{1}{2}}$$

晶体外形中每个晶面都和一族平面点阵平行，所以 (hkl) 也用作和该平面点阵平行的晶面的指标。对一颗晶粒，指标标记其外形晶面时，将坐标原点放在晶体的中心，外形中两个平行的晶面一个指标为 (hkl)，另一个则为 $(\bar{h}\bar{k}\bar{l})$。

7.4　空间群及晶体结构的表达

空间群是晶体结构中存在的空间对称操作群，是晶体学空间对称操作的集合，共计有 230 种。

将晶体中可能存在的点操作和平移操作组合在一起，可得到螺旋旋转、滑移反映和旋转倒反三类复合操作，和这些对称操作对应的对称元素进行组合，可导出 230 种对称元素系。每个空间群中对称元素的排布可按晶胞或点阵单位画出。每个空间群的对称元素的排布有其特定

规律。若在晶胞的某个坐标点上有一个原子,通过对称元素的联系,在相关的一组点上都有相同原子,这一组点上的原子是由该空间群的对称元素联系的、等同的、等效的,故称为等效点系。等效点系是从原子排列的方式表达晶体的对称性,对学习晶体化学有重要意义。

晶体结构的基本重复单位是晶胞,只要将一个晶胞的结构剖析透彻,整个晶体结构也就掌握了。本节通过 α-二水合草酸的晶体结构实例,较详细地介绍了晶体结构的表达方法,以及怎样把晶体学的语言(晶系、空间群、晶胞参数、原子坐标参数等)变成化学语言(键长、键角、分子的几何构型、分子的堆积、晶体的密度等),利用晶体结构数据解决化学问题。

例如利用晶胞参数可计算晶胞体积 V,根据相对分子质量 M、晶胞中分子数 Z 和 Avogadro 常数 N_A,可计算晶体密度 D:

$$D = ZM/N_A V$$

根据这个公式,可以任意地测定 4 个数据,就可得第 5 个数据,这对了解晶体性质很重要。

利用晶胞参数和 2 个原子在晶胞中的坐标参数 (x_1, y_1, z_1) 和 (x_2, y_2, z_2) 可计算两原子间的距离 r_{1-2}(即键长)。不同晶系计算 r_{1-2} 的公式不同,但它们都可按三斜晶系的公式简化后使用。

7.5 晶体的结构和晶体的性质

1. 晶体的特征

晶体内部原子或分子按周期性规律排列,具有三维空间点阵的结构,使晶体有着下列共同性质:(1)均匀性,一块晶体内部各个部分的宏观性质是相同的;(2)各向异性,在晶体中不同的方向上具有不同的物理性质;(3)能自发地形成多面体的外形;(4)具有确定的熔点;(5)晶体具有特定的对称性;(6)晶体可对 X 射线、电子流和中子流产生衍射。除均匀性外,其他性质都是晶体特有的。

2. 晶体的点群和晶体的物理性质

晶体的点对称元素只有镜面、对称中心,以及轴次为 1,2,3,4,6 等的对称轴,这些点对称元素通过一个公共点组合,有 32 个点群。

晶体的宏观对称性和晶体物理性质之间存在着密切的联系:(1)晶体的任意一种物理性质所拥有的对称元素必须包含晶体所属点群的对称元素;(2)对称元素在晶体中的取向和晶体物理性质对称性的取向一致。

在光学性质上,高级晶系(即立方晶系)晶体的光学示性面是各向同性的圆球体;中级晶系(包括六方、四方和三方晶系)晶体的光学示性面是以 c 轴为旋转轴的旋转椭球面,有 2 个主折射率,不出现双折射的光轴只有一个;低级晶系(包括正交、单斜和三斜晶系)晶体有 3 个不相等的主折射率,它有两个光轴,是双光轴晶体。

晶体的许多物性可按晶体的 32 种点群加以分类来判别。32 种点群按有无对称中心和是否为极性点群,可分成三类:

$$32\text{ 种点群} \begin{cases} 11\text{ 种中心对称点群} \\ 21\text{ 种非中心对称点群} \begin{cases} 10\text{ 种极性群} \\ 11\text{ 种非极性群} \end{cases} \end{cases}$$

凡是中心对称点群的晶体,都不可能具有晶体的倍频效应、热释电效应、压电效应、铁电效应和非线性电光效应等物理性质。只有极性点群的晶体才具有自发极化的铁电性等性质。

一些具有重要应用价值的物理性质仅出现在 21 种非中心对称点群的晶体中。压电效应和倍频效应可能出现于除 O-432 点群外其他 20 种非中心点群的晶体中。热电效应和铁电效应只出现在 10 种极性点群的晶体中。旋光性和圆二色性等光学活性性质可能出现在 15 种非中心对称点群的晶体中，它比对映体现象出现的点群多 4 个。

3. 晶体的缺陷和性能

晶体中一切偏离理想的点阵结构都称为晶体的缺陷，实际的晶体中多少都存在一定的缺陷。按几何型式分，晶体中存在点缺陷、线缺陷、面缺陷和体缺陷；按缺陷的来源，可分为本征缺陷和杂质缺陷。点缺陷包括空位、杂质原子、间隙原子、错位原子和变价原子等。原子在晶体内移动造成的正离子空位和间隙原子称为 Frenkel 缺陷；正、负离子空位并存的缺陷称为 Schottky 缺陷。最重要的线缺陷是位错，位错是使晶体出现镶嵌结构的根源。面缺陷反映在晶面、堆积层错、晶粒和双晶的界面、晶畴的界面等。体缺陷反映在晶体中出现空洞、气泡、包裹物、沉积物等。晶体缺陷对晶体的生长，晶体的力学、光学、电学和磁学等性质均有极大的作用。研究晶体的缺陷，利用晶体缺陷改变晶体性质可改造晶体使它成为性能优异的材料，是人们进行生产和科研的用武之地。

7.6 晶体的衍射

晶体的点阵结构使晶体对 X 射线、中子流和电子流等产生衍射。其中 X 射线衍射法最重要，几乎已知的全部晶态物质的结构都已测定，是物质空间结构数据的主要来源。

本节学习 X 射线衍射的基本原理，内容包括衍射方向和衍射强度等。

1. 衍射方向

晶体的衍射方向与晶胞的大小和形状有关，有两个基本的方程：Laue 方程和 Bragg 方程。

Laue 方程以直线点阵为出发点，是联系点阵单位的 3 个基本矢量 a, b, c，以及 X 射线的入射和衍射的单位矢量 s_0 和 s 的方程，其数学形式为

$$a \cdot (s - s_0) = h\lambda$$
$$b \cdot (s - s_0) = k\lambda$$
$$c \cdot (s - s_0) = l\lambda$$

式中 λ 为波长，h, k, l 均为整数，hkl 称为衍射指标。

Bragg 方程以平面点阵为出发点，对一族晶面间距为 $d_{(hkl)}$ 的平面点阵，其 Bragg 方程为

$$2d_{(hkl)} \cdot \sin\theta_n = n\lambda$$

式中 n 为正整数，λ 为波长，θ_n 为衍射角。上式可改写为

$$2d_{hkl} \cdot \sin\theta = \lambda$$

式中 hkl 称为衍射指标，不加括号表示这 3 个整数不必互质。例如可以为 333, 222, 111, 224 等，d_{hkl} 为衍射面间距，它等于 $d_{(hkl)}/n$。

Laue 方程和 Bragg 方程是等效的。

2. 倒易点阵和反射球

倒易点阵是从晶体点阵中抽象出来的点阵，"倒"指倒数，"易"指它们可互易求算。晶体点阵的单位矢量 a, b, c，它的倒易点阵的单位矢量以 a^*, b^*, c^* 表示，可按下面的定义式求算：

a^* 垂直于 b 和 c，大小数值为 $a^* = 1/d_{100} = 1/a\cos(a \wedge a^*)$

b^* 垂直于 a 和 c，大小数值为 $b^* = 1/d_{010} = 1/b\cos(b \wedge b^*)$

c^* 垂直于 a 和 b，大小数值为 $c^* = 1/d_{001} = 1/c\cos(c \wedge c^*)$

用倒易点阵了解晶体的衍射方向时，要引进半径为 $1/\lambda$ 的反射球。可以证明，当倒易点阵点 hkl 处在反射球面上时，则从反射球心指向处在球面上的 hkl 的方向，即为晶体的 hkl 衍射点的衍射方向。

3. 衍射强度

晶体对 X 射线在某衍射方向上的衍射强度，由衍射指标 hkl 及晶胞中原子的坐标参数 x，y,z 决定。定量地表达衍射 hkl 的衍射强度 I_{hkl} 和上面两个因素的关系，要通过结构因子 F_{hkl}：

$$I_{hkl} \propto |F_{hkl}|^2$$

$$F_{hkl} = \sum_{j=1}^{N} f_j \exp[\mathrm{i}2\pi(hx_j + ky_j + lz_j)]$$

在结构因子 F_{hkl} 的公式中，晶胞的大小、形状和衍射方向已隐含在衍射指标中；晶胞中原子的种类表达在原子散射因子 f_j 中；晶胞中原子的分布由各个原子的坐标参数 (x_j, y_j, z_j) 表达。

在晶体结构中存在带心点阵型式、滑移面和螺旋轴等对称性时，就会有许多衍射有规律地、系统地出现衍射强度为零（即 $F_{hkl} = 0$）的现象，称为系统消光。根据系统消光可以测定晶体的点阵型式和微观对称性。

7.7 晶体衍射方法简介

1. 单晶衍射法

利用单晶体的 X 射线衍射测定晶体结构是最常用的方法。这个方法的步骤是：收集各个衍射 hkl 的强度；经过修正并求出强度和 $|F_{hkl}|^2$ 的比例因子，从强度数据得到结构振幅 $|F_{hkl}|$；用直接法等方法求各衍射的相角 α_{hkl}，得到结构因子 F_{hkl}：

$$F_{hkl} = |F_{hkl}| \exp[\mathrm{i}\alpha_{hkl}]$$

利用结构因子计算晶胞中各坐标点 X,Y,Z 上的电子密度函数 $\rho(XYZ)$：

$$\rho(XYZ) = V^{-1} \sum_h \sum_k \sum_l F_{hkl} \exp[-\mathrm{i}2\pi(hX + kY + lZ)]$$

电子密度函数中的高峰位置即为原子的位置；由 $\rho(XYZ)$ 得到晶胞中原子的坐标参数，从而定出晶体结构。

2. 多晶衍射法

多晶衍射法常用来鉴定粉末晶体和金属多晶体的成分和结构，精确测定晶胞参数和晶粒大小分布等。精确测定晶胞参数常借助于高衍射角的数据。而超细晶粒会使衍射线宽化，高衍射角尤甚，使其强度减弱、边界不清晰，衍射线过宽而消失在背底之中，因此测定超细晶粒常借助低角度数据。

3. 晶体的电子衍射和中子衍射

电子衍射和 X 射线衍射相似，都遵循 Bragg 方程，但也有许多不同：(1) 在同样的加速电压下，电子波的波长比 X 射线波长短很多，衍射角小很多；(2) 晶体对电子的散射要比对 X 射线的散射强万倍，因而衍射强度高得多，收集衍射数据的时间一般只需几秒钟；(3) 晶体对电子波的吸收强，穿透深度短，电子衍射法适用于研究气体分子结构、薄膜和晶体表面的结构。低能电子衍射（LEED）已发展成为研究固体表面结构的有力手段。电子衍射和电子显微技术结合,在物质结构研究中显示更大威力。

中子衍射除了和 X 射线衍射相似,用以测定晶体结构外,它还具有以下特殊的功能:(1) 中子的原子散射因子与原子序数无直接关系,常用以测定晶体结构中轻原子的位置,特别是研究晶体中氢原子的位置,弥补 X 射线衍射的弱点。例如在合金或硅铝酸盐中,可用中子衍射对原子序数相近的原子(如 Zn 和 Cu,Si 和 Al)加以区分识别。(2) 利用具有磁矩的原子对中子产生磁散射效应,研究磁性晶体的结构和性质。

7.8 准晶和液晶的结构化学

1. 准晶

准晶是 20 世纪 80 年代发现的一类具有长程取向序,而没有平移对称性的非周期性结构的固体。准晶的轴对称性中含有五次轴或六次以上对称轴,它的发现是对晶体学传统的对称理论的突破,是对晶体结构认识的提升。1992 年国际晶体学会将晶体重新定义为"任何具有基本上分立的衍射图的固体"。

准晶体的准点阵结构和晶体的点阵结构有着密切的联系,它是在研究高强度而质轻的合金过程中发现的,现已为发展高强超轻的 Al,Ti,Li,Mg 合金材料提供了理论基础和制备方法。

2. 液晶

液晶是介于晶体和液体之间、在一定温度区间存在的一种物质状态。液晶中分子的排列没有周期性,不是晶体,但它具有一定的取向序,是一种非周期性的有序物质。

液晶中分子排列的各向异性,使它的宏观性质,如介电常数、磁化率、折射率和反射率等出现各向异性的特性。液晶的这种特性是许多电子器件、计算机、电视机等用作显示信息的主要部件的基础材料。

习 题 解 析

【7.1】 若平面周期性结构系按下列单位并置重复堆砌而成(见下面解中的平面四方形图),请画出它们的点阵素单位,并写出每个素单位代表的白球和黑球的数目。

解 用实线画出素单位,示于图 7.1(a)。各素单位中黑球数和白球数列于下表:

序号	1	2	3	4	5	6	7
黑球数目	1	1	1	1	0	2	4
白球数目	1	1	1	2	3	1	3

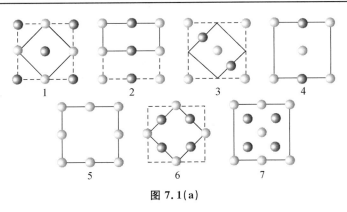

图 7.1(a)

【评注】 点阵素单位是最小的点阵单位。单位中只含一个点阵点。含 2 个或 2 个以上点阵点的单位称为复单位。画出素单位的关键是能按该单位重复,与单位顶角上是否有球无关。例如第 3 号图像,实线所示单位是素单位,按此单位平移堆砌与虚线复单位平移堆砌所得的周期结构完全相同。同一种周期结构,画素单位可以有多种方式。有时不容易画出素单位时,还可按所给单位重复堆砌成更大的结构再来划分。下面再以第 3 号图像为例画出两种素单位,示于图 7.1(b)。

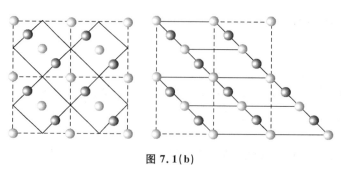

图 7.1(b)

【7.2】 在一片广阔平坦的土地上植树,要求植株间的距离不小于 2 m,试安排一种方案使植株数目最多。将每株树用一个点表示,画出这些点的分布图及点阵单位,计算素单位的面积以及 10000 m² (1 公顷)土地最多可植树的株数。

解 按密排的知识,相邻的 3 株树呈正三角形排列时,植株数目最多,如图 7.2 所示。每株所占的面积为

$$2\ m \times 2\ m \times \sin 60° = 3.464\ m^2$$

1 公顷地最多的植树株数为:$10000\ m^2 / 3.464\ m^2 = 2887$(株)

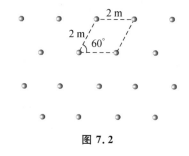

图 7.2

【评注】 本题是通过日常生活知识,来了解二维平面上周期地排列的一种结构。将这结构抽象成二维点阵,从中可划出点阵单位,计算出点阵参数。

【7.3】 层状石墨分子中 C—C 键长为 142 pm,试根据它的结构画出层形石墨分子的原子分布图,画出二维六方素晶胞,用对称元素的图示记号标明晶胞中存在的全部六次轴,并计算每一晶胞的面积、晶胞中包含的 C 原子数和 C—C 键数,画出点阵素单位。

解 石墨层形分子结构示于图 7.3(a),晶胞示于图 7.3(b),图中键长单位为 pm。在晶胞中六次轴位置示于图 7.3(c),点阵素单位示于图 7.3(d)。

由图 7.3(a)可见,在层形石墨分子结构中,通过六元环中心具有六次旋转轴(●)对称性,而通过每个 C 原子则具有六次反轴(▲)。

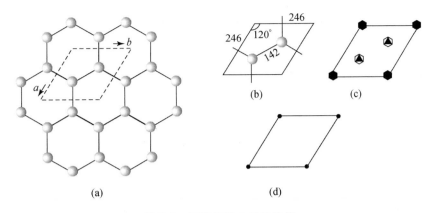

图 7.3 石墨层形分子的结构

晶胞边长 a 和 b 可按下式计算：
$$a=b=2\times142\text{ pm}\times\cos30°=246\text{ pm}$$

晶胞面积可按下式计算：
$$a\times b\times\sin60°=246\text{ pm}\times246\text{ pm}\times\sin60°=5.24\times10^4\text{ pm}^2$$

晶胞中含 2 个 C 原子，3 根 C—C 键。

【7.4】 下表给出由 X 射线衍射法测得的一些链形高分子的周期。试根据 C 原子的立体化学，画出这些聚合物的一维结构；找出它们的结构基元；比较这些聚合物链周期的大小，并解释原因。

高分子	化学式	链周期/pm
聚乙烯	(CH₂—CH₂)ₙ	252
聚乙烯醇	(CH₂—CH(OH))ₙ	252
聚氯乙烯	(CH₂—CH(Cl))ₙ	510
聚偏二氯乙烯	(CH₂—C(Cl)₂)ₙ	470

解 依次画出这些高分子的结构于下：

高分子	立体结构	结构基元
聚乙烯	（链状结构，周期 252 pm）	2(CH₂)
聚乙烯醇	（链状结构，周期 252 pm）	CH₂CHOH

高分子	立体结构	结构基元
聚氯乙烯	←510 pm→	$2(CH_2CHCl)$
聚偏二氯乙烯	←470 pm→	$2(CH_2CCl_2)$

在聚乙烯、聚乙烯醇和聚氯乙烯分子中,C 原子以 sp^3 杂化轨道成键,呈四面体构型,C—C 键长 154 pm,∠C—C—C 为 109.5°,全部 C 原子都处在同一平面上,呈伸展的构象。重复周期长度前两个为 252 pm,这数值正好等于

$$2\times 154\ \text{pm}\times \sin\left(\frac{109.5°}{2}\right)=252\ \text{pm}$$

聚氯乙烯因 Cl 原子的范德华半径为 184 pm,需要交错排列,因而它的周期接近 252 pm 的 2 倍。

聚偏二氯乙烯因为同一个 C 原子上连接了 2 个 Cl 原子,必须改变—C—C—C—链的伸展构象,利用单键可旋转的性质,改变扭角,使碳链扭曲,分子中的 C 原子不在一个平面上,如上图所示。这时因碳链扭曲,而使周期长度缩短至 470 pm。

【7.5】 有一组点,周期地分布于空间,其平行六面体周期重复单位如图 7.5(a)所示。问这一组点是否构成一点阵?说明理由,判断它是否构成一点阵结构?请画出能够概括这一组点的周期性的点阵及其素单位。

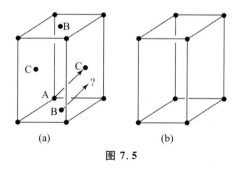

图 7.5

解 不能将这一组点中的每一个点都作为点阵点,因为画一矢量 **AC**,将它移至 B,矢量所指的端点处没有点,它不符合点阵的要求,所以这一组点不能构成一点阵。但这组点是按平行六面体单位周期地排布于空间,它构成一点阵结构。能概括这组点的点阵素单位如图 7.5(b)。

【评注】 判断一组点是否构成点阵,应从点阵的基本定义出发:连接任意两点的矢量进行平移,能够复原。又如在本题中,连接 **AB** 矢量平移至一端落于 C 处,另一端没有点,所以不能将 A,B,C 诸点都当作点阵点。

【7.6】 列表比较晶体结构和分子结构的对称元素及其相应的对称操作。晶体结构比分子结构增加了哪几类对称元素和对称操作？晶体结构的对称元素和对称操作受到哪些限制？原因是什么？

解

分子对称性	晶体对称性
（1）旋转操作——旋转轴	
（2）反映操作——镜面	
（3）反演操作——对称中心	
（4）旋转反演操作——反轴	
	（5）平移操作——点阵
	（6）螺旋旋转操作——螺旋轴
	（7）反映滑移操作——滑移面

由表可见，晶体结构比分子结构增加了(5)～(7)三类对称元素和对称操作。

晶体结构因为是点阵结构，其对称元素和对称操作要受到点阵制约，对称轴轴次只能为1，2，3，4，6。螺旋轴和滑移面中的滑移量只能为点阵结构所允许的几种数值。

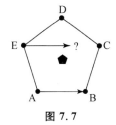

图 7.7

【7.7】 根据点阵的性质，作图证明理想晶体中不可能存在五次对称轴。

解 若有五次轴，由该轴联系的5个点阵点的分布如图7.7所示。连接**AB**矢量，将它平移到E，矢量一端为点阵点E，另一端没有点阵点，不符合点阵的定义，所以晶体的点阵结构不可能存在五次对称轴。

【7.8】 分别写出晶体中可能存在的独立的宏观对称元素和微观对称元素，并说明它们之间的关系。

解
宏观对称元素有
$$1,2,3,4,6,i,m,\bar{4}$$

微观对称元素有
$$1,2,2_1,3,3_1,3_2,4,4_1,4_2,4_3,6,6_1,6_2,6_3,6_4,6_5,i,m,a,(b,c),n,d,e,\bar{4},点阵$$

微观对称元素比宏观对称元素多相应轴次的螺旋轴和相同方向的滑移面，而且通过平移操作其数目是无限的。

【7.9】 有4种晶体分别属于C_{2h}，C_{2v}，D_{2h}和D_{2d} 4种点群，试根据其特征对称元素定出它们所属的晶系。

解 按《结构化学基础》(第5版)表7.2.3将各点群的Schönflies记号和国际记号都写出来，了解其特征对称元素的分布，即可判断这些晶体所属的晶系：

C_{2h}-$2/m$，有一个镜面和一个二次轴垂直，单斜晶系。

C_{2v}-$mm2$，有两个互相垂直的镜面相交，交线为二次轴，正交晶系。

D_{2h}-$2/mmm$，有3个互相垂直的镜面相交，正交晶系。

D_{2d}-$\bar{4}2m$，有一个四次反轴，四方晶系。

【7.10】 有5种晶体分别属于C_{3h}，C_{3i}，C_{3v}，D_{3h}和D_{3d} 5种点群，试根据其特征对称元素定出

它们所属的晶系。

解 按《结构化学基础》(第5版)表7.2.3将各点群的Schönflies记号和国际记号都写出来,了解其特征对称元素的分布,即可判断这些晶体所属的晶系:

C_{3h}-$\bar{6}$:因有六次反轴,属六方晶系。

C_{3i}-$\bar{3}$:因有三次反轴,属三方晶系。

C_{3v}-$3m$:3个相互夹角为120°的镜面相交,交线为三次轴,属三方晶系。

D_{3h}-$\bar{6}m2$:因有六次反轴,属六方晶系。

D_{3d}-$\bar{3}m$:3个相互夹角为120°的镜面相交,交线为三次轴,3个二次轴和三次轴垂直处在两个镜面平分线上。交点为对称中心,所以有三次反轴,属三方晶系。

【评注】 在上两题中,标记点群的Schönflies记号D_{2d}中有$\bar{4}$,C_{3h}和D_{3h}中有$\bar{6}$,即下标的2和3与反轴的轴次$\bar{4}$和$\bar{6}$不同,容易在判别点群和晶系时产生混淆,读者应复习4.1节的内容,加深对$\bar{4}$和$\bar{6}$的理解。

在学习化学时,深入理解四次反轴($\bar{4}$)的对称操作十分重要,因为CH_4和SO_4^{2-}等四面体形的分子和离子的对称性中就包含有$\bar{4}$。$\bar{4}$的图形记号为■,表示这个四次反轴中包含有二次轴,要注意垂直此二次轴并没有镜面,其中心点也不是对称中心(i),但$\bar{4}$却是C_4^1和i的联合操作。这个联合操作产生了新的对称操作I_4^1和新的对称元素$\bar{4}$(或I_4)。

C_{3h}和D_{3h}点群中包含有六次反轴($\bar{6}$),$\bar{6}$的图形记号为▲,表示垂直三次对称轴有镜面(σ_h)存在,$\bar{6}=C_3+\sigma_h$。即含有$\bar{6}$对称性的分子或晶体中,独立地存在着C_3和σ_h。

【7.11】 六方晶体可按六方柱体(八面体)结合而成,但为什么六方晶胞不能划成六方柱体?

解 晶胞一定是平行六面体,它的不相平行的3条边分别和3个单位平移矢量平行。六方柱体不符合这个条件。

【评注】 回忆7.3题层形石墨分子的结构,C原子组成一个个六角形的六元环,但不能用六元环作二维晶胞,只能选平行四边形为二维晶胞。

【7.12】 按图7.12(a)堆砌的结构为什么不是晶体中晶胞并置排列的结构?

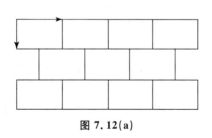

图 7.12(a)

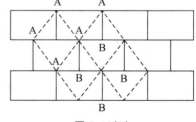

图 7.12(b)

解 晶胞并置排列时,晶胞顶点为8个晶胞所共有。对于二维结构,晶胞顶点应为4个晶胞共有,才能保证晶胞顶点上的点有着相同的周围环境。今将图中不同位置标上A,B,如图7.12(b)所示,若每个矩形代表一个结构基元,由于A点和B点的周围环境不同(A点上方没有连接线,B点下方没有连接线),上图的矩形不是晶胞。晶胞可选连接A点的虚线所成的单位,形成由晶胞并置排列的结构,如图7.12(b)所示。

【评注】 晶体的点阵结构要求每个点阵点所代表的实际内容具有相同的化学组成、相同的空间结构、相同的周围环境,这三者缺一不可。例如,石墨分子中每个 C 原子都是以平面三角形和周围 3 个 C 原子成键,化学组成和空间结构相同,但是相邻 2 个 C 原子却因键的方向不同,而没有相同的周围环境,需要将相邻的 2 个 C 原子合在一起形成一个结构基元。本题也是根据上述 3 个条件来划分晶胞的。

【7.13】 根据金属镁的晶体结构[《结构化学基础》(第 5 版)图 7.1.4(e)]:
(1) 画出金属镁晶体的六方晶胞沿 c 轴的投影图,标明各个原子的分数坐标及其在晶胞中摊到的个数;
(2) 标明在晶胞内两个三角形中心处[坐标分别为(2/3,1/3)和(1/3,2/3)处]对称轴沿 c 轴的投影图;
(3) 画出点阵单位沿 c 轴的投影,标明点阵单位内两个三角形中心处对称轴沿 c 轴的投影图,说明原子分数坐标、螺旋轴 6_3 和六次反轴 $\bar{6}$ 的定义。

解

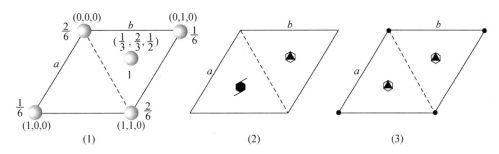

原子分数坐标是描述原子在晶胞中的坐标位置的,以晶胞参数作为单位来表示。在六方晶胞中,3 个轴是不等长的,某原子距原点的距离要分别用 a,b,c 长度的分数表示,故称为该原子的分数坐标。

螺旋轴 6_3 表示它的基本操作是绕轴旋转 60°再沿轴的方向平移 3/6 个周期。在六方晶系中,六次轴的方向定为 c 轴,所以本题中是绕 c 轴旋转 60°,再沿 c 轴平移 $\frac{3}{6}c$。它的图像的记号为 ⬣。

六次反轴 $\bar{6}$ 表示它的基本操作是绕轴旋转 60°,再按轴上的一个点进行倒反(或反演)操作,它的记号为 ▲。

【评注】 本题涉及晶体学中的一些基本概念,对初学者是比较生疏而不易理解的。通过结构非常简单的金属镁的例子理解这些抽象概念,是学习晶体化学的重要环节,也是学习后续内容的基础。进行对称操作时,可将晶胞平移,扩充图像,对称轴所联系的图像就更为完整地显现出它的对称性。

【7.14】 根据 α-硒的晶体结构[见《结构化学基础》(第 5 版)图 7.2.6]及 Se 原子在晶胞中的坐标 $(0,u,0),(u,0,2/3),(\bar{u},\bar{u},1/3),u=0.217$:
(1) 画出 α-Se 晶体的六方晶胞沿 c 轴的投影图,标明各个原子的分数坐标及其在晶胞中摊到的个数;

（2）标明晶胞内两个三角形中心处的对称轴沿 c 轴的投影图；

（3）画出点阵单位沿 c 轴的投影图，标出单位内两个三角形中心处的对称轴投影图，说明晶胞对称性和点阵单位对称性不同的原因。

解

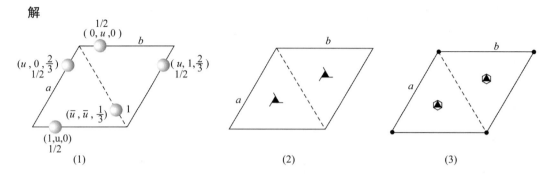

图(2)显示的晶胞对称性和图(3)显示的点阵单位对称性不同，是因(2)中的结构基元(3 个 Se 原子)是 Se_n 螺旋链的一部分，它具有三重螺旋轴的对称性，而由结构基元抽象成点阵点，它呈圆球的全对称性，对称性高。

【7.15】 在下面 3 个六方晶胞($a=b\neq c, \alpha=\beta=90°, \gamma=120°$)沿 c 轴的投影中，若 A(浅灰色)和 B(深灰色)两种原子是排列在晶胞顶点和晶胞内两个三角形的中心，它们的结构沿 c 轴投影示于图 7.15，原子在 c 轴的坐标标在原子旁。试分别写出这 3 种晶体通过原点平行 c 轴的对称元素及晶体所属的晶系，并画出点阵单位及点阵点的位置、晶体所属的空间点阵型式。

解

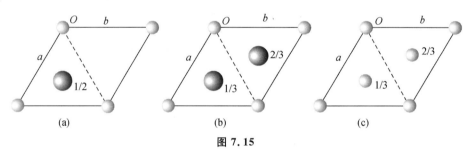

图 7.15

对(a)，晶体通过原点平行 c 轴为六次反轴(因有镜面和它垂直)，晶体属六方晶系，简单六方点阵型式(hP)。

对(b)，晶体通过原点平行 c 轴为三次反轴(因原点位置有对称中心)，晶体属三方晶系，简单六方点阵型式(hP)。

对(c)，晶体通过原点平行 c 轴为三次反轴(因原点位置有对称中心)，晶体属三方晶系，R 心六方点阵型式(hR)。

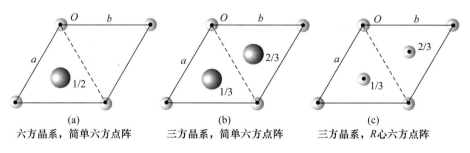

(a) 六方晶系，简单六方点阵 (b) 三方晶系，简单六方点阵 (c) 三方晶系，R 心六方点阵

【评注】 上面 7.13～7.15 三题都涉及有关三方晶系和六方晶系的问题：(1) 如何判别晶体中有无六次反轴($\bar{6}$)？(2) 如何判别晶体是属于三方晶系还是属于六方晶系？(3) 六方晶胞(晶胞参数的限制条件为 $a=b, \alpha=\beta=90°, \gamma=120°$)可以适用于三方晶系，名称上的不协调应怎样理解，现在又是怎样解决的？(4) 为什么有些三方晶系晶体的点阵具有六次对称轴的对称性？(5) 为什么属于 R 心六方点阵型式(hR)的点阵，它的特征对称元素是三次对称轴？(6) 为什么三方晶系晶体的点阵有一部分属于简单六方点阵型式(hP)，它的特征对称元素是六次对称轴，而另一部分属于 R 心六方点阵型式(hR)，它的特征对称元素是三次对称轴？这些问题很容易引起混乱，而且不容易在国内外的教材和参考书中找到正确答案。这 3 个习题正可帮助读者解决这些问题，澄清有些表面上的混乱概念。

通过解答上述 3 个习题，应对下列诸点多加注意和理解：

第一，认真地观察晶体的结构，在六方晶胞的原点和晶胞内两个三角形中心处平行 c 轴的对称轴是否是六次反轴($\bar{6}$)，而判别的关键是垂直 c 轴有无镜面。垂直 c 轴的三次对称轴有镜面就是 $\bar{6}$。有 $\bar{6}$ 对称性的晶体属于六方晶系，若垂直三次轴没有镜面，则只可能是三次轴(3)或三次反轴($\bar{3}$)，晶体属于三方晶系。

第二，要理解三方晶系和六方晶系，都可以用六方晶胞。由于名称上容易产生混乱，具有权威性的《晶体学国际表》从 1983 年起引进晶族的概念，将三方晶系和六方晶系合并为六方晶族，采用六方晶胞。

第三，实际晶体结构的对称性是晶体具有的真实对称性。将晶体的一个结构基元或一个素晶胞的内容抽象为一个点阵点，而且又将这个点看作一个小圆球，这个点阵单位的对称性要比晶体结构的真实对称性高，这是完全可以理解的，像 α-硒结构就是一个例子。注意，晶体所属的晶系不会因为点阵的抽象提高了点阵对称性而改变。

第四，R 心六方点阵型式中，点阵点的排布使它不具有六次对称轴的对称性，因为平行 c 轴的三次轴没有垂直于它的镜面。它只具有三方晶系特征的对称元素。六方晶族晶体的点阵单位为六方晶胞。而三方晶系晶体分属于简单六方点阵型式(hP)和 R 心六方点阵型式(hR)就很容易理解了。不论文献中怎样标记 hR 这种点阵型式，都不会引起混乱了。

【7.16】 四方晶系的金红石晶体结构中，晶胞参数 $a=458\ \text{pm}, c=298\ \text{pm}$；原子分数坐标为：Ti(0,0,0;1/2,1/2,1/2), O(0.31,0.31,0;0.69,0.69,0;0.81,0.19,1/2;0.19,0.81,1/2)。计算 z 值相同的 Ti—O 键长。

解 z 值相同的 Ti—O 键是 Ti(0,0,0) 和 O(0.31,0.31,0) 之间的键，其键长 $r_{\text{Ti—O}}$ 为

$$r_{\text{Ti—O}} = \sqrt{(0.31a)^2 + (0.31a)^2}$$
$$= 0.438a$$
$$= 0.438 \times 458\ \text{pm}$$
$$= 201\ \text{pm}$$

【7.17】 许多由有机分子堆积成的晶体属于单斜晶系，C_{2h}^5-$P2_1/c$ 空间群。说明空间群记号中各符号的意义，画出 $P2_1/c$ 空间群对称元素的分布，推出晶胞中和原子(0.15,0.25,0.10)属同一等效点系的其他 3 个原子的坐标，并作图表示。

解 在空间群记号 C_{2h}^5-$P2_1/c$ 中，C_{2h} 为点群的 Schönflies 记号，C_{2h}^5 为该点群的第 5 号空间群，"-"记号后是空间群的国际记号，P 为简单点阵，对单斜晶系平行 b 轴有 2_1 螺旋轴，垂直

b 轴有 c 滑移面。该空间群对称元素分布如图 7.17 所示。

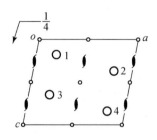

b 轴从纸面向上
1(0.15,0.25,0.10);   3(0.15,0.25,0.60)
2(0.85,0.75,0.40);   4(0.85,0.75,0.90)

图 7.17

【7.18】 写出在 3 个坐标轴上的截距分别为 $2a$，$-3b$ 和 $-3c$ 的点阵面的指标，写出指标为 (321) 的点阵面在 3 个坐标轴上的截距之比。

解 点阵面指标为 3 个轴上截数倒数的互质整数之比，即 $\left(\dfrac{1}{2}:\dfrac{1}{-3}:\dfrac{1}{-3}\right)=(3:\bar{2}:\bar{2})$，点阵面指标为 $(3\bar{2}\bar{2})$ 或 $(\bar{3}22)$。

指标为 (321) 的点阵面在 3 个轴上的截距之比为 $2a:3b:6c$。

【7.19】 标出下面点阵结构的晶面指标 (100)，(210)，$(1\bar{2}0)$，$(\bar{2}10)$，(230)，(010)。每组面画出 3 条相邻的直线表示。

解 题解如图 7.19 所示。

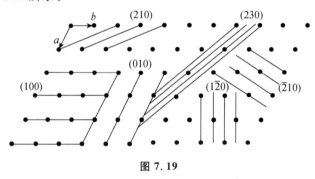

图 7.19

【7.20】 金属镍的立方晶胞参数 $a=352.4$ pm，试求 d_{200}，d_{111}，d_{220}。

解 立方晶系的衍射指标 hkl 和衍射面间距 d_{hkl} 的关系为
$$d_{hkl}=a(h^2+k^2+l^2)^{-\frac{1}{2}}$$

故
$$d_{200}=a(2^2)^{-\frac{1}{2}}=\frac{1}{2}a=176.2 \text{ pm}$$
$$d_{111}=a(1^2+1^2+1^2)^{-\frac{1}{2}}=a/\sqrt{3}=203.5 \text{ pm}$$
$$d_{220}=a(2^2+2^2)^{-\frac{1}{2}}=a/\sqrt{8}=124.6 \text{ pm}$$

【7.21】 什么是晶体衍射的两个要素？它们与晶体结构（例如晶胞的两要素）有何对应关系？写出能够阐明这些对应关系的表达式，并指出式中各符号的意义。晶体衍射的两要素在 X 射线粉末衍射图上有何反映？

解 晶体衍射的两个要素是：衍射方向和衍射强度，它们和晶胞的两要素相对应。衍射方向和晶胞参数相对应，衍射强度和晶胞中原子坐标参数相对应，前者可用 Laue 方程表达，后者可用结构因子表达。

Laue 方程:
$$\boldsymbol{a} \cdot (\boldsymbol{s}-\boldsymbol{s}_0)=h\lambda$$
$$\boldsymbol{b} \cdot (\boldsymbol{s}-\boldsymbol{s}_0)=k\lambda$$
$$\boldsymbol{c} \cdot (\boldsymbol{s}-\boldsymbol{s}_0)=l\lambda$$

式中 $\boldsymbol{a},\boldsymbol{b},\boldsymbol{c}$ 反映了晶胞大小形状和空间取向;$\boldsymbol{s}$ 和 $\boldsymbol{s}_0$ 反映了衍射 X 射线和入射 X 射线的方向;h,k,l 为衍射指标;λ 为 X 射线波长。

衍射强度 I_{hkl} 和结构因子 F_{hkl} 的平方成正比,而结构因子和晶胞中原子种类(用原子散射因子 f 表示)及其坐标参数 x,y,z 有关:

$$F_{hkl} = \sum_j f_j \exp[\mathrm{i}2\pi(hx_j+ky_j+lz_j)]$$

粉末衍射图上衍射角 θ(或 2θ)即衍射方向,衍射强度由计数器或感光胶片记录下来。

【7.22】 写出 Bragg 方程的两种表达形式,说明 (hkl) 与 hkl,$d_{(hkl)}$ 与 d_{hkl} 之间的关系以及衍射角 θ_n 随衍射级数 n 的变化。

解 Bragg 方程的两种表达形式为
$$2d_{(hkl)}\sin\theta_n = n\lambda$$
$$2d_{hkl}\sin\theta = \lambda$$

式中 (hkl) 为点阵面指标,3 个数互质;而 hkl 为衍射指标,3 个数不要求互质,可以有公因子 n,如 123,246,369 等。$d_{(hkl)}$ 为点阵面间距;d_{hkl} 为衍射面间距,它和衍射指标中的公因子 n 有关:$d_{hkl} = d_{(hkl)}/n$。按前一公式,对于同一族点阵面 (hkl) 可以有 n 个不同级别的衍射,即相邻两个面之间的波程差可为 $1\lambda, 2\lambda, 3\lambda, \cdots, n\lambda$,而相应的衍射角为 $\theta_1, \theta_2, \theta_3, \cdots, \theta_n$。

【7.23】 已知二水合草酸晶体属单斜晶系,$P2_1/n$ 空间群,晶胞参数 $a=609.68$ pm,$b=349.75$ pm,$c=1194.6$ pm,$\beta=105.78°$,试计算它的倒易点阵参数 $a^*,b^*,c^*,\alpha^*,\beta^*,\gamma^*$,作出垂直 $\boldsymbol{b}$ 轴、通过原点的点阵和倒易点阵图。

解 $\boldsymbol{a}^*$ 垂直于 $\boldsymbol{b}$ 和 $\boldsymbol{c}$,$\boldsymbol{c}^*$ 垂直于 $\boldsymbol{a}$ 和 $\boldsymbol{b}$,$\boldsymbol{b}^*$ 和 $\boldsymbol{b}$ 平行,它们的大小可按《结构化学基础》(第 5 版)(7.6.6)式计算如下:

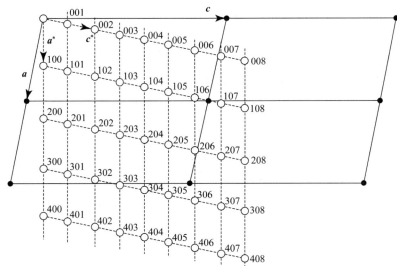

图 7.23 二水合草酸晶体的点阵(实线)和倒易点阵(虚线)

$$a^* = 1/d_{100} = 1/a \cos(105.78° - 90°)$$
$$= 1/0.60968 \text{ nm} \times \cos 15.78°$$
$$= 1.704 \text{ nm}^{-1}$$
$$b^* = 1/d_{010} = 1/0.34975 \text{ nm} \times \cos 0°$$
$$= 2.86 \text{ nm}^{-1}$$
$$c^* = 1/d_{001} = 1/1.1946 \text{ nm} \times \cos(105.78° - 90°)$$
$$= 0.870 \text{ nm}^{-1}$$
$$\alpha^* = \gamma^* = 90°$$
$$\beta^* = 180° - 105.78° = 74.22°$$

【7.24】 用 Cu Kα 射线收集二水合草酸晶体的衍射数据时,按 7.23 题所得数据计算:(1) 由倒易点阵原点指向倒易点阵点的 H_{200} 和 H_{202} 的数值;(2) 计算衍射 200 和 202 的衍射角 2θ 数值;(3) 画出衍射 202 产生衍射时倒易点阵和反射球的几何关系。

解

(1) 已知 Cu Kα 的波长(λ)为 0.1542 nm,得反射球的半径和直径:

反射球半径:$1/\lambda = 6.485 \text{ nm}^{-1}$

反射球直径:$2/\lambda = 12.97 \text{ nm}^{-1}$

$$H_{200} = 2a^* = 2 \times 1.704 \text{ nm}^{-1} = 3.408 \text{ nm}^{-1}$$
$$H_{202} = 2\sqrt{a^{*2} + c^{*2} - 2a^* c^* \cos(180° - \beta^*)}$$
$$= 2\sqrt{1.704^2 + 0.870^2 - 2 \times 1.704 \times 0.870 \times \cos 105.78°}$$
$$= 4.227 \text{ nm}^{-1}$$

(2) 利用反射球和 H_{200}、H_{202} 的几何关系,可分别算得 2θ 值:

$$\sin\theta_{200} = 3.408 \text{ nm}^{-1}/12.97 \text{ nm}^{-1} = 0.2627$$
$$\theta_{200} = 15.23°$$
$$2\theta_{200} = 30.46°$$
$$\sin\theta_{202} = 4.227 \text{ nm}^{-1}/12.97 \text{ nm}^{-1} = 0.3259$$
$$\theta_{202} = 19.02°$$
$$2\theta_{202} = 38.04°$$

(3) 反射球和衍射 H_{202} 的衍射方向示于图 7.24。

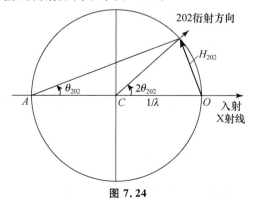

图 7.24

【评注】 倒易点阵和反射球是研究晶体衍射规律的重要数学工具,在测定晶体结构、了解晶体性质和应用中起重要的作用。在使用时要注意将抽象概念和实际衍射性质结合在一起,根据情况灵活地使用:

(1) 题中所给晶胞参数和波长的单位是 pm,据此倒易晶胞数值用 pm^{-1} 表达就显得太小,改用 nm 和 nm^{-1} 适合于运算,作图时可选合适的尺寸。

(2) 在图 7.24 中 H_{202} 是独立地从 O 点出发画出它的矢量,使它的端点处在反射球面上,而不必通过图 7.23 中的关系求算。

(3) 晶体的点阵和倒易点阵原点所在位置为 O 点,即晶体处在 O 点,而晶体衍射方向是从反射球心 C 指向处在球面上的倒易点阵点的方向。这是通过虚拟的反射球求得现实的衍射方向的问题。

(4) 测量单晶体衍射的衍射仪,大多数 X 射线光源发射的方向是固定的,要收集各个 hkl 衍射数据,需要定出晶体的倒易点阵 a^*,b^*,c^* 矢量在空间的取向,然后按 hkl 的数值逐个地调到反射球面上,根据各点的 2θ 值角度收集衍射强度。在收集生物大分子晶体等衍射数据时,因为晶胞很大,倒易晶胞就很小,这时除了要用同步辐射的强光源外,收集各个衍射也不能按上述逐个地进行,而可用其他方法,例如回摆法分区间进行,将晶体在 $1°\sim2°$ 摆动范围的全部衍射数据记录在一个影像板上,再将全部数据归纳整理,加以指标化,逐点测量它的强度。

【7.25】 为什么用 X 射线粉末法测定晶胞参数时常用高角度数据(有时还根据高角度数据外推至 $\theta=90°$),而测定超细晶粒的结构时要用低角度数据(小角散射)?

解 按晶面间距的相对误差公式 $\Delta d/d = -\cot\theta \cdot \Delta\theta$,随着 θ 值增大,$\cot\theta$ 值变小,测量衍射角的偏差 $\Delta\theta$ 对晶面间距或晶胞参数的影响减小,故用高角度数据。

小晶粒衍射线变宽,利用求粒径 D_p 的公式:

$$D_p = k\lambda/(B-B_0)\cos\theta$$

超细晶粒 D_p 值很小,衍射角 θ 增大时,$\cos\theta$ 变小,宽化(即 $B-B_0$)增加,故要用低角度数据。另外,原子的散射因子 f 随 $\sin\theta/\lambda$ 的增大而减小,细晶粒衍射能力已很弱了。为了不使衍射能力降低,应在小角度(θ 值小)下收集数据。

【7.26】 用 X 射线衍射法测定 CsCl 的晶体结构,衍射 100 和 200 哪个强度大?为什么?

解 从反映晶体结构和衍射强度的结构振幅 $|F_{hkl}|$ 来分析,CsCl 晶体的 $|F_{200}|>|F_{100}|$,其原因可从图 7.26 看出。图 7.26 示出 CsCl 立方晶胞投影图,$d_{100}=a$,$d_{200}=a/2$。在衍射 100 中,Cl^- 和 Cs^+ 相差半个波长,强度互相抵消减弱;在衍射 200 中,Cl^- 和 Cs^+ 相差 1 个波长,互相加强。但影响衍射强度 I_{hkl} 的物理因素很多,实验测定的衍射强度是 $I_{100}>I_{200}$。

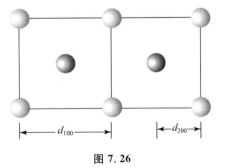

图 7.26

【评注】 CsCl 结构中因 f_{Cs^+} 和 f_{Cl^-} 不同,强度抵消减弱,衍射 100 强度不为 0,是简单立方结构。对于金属钠等体心立方结构,顶点上的原子和体心上的原子是相同的,在衍射 100 中,这两个原子相差半个波,强度正好互相抵消为 0,出现系统消光。

【7.27】 金属铝属立方晶系,用 Cu Kα 射线摄取 333 衍射,θ=81°17′。由此计算晶胞参数。

解 立方晶系 d_{hkl} 和 a 的关系为

$$d_{hkl}=a/(h^2+k^2+l^2)^{\frac{1}{2}}$$

由 θ 求得 d 为

$$d_{333}=\lambda/2\sin(81°17′)=154.2\ \text{pm}/2\times0.9884=78.00\ \text{pm}$$

$$a=d_{333}(3^2+3^2+3^2)^{\frac{1}{2}}=78.00\ \text{pm}\times5.196=405.3\ \text{pm}$$

【评注】 对高角度应考虑用 Cu Kα_1=154.056 pm 计算,则 a=404.9 pm。

【7.28】 S_8 分子既可结晶成单斜硫,也可结晶成正交硫。用 X 射线衍射法(Cu Kα 射线)测得某正交硫晶体的晶胞参数 a=1048 pm,b=1292 pm,c=2455 pm。已知该硫磺的密度为 2.07 g·cm^{-3},S 的相对原子质量为 32.06。

(1) 计算每个晶胞中 S_8 分子的数目;
(2) 计算 224 衍射线的 Bragg 角 θ;
(3) 写出气相中 S_8 分子的全部独立的对称元素。

解 (1) 按求晶胞中分子数 Z 的公式,得

$$Z=N_A VD/M$$
$$=6.02\times10^{23}\ \text{mol}^{-1}(1048\times1292\times2455)\text{pm}^3$$
$$\times10^{-30}\ \text{cm}^3\ \text{pm}^{-3}\times2.07(\text{g cm}^{-3})/8\times32.06\ \text{g mol}^{-1}$$
$$\approx16$$

(2) 按正交晶系公式:

$$d_{hkl}=\left(\frac{h^2}{a^2}+\frac{k^2}{b^2}+\frac{l^2}{c^2}\right)^{-\frac{1}{2}}$$

代入有关数据,得

$$d_{224}=\left[\left(\frac{2^2}{1.048^2}+\frac{2^2}{1.292^2}+\frac{4^2}{2.455^2}\right)\times\frac{1}{10^6\ \text{pm}^2}\right]^{-\frac{1}{2}}$$

$$=\left[(3.642+2.396+2.655)\times\frac{1}{10^6\ \text{pm}^2}\right]^{-\frac{1}{2}}$$

$$=339.2\ \text{pm}$$

$$\theta=\arcsin\left(\frac{154.2\ \text{pm}}{2\times339.2\ \text{pm}}\right)=13.14°$$

(3) S_8 分子属于点群 D_{4d},独立的对称元素有:$I_8,4C_2,4\sigma_d$。

【7.29】 硅的晶体结构与金刚石相似。20 ℃下测得其立方晶胞参数 a=543.089 pm,密度为 2.3283 g·cm^{-3},Si 的相对原子质量为 28.0854,计算 Avogadro 常数。

解 按求 Avogadro 常数 N_A 的公式,得

$$N_A=ZM/VD$$
$$=\frac{8\times28.085\ \text{g mol}^{-1}}{(543.089\ \text{pm})^3\times(10^{-30}\ \text{cm}^3\ \text{pm}^{-3})\times2.3283\ \text{g cm}^{-3}}$$
$$=6.0245\times10^{23}\ \text{mol}^{-1}$$

【7.30】 已知某立方晶系晶体的密度为 2.16 g·cm^{-3},相对分子质量为 234。用 Cu Kα 射线在

直径57.3 mm的粉末相机中拍粉末图,从中量得衍射 220 的衍射线间距 $2L$ 为 22.3 mm,求晶胞参数及晶胞中的分子数。

解 用下面公式由 L 值可求得 θ 值:

$$\theta = 180° \times 2L/4\pi R = 180° \times 22.3 \text{ mm}/2\pi \times 57.3 \text{ mm}$$
$$= 11.15°$$
$$d_{220} = \lambda/2\sin\theta = 154.2 \text{ pm}/2 \times 0.1934$$
$$= 398.7 \text{ pm}$$
$$a = d_{220}(2^2 + 2^2)^{\frac{1}{2}}$$
$$= 1127.6 \text{ pm}$$
$$Z = N_A V D/M$$
$$= 6.02 \times 10^{23} \text{ mol}^{-1} \times (1127.6 \times 10^{-10} \text{ cm})^3 \times 2.16 \text{ g cm}^{-3}/234 \text{ g mol}^{-1}$$
$$\approx 8$$

【7.31】 核糖核酸酶-S 蛋白质晶体的晶体学数据如下:晶胞体积 167 nm³,晶胞中分子数 6,晶体密度 1.282 g cm⁻³。如蛋白质在晶体中占 68%(质量分数),计算该蛋白质的相对分子质量。

解 $M = N_A V D/Z$
$$= 6.022 \times 10^{23} \text{ mol}^{-1} \times 167 \times 10^{-21} \text{ cm}^3 \times 1.282 \text{ g cm}^{-3} \times 0.68/6$$
$$= 14612$$

【7.32】 CaS 晶体具有 NaCl 型结构,晶体密度为 2.581 g cm⁻³,Ca 和 S 的相对原子质量分别为 40.08 和 32.06。试回答下列问题:

(1) 指出 100,110,111,200,210,211,220,222 衍射中哪些是允许的?
(2) 计算晶胞参数 a;
(3) 计算 Cu Kα 辐射($\lambda = 154.2$ pm)的最小可观测 Bragg 角。

解

(1) NaCl 型结构的点阵型式为面心立方,允许存在的衍射 hkl 中 3 个数应为全奇或全偶,即 111,200,220,222 出现。

(2) 为求晶胞参数,先求晶胞体积 V:

$$V = \frac{MZ}{N_A D} = \frac{4(40.08 + 32.06) \text{ g mol}^{-1}}{6.02 \times 10^{23} \text{ mol}^{-1} \times 2.581 \text{ g cm}^{-3}}$$
$$= 1.857 \times 10^{-22} \text{ cm}^3$$
$$a = (V)^{\frac{1}{3}} = (185.7 \times 10^{-24} \text{ cm}^3)^{\frac{1}{3}}$$
$$= 5.705 \times 10^{-8} \text{ cm} = 570.5 \text{ pm}$$

(3) 最小可观测的衍射为 111。

$$d_{111} = a/(1+1+1)^{\frac{1}{2}} = 570.5 \text{ pm}/\sqrt{3}$$
$$= 329.4 \text{ pm}$$
$$\theta = \arcsin(\lambda/2d) = \arcsin(154.2 \text{ pm}/2 \times 329.4 \text{ pm})$$
$$= 13.54°$$

【7.33】 δ-TiCl₃ 微晶是乙烯、丙烯聚合催化剂的活性组分。用 X 射线粉末法(Cu Kα 线)测定

其平均晶粒度时所得数据如下表所示。

hkl	θ	B_0	B
001	7.55°	0.40°	1.3°
100	26°	0.55°	1.5°

按《结构化学基础》(第 5 版)公式(7.7.9)估算该 δ-TiCl₃ 微晶的大小。

解 利用求粒径 D_p 的公式 $D_p = K\lambda/(B-B_0)\cos\theta$ 得

001 衍射：
$$\Delta B = 1.3° - 0.40° = 0.9° = 0.0157 \text{ 弧度}$$
$$D_{p,001} = (0.9 \times 0.154 \text{ nm})/0.0157 \times \cos 7.55°$$
$$= 8.9 \text{ nm}$$

100 衍射：
$$\Delta B = 1.5° - 0.55° = 0.95° = 0.01658 \text{ 弧度}$$
$$D_{p,100} = (0.9 \times 0.154 \text{ nm})/0.01658 \times \cos 26°$$
$$= 9.3 \text{ nm}$$

【7.34】 冰为六方晶系晶体，晶胞参数 $a = 452.27$ pm, $c = 736.71$ pm, 晶胞中含 $4H_2O$, 括弧内为 O 原子分数坐标(0,0,0; 0,0,0.375; 2/3,1/3,1/2; 2/3,1/3,0.875)。请据此计算或说明：

(1) 计算冰的密度；
(2) 计算氢键 O—H⋯O 键长；
(3) 冰的点阵型式是什么？结构基元包含哪些内容？

解

(1) 密度 $D = ZM/N_A V$

$$V = (452.27 \text{ pm})^2 \sin 60° \times 736.71 \text{ pm} = 1.305 \times 10^8 \text{ pm}^3$$
$$= 1.305 \times 10^{-22} \text{ cm}^3$$
$$D = 4(2 \times 1.008 + 16.00) \text{g mol}^{-1}/6.022 \times 10^{23} \text{ mol}^{-1} \times 1.305 \times 10^{-22} \text{ cm}^3$$
$$= 0.917 \text{ g cm}^{-3}$$

(2) 坐标为(0,0,0)和(0,0,0.375)的两个 O 原子间的距离即为氢键键长 r：
$$r = (0.375 - 0) \times 736.71 \text{ pm}$$
$$= 276.3 \text{ pm}$$

(3) 冰的点阵型式是简单六方点阵(hP)，整个晶胞包含的内容即 $4H_2O$ 为结构基元。

【评注】 晶胞中处在坐标位置为(x_1,y_1,z_1)和(x_2,y_2,z_2)两点上的原子间的距离 r_{1-2} 即为键长值。可按下面三斜晶系计算公式简化算出：

$$r_{1-2} = [(\Delta x)^2 a^2 + (\Delta y)^2 b^2 + (\Delta z)^2 c^2 + 2\Delta x \Delta y ab\cos\gamma + 2\Delta x \Delta z ac\cos\beta + 2\Delta y \Delta z bc\cos\alpha]^{1/2}$$

六方晶系 $a = b, \alpha = \beta = 90°, \gamma = 120°$，将这些数据代入三斜晶系计算 r_{1-2} 公式化简，可得

$$r_{1-2} = [(\Delta x)^2 a^2 + (\Delta y)^2 a^2 + (\Delta z)^2 c^2 - \Delta x \Delta y a^2]^{\frac{1}{2}}$$

在本题中坐标为$(1,0,0.375)$和$\left(\dfrac{2}{3}, \dfrac{1}{3}, \dfrac{1}{2}\right)$的 2 个 O 原子间的距离为另外一种长度的 O—H⋯O 氢键，其键长为

$$r = \left\{ \left[\left(\frac{1}{3}\right)^2 + \left(\frac{1}{3}\right)^2 + \left(\frac{1}{3} \times \frac{1}{3}\right) \right] a^2 + \left(\frac{1}{2} - 0.375\right)^2 c^2 \right\}^{\frac{1}{2}}$$
$$= (0.3333a^2 + 0.0156c^2)^{\frac{1}{2}}$$
$$= 276.8 \text{ pm}$$

上述两个键长值 276.3 pm 和 276.8 pm 应用时可取短值或平均值。

【7.35】 某 MO 型金属氧化物属立方晶系，晶体密度为 3.581 g cm^{-3}。用 X 射线粉末法（Cu Kα 线）测得各衍射线相应的衍射角分别为：18.5°，21.5°，31.2°，37.4°，39.4°，47.1°，52.9°，54.9°。请据此计算或说明：

(1) 确定该金属氧化物晶体的点阵型式；
(2) 计算晶胞参数和一个晶胞中的结构基元数；
(3) 计算金属原子 M 的相对原子质量，说明 M 是什么原子。

解 按下表从左到右次序计算：

序号	$\theta/(°)$	$\sin\theta$	$\sin^2\theta$	$\sin^2\theta/0.1007$	$h^2+k^2+l^2$	hkl
1	18.5	0.3173	0.1007	1	3	111
2	21.5	0.3665	0.1343	1.334	4	200
3	31.2	0.5180	0.2684	2.665	8	220
4	37.4	0.6074	0.3689	3.663	11	311
5	39.4	0.6347	0.4029	4.001	12	222
6	47.1	0.7325	0.5366	5.329	16	400
7	52.9	0.7976	0.6361	6.6317	19	331
8	54.9	0.8181	0.6694	6.647	20	420

(1) 晶体衍射全奇或全偶，面心立方点阵。

(2) $d_{400} = 154.2 \text{ pm}/2 \times 0.7325 = 105.26 \text{ pm}$

$a = d_{400}(4^2)^{\frac{1}{2}} = 4 \times 105.26 \text{ pm} = 421 \text{ pm}$

在此正当晶胞中，一个晶胞对应 4 个点阵点，即包含 4 个结构基元。

(3) 按公式，
$$M = N_A V D / Z$$
$$= 6.022 \times 10^{23} \text{ mol}^{-1} \times (421.04 \times 10^{-10} \text{ cm})^3 \times 3.581 \text{ g cm}^{-3} / 4$$
$$= 40.24 \text{ g mol}^{-1}$$

MO 的相对化学式量为 40.24，M 的相对原子质量为：40.24 − 16.00 = 24.24，该原子应为 Mg。

【7.36】 L-丙氨酸与氯铂酸钾反应，形成的晶体（见右式）属于正交晶系。已知：$a = 746.0$ pm, $b = 854.4$ pm, $c = 975.4$ pm；晶胞中包含 2 个分子，空间群为 $P2_12_12_1$，一般等效点系数目为 4，即每一不对称单位相当于半个分子。试由此说明该分子在晶体中的构型和点群，并写出结构式。

PtCl$_2$(NH$_2$—CH—COOH)$_2$
　　　　　　|
　　　　　CH$_3$

解 因不对称单位相当于半个分子,分子只能坐在二次轴上(该二次轴和 b 轴平行)。二次轴通过 Pt 原子(因晶胞中只含有 2 个 Pt),分子呈反式构型(Pt 原子按平面四方形成键,2 个 Cl 原子处于对位位置,才能保证有二次轴)。分子的点群为 C_2。分子的结构式为

$$\begin{array}{c} \text{CH}_3 \\ | \\ \text{HOOC—CH—H}_2\text{N} \quad \text{Cl} \\ \diagdown \quad \diagup \\ \text{Pt} \\ \diagup \quad \diagdown \\ \text{Cl} \quad \text{NH}_2\text{—CH—COOH} \\ | \\ \text{CH}_3 \end{array}$$

第8章 金属的结构和性质

内 容 提 要

8.1 金属键和金属的一般性质

金属键理论主要有两种：一是自由电子模型，二是固体能带理论。

金属元素的电负性较小，电离能也较小，最外层价电子容易脱离原子核的束缚，而在金属晶粒中由各个正离子形成的势场中比较自由地运动，形成"自由电子"或"离域电子"。这些金属中的自由电子可看作彼此间没有相互作用、各自独立地在势能等于平均值的势场中运动，相当于在三维势箱中运动的电子。按照箱中粒子的 Schrödinger 方程并求解，可得波函数表达式和能级表达式。体系处于 0 K 基态时，电子从最低能级填起，直至 Fermi 能级 E_F，能量低于 E_F 的能级，全都填满电子，而所有高于 E_F 的能级都是空的。对导体，E_F 就是 0 K 时电子占据的最高能级，其值可从理论上推导，也可用实验测定。例如对金属钠，理论上推得的 E_F 为 3.15 eV，实验测定值为 3.2 eV。由 E_F 值可见，即使在 0 K 时电子仍有相当大的动能，也可根据 $kT \ll E_F$ 推论金属的比热较小。

金属键的强度可用金属的原子化焓（气化焓）来衡量。原子化焓是指 1 mol 的金属变成气态原子所需要吸收的能量。金属的许多性质和原子化焓有关。例如原子化焓小，金属较软，熔点较低；原子化焓大，金属较硬，熔点较高等。

固体能带理论是将整块金属当作一个巨大的分子，晶体中 N 个原子的每一种能量相等的原子轨道，通过轨道叠加、线性组合得到 N 个分子轨道，它是一组扩展到整块金属的离域轨道。由于 N 数值很大（约 10^{23}），所得分子轨道各能级间的间隔极小，形成一个能带。每一个能带具有一定的能量范围，相邻原子间轨道重叠少的内层原子轨道形成的能带较窄；轨道重叠多的外层原子轨道形成的能带较宽。各个能带按能量高低排列起来，成为能带结构。

能带中充满电子的叫满带；没有电子的能带叫空带；能级最低未装满电子的能带叫导带；价带是能级最高的满带和导带的总称；各个能带间的间隙是不能存在电子的，这样的区域叫禁带。

金属能带结构的特点是存在导带，当电子进入导带中，受外电场作用改变其能量分布状况而导电，所以金属是导体。绝缘体的特征是只有满带和空带，而且能量最高的满带和能量最低的空带之间的禁带较宽，$E_g \geqslant 5$ eV，在一般电场条件下，难以将满带电子激发入导带而导电。半导体的特征也是只有满带和空带，但禁带较窄，$E_g < 3$ eV。

半导体晶体掺入不同杂质，可以改变其半导体的性质。硅的晶体掺入磷，因磷的价电子较硅多，可形成 n 型半导体；若掺入镓，因镓的价电子较硅少，可形成 p 型半导体。

8.2 等径圆球的密堆积

球的密堆积是固体化学的重要基础，而等径圆球的堆积又是其中最基础、最重要的内容。

等径圆球的最密堆积结构,可从密堆积层来了解。密堆积层的结构只有一种,在层中每个球和周围6个球接触,周围有6个空隙,每个空隙由3个球围成,所以由N个球堆积成的层中,有$2N$个空隙,平均每个球摊到2个空隙。这些三角形空隙的顶点的朝向有一半和另一半相反。若A表示堆积球球心的位置,则根据空隙的朝向,其位置可分别定为B和C。

由两层密堆积球紧密堆积形成的双层,称为密置双层,它只有一种类型。

常见的最密堆积的结构有下列几种:

(1) 立方最密堆积(ccp):这种堆积是将密堆积层的相对位置按照ABCABC…方式作最密堆积,重复的周期为3层。这种堆积可划出面心立方晶胞,故称为立方最密堆积,又称为$A1$型堆积。

(2) 六方最密堆积(hcp):这种堆积是将密堆积层的相对位置按照ABABAB…方式作最密堆积,重复的周期为2层。这种堆积可划出六方晶胞,故称为六方最密堆积,又称为$A3$型堆积。

(3) 其他最密堆积:在金属单质中除上述两种外,还有(a)双六方最密堆积(dhcp),这种堆积的周期为4层,即按ABACABAC…堆积而成,用记号$A3^*$表示。(b)Sm型最密堆积,堆积的周期为9层,即按ABABCBCAC…堆积而成,用记号$A3''$表示。

在等径圆球的最密堆积的各种形式中,每个球的配位数均为12,均具有相同的堆积密度,即球体积和整个堆积体积之比均为0.7405。

在各种最密堆积中,球间的空隙数目和大小也相同。由N个半径为R的球组成的堆积中,平均有$2N$个四面体空隙,由4个球围成,可容纳最大半径为$0.225R$的小球;还有N个八面体空隙,由6个球围成,可容纳最大半径为$0.414R$的小球。

除最密堆积外,另一种重要的密堆积是体心立方密堆积(bcp),记为$A2$型。体心立方堆积不是最密堆积,堆积密度为0.6802。体心立方密堆积中,每个球最近的配位数为8,处在立方体的8个顶点上,另外还有6个相距稍远,处在立方体面的外侧。体心立方堆积中的空隙是变形的多面体空隙,且同一空间可多次计算,每一堆积球可摊到3个变形八面体,该空隙可容纳半径为$0.154R$的小球;每一堆积球还可摊到6个变形四面体空隙,该空隙可容纳半径为$0.291R$的小球。上述这些多面体共面连接,如果将连接面看作平面三角形空隙,每个堆积球可摊到12个。这3种空隙的大小和分布特征将直接影响到这种堆积结构的性质。

8.3 金属单质的结构

金属单质的结构有许多是属于上述$A1$型、$A2$型和$A3$型这3种结构型式。当金属原子价层s和p轨道上电子数目较少时,如碱金属,容易形成$A2$型结构;电子数较多时,如铝和贵金属,容易形成$A1$型结构;中间的容易形成$A3$型结构。不过这种规律不太明显,而且同一种金属的结构型式还会随外界条件而改变,所以需要通过实验来测定。

测定金属晶体的结构型式和晶胞参数后,就可以由原子间的接触距离求出原子半径。同一种元素的原子半径和配位数有关,配位数高,半径大,为了更好互相对比,要统一换算到同一种配位数,金属中常统一到配位数为12的情况。

金属原子半径在元素周期表中的变化有一定的规律性:同一族元素原子半径随原子序数

的增加而变大;同一周期主族元素的原子半径随原子序数的增加而变小;同一周期过渡元素的原子半径随原子序数增加开始稳定变小,以后稍有增大,但变化幅度不大;镧系元素随原子序数增加,半径变小,称为镧系收缩效应。

8.4 合金的结构和性质

合金是两种或两种以上的金属经过熔合过程后所得的生成物。因金属间金属键性质相似,形成合金过程的热效应较小,混合熵增加,容易自发进行。

按合金的结构和相图的特点,合金可分为三类:金属固溶体、金属化合物和金属间隙化合物。

1. 金属固溶体

两种金属组成的固溶体,其结构型式一般和一种纯金属相同,只是一部分原子被另一部分原子统计地置换。金属间形成固溶体合金的倾向取决于下面3个因素:(1)两种金属元素在周期表中的位置及其化学性质和物理性质的接近程度;(2)原子半径的接近程度;(3)单质的结构型式。

有的金属,如 Ag-Au,Ni-Pd,Mo-W 可按任意比例形成完整的固溶体。两种金属大多数是形成部分固溶体,而且相互的溶解度是不等同的,一般在低价金属中的溶解度大于在高价金属中的溶解度。

无序的固溶体在缓慢冷却过程中,结构会发生有序化,有序化的结构称为超结构。当合金产生有序向无序转变时,一些物理性质会有较大改变。

2. 金属化合物

金属化合物物相有两种主要型式,一种是组成确定的金属化合物物相,另一种是组成可变的化合物物相。在相图和结构-性能关系图上具有转折点,是各种金属化合物形成的标志和主要特点。金属化合物物相的结构特征有二:一是化合物的结构型式一般和母体纯金属时不同,二是两种原子分别占据不同等效点系的结构位置。

金属化合物是一类重要材料,有许多特异性能和应用,例如储氢材料 $LaNi_5$,$LaCo_5$ 以及组成和结构都较复杂的电子化合物等。这里说的电子化合物是指这类合金的结构型式由每个金属原子平均摊到的价电子数所决定。例如,每个原子摊到 3/2 个电子时,常形成 CsCl 型或 β-Mn 型结构;若摊到 21/13 个电子时,形成 γ-黄铜(Cu_5Zn_8)型结构;若摊到 7/4 个电子时,形成 ε 相(六方密堆积)结构等。另一类组成为 AB_2(如 $MgCu_2$),称为 Laves 相合金,其中 B 原子组成四面体形的原子簇结构通过共用顶点形成骨架,A 原子处于骨架的空隙之中。

3. 钢铁

钢铁是以铁和碳为基本元素的合金体系的总称。通常从炼铁高炉中生产得到含碳量 >2% 的叫生铁,含碳量 0.02%～2.0% 的叫钢,含碳量 <0.02% 的称纯铁(又称熟铁)。钢铁是用量最大、对国计民生最重要的金属材料。

钢铁在不同的温度条件下,有不同的相结构和不同的性质。将生铁在高温下通入氧气(或空气)冶炼,可使其含碳量降低,还可减少 S,P 等杂质元素的含量,使铁变为钢。在炼钢过程中加入 Si,Mn,Cr,V,Ti,W 等其他元素,形成不同化学成分、不同相结构和不同性能的合金钢,对合金钢经过锻、轧和热处理过程,可得到上千种钢铁合金材料,如锰钢、钨钢、钛钢、不锈钢、工具钢、弹簧钢等等,在这些合金钢中,出现不同的相结构(例如奥氏体、渗碳体、马氏体、铁素体、珠光体等)和特异的性能。

4. 形状记忆合金

形状记忆合金指它受外力作用改变了自己的形状,当加热到一定的温度能自动恢复到改变前的形状的合金。20世纪末发现了通过磁场控制的磁性形状记忆合金,它对外界作用的响应多样化。形状记忆合金具有广阔的应用前景。

5. 金属间隙化合物

金属间隙化合物是指金属和硼、碳、氮等元素形成的化合物。这类化合物中金属原子作密堆积结构,而硼、碳、氮等较小的非金属原子填入间隙之中,形成间隙化合物或间隙固溶体。这类化合物有着下列共同特征:(1)不论纯金属本身的结构型式如何,大多数间隙化合物采取NaCl型结构;(2)具有比母体金属高得多的熔点和硬度;(3)填隙原子和金属原子间存在共价键,但仍有良好的导电性和金属光泽。

8.5 固体的表面结构和性质

固体表面结构是很复杂的,表面层的化学组成常和体相组成不同,结构也常起变化。不能把表面简单看作体相的中止,把表面结构看作体相结构的延续。洁净的表面暴露在大气中,很快就会吸附上一层分子。

研究固体表面的组成和结构有许多方法,如场离子显微镜(FIM)、低能电子衍射(LEED)、紫外光电子能谱(UPS)、X射线光电子能谱(XPS)、俄歇电子谱(AES)、离子散射谱(ISS)、电子能量损失谱(EELS)等等。利用这些方法研究表面结构,已经得到许多有关表面结构的知识:表面并不是光滑的,表面原子有着多种不同的周围环境,例如附加原子(adatom)、台阶附加原子(step adatom)、单原子台阶(monatomic step)、平台(terrace)、平台空位(terrace vacancy)、扭接原子(kink atom)。不同环境的原子配位数不同,它们的化学行为不同,如吸附热和催化活性差别很大。研究表面结构、研究表面层吸附分子的结构,对化学、物理学、材料科学等均有重大意义。

习 题 解 析

【8.1】 半径为 R 的圆球堆积成正四面体空隙,试作图显示,并计算该四面体的边长、高度、中心到顶点距离、中心距底面的高度、中心到两顶点连线的夹角以及中心到球面的最短距离。

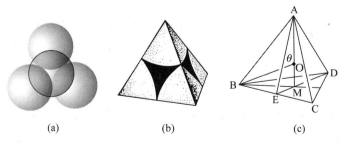

图 8.1

解 4个等径圆球作紧密堆积的情形示于图8.1(a)和(b),图8.1(c)示出堆积所形成的正四面体空隙,该正四面体的顶点即球心位置,边长为圆球半径的2倍。

由图和正四面体的立体几何知识可知:

边长 $AB = 2R$

高 $AM = (AE^2 - EM^2)^{\frac{1}{2}} = \left[AB^2 - BE^2 - \left(\frac{1}{3}DE\right)^2\right]^{\frac{1}{2}}$

$= \left[AB^2 - \left(\frac{1}{2}AB\right)^2 - \left(\frac{1}{3}AE\right)^2\right]^{\frac{1}{2}} = \left[(2R)^2 - R^2 - \left(\frac{\sqrt{3}}{3}R\right)^2\right]^{\frac{1}{2}}$

$= \frac{2}{3}\sqrt{6}R \approx 1.633R$

中心到顶点的距离: $OA = \frac{3}{4}AM = \frac{\sqrt{6}}{2}R \approx 1.225R$

中心到底面的高度: $OM = \frac{1}{4}AM = \frac{\sqrt{6}}{6}R \approx 0.408R$

中心到两顶点连线的夹角为: $\theta = \angle AOB$

$$\theta = \arccos\left[\frac{OA^2 + OB^2 - AB^2}{2(OA)(OB)}\right] = \arccos\left[\frac{2(\sqrt{6}R/2)^2 - (2R)^2}{2(\sqrt{6}R/2)^2}\right]$$

$= \arccos(-1/3) = 109.47°$

中心到球面的最短距离 $= OA - R \approx 0.225R$

本题的计算结果很重要。由此结果可知,半径为 R 的等径圆球最密堆积结构中四面体空隙所能容纳的小球的最大半径为 $0.225R$。而 0.225 正是典型的二元离子晶体中正离子的配位多面体为正四面体时正、负离子半径比的下限。此题的结果也是了解 hcp 结构中晶胞参数的基础(见习题 8.4)。

【8.2】 半径为 R 的圆球堆积成正八面体空隙,计算中心到顶点的距离。

解 正八面体空隙由6个等径圆球密堆积而成,其顶点即圆球的球心,其棱长即圆球的直径。空隙的实际体积小于八面体体积。图8.2中三图分别示出球的堆积情况及所形成的正八面体空隙。

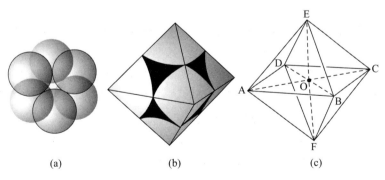

(a)　　　　　(b)　　　　　(c)

图 8.2

由图(c)知,八面体空隙中心到顶点的距离为

$$OC = \frac{1}{2}AC = \frac{1}{2}\sqrt{2}AB = \frac{1}{2}\sqrt{2} \times 2R = \sqrt{2}R$$

而八面体空隙中心到球面的最短距离为

$$OC - R = \sqrt{2}R - R \approx 0.414R$$

此即半径为 R 的等径圆球最密堆积形成的正八面体空隙所能容纳的小球的最大半径。0.414 是典型的二元离子晶体中正离子的配位多面体为正八面体时 r_+/r_- 的下限值。

【8.3】 半径为 R 的圆球围成正三角形空隙,计算中心到顶点的距离。

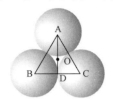

图 8.3

解 由图 8.3 可见,三角形空隙中心到顶点(球心)的距离为

$$OA = \frac{2}{3}AD = \frac{2}{3}\sqrt{3}R \approx 1.155R$$

三角形空隙中心到球面的距离为

$$OA - R \approx 1.155R - R = 0.155R$$

此即半径为 R 的圆球作紧密堆积形成的三角形空隙所能容纳的小球的最大半径,0.155 是"三角形离子配位多面体"中 r_+/r_- 的下限值。

【评注】 上述 8.1~8.3 三题计算了有关四面体、八面体和三角形体等 3 种空隙的几何学,这对于深入了解物质的结构和性质是极重要的基础内容,读者通过解题熟练地掌握其中的几何关系,并逐步建立起有关化学中三维立体的知识。

【8.4】 半径为 R 的圆球堆积成 A3 型结构,计算六方晶胞参数 a 和 c 的数值。

解 图 8.4 示出 A3 型结构的一个六方晶胞。该晶胞中有两个圆球、4 个正四面体空隙和两个正八面体空隙。由图可见,两个正四面体空隙共用一个顶点,正四面体高的两倍即晶胞参数 c,而正四面体的棱长即为晶胞参数 a 或 b。根据 8.1 题的结果,可得

$$a = b = 2R$$
$$c = \frac{2}{3}\sqrt{6}R \times 2 = \frac{4}{3}\sqrt{6}R$$
$$c/a = \frac{2}{3}\sqrt{6} \approx 1.633$$

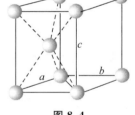

图 8.4

【评注】 c/a 称为 A3 型结构的轴率或轴比。除 Zn 和 Cd 外,许多 A3 型结构的金属单质的轴率都与理论值(1.633)接近。

轴率在结构化学中很有用。例如,C_{60} 分子呈圆球形,这可直接从 NMR 等表征结果推断出来(C_{60} 的 ^{13}C NMR 只出现一个峰,说明所有 C 原子具有完全相同的周围环境,符合此条件的原子只能排布在一个圆球面上),并可用轴率这一概念加以旁证:C_{60} 分子在低温下可形成六方最密堆积结构,其六方晶胞的 $c/a = 1639 \text{ pm}/1002 \text{ pm} = 1.635$。只有等径圆球形成的六方最密堆积结构,才有这样的轴比,说明 C_{60} 分子是圆球形的。

【8.5】 证明半径为 R 的圆球所作的体心立方堆积中,八面体空隙只能容纳半径为 $0.154R$ 的小球,四面体空隙可容纳半径为 $0.291R$ 的小球。

证明 等径圆球体心立方堆积结构的晶胞示于图 8.5(a)和(b)。由图 8.5(a)可见,八面

体空隙中心分别分布在晶胞的面心和棱心上。因此,每个晶胞中有 6 个八面体空隙 $\left(6\times\dfrac{1}{2}+12\times\dfrac{1}{4}\right)$。而每个晶胞中含 2 个圆球,所以每个球平均摊到 3 个八面体空隙。这些八面体空隙是沿着一个轴被压扁了的变形八面体,长轴为 $\sqrt{2}a$,短轴为 a(a 是晶胞参数)。

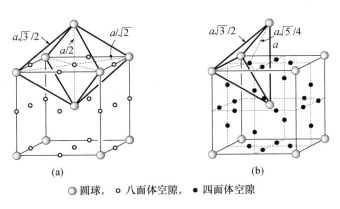

○ 圆球, ○ 八面体空隙, ● 四面体空隙

图 8.5

八面体空隙所能容纳的小球的最大半径 r_o 即从空隙中心(沿短轴)到球面的距离,该距离为 $\dfrac{a}{2}-R$。体心立方堆积是一种非最密堆积,圆球只在 C_3 轴方向上相互接触,因而 $a=\dfrac{4}{\sqrt{3}}R$。代入 $\dfrac{a}{2}-R$,得 $r_o=\left(\dfrac{2}{\sqrt{3}}-1\right)R\approx 0.154R$。

由图 8.5(b)可见,四面体空隙中心分布在立方晶胞的面上,每个面有 4 个四面体中心,因此每个晶胞有 12 个四面体空隙 $\left(6\times 4\times\dfrac{1}{2}\right)$。而每个晶胞有 2 个球,所以每个球平均摊到 6 个四面体空隙。这些四面体空隙也是变形的,2 条长棱皆为 a,4 条短棱皆为 $\dfrac{\sqrt{3}}{2}a$。

四面体空隙所能容纳的小球的最大半径 r_T 等于从四面体空隙中心到顶点的距离减去球的半径 R。而从空隙中心到顶点的距离为 $\left[\left(\dfrac{a}{2}\right)^2+\left(\dfrac{a}{4}\right)^2\right]^{\frac{1}{2}}=\dfrac{\sqrt{5}}{4}a$,所以小球的最大半径为 $\dfrac{\sqrt{5}}{4}a-R=\dfrac{\sqrt{5}}{4}\times\dfrac{4}{\sqrt{3}}R-R=0.291R$。

【8.6】 计算等径圆球密置单层中平均每个球所摊到的三角形空隙数目及二维堆积密度。

解 图 8.6 示出等径圆球密置单层的一部分。

由图可见,每个球(如 A)周围有 6 个三角形空隙,而每个三角形空隙由 3 个球围成,所以每个球平均摊到 $6\times\dfrac{1}{3}=2$ 个三角形空隙。也可按图中画出的平行四边形单位计算。该单位只包含 1 个球和 2 个三角形空隙,即每个球摊到 2 个三角形空隙。

设等径圆球的半径为 R,则图中平行四边形单位的边长

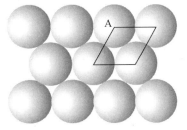

图 8.6

为 $2R$。所以二维堆积系数为

$$\frac{\pi R^2}{(2R)^2\sin 60°}=\frac{\pi R^2}{4R^2(\sqrt{3}/2)}=0.906$$

【8.7】 指出 $A1$ 型和 $A3$ 型等径圆球密堆积晶胞中密置层的方向各是什么。

解 $A1$ 型等径圆球密堆积晶胞中,密置层的方向与 C_3 轴垂直,即与(111)面平行。$A3$ 型等径圆球密堆积中,密置层的方向与六次轴垂直,即与(001)面平行。下面将通过两种密堆积型式划分出来的晶胞进一步说明密置层的方向。

$A1$ 型密堆积可划分出如图 8.7(a)所示的立方面心晶胞。在该晶胞中,由虚线连接的圆球所处的平面即密置层面,该层面垂直于立方晶胞的体对角线即 C_3 轴。每一晶胞有 4 条体对角线,即在 4 个方向上都有 C_3 轴的对称性。因此,与这 4 个方向垂直的层面都是密置层。

$A3$ 型密堆积可划分出如图 8.7(b)所示的六方晶胞。球 A 和球 B 所在的堆积层都是密置层,这些层面平行于(001)晶面,即垂直于 c 轴,而 c 轴平行于六次轴 C_6。

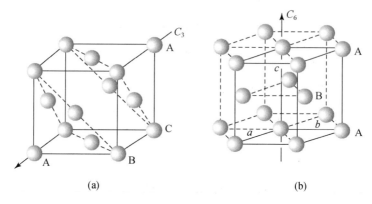

图 8.7

【8.8】 根据下面(1)~(3)中的要求,请总结 $A1$,$A2$ 及 $A3$ 型金属晶体的结构特征。

(1) 原子密置层的堆积方式、重复周期($A2$ 型除外)、原子的配位数及配位情况;

(2) 空隙的种类和大小、空隙中心的位置及平均每个原子摊到的空隙数目;

(3) 原子的堆积系数、所属晶系、晶胞中原子的坐标参数、晶胞参数与原子半径的关系以及空间点阵型式等。

解

(1) $A1$,$A2$ 和 $A3$ 型金属晶体中原子的堆积方式分别为立方最密堆积(ccp)、体心立方密堆积(bcp)和六方最密堆积(hcp)。$A1$ 型堆积中密堆积层的重复方式为 <u>ABCABCABC</u>⋯,三层为一重复周期;$A3$ 型堆积中密堆积层的重复方式为 <u>ABABAB</u>⋯,两层为一重复周期。$A1$ 和 $A3$ 型堆积中原子的配位数皆为 12,而 $A2$ 型堆积中原子的配位数为 8~14,在 $A1$ 型和 $A3$ 型堆积中,中心原子与所有配位原子都接触,同层 6 个,上下两层各 3 个。所不同的是,$A1$ 型堆积中,上下两层配位原子沿 C_3 轴的投影相差 60°呈 C_6 轴的对称性,而 $A3$ 型堆积中,上下两层配位原子沿 c 轴的投影互相重合。在 $A2$ 型堆积中,8 个近距离$\left(与中心原子相距为\frac{\sqrt{3}}{2}a\right)$配位原子处在立方晶胞的顶点上,6 个远距离(与中心原子相距为 a)配位原子处在相邻晶胞的体心上。

(2) A1型堆积和A3型堆积都有两种空隙,即四面体空隙和八面体空隙。四面体空隙可容纳半径为 0.225R 的小原子,八面体空隙可容纳半径为 0.414R 的小原子(R 为堆积原子的半径)。在这两种堆积中,每个原子平均摊到 2 个四面体空隙和 1 个八面体空隙。差别在于,两种堆积中空隙的分布不同。在 A1 型堆积中,四面体空隙的中心在立方晶胞的体对角线上,到晶胞顶点的距离为 $\frac{\sqrt{6}}{2}R$。八面体空隙的中心分别处在晶胞的体心和棱心上。在 A3 型堆积中,四面体空隙中心的坐标参数分别为 $0,0,\frac{3}{8};0,0,\frac{5}{8};\frac{2}{3},\frac{1}{3},\frac{1}{8};\frac{2}{3},\frac{1}{3},\frac{7}{8}$。而八面体空隙中心的坐标参数分别为 $\frac{2}{3},\frac{1}{3},\frac{1}{4};\frac{2}{3},\frac{1}{3},\frac{3}{4}$。A2 型堆积中有变形八面体空隙、变形四面体空隙和三角形空隙(亦可视为变形三方双锥空隙)。八面体空隙和四面体空隙在空间上是重复利用的。八面体空隙中心在体心立方晶胞的面心和棱心上。每个原子平均摊到 3 个八面体空隙,该空隙可容纳的小原子的最大半径为 0.154R。四面体空隙中心处在晶胞的面上。每个原子平均摊到 6 个四面体空隙,该空隙可容纳的小原子的最大半径为 0.291R。三角形空隙实际上是上述两种多面体空隙的连接面,算起来,每个原子摊到 12 个三角形空隙。

(3)

金属的结构型式	A1	A2	A3
原子的堆积系数	74.05%	68.02%	74.05%
所属晶系	立方	立方	六方
晶胞型式	(面心)立方	(体心)立方	六方
晶胞中原子的坐标参数	$0,0,0;\frac{1}{2},\frac{1}{2},0;$ $\frac{1}{2},0,\frac{1}{2};0,\frac{1}{2},\frac{1}{2}$	$0,0,0;$ $\frac{1}{2},\frac{1}{2},\frac{1}{2}$	$0,0,0;$ $\frac{2}{3},\frac{1}{3},\frac{1}{2}$
晶胞参数与原子半径的关系	$a=2\sqrt{2}R$	$a=\frac{4}{\sqrt{3}}R$	$a=b=2R$ $c=\frac{4}{3}\sqrt{6}R$
点阵型式	面心立方	体心立方	简单六方

综上所述,A1,A2 和 A3 型结构是金属单质的 3 种典型结构型式。它们具有共性,也有差异。尽管 A2 型结构与 A1 型结构同属立方晶系,但 A2 型结构是非最密堆积,堆积系数小,且空隙数目多,形状不规则,分布复杂。搞清这些空隙的情况对于实际工作很重要。A1 型结构和 A3 型结构都是最密堆积结构,它们的配位数、球与空隙的比例以及堆积系数都相同。差别是它们的对称性和周期性不同。A3 型结构属六方晶系,可划分出包含两个原子的六方晶胞。其密置层方向与 c 轴垂直。而 A1 型结构的对称性比 A3 型结构的对称性高,它属立方晶系,可划分出包含 4 个原子的面心立方晶胞,密置层与晶胞体对角线垂直。A1 型结构将原子密置层中 C_6 轴所包含的 C_3 轴对称性保留了下来。另外,A3 型结构可抽象出简单六方点阵,而 A1 型结构可抽象出面心立方点阵。

【8.9】 画出等径圆球密置双层图及相应的点阵素单位,指明结构基元。

解 等径圆球的密置双层示于图 8.9。仔细观察和分析便发现,作周期性重复的最基本的结构单位包括 2 个圆球,即 2 个圆球构成一个结构基元。这两个球分布在两个密置层中,如球 A 和球 B。

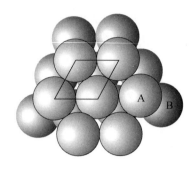

图 8.9

密置双层本身是个三维结构,但由它抽取出来的点阵却为平面点阵。即密置双层仍为二维点阵结构。图中画出平面点阵的素单位,该单位是平面六方单位,其形状与密置单层的点阵素单位一样,每个单位也只包含 1 个点阵点,但它代表 2 个球。

等径圆球密置双层是两个密置层作最密堆积所得到的唯一的一种堆积方式。在密置双层结构中,圆球之间形成两种空隙,即四面体空隙和八面体空隙。前者由 3 个相邻的 A 球和 1 个 B 球或 3 个相邻的 B 球和 1 个 A 球构成。后者则由 3 个相邻的 A 球和 3 个相邻的 B 球构成。球数∶四面体空隙数∶八面体空隙数＝2∶2∶1。

【8.10】 金属铜属于 A1 型结构,试计算(111),(110)和(100)等面上铜原子的堆积系数。

解 参照金属铜的面心立方晶胞,画出 3 个晶面上原子的分布情况如下(图中未示出原子的接触情况):

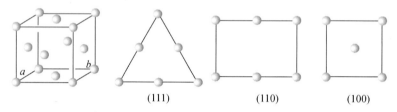

(111)　　　　　(110)　　　　　(100)

(111)面是密置面,面上的所有原子作紧密排列。该面上的铜原子的堆积系数等于三角形单位中球的总最大截面积除以三角形的面积。三角形单位中包含两个半径为 R 的球 $\left(3\times\dfrac{1}{2}+3\times\dfrac{1}{6}\right)$,所以该面上原子的堆积系数为

$$\dfrac{2\times\pi R^2}{2R\times 2\sqrt{3}R}=\dfrac{\pi}{2\sqrt{3}}=0.906$$

(110)面上原子的堆积系数可根据图中的矩形单位计算。此矩形单位中含两个半径为 R 的球 $\left(4\times\dfrac{1}{4}+2\times\dfrac{1}{2}\right)$。按照上述方法并注意到在矩形的长边(即晶胞的面对角线)上球是相互接触的,可计算(110)面上原子的堆积系数如下:

$$\dfrac{2\times\pi R^2}{a\times 4R}=\dfrac{2\times\pi R^2}{2\sqrt{2}R\times 4R}=\dfrac{\pi}{4\sqrt{2}}=0.555$$

(100)面上原子的堆积系数可按同样的思路和方法根据图中的正方形单位计算如下:

$$\dfrac{2\pi R^2}{a^2}=\dfrac{2\pi R^2}{(2\sqrt{2}R)^2}=\dfrac{\pi}{4}=0.785$$

由计算结果可见,3 个面上原子的堆积系数的大小次序为:(111)＞(100)＞(110)。

【8.11】 金属铂为 A1 型结构,晶胞参数 a 为 392.3 pm,Pt 的相对原子质量为 195.1。试求金属铂的密度及原子半径。

解 因为金属铂属于 A1 型结构,所以每个晶胞中有 4 个原子。因而其密度为

$$D=\dfrac{4M}{a^3 N_A}=\dfrac{4\times 195.1\,\text{g mol}^{-1}}{(392.3\times 10^{-10}\,\text{cm})^3\times 6.022\times 10^{23}\,\text{mol}^{-1}}=21.45\,\text{g cm}^{-3}$$

A1 型结构中原子在晶胞的面对角线方向上互相接触,因此晶胞参数 a 和原子半径 R 的关系为 $a=2\sqrt{2}R$,所以

$$R=\frac{a}{2\sqrt{2}}=\frac{392.3 \text{ pm}}{2\sqrt{2}}=138.7 \text{ pm}$$

【8.12】 硅的结构和金刚石相似,Si 的共价半径为 117 pm。求硅的晶胞参数、晶胞体积和晶体密度。

解 硅的立方晶胞中含 8 个硅原子,它们的坐标参数与金刚石立方晶胞中碳原子的坐标参数相同。硅的共价半径和晶胞参数的关系可通过晶胞对角线的长度推导出来。设硅的共价半径为 r_{Si},晶胞参数为 a,则根据硅原子的坐标参数可知,体对角线的长度为 $8r_{Si}$。而体对角线的长度又等于 $\sqrt{3}a$,因而有 $8r_{Si}=\sqrt{3}a$,所以

$$a=\frac{8}{\sqrt{3}}r_{Si}=\frac{8}{\sqrt{3}}\times 117 \text{ pm}=540 \text{ pm}$$

晶胞体积为

$$V=a^3=\left(\frac{8}{\sqrt{3}}\times 117 \text{ pm}\right)^3=1.58\times 10^8 \text{ pm}^3$$

晶体密度为

$$D=\frac{8\times 28.09 \text{ g mol}^{-1}}{\left(\frac{8}{\sqrt{3}}\times 117\times 10^{-10} \text{ cm}\right)^3\times 6.022\times 10^{23} \text{ mol}^{-1}}$$

$$=2.37 \text{ g cm}^{-3}$$

金刚石、硅和灰锡等单质的结构属立方金刚石型(A4 型),这是一种空旷的结构型式,原子的空间占有率只有 34.01%。

【8.13】 已知金属钛为六方最密堆积结构,钛原子半径为 144.8 pm。试计算六方晶胞参数及晶体密度。

解 晶胞参数为
$$a=b=2R=2\times 144.8 \text{ pm}=289.6 \text{ pm}$$
$$c=\frac{4}{3}\sqrt{6}R=\frac{4}{3}\sqrt{6}\times 144.8 \text{ pm}=473 \text{ pm}$$

晶体密度为

$$D=\frac{2M}{abc \sin 120°\times N_A}$$

$$=\frac{2\times 47.87 \text{ g mol}^{-1}}{(289.6\times 10^{-10} \text{ cm})^2\times (473\times 10^{-10} \text{ cm})\times \frac{\sqrt{3}}{2}\times 6.022\times 10^{23} \text{ mol}^{-1}}$$

$$=4.63 \text{ g cm}^{-3}$$

【8.14】 铝为面心立方结构,密度为 2.70 g cm^{-3}。试计算它的晶胞参数和原子半径;用 Cu Kα 射线摄取衍射图,333 衍射线的衍射角是多少?

解 铝为面心立方结构,因而一个晶胞中有 4 个原子。由此可得铝的摩尔质量 M、晶胞参数 a、晶体密度 D 及 Avogadro 常数 N_A 之间的关系为:$D=4M/a^3N_A$,所以,晶胞参数:

$$a = \left(\frac{4M}{DN_A}\right)^{\frac{1}{3}} = \left(\frac{4\times 26.98\ \mathrm{g\ mol^{-1}}}{2.70\ \mathrm{g\ cm^{-3}}\times 6.022\times 10^{23}\ \mathrm{mol^{-1}}}\right)^{\frac{1}{3}}$$
$$= 404.9\ \mathrm{pm}$$

面心立方结构中晶胞参数 a 与原子半径 R 的关系为 $a = 2\sqrt{2}R$，因此，铝的原子半径为

$$R = \frac{a}{2\sqrt{2}} = \frac{404.9\ \mathrm{pm}}{2\sqrt{2}} = 143.2\ \mathrm{pm}$$

根据 Bragg 方程得

$$\sin\theta = \frac{\lambda}{2d_{hkl}}$$

将立方晶系面间距 d_{hkl}、晶胞参数 a 和衍射指标 hkl 间的关系式代入，得

$$\sin\theta = \frac{\lambda\sqrt{h^2+k^2+l^2}}{2a} = \frac{154.2\ \mathrm{pm}\times (3^2+3^2+3^2)^{\frac{1}{2}}}{2\times 404.9\ \mathrm{pm}} = 0.9894$$
$$\theta = 81.7°$$

【8.15】 金属钠为体心立方结构，$a = 429$ pm。请计算：
（1）Na 的原子半径；
（2）金属钠的理论密度和摩尔体积；
（3）(110)面的间距。

解
（1）金属钠为体心立方结构，原子在晶胞体对角线方向上互相接触，由此推得原子半径 r 和晶胞参数 a 的关系为

$$r = \frac{1}{4}\sqrt{3}a$$

代入数据，得

$$r = \frac{\sqrt{3}}{4}\times 429\ \mathrm{pm} = 185.8\ \mathrm{pm}$$

（2）每个晶胞中含两个钠原子，因此，金属钠的理论密度为
$$D = \frac{2M}{a^3 N_A} = \frac{2\times 22.99\ \mathrm{g\ mol^{-1}}}{(429\times 10^{-10}\ \mathrm{cm})^3\times 6.022\times 10^{23}\ \mathrm{mol^{-1}}}$$
$$= 0.967\ \mathrm{g\ cm^{-3}}$$

其摩尔体积为
$$V_m = \frac{M}{D} = \frac{22.99\ \mathrm{g\ mol^{-1}}}{0.967\ \mathrm{g\ cm^{-3}}} = 23.8\ \mathrm{cm^3\ mol^{-1}}$$

（3）$d_{(110)} = \dfrac{a}{(1^2+1^2+0^2)^{1/2}} = \dfrac{429\ \mathrm{pm}}{\sqrt{2}} = 303.4\ \mathrm{pm}$

【8.16】 金属钽为体心立方结构，$a = 330$ pm。试求：
（1）金属钽的理论密度（Ta 的相对原子质量为 181）；
（2）(110)面间距；
（3）若用 $\lambda = 154$ pm 的 X 射线，衍射指标为 220 的衍射角 θ 是多少？

解 本题的解题思路和方法与 8.15 题相同。
（1）金属钽的理论密度为

$$D = \frac{2M}{a^3 N_A} = \frac{2 \times 181 \text{ g mol}^{-1}}{(330 \times 10^{-10} \text{ cm})^3 \times 6.022 \times 10^{23} \text{ mol}^{-1}}$$
$$= 16.7 \text{ g cm}^{-3}$$

(2) (110)点阵面的间距为

$$d_{(110)} = \frac{a}{\sqrt{1^2+1^2+0^2}} = \frac{330 \text{ pm}}{\sqrt{2}} = 233 \text{ pm}$$

(3) 根据 Bragg 方程得

$$\sin\theta_{220} = \frac{\lambda}{2d_{220}} = \frac{\lambda}{2 \times \frac{1}{2}d_{(110)}} = \frac{\lambda}{d_{(110)}} = \frac{154 \text{ pm}}{330 \text{ pm}/\sqrt{2}}$$
$$= 0.6598$$
$$\theta_{220} = 41.3°$$

【8.17】 金属镁属 $A3$ 型结构，镁的原子半径为 160 pm。
(1) 指出镁晶体所属的空间点阵型式及微观特征对称元素；
(2) 写出晶胞中原子的分数坐标；
(3) 若原子符合硬球堆积规律，计算金属镁的摩尔体积；
(4) 求 d_{002} 值。

解

(1) 镁晶体的空间点阵型式为简单六方。两个镁原子为一结构基元，或者说一个六方晶胞即为一结构基元。这与铜、钠、钽等金属晶体中一个原子即为一结构基元的情况不同。这要从结构基元和点阵的定义来理解。结构基元是晶体结构中作周期性重复的最小的单位，它必须满足 3 个条件，即每个结构基元的化学组成相同、空间结构相同，若忽略晶体的表面效应，它们的周围环境也相同。若以每个镁原子作为结构基元抽出一个点，这些点不满足点阵的定义，即不能按连接任意 2 个镁原子的矢量进行平移而使整个结构复原。

镁晶体的微观特征对称元素为 6_3 和 $\bar{6}$。

(2) 晶胞中原子的分数坐标为

$$0,0,0; \quad \frac{2}{3},\frac{1}{3},\frac{1}{2}$$

(3) 一个晶胞的体积为 $abc\sin120°$，而 1 mol 晶体相当于 $N_A/2$ 个晶胞，故镁晶体的摩尔体积为

$$\frac{N_A}{2}abc\sin120° = \frac{N_A}{2} \times 2R \times 2R \times \frac{4}{3}\sqrt{6}R \times \frac{\sqrt{3}}{2} = 4\sqrt{2}N_A R^3$$
$$= 4\sqrt{2} \times 6.022 \times 10^{23} \text{ mol}^{-1} \times (160 \times 10^{-10} \text{ cm})^3$$
$$= 13.95 \text{ cm}^3 \text{ mol}^{-1}$$

也可按下述思路进行计算：1 mol 镁原子的真实体积为 $\frac{4}{3}\pi R^3 N_A$，而在镁晶体中原子的堆积系数为 0.7405，故镁晶体的摩尔体积为

$$\frac{4}{3}\pi R^3 N_A / 0.7405 = \frac{4}{3}\pi (160 \text{ pm})^3 \times 6.022 \times 10^{23} \text{ mol}^{-1} / 0.7405$$
$$= 13.95 \text{ cm}^3 \text{ mol}^{-1}$$

(4) $d_{002} = \frac{1}{2} d_{001}$，对于 A3 型结构，$d_{001} = c$，故镁晶体 002 衍射面的面间距为

$$d_{002} = \frac{1}{2} d_{001} = \frac{1}{2} c = \frac{1}{2} \times \frac{4}{3}\sqrt{6} R = \frac{2}{3}\sqrt{6} \times 160 \text{ pm}$$
$$= 261.3 \text{ pm}$$

用六方晶系的面间距公式计算，所得结果相同。

【8.18】 Ni 是面心立方金属，晶胞参数 $a = 352.4$ pm。用 Cr Kα 辐射（$\lambda = 229.1$ pm）拍粉末图，列出可能出现的谱线的衍射指标及其衍射角（θ）的数值。

解 对于点阵型式属于面心立方的晶体，可能出现的衍射指标的平方和（$h^2 + k^2 + l^2$）为 3,4,8,11,12,16,19,20,24 等。但在本题给定的实验条件下：

$$\sin\theta = \frac{\lambda}{2a}\sqrt{h^2 + k^2 + l^2} = \frac{229.1 \text{ pm}}{2 \times 352.4 \text{ pm}}\sqrt{h^2 + k^2 + l^2}$$
$$= 0.3251\sqrt{h^2 + k^2 + l^2}$$

当 $h^2 + k^2 + l^2 \geq 11$ 时，$\sin\theta > 1$，这是不允许的。因此，$h^2 + k^2 + l^2$ 只能为 3,4 和 8，即只能出现 111，200 和 220 衍射。相应的衍射角为

$$\theta_{111} = \arcsin\theta_{111} = \arcsin(0.3251\sqrt{3}) = 34.26°$$
$$\theta_{200} = \arcsin\theta_{200} = \arcsin(0.3251\sqrt{4}) = 40.55°$$
$$\theta_{220} = \arcsin\theta_{220} = \arcsin(0.3251\sqrt{8}) = 66.82°$$

【8.19】 已知金属 Ni 为 A1 型结构，原子间接触距离为 249.2 pm。试计算：
(1) Ni 的密度及 Ni 的立方晶胞参数；
(2) 画出（100），（110），（111）面上原子的排布方式。

解
(1) 由于金属 Ni 为 A1 型结构，因而原子在立方晶胞的面对角线方向上互相接触。由此可求得晶胞参数：

$$a = \sqrt{2} \times 249.2 \text{ pm} = 352.4 \text{ pm}$$

晶胞中有 4 个 Ni 原子，因而晶体密度为

$$D = \frac{4M}{a^3 N_A} = \frac{4 \times 58.69 \text{ g}\cdot\text{mol}^{-1}}{(352.4 \times 10^{-10} \text{ cm})^3 \times 6.022 \times 10^{23} \text{ mol}^{-1}}$$
$$= 8.91 \text{ g}\cdot\text{cm}^{-3}$$

(2)

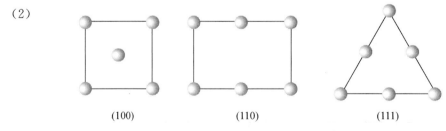

(100)　　　　　(110)　　　　　(111)

【8.20】 金属锂晶体属立方晶系，（100）点阵面的间距为 350 pm，晶体密度为 0.53 g·cm⁻³，从晶胞中包含的原子数目判断，该晶体属何种点阵型式？（Li 的相对原子质量为 6.941。）

解 金属锂的立方晶胞参数为

$$a = d_{(100)} = 350 \text{ pm}$$

设每个晶胞中的锂原子数为 Z,则

$$Z=\frac{0.53\text{ g cm}^{-3}\times(350\times10^{-10}\text{ cm})^3}{6.941\text{ g mol}^{-1}\times(6.022\times10^{23}\text{ mol}^{-1})^{-1}}=1.97\approx2$$

立方晶系晶体的点阵型式有简单立方、体心立方和面心立方 3 种,而对立方晶系的金属晶体（除 Po 外),可能的点阵型式只有面心立方和体心立方两种。若为前者,则一个晶胞中应至少有 4 个原子。由此可知,金属锂晶体属于体心立方点阵。

【8.21】 灰锡为金刚石型结构,晶胞中包含 8 个 Sn 原子,晶胞参数 $a=648.9$ pm。
（1）写出晶胞中 8 个 Sn 原子的分数坐标;
（2）计算 Sn 的原子半径;
（3）灰锡的密度为 5.75 g cm^{-3},求 Sn 的相对原子质量;
（4）白锡属四方晶系,$a=583.2$ pm,$c=318.1$ pm,晶胞中含 4 个 Sn 原子,通过计算说明由白锡转变为灰锡,体积是膨胀了还是收缩了;
（5）白锡中 Sn---Sn 间最短距离为 302.2 pm,试对比灰锡数据,估计哪一种锡的配位数高?

解

（1）晶胞中 8 个锡原子的分数坐标分别为

$$0,0,0;\ \frac{1}{2},\frac{1}{2},0;\ \frac{1}{2},0,\frac{1}{2};\ 0,\frac{1}{2},\frac{1}{2};\ \frac{1}{4},\frac{1}{4},\frac{3}{4};\ \frac{1}{4},\frac{3}{4},\frac{1}{4};\ \frac{3}{4},\frac{1}{4},\frac{1}{4};\ \frac{3}{4},\frac{3}{4},\frac{3}{4}$$

（2）灰锡的原子半径为

$$r_{\text{Sn(灰)}}=\frac{\sqrt{3}}{8}a=\frac{\sqrt{3}}{8}\times648.9\text{ pm}=140.5\text{ pm}$$

（3）设锡的摩尔质量为 M,灰锡的密度为 $D_{\text{Sn(灰)}}$,晶胞中的原子数为 Z,则

$$M=\frac{D_{\text{Sn(灰)}}a^3N_A}{Z}=\frac{5.75\text{ g cm}^{-3}\times(648.9\times10^{-10}\text{ cm})^3\times6.022\times10^{23}\text{ mol}^{-1}}{8}$$
$$=118.3\text{ g mol}^{-1}$$

即锡的相对原子质量为 118.3,和元素周期表所列数值 118.7 相近。

（4）由题意,白锡的密度为

$$D_{\text{Sn(白)}}=\frac{4M}{a^2cN_A}=\frac{4\times118.7\text{ g mol}^{-1}}{(583.2\times10^{-10}\text{ cm})^2\times(318.1\times10^{-10}\text{ cm})\times6.022\times10^{23}\text{ mol}^{-1}}$$
$$=7.28\text{ g cm}^{-3}$$

可见,由白锡转变为灰锡,密度减小,即体积膨胀了。

（5）灰锡中 Sn---Sn 间最短距离为

$$2r_{\text{Sn(灰)}}=2\times140.5\text{ pm}=281.0\text{ pm}$$

小于白锡中 Sn---Sn 间最短距离,由此可推断,白锡中原子的配位数高。

【8.22】 有一黄铜合金含 Cu 75%,Zn 25%（质量分数）,晶体的密度为 8.5 g cm^{-3}。晶体属立方面心点阵结构,晶胞中含 4 个原子。Cu 的相对原子质量为 63.5,Zn 为 65.4。
（1）求算 Cu 和 Zn 所占的原子百分数;
（2）计算每个晶胞中含合金的质量;
（3）计算晶胞体积;
（4）计算统计原子的原子半径。

解

(1) 设合金中 Cu 的原子分数(即摩尔分数)为 x,则 Zn 的原子分数(即摩尔分数)为 $1-x$,由题意知
$$63.5x : 65.4(1-x) = 0.75 : 0.25$$
解之,得
$$x = 0.755, \quad 1-x = 0.245$$
所以,该黄铜合金中,Cu 和 Zn 的摩尔分数分别为 75.5% 和 24.5%。

(2) 每个晶胞中含合金的质量为
$$\frac{(0.75 \times 63.5 \text{ g mol}^{-1} + 0.25 \times 65.4 \text{ g mol}^{-1}) \times 4}{6.022 \times 10^{23} \text{ mol}^{-1}}$$
$$= 4.25 \times 10^{-22} \text{ g}$$

(3) 晶胞的体积等于晶胞中所含合金的质量除以合金的密度,即
$$V = \frac{4.25 \times 10^{-22} \text{ g}}{8.5 \text{ g cm}^{-3}} = 5.0 \times 10^{-23} \text{ cm}^3$$

(4) 由晶胞的体积可求出晶胞参数:
$$a = V^{\frac{1}{3}} = (5.0 \times 10^{-23} \text{ cm}^3)^{\frac{1}{3}} = 368 \text{ pm}$$
由于该合金属立方面心点阵结构,因而统计原子在晶胞面对角线方向上相互接触,由此可推得统计原子半径为
$$r = \frac{a}{2\sqrt{2}} = \frac{368 \text{ pm}}{2\sqrt{2}} = 130 \text{ pm}$$

【评注】 8.10～8.22 题都涉及金属或合金晶体的密度、晶胞参数、原子半径、每个晶胞中的原子数等物理量或结构参数的计算。由解题过程可见,这些计算都是围绕着晶胞进行的。而关键问题有两个:一个是晶胞中的原子数是多少,另一个是晶胞参数和原子半径的关系是什么。搞清楚这两个关键问题,加上正确使用 Bragg 方程和面间距公式及 Avogadro 常数,即可较容易地计算出上述各种物理参数。而搞清这两个关键问题必须从了解晶体的结构型式出发。8.8 题就 A1, A2 和 A3 型晶体的许多结构问题进行了归纳和比较,其中包括两个关键问题。对于 A4 型结构中的这两个关键问题,读者可以 8.21 题为例加以了解并掌握。

【8.23】 AuCu 无序结构属立方晶系,晶胞参数 $a = 385$ pm[如图 8.23(a)],其有序结构为四方晶系[如图 8.23(b)]。若合金结构由(a)转变为(b)时,晶胞大小看作不变,请回答:

(1) 无序结构的点阵型式和结构基元;

(2) 有序结构的点阵型式、结构基元和原子分数坐标;

(3) 用波长 154 pm 的 X 射线拍粉末图,计算上述两种结构可能在粉末图中出现的衍射线的最小衍射角(θ)。

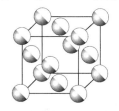
(a) 无序的 $Cu_{1-x}Au_x$

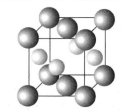
(b) 有序CuAu结构

图 8.23

解

(1) 无序结构的点阵型式为面心立方,结构基元为 $Cu_{1-x}Au_x$,即一个统计原子。

(2) 有序结构的点阵型式为简单四方,结构基元为 CuAu,上述所示的四方晶胞[图 8.23(b)]可进一步划分成两个简单四方晶胞,相当于两个结构基元。取图 8.23(b)中面对角线的 1/2 为新的简单四方晶胞的 a 轴和 b 轴,而 c 轴按图 8.23(b)不变,在新的简单四方晶胞图 [8.23(c)]中原子分数坐标为

$$Au:0,0,0;\quad Cu:\frac{1}{2},\frac{1}{2},\frac{1}{2}$$

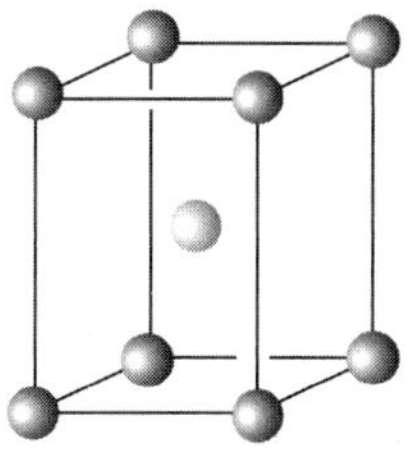

(3) 无序结构的点阵型式既为面心立方,它的最小衍射指标应为 111,因此最小衍射角为

$$\theta_{111}=\arcsin\theta_{111}=\arcsin\left[\frac{\lambda}{2a}(1^2+1^2+1^2)^{\frac{1}{2}}\right]$$
$$=\arcsin\left(\frac{154\ \text{pm}\times\sqrt{3}}{2\times 385\ \text{pm}}\right)=\arcsin 0.3464$$
$$=20.3°$$

图 8.23(c)

有序结构属四方晶系,其面间距公式为

$$d_{hkl}=\left(\frac{h^2+k^2}{a^2}+\frac{l^2}{c^2}\right)^{-\frac{1}{2}}$$

根据 Bragg 方程,最小衍射角对应于最大衍射面间距,即对应于最小衍射指标平方和。最小衍射指标平方和为 1。因此,符合条件的衍射可能为 100,010 和 001。但有序结构的点阵型式为简单四方,$c>a$,因此符合条件的衍射只有 001。最小衍射角 θ_{001} 可按下式计算:

$$\sin\theta_{001}=\lambda/2d_{001}=\lambda/2c=154\ \text{pm}/2\times 385\ \text{pm}$$
$$=0.200$$
$$\theta_{001}=11.5°$$

【8.24】 α-Fe 和 γ-Fe 分别属于体心立方堆积(bcp)和面心立方堆积(ccp)两种晶型。前者的原子半径为 124.1 pm,后者的原子半径为 127.94 pm。

(1) 对 α-Fe:

(a) 下列"衍射指标"中哪些不出现?
 110,200,210,211,220,221,310,222,321,…,521。

(b) 计算最小 Bragg 角对应的衍射面间距;

(c) 写出使晶胞中两种位置的 Fe 原子重合的对称元素的名称、记号和方位。

(2) 对 γ-Fe:

(a) 指出密置层的方向;

(b) 指出密置层的结构基元中形成的三角形空隙的数目和原子数目;

(c) 计算二维堆积密度;

(d) 计算两种铁的密度之比。

解 (1)(a) 体心的衍射指标要求指标之和为偶数,即 $h+k+l=$ 偶数。所以 210,221 两个衍射不可能出现。

(b) 最小角度的衍射指标为 110。

$$d_{110}=a/\sqrt{1^2+1^2}=a/\sqrt{2}$$

半径为 r 的原子进行体心密堆积,$a=4r/\sqrt{3}$。

$$a = 4 \times 124.1 \text{ pm}/\sqrt{3} = 286.6 \text{ pm}$$
$$d_{110} = 286.6 \text{ pm}/\sqrt{2} = 202.7 \text{ pm}$$

(c) 晶胞中两种位置上 Fe 原子的坐标为 $0,0,0$；$\frac{1}{2},\frac{1}{2},\frac{1}{2}$。

(i) 和 c 轴平行，(x,y) 坐标为 $(1/4,1/4)$ 的 2_1 轴。

(ii) 和 (001) 面平行，z 坐标为 $1/4$ 的 n 滑移面。

均可使晶胞中的两个 Fe 原子重合。

(2) (a) 密置层和 (111) 面平行。

(b) 密置层的结构基元为 1 个 Fe 原子，即其素晶胞包含 1 个 Fe 原子。晶胞中含三角形空隙 2 个，即结构基元为 1 个 Fe 原子和 2 个三角形空隙。

(c) 密置层的二维堆积密度为

$$\frac{\text{原子所占面积}}{\text{六方素晶胞的面积}} = \frac{\pi r^2}{(2r)^2 \sin 60°} = 0.906$$

(d) 若面心立方堆积以下标 F 表示，体心立方堆积以下标 I 表示，则

$$\frac{D_F}{D_I} = \frac{4M/N_A V_F}{2M/N_A V_I} = \frac{2V_I}{V_F} = \frac{2a_I^3}{a_F^3} = \frac{2(286.6 \text{ pm})^3}{(4r/\sqrt{2})^3} = \frac{2(286.6 \text{ pm})^3}{(361.9 \text{ pm})^3} = 0.993$$

【8.25】 某新型超导晶体由镁、镍和碳 3 种元素组成，镁原子和镍原子一起作立方最密堆积，形成有序结构(即无统计原子)。结构中有两种八面体空隙，一种完全由镍原子构成，另一种由镍原子和镁原子共同构成，两种八面体的数量比为 1∶3，碳原子只填充在由镍原子构成的八面体空隙中。

(1) 推断该晶体的结构，并画出该晶体的一个正当晶胞，写出原子在晶胞中的坐标位置；

(2) 写出该新型超导晶体的化学式；

(3) 指出该晶体的空间点阵型式；

(4) 写出两种八面体空隙中心的坐标参数。

解

(1) 面心立方最密堆积结构可划出立方面心晶胞，该晶胞含 4 个原子。按题意该晶胞是由 Mg 和 Ni 两种原子组成。Ni 原子参加组成的八面体多于 Mg 原子，由它的比例可推断晶胞中 Mg 只有 1 个，Ni 有 3 个。在这种结构中，Mg 应处于原点，Ni 则处于面心。原子分数坐标分别为：Mg$(0,0,0)$；Ni$(1/2,1/2,0;1/2,0,1/2;0,1/2,1/2)$；C 原子$(1/2,1/2,1/2)$，如图 8.25 所示。

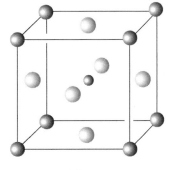

图 8.25

(2) 该新型超导晶体的化学式为 MgNi$_3$C。

(3) 该晶体的空间点阵型式为简单立方(cP)。

(4) 两种八面体空隙中心的坐标参数如下：

由 Mg 和 Ni 共同组成的八面体空隙中心的位置坐标为：$(1/2,0,0)$；$(0,1/2,0)$；$(0,0,1/2)$。

只由 Ni 单独组成的八面体空隙中心的位置坐标为：$(1/2,1/2,1/2)$。

第 9 章 离子化合物的结构化学

内 容 提 要

9.1 离子晶体的若干简单结构型式

许多离子晶体的结构可按密堆积结构来理解。一般负离子半径较大,可把负离子看作等径圆球进行密堆积,而正离子有序地填在空隙之中。例如,NaCl 晶体的结构可看作 Cl^- 离子按立方最密堆积,Na^+ 离子填在全部的八面体空隙之中;立方 ZnS 晶体的结构可看作 S^{2-} 按立方最密堆积,Zn^{2+} 填在一半四面体空隙中,填隙时互相间隔开,使填隙四面体不会出现共面连接或共边连接;六方 ZnS 晶体的结构可看作 S^{2-} 按六方最密堆积,Zn^{2+} 填在一半四面体空隙之中;CsCl 的晶体结构可看作 Cl^- 按简单立方堆积,Cs^+ 填在立方体空隙之中形成;NiAs 晶体的结构可看作 As^{3-} 按六方最密堆积,Ni^{3+} 填在全部八面体空隙之中。有时也可将结构看作正离子进行密堆积,负离子作填隙原子,例如 CaF_2 晶体结构可看作 Ca^{2+} 进行立方最密堆积,F^- 填在全部四面体空隙之中。

9.2 离子键和点阵能

离子键是正、负离子之间的静电作用力,其强弱可用点阵能的大小表示。点阵能是指在 0 K 时,1 mol 离子化合物中的正、负离子,由相互远离的气态结合成离子晶体时所释放出的能量。

点阵能可根据离子晶体中离子的电荷、离子的排列等结构数据计算得到。由于离子间存在静电库仑力和短程排斥力,库仑力异号相互吸引、同号相互排斥,作用能和距离 r 成反比;短程排斥作用能和距离高次方成反比。在晶体中,带电荷为 $(Z_+)e$ 的正离子和带电荷为 $(Z_-)e$ 的负离子按照一定的规律排列,根据晶体中正、负离子排列的几何关系及离子间的静电作用能,推引出计算离子晶体点阵能 U 的公式,对碱金属卤化物还可用一经验参数 $\rho = 0.31 \times 10^{-10}$ m 来简化点阵能的计算,即

$$U = -\frac{e^2 A N_A}{4\pi\varepsilon_0 r}\left(1 - \frac{\rho}{r}\right)$$

式中 N_A 为 Avogadro 常数,ε_0 为真空电容率,e 为电子电荷,A 为 Madelung 常数,它由晶体结构型式决定。例如,NaCl 型晶体 $A = 1.7476$,NaCl 晶体的 $r = 2.8197 \times 10^{-10}$ m,代入这些数,算得 $U = -766$ kJ·mol^{-1}。

精确计算点阵能,还要考虑色散能和零点能等各种其他能的相互作用。

点阵能不能由实验直接测定,但可通过实验,利用 Born-Haber 循环测定升华热、电离能、解离能、电子亲和能及生成热等数值,根据内能是状态函数性质计算出点阵能。

根据点阵能的计算值和由 Born-Haber 循环间接测定值相符合,说明离子晶体中作用力的本质是静电力。

点阵能的数据有多方面的应用,例如:(1)估算电子亲和能,(2)估算质子亲和能,(3)计算离子的溶剂化能,(4)理解化学反应的趋势,(5)估算非球形离子的半径等。

实际的晶体中,单纯的离子键很少。由于离子极化、轨道叠加、电子的离域等多种因素的影响,化学键的性质要偏离典型的离子键、共价键和金属键这3种极限的键型,称为键型变异。键型变异是一种普遍现象,应予以重视和注意。

离子的极化是指离子本身带有电荷,形成一个电场,离子在相互电场作用下,可使电荷分布的中心偏离原子核,而发生电子云变形,出现正负极,故称为极化,离子极化的出现,使离子键向共价键过渡。在 AgX 晶体中,当 X^- 由小增大,极化作用增加,促使 AgX 的键型逐步由离子键向共价键过渡,到 γ-AgI 就形成以共价键为主的结构。

9.3 离子半径

虽然电子在原子核外的分布是连续的,并无明确的界限,但由实验结果表明,可近似地将离子看作具有一定半径的弹性球,2个互相接触的球形离子的半径之和等于2个核间的平衡距离。

利用 X 射线衍射等方法可以很精确地测定正、负离子间的平衡距离,而怎样划分这个距离成为2个离子半径,则有不同的方法。

Goldschmidt 等利用大的负离子和小的正离子形成的离子晶体中,负离子和负离子相互接触的条件,推得 O^{2-} 半径 132 pm,F^- 半径 133 pm,以此为基础推引出离子半径。

Pauling 根据最外层电子的分布的大小与有效核电荷成反比的条件,由若干晶体的正、负离子的接触距离,用计算屏蔽常数半经验方法推引离子半径,得 O^{2-} 的半径为 140 pm,F^- 的半径为 136 pm,并以此为基础推引出其他离子的半径。

Shannon 等根据离子的配位数、配位多面体的几何构型、离子的自旋状况等条件,按不同条件下的接触距离推引有效离子半径。一套以 O^{2-} 的半径为 140 pm 出发,另一套以 O^{2-} 的半径为132 pm出发,得两套有效离子半径。

由于推引离子半径的出发点不同,使用离子半径时宜按同一出发点的数据,本书中用 O^{2-} 半径为 140 pm 的数据。

离子半径的大小有下列变化趋势:

(1) 周期表中同族元素的离子半径随原子序数的增加而增大。
(2) 同一周期元素核外电子数相同的正离子随着正电荷数的增加,离子半径显著下降。
(3) 同一元素各种价态的离子,电子数越多,离子半径越大。
(4) 核外电子数相同的负离子对(如 F^- 和 O^{2-}),随着负电价增加,半径略有增加,但增加值不大。
(5) 一种离子出现几种配位数时,配位数高的离子半径大。
(6) 镧系元素三价正离子的半径,从 La^{3+} 到 Lu^{3+} 依次下降,此为镧系收缩效应所引起。

9.4 离子配位多面体及其连接规律

为了描述复杂离子化合物的结构,揭示它们的结构规律,通常将正离子周围邻接的负离子所形成的多面体,称为正离子配位多面体。将配位多面体作为结构单元,从它们的连接方式了解晶体的结构。

配位多面体的型式,主要由正、负离子半径比(r_+/r_-)的大小决定。如果只考虑离子间的静电作用力,及影响点阵能的几何因素,可推得半径比和配位多面体的结构为

r_+/r_-	0.225~0.414	0.414~0.732	0.732~1.000
结构	四面体	八面体	立方体

在无机化合物中,最重要的配位多面体是四面体和八面体。

Pauling 提出关于离子晶体结构的配位多面体及其连接所遵循的规则,称为 Pauling 规则,其内容如下:

(1) 离子配位多面体规则:这一规则指出,在正离子周围的负离子形成配位多面体。正、负离子间的距离取决于正、负离子半径之和,配位数即配位多面体取决于正、负离子半径之比。

(2) 离子电价规则:这一规则说明,在一个稳定的离子化合物结构中,每一负离子的电价(绝对值)等于或近乎等于从邻近的正离子至该负离子的各静电键的强度的总和。

(3) 离子配位多面体共用顶点、棱边和面的规则:这个规则指明,在一个配位多面体结构中,共边连接和共面连接会使结构的稳定性降低;而正离子的价数越高,配位数越小,这一效应就越显著。

Pauling 规则是定性规则。键价方法则把离子电价进行定量计算,发展了 Pauling 的电价规则。键价方法指出,每个原子和周围配位原子间的键价总和等于它的原子价,称为键价和规则(参看 10.1 节)。

9.5 硅酸盐的结构化学

硅酸盐分布广泛,数量极大,约占地壳质量的 80%,是非常重要的一类化合物。

硅酸盐结构的基本单位是[SiO_4]四面体,四面体共用顶点按各种方式连接形成硅氧骨干,了解骨干的结构型式是了解硅酸盐结构化学的基础。

硅酸盐的结构有下列特点:

(1) 除少数例外,硅酸盐中 Si 处在配位数为 4 的[SiO_4]四面体中,Si—O 键以共价性为主,键长平均为 162 pm,但因历史原因,常按离子化合物进行讨论。

(2) 在天然硅酸盐中离子相互置换非常广泛而重要。Al 置换 Si 形成硅铝酸盐,其中[AlO_4]的 Al—O 键平均键长为 176 pm。Al 置换 Si,伴随有正离子加入,以平衡电荷。Al 也可处于八面体配位(这时常称为硅氧骨干外的离子)起平衡电荷作用。

(3) [$(Si, Al)O_4$]只能共顶点连接,而不共边和共面,而且 2 个 Si—O—Al 的能量要比 1 个 Al—O—Al 和 1 个 Si—O—Si 的能量之和低。

(4) [SiO_4]四面体的每个顶点上的 O 至多只能共用于 2 个这样的四面体之间,∠SiOSi 大多数处在 140°附近。

(5) 在硅铝酸盐中,硅铝氧骨干外的金属离子容易被其他金属离子置换,置换不同的离子,对骨干的结构影响较小,但对它的性能影响很大。

二氧化硅(SiO_2)可看作一种特殊的硅酸盐,它在不同条件下形成多种多晶型体,其中最常见而重要的是 α-石英,它具有较强的压电性和旋光性,是重要的工业材料。

硅氧骨干的结构型式是硅酸盐分类的基础,硅酸盐可分为分立型、链形、层形和骨架型四类,各类的结构特点如下:

(1) 分立型硅酸盐：结构中含有分立的硅氧骨干，如[SiO$_4$]，[Si$_2$O$_7$]，[Si$_3$O$_9$]，[Si$_4$O$_{12}$]，[Si$_6$O$_{18}$]，[Si$_{12}$O$_{30}$]等。含有[SiO$_4$]的硅酸盐，堆积较密，属于重硅酸盐。

(2) 链形硅酸盐：有单链和双链两类。单链的特点是每个[SiO$_4$]四面体共用2个顶点，连成一维无限长链。双链结构中有一部分[SiO$_4$]四面体共用3个顶点互相连接。

(3) 层形硅酸盐：[SiO$_4$]四面体共用3个顶点，由于连接方式的不同，可形成多种型式的层。层内离子可以置换；层间的金属离子有多有少，层间水分子也有多有少；层间堆积型式可以有序，也可以无序。所以，由层形硅酸盐组成的黏土和土壤，其结构和性质是非常复杂多样的。

(4) 骨架型硅酸盐：骨架型硅酸盐中[SiO$_4$]四面体的4个顶点都互相连接，形成三维骨架。长石中硅氧骨干的成分为[AlSi$_3$O$_8$]$_n^{n-}$，它是地壳岩石中的主要成分。沸石是含水的骨架型硅铝酸盐，加热去水后，形成空旷的硅氧骨架，有很多孔径均匀的孔道和内表面很大的孔穴，能起吸附剂作用，直径比孔道小的分子能进入孔穴，直径比孔道大的分子被拒之门外，起筛选分子作用，故称分子筛，是重要的化工原料。

离子化合物可在分子筛等作为载体的表面上进行自发单层分散，利用这种效应可制备新型吸附剂。例如，CuCl/分子筛吸附剂对CO具有高吸附容量和选择性功能。

习 题 解 析

【9.1】 MgO的晶体结构属NaCl型，Mg---O最短距离为210 pm。

(1) 利用下面公式计算点阵能U：

$$U = \frac{AN_A Z_+ Z_- e^2}{r_e (4\pi\varepsilon_0)}\left(1 - \frac{\rho}{r_e}\right) \qquad (\rho = 0.31 \times 10^{-10} \text{ m})$$

(2) O原子的第二电子亲和能Y_2（即O$^-$ + e$^-$ ⟶ O^{2-}的能量）不能直接在气相中测定，试利用下列数据及(1)中得到的点阵能数据，按Born-Haber循环求算：

$$O^-(g) \longrightarrow O(g) + e^- \qquad 141.8 \text{ kJ mol}^{-1}$$
$$O_2(g) \longrightarrow 2O(g) \qquad 498.4 \text{ kJ mol}^{-1}$$
$$Mg(s) \longrightarrow Mg(g) \qquad 146.4 \text{ kJ mol}^{-1}$$
$$Mg(g) \longrightarrow Mg^+(g) + e^- \qquad 737.7 \text{ kJ mol}^{-1}$$
$$Mg^+(g) \longrightarrow Mg^{2+}(g) + e^- \qquad 1450.6 \text{ kJ mol}^{-1}$$
$$Mg(s) + \frac{1}{2}O_2 \longrightarrow MgO(s) \qquad -601.2 \text{ kJ mol}^{-1}$$

解

(1) $U = \dfrac{AN_A Z_+ Z_- e^2}{4\pi\varepsilon_0 r_e}\left(1 - \dfrac{\rho}{r_e}\right)$

$= \dfrac{1.7476 \times 6.022 \times 10^{23} \text{ mol}^{-1} \times 2 \times (-2) \times (-1.602 \times 10^{-19} \text{ C})^2}{4 \times 3.14 \times 8.854 \times 10^{-12} \text{ C}^2 \text{ J}^{-1} \text{ m}^{-1} \times 210 \times 10^{-12} \text{ m}} \cdot$

$\left(1 - \dfrac{0.31 \times 10^{-10} \text{ m}}{210 \times 10^{-12} \text{ m}}\right)$

$= -3943 \text{ kJ mol}^{-1}$

(2) 为便于书写，在下列Born-Haber循环中略去了各物理量的单位——kJ mol^{-1}。

$$-601.2 \text{ kJ mol}^{-1} = (146.4 + 737.7 + 1450.6 + 249.2 \\ -141.8 - 3943) \text{kJ mol}^{-1} + Y_2$$
$$Y_2 = 899.7 \text{ kJ mol}^{-1}$$

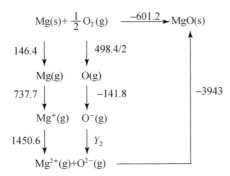

【9.2】 写出下列 NaCl 型晶体点阵能大小的次序及依据的原理：CaO，NaBr，SrO，ScN，KBr，BaO。

解 晶体点阵能的计算公式可写为

$$U = \frac{AN_A e^2}{4\pi\varepsilon_0}\left(1 - \frac{1}{m}\right) \times \frac{Z_+ Z_-}{r_e}$$

由于题中所论晶体同属 NaCl 型，因而它们的 Madelung 常数 A 相同，而 Born 指数 m 差别也不大，所以点阵能大小主要取决于 $\dfrac{Z_+ Z_-}{r_e}$。

将所论晶体分为 3 组：

$$\text{ScN; CaO, SrO, BaO; NaBr, KBr}$$

第二组中 3 个氧化物正、负离子的电价都相同，但离子半径从 Ca^{2+} 到 Ba^{2+} 依次增大，因而键长从 CaO 到 BaO 依次增大，所以点阵能绝对值从 CaO 到 BaO 依次减小。根据同样的道理，第三组中两个溴化物点阵能的绝对值大小次序为 NaBr>KBr。ScN 和 CaO 相比，前者的键长大于后者，但差别不是很大，而前者的电价却比后者大很多，因而前者的点阵能绝对值比后者大。BaO 和 NaBr 相比，前者电价大而键长小，因而其点阵能绝对值大于后者。

综上所述，6 种晶体点阵能大小次序为

$$\text{ScN} > \text{CaO} > \text{SrO} > \text{BaO} > \text{NaBr} > \text{KBr}$$

【9.3】 已知离子半径：Ca^{2+} 99 pm，Cs^+ 182 pm，S^{2-} 184 pm，Br^- 195 pm，若立方晶系 CaS 和 CsBr 晶体均服从离子晶体的结构规则，请判断这两种晶体的正、负离子的配位数，配位多面体型式，负离子的堆积方式及晶体的结构型式。

解 由已知数据计算出两种晶体的正、负离子的半径比 r_+/r_-，根据半径比即可判断正离子的配位数 CN_+、配位多面体的型式和负离子的堆积方式。由正离子的配位数和晶体的组成即可判断负离子的配位数 CN_- $\left(CN_- = CN_+ \times \dfrac{\text{正离子数}}{\text{负离子数}}\right)$。根据上述结果和已知的若干简单离子晶体的结构特征，即可判断 CaS 和 CsBr 的结构型式。兹将结果列表如下：

	r_+/r_-	CN_+	CN_-	配位多面体型式	负离子堆积方式	结构型式
CaS	0.538	6	6	正八面体	立方最密堆积	NaCl 型
CsBr	0.933	8	8	立方体	简单立方堆积	CsCl 型

【9.4】 已知 Ag^+ 和 I^- 离子半径分别为 115 和 220 pm,若碘化银结构完全遵循离子晶体结构规律,Ag^+ 的配位数应为多少？实际上在常温下 AgI 的结构中,Ag^+ 的配位数是多少？为什么？

解 按题中给出的数据,Ag^+ 和 I^- 的离子半径之比为 115 pm/220 pm=0.523。若 AgI 的结构完全遵循离子晶体的结构规律,则 Ag^+ 的配位数应该为 6,配位多面体应该为八面体。但实际上,在室温下 AgI 晶体中 Ag^+ 的配位数为 4,配位多面体为四面体。其原因在于离子的极化引起了键型的变异,从而导致了结构型式的改变。

Ag^+ 的半径较小且价层轨道中含有 d 电子,因而极化能力较强,而 I^- 的半径较大,极化率较大即容易被极化。因此,AgI 晶体中存在着较大程度的离子间极化,这使得 AgI 晶体产生了一系列有别于其他 AgX 晶体的结构效应。

离子的极化作用,导致电子云变形,使正、负离子间在静电作用的基础上增加了额外的相互作用,引起键型变异。就 AgX 晶体而言,从 AgF 到 AgI,键型由离子键逐渐向共价键过渡。事实上,AgI 已经以共价键为主。键能和点阵能增加,键长缩短。AgI 晶体中 Ag—I 键键长为 281 pm,已经接近 Ag 和 I 的共价半径之和 286 pm。

离子的极化不仅影响化学键的性质,而且也影响晶体的结构型式。它往往引起离子的配位数降低,配位多面体偏离对称性较高的正多面体,使晶体从对称性较高的结构型式向对称性较低的结构型式(有时甚至有层形、链形或岛形)过渡。AgF,AgCl 和 AgBr 晶体都属于 NaCl 型,而 AgI 属于立方 ZnS 型。在 AgI 晶体中,Ag^+ 的配位数不是 6 而是下降为 4,配位多面体不是八面体而是四面体。

实际上,本题中所给出的离子半径数据是配位数为 6 时的数据。

【9.5】 NH_4Cl 晶体为简单立方点阵结构,晶胞中包含 1 个 NH_4^+ 和 1 个 Cl^-,晶胞参数 $a=387$ pm。

(1) 若 NH_4^+ 因热运动而呈球形,试画出晶胞结构示意图；
(2) 已知 Cl^- 半径为 181 pm,求球形 NH_4^+ 的半径；
(3) 计算晶体密度；
(4) 计算平面点阵族(110)相邻两点阵面的间距；
(5) 用 Cu Kα 射线进行衍射,计算衍射指标 330 的衍射角(θ)；
(6) 若 NH_4^+ 不因热运动而转动,H 为有序分布,请讨论晶体所属的点群。

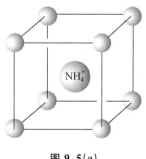

图 9.5(a)

解

(1) 晶胞结构示于图 9.5(a)。
(2) 设球形 NH_4^+ 和 Cl^- 的半径分别为 $r_{NH_4^+}$ 和 r_{Cl^-},由于两离子在晶胞体对角线方向上接触,因而有

$$2(r_{NH_4^+} + r_{Cl^-}) = \sqrt{3}a$$

$$r_{NH_4^+} = \frac{1}{2}\sqrt{3}a - r_{Cl^-} = \frac{1}{2}\sqrt{3} \times 387 \text{ pm} - 181 \text{ pm}$$

$$= 154 \text{ pm}$$

(3) 晶体的密度为

$$D = \frac{ZM}{a^3 N_A} = \frac{53.49 \text{ g mol}^{-1}}{(387 \times 10^{-10} \text{ cm})^3 \times 6.022 \times 10^{23} \text{ mol}^{-1}}$$
$$= 1.53 \text{ g cm}^{-3}$$

(4) (110)点阵面的面间距为

$$d_{(110)} = a(h^2 + k^2 + l^2)^{-\frac{1}{2}} = 387 \text{ pm} \times (1^2 + 1^2 + 0^2)^{-\frac{1}{2}}$$
$$= 274 \text{ pm}$$

(5) $$\sin\theta = \frac{\lambda}{2d_{hkl}} = \frac{\lambda}{2a}\sqrt{h^2 + k^2 + l^2}$$

代入已知数据,得

$$\sin\theta_{330} = \frac{154.2 \text{ pm}}{2 \times 387 \text{ pm}}\sqrt{3^2 + 3^2 + 0^2} = 0.845$$
$$\theta_{330} = 57.7°$$

也可根据 $d_{hkl} = \frac{1}{n}d_{(hkl)}$ 直接由(4)中已算出的 $d_{(110)}$ 求出 d_{330}（这里 $n=3$），代入 $\sin\theta = \frac{\lambda}{2d_{330}}$，进而求出 θ_{330}。

(6) 若把 NH_4^+ 看作球形离子,则 NH_4Cl 晶体属于 O_h 点群,若 NH_4^+ 不因热运动而转动,则不能简单地把它看作球形离子。此时 4 个 H 原子按四面体方向有序地分布在立方晶胞的体对角线上[见图 9.5(b)], NH_4Cl 晶体不再具有 C_4 轴和对称中心等对称元素,只保留了 3 个 I_4, 4 个 C_3 和 6 个 σ。因此,其对称性降低,不再属于 O_h 点群而属于 T_d 点群。

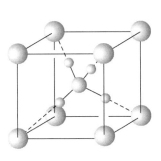

图 9.5(b)

【9.6】 NaH 具有 NaCl 型结构。已知晶胞参数 $a = 488$ pm, Na^+ 半径为 102 pm,推算负离子 H^- 的半径。根据下述反应,阐明 H^- 的酸碱性。

$$NaH + H_2O \longrightarrow H_2 \uparrow + NaOH$$

解 由于 NaH 具有 NaCl 型结构,因而 Na^+ 的半径 r_{Na^+}, H^- 的半径 r_{H^-} 及晶胞参数 a 有如下关系:

$$2(r_{Na^+} + r_{H^-}) = a$$
$$r_{H^-} = \frac{1}{2}a - r_{Na^+} = \frac{1}{2} \times 488 \text{ pm} - 102 \text{ pm} = 142 \text{ pm}$$

NaH 水解生成 H_2 和 NaOH,说明 H^- 接受质子的能力比 OH^- 强,即 NaH 的碱性比 NaOH 的碱性还强。

【9.7】 第三周期元素氟化物的熔点从 SiF_4 开始突然下降(见下表),试从结构观点予以分析、说明。

化合物	NaF	MgF_2	AlF_3	SiF_4	PF_5	SF_6
熔点/℃	993	1261	1291	−90	−83	−50.5

解 NaF 和 MgF_2 都是典型的离子晶体,分属于 NaCl 型和金红石型。AlF_3 晶体中虽然由于 Al^{3+} 的价态较高、半径较小而存在着一定程度的离子极化,但它仍属于离子晶体。晶体中正、负离子间有较强的静电作用,故 3 种晶体的熔点都较高。

虽然 3 种离子晶体分属于不同的结构型式,Madelung 常数有差别,但影响它们点阵能大小的主要因素是离子的电价和离子键的长度。从 NaF 到 AlF_3,正离子的电价逐渐增高而半径逐渐减小,因而点阵能逐渐增大,致使晶体的熔点逐渐升高。

随着正离子电价的进一步升高和半径的进一步减小,极化能力进一步增强,从而使化合物的键型和构型都发生了变化。从 SiF_4 开始的 3 个氟化物已不是离子化合物了。原子间靠共价键结合形成分子,分子间靠范德华力结合形成晶体。由于范德华力比离子键弱得多,因而这后 3 个氟化物的熔点大大降低。

从 SiF_4 到 SF_6 熔点逐渐略有升高,是因为分子间作用力(主要是色散力)略有增大所致。

【9.8】 经 X 射线分析鉴定,某一离子晶体属于立方晶系,其晶胞参数 $a=403.1$ pm。晶胞中顶点位置为 Ti^{4+} 所占,体心位置为 Ba^{2+} 所占,所有棱心位置为 O^{2-} 所占。请据此回答或计算:

(1) 用分数坐标表达诸离子在晶胞中的位置;
(2) 写出此晶体的化学式;
(3) 指出晶体的点阵型式、结构基元和点群;
(4) 指出 Ti^{4+} 的氧配位数与 Ba^{2+} 的氧配位数;
(5) 计算两种正离子半径值(O^{2-} 半径为 140 pm);
(6) 检验此晶体是否符合电价规则,判断此晶体中是否存在分立的配离子基团;
(7) Ba^{2+} 和 O^{2-} 联合组成哪种型式的堆积?
(8) O^{2-} 的配位情况怎样?

解

(1) Ti^{4+}: 0, 0, 0 Ba^{2+}: $\frac{1}{2}, \frac{1}{2}, \frac{1}{2}$ O^{2-}: $\frac{1}{2}, 0, 0$; $0, \frac{1}{2}, 0$; $0, 0, \frac{1}{2}$

(2) 一个晶胞中的 Ba^{2+} 数为 1,Ti^{4+} 数为 $8\times\frac{1}{8}=1$,O^{2-} 数为 $12\times\frac{1}{4}=3$。所以晶体的化学组成为 $BaTiO_3$[由(1)中各离子分数坐标的组数也可知道一个晶胞中各种离子的数目]。

(3) 晶体的点阵型式为简单立方,一个晶胞即一个结构基元,晶体属于 O_h 点群。

(4) Ti^{4+} 的氧配位数为 6,Ba^{2+} 的氧配位数为 12。

(5) 在晶胞的棱上,Ti^{4+} 和 O^{2-} 互相接触,因而

$$r_{Ti^{4+}}=\frac{1}{2}a-r_{O^{2-}}=\frac{1}{2}\times 403.1 \text{ pm}-140 \text{ pm}=61.6 \text{ pm}$$

Ba^{2+} 和 O^{2-} 在高度为 $\frac{1}{2}a$ 且平行于立方晶胞的面对角线方向上互相接触,因而 Ba^{2+} 的半径为

$$r_{Ba^{2+}}=\frac{1}{2}\sqrt{2}a-r_{O^{2-}}=\frac{1}{2}\sqrt{2}\times 403.1 \text{ pm}-140 \text{ pm}$$
$$=145 \text{ pm}$$

(6) Ti—O 键的静电键强度为 $\frac{4}{6}=\frac{2}{3}$,Ba—O 键的静电键强度为 $\frac{2}{12}=\frac{1}{6}$。O^{2-} 周围全部静电键强度之和为 $\frac{2}{3}\times 2+\frac{1}{6}\times 4=2$,等于 O^{2-} 的电价(绝对值)。所以,$BaTiO_3$ 晶体符合电价规则。晶体不存在分离的配离子基团。

(7) Ba^{2+} 和 O^{2-} 联合组成立方最密堆积,只是两种离子的半径不同而已。

(8) 实际上,在(6)中已经表明:O^{2-} 的钛配位数为 2,O^{2-} 的钡配位数为 4。这 6 个配位

原子形成变形的(压扁的)八面体。

【9.9】 具有六方 ZnS 型结构的 SiC 晶体,其晶胞参数为 $a=308$ pm,$c=505$ pm;已知 C 原子的分数坐标(0,0,0;2/3,1/3,1/2)和 Si 原子的分数坐标(0,0,5/8;2/3,1/3,1/8)。请回答或计算下列问题:

(1) 按比例清楚地画出这个六方晶胞;
(2) 晶胞中含有几个 SiC?
(3) 画出点阵型式,说明每个点阵点代表什么?
(4) Si 作什么型式的堆积,C 填在什么空隙中?
(5) 计算 Si—C 键键长。

解

(1) SiC 六方晶胞的轴比 $c/a=505$ pm$/308$ pm$=1.64$,Si 原子和 C 原子的共价半径分别为 117 pm 和 77 pm,参照这些数据和原子的坐标参数,画出 SiC 的六方晶胞如图 9.9(a) 所示。

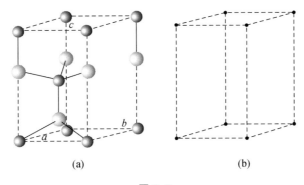

图 9.9

(2) 一个晶胞含有的 C 原子数为 $4\left(\dfrac{1}{12}+\dfrac{2}{12}\right)$(顶点原子)$+1$(晶胞内原子)$=2$,Si 原子数为 $\left(2\times\dfrac{1}{3}+2\times\dfrac{1}{6}\right)$(棱上原子)$+1$(晶胞内原子)$=2$。所以 1 个 SiC 六方晶胞中含 2 个 SiC。

(3) 点阵型式为简单六方[图 9.9(b)],每个点阵点代表 2 个 SiC,即 2 个 SiC 为 1 个结构基元。

(4) Si 原子作六方最密堆积,C 原子填在由 Si 原子围成的四面体空隙中。Si 原子数与四面体空隙数之比为 1:2(见习题 8.8),而 C 原子数与 Si 原子数之比为 1:1,所以 C 原子数与四面体空隙数之比为 1:2,即 C 原子只占据 50% 的空隙。

(5) 由(1)中的晶胞图可见,Si—C 键键长为

$$\left(1-\dfrac{5}{8}\right)c=\dfrac{3}{8}\times 505 \text{ pm}=189 \text{ pm}$$

【**评注**】 本题在计算 Si—C 键键长时利用了 Si 原子和 C 原子的特殊坐标参数,计算起来简单方便。对于原子无特殊坐标参数的情况,要按求晶胞中两原子间距离的公式计算。在计算时,必须确认两原子是键连原子还是非键连原子。

【9.10】 说明硅酸盐结构的共同特征。

解 硅酸盐结构的基本单位是[SiO_4]四面体。这些四面体互相共用顶点连接成各种各样的结构型式。[SiO_4]四面体每个顶点上的O^{2-}至多只能为两个四面体共用,符合Pauling电价规则。一般说来,Si原子处在四面体的中心,键长、键角的平均值为:$d_{Si-O}=162$ pm,$\angle OSiO=109.5°$,$\angle SiOSi\approx 140°$。

由于Al^{3+}的大小和Si^{4+}相近,Al^{3+}可以或多或少、无序或有序地置换硅酸盐中的Si^{4+},形成硅铝酸盐。此时Al原子处在[AlO_4]四面体中,和Si一起组成硅铝氧骨干。Al^{3+}置换Si^{4+}后,骨架中带有一定负电荷,需要骨架外引入若干正离子以补偿电荷,其中包括一部分处在配位八面体中的Al^{3+}。

在硅铝酸盐中,[(Si,Al)O_4]只共顶点连接,而且2个Si—O—Al的能量低于Al—O—Al和Si—O—Si能量的和。四面体的连接方式决定了硅铝氧骨干的结构型式,而硅铝氧骨干的结构型式又决定了硅铝酸盐的类型。根据硅铝氧骨干的结构型式,可将硅铝酸盐分为分立型、链形、层形和骨架型。

在硅铝酸盐中,硅铝氧骨干外的金属离子容易被其他金属离子置换,置换后骨干的结构变化不大,但对硅铝酸盐的性质影响很大。这一点对于分子筛骨干外金属离子的交换反应尤其重要。

【9.11】 Al^{3+}为什么能部分置换硅酸盐中的硅?置换后对硅酸盐组成有何影响?

解 从离子半径分析,Al^{3+}的Pauling离子半径为50 pm,Si^{4+}为41 pm,O^{2-}为140 pm。Al^{3+}和O^{2-}与Si^{4+}和O^{2-}的r_+/r_-都处在0.225~0.414的范围,应形成四面体配位结构。两种正离子电价分别为+3和+4价,都比较高,用Al^{3+}置换Si^{4+},不会引起结构上的大变化。实际上Si—O键以共价性为主,Si用sp^3杂化轨道和O原子成键;Al—O键也以共价性为主,成键情况也相似。所以在硅酸盐中,铝能部分地置换硅。

铝置换硅后,为了保持硅酸盐的电中性,必须引进其他正离子,如Na^+,K^+,Ca^{2+}和Mg^{2+}等,共同组成硅铝酸盐。这在组成上可以有很大的可变性,形成多种多样的硅酸盐。

【9.12】 说明离子晶体结构的Pauling规则的内容。

解 离子晶体结构的Pauling规则包括以下三方面内容:

(1) 关于离子配位多面体性质的规则:在正离子周围形成了负离子配位多面体。正、负离子间的距离取决于正、负离子的半径之和,正离子的配位数和配位多面体型式则取决于正、负离子的半径比。几种主要的配位多面体、正离子的配位数,以及相应的正、负离子半径比的最小值列于下表。

配位多面体	配位数	$\dfrac{r_+}{r_-}$最小值
三角形	3	0.155
四面体	4	0.225
八面体	6	0.414
立方体	8	0.732
立方八面体	12	1.000

(2) 关于一个多面体顶点为几个多面体共用的规则,又称作电价规则。该规则指出,在一

个稳定的离子化合物结构中,每一负离子的电价等于或近乎等于从邻近正离子至该负离子的各静电键强度的总和,即

$$Z_- = \sum_i S_i = \sum_i \frac{(Z_+)_i}{(CN_+)_i}$$

式中 Z_- 为负离子的电价,$(Z_+)_i$ 为正离子的电价,$(CN_+)_i$ 为正离子的配位数,S_i 为静电键强度。

电价规则规定了共用同一配位多面体顶点的多面体数目,或者说解决了一个负离子与几个正离子相连的问题。因此,根据电价规则可判断在晶体中是否存在分立的配离子基团(见 9.8 题)。这对于分析多元离子晶体的结构很有帮助,因为在多元离子晶体中一个负离子可与若干个种类不同的正离子相连。

根据电价规则,可为二元离子晶体建立正、负离子的配位数比与电价比间的关系。而根据电荷平衡原理,电价比与组成比成反比,因此,配位数比、电价比、组成比三者之间的关系就沟通了。这对于由正、负离子的半径比推求负离子的配位数,以及根据负离子的堆积方式和化合物的组成,推求正离子占据多面体空隙的分类大有帮助。三者的关系如下:

$$\frac{CN_-}{CN_+} = \frac{Z_-}{Z_+} = \frac{n_+}{n_-}$$

式中 CN_+ 和 CN_- 分别是正、负离子的配位数,Z_+ 和 Z_- 分别是正、负离子的电价,n_+ 和 n_- 分别是正、负离子的数目。

(3) 关于离子配位多面体共用顶点、棱边和面的规则:在离子晶体中,配位多面体共边连接和共面连接会使结构的稳定性降低。正离子的价态越高、配位数越小,这一效应就越显著。

离子晶体结构的稳定性降低主要是由正离子间的库仑斥力引起的。当正离子的配位多面体共边连接时,正离子之间的距离缩短,斥力增大,导致晶体结构稳定性降低。当配位多面体共面连接时,正离子间的距离更短,斥力更大,晶体结构更不稳定。对价态较高的正离子来说尤其如此。

将这一规则的含义引申,可得到如下推论:在含有几种正离子的晶体中,价态高而配位数小的正离子,趋向于彼此间不共用多面体的几何元素。

Pauling 规则在阐明离子晶体的结构和性能中起重要作用,特别是电价规则。但它是个定性规则。近年来提出的键价法,用原子间的距离和经验参数定量地计算晶体中每个原子的键价,用以解释和预测复杂晶体的结构和性能,发展了 Pauling 的电价规则。

【9.13】 回答下列有关 A 型分子筛的问题:
(1) 写出 3A,4A,5A 型分子筛的化学组成表达式及其用途;
(2) 最大孔窗由几个 Si 原子和几个 O 原子围成?
(3) 最大孔穴(笼)是什么笼?直径大约多大?
(4) 简述筛分分子的机理。

解

(1) 分子筛是一种天然或人工合成的泡沸石型硅铝酸盐晶体。已发现的天然沸石有 40 余种,主要是丝光沸石、斜发沸石、方沸石和钙十字沸石等。人工合成的沸石计有 100 余种,其中 A 型、X 型、Y 型和 ZSM 型分子筛已在工业生产和科学研究中发挥着重要作用。

人工合成的 A 型、X 型和 Y 型等分子筛的化学组成可用通式 $M_r[Al_pSi_qO_{2(p+q)}] \cdot mH_2O$

表示。由该通式可见，Al^{3+} 和 Si^{4+} 的数目之和为 O^{2-} 数的一半，这表明这几类分子筛都具有骨架型结构。在一般情况下，Al^{3+} 数比 Si^{4+} 数小。若 Al^{3+} 数超过 Si^{4+} 数，则会在结构中出现 $[AlO_4]$ 四面体直接相连的情况，由于 Al—O 静电键强度小于 Si—O 静电键强度，这会削弱骨架强度。通常，为使分子筛热稳定性好、耐酸性强，总是希望硅铝比高些。化学通式中的 M 是骨架外的金属离子。为保持分子筛呈电中性，若 M 是一价离子，则 $r=p$，即在骨架中引入一个 Al^{3+} 代替 Si^{4+}，则在骨架外就引入一个一价正离子。若 M 为二价离子，则 $r=p/2$，等等。

A 型分子筛主要有 3 种，即 3A、4A 和 5A 型分子筛。4A 型分子筛是 A 型分子筛钠盐，属于立方晶系，晶胞参数 $a=2464$ pm，晶胞的组成为 $Na_{96}[Al_{96}Si_{96}O_{384}] \cdot 216H_2O$。若不考虑 Al^{3+} 和 Si^{4+} 位置的差别，则可划分出体积只有原晶胞体积 1/8（即晶胞参数只有原晶胞参数的 1/2)、组成为 $Na_{12}[Al_{12}Si_{12}O_{48}] \cdot 27H_2O$ 的"假"晶胞。这种 A 型分子筛的有效孔径［见(2)小题]约 4 Å(1 Å = 10 nm)，故称为 4A 型分子筛或 NaA 型分子筛。若用 K^+ 代替 Na^+，由于 K^+ 的半径比 Na^+ 的半径大，分子筛的有效孔径减小至 3 Å 左右，称为 3A 型分子筛或 KA 型分子筛，其化学组成为 $K_{12}[Al_{12}Si_{12}O_{48}] \cdot 27H_2O$。当用 Ca^{2+} 取代 Na^+ 时，由于 Ca^{2+} 的电价是 Na^+ 的 2 倍，因而 Ca^{2+} 的数目是被其取代的 Na^+ 数目的一半。而 Ca^{2+} 的半径和 Na^+ 的半径相近，它优先占据六元环的位置。当晶胞中约有 2/3 的 Na^+ 被取代时，八元环不再为骨架外的离子所占，这使分子筛八元环的有效孔径增大至约 5 Å，称为 5A 型分子筛或 CaA 型分子筛，其典型组成为 $Ca_4Na_4[Al_{12}Si_{12}O_{48}] \cdot 27H_2O$。

分子筛已在工业生产和科学研究中发挥着重要作用。5A 分子筛可用于石油脱蜡，使油品凝固点降低，分离出的正烷烃可作为洗涤剂原料。它还可用于气体或液体的深度干燥及气体的纯化。也可用来分离甲烷、乙烷和丙烷。4A 分子筛是制备 5A 分子筛和 3A 分子筛的原料，它可用于气体和液体的深度干燥和纯化。3A 分子筛用于深度干燥乙烯和丙烯等气体。分子筛对水的吸附能力很强，吸附容量很大，可将空气中水的含量从 $4×10^{-3}$ 降至 $1×10^{-5}$。此外，A 型分子筛不潮解、不膨胀、不腐蚀、不污染、可再生，是理想的吸附剂、干燥剂和分离剂，某些 A 型分子筛还可作为一些化学反应的催化剂。

(2) 将一正八面体分别沿着垂直于 C_4 轴的方向削去顶角，所得到的多面体称为立方八面体。削去 6 个顶点得到 6 个四边形，而原来的 8 个三角形都变成了六边形，所以立方八面体是一个十四面体，有 24 个顶点、36 条棱，可看作由立方体和八面体围聚而成。

在分子筛结构中，硅(铝)氧四面体通过顶点上的 O^{2-} 互相连接形成环，环上的四面体再通过顶点上的 O^{2-} 互相连接形成三维骨架。在骨架中形成了许多多面体空穴，常称为"笼"。A 型分子筛就是由立方八面体笼、α 笼和立方体笼构成的。立方八面体笼又称为 β 笼或方钠石笼，其几何结构特征可用上述的立方八面体模拟。笼的平均有效直径为 660 pm，有效体积约 $4.1×10^{-18}$ cm³。

将 β 笼放在立方体的 8 个顶点上，笼和笼通过立方体相连，则 8 个 β 笼相连后形成一个 α 笼，此即 A 型分子筛的结构［见图 9.13(a)]。α 笼是一个二十六面体，由 12 个四元环、8 个六元环和 6 个八元环组成，共有 48 个顶点、72 条棱。

A 型分子筛的最大窗口是八元环，由 8 个硅(铝)氧四面体构成。八元环包含 8 个硅(铝)离子和 8 个氧离子。该八元环的有效孔径约为 420 pm。若把环看成正多边形，则八元环的直径可按图 9.13(b)估算。

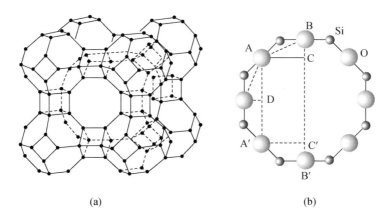

图 9.13

$$AB = 2(r_{Si^{4+}} + r_{O^{2-}})\sin\frac{109.5°}{2} = 2(26\text{ pm} + 138\text{ pm})\sin54.75°$$
$$= 267.9\text{ pm}$$
$$BC = AB \times \sin\frac{180° - 109.5°}{2} = 267.9\text{ pm} \times \sin35.25°$$
$$= 154.6\text{ pm}$$
$$CC' = AA' = 2AD = 2AB\sin(90° - 35.25°)$$
$$= 2 \times 267.9\text{ pm} \times \sin54.75°$$
$$= 437.6\text{ pm}$$
$$BB' = 2BC + CC' = 2 \times 154.6\text{ pm} + 437.6\text{ pm}$$
$$= 746.8\text{ pm}$$

所以八元环的直径为

$$BB' - 2r_{O^{2-}} = 746.8\text{ pm} - 2 \times 140\text{ pm} \approx 467\text{ pm}$$

（3）如前所述，8 个 β 笼通过立方体互相连接形成 α 笼。它是 A 型分子筛最大的空穴，平均有效直径为 1140 pm，有效体积为 $4.4 \times 10^{-16}\text{ cm}^3$。

（4）脱水后的分子筛具有空旷的骨架型结构，在结构中有许多孔径均匀的通道和排列整齐、内表面很大的空穴。孔径大小数量级与一般分子相当，它只允许直径比孔径小的分子进入，直径比孔径大的分子被拒之门外，从而将大小、形状不同的分子分开，起筛分分子的作用，故而得名。

【9.14】 已知氧化铁 Fe_xO（富氏体）为氯化钠型结构，在实际晶体中，由于存在缺陷，$x < 1$。今有一批氧化铁，测得其密度为 $5.71\text{ g}\cdot\text{cm}^{-3}$，用 Mo Kα 射线（$\lambda = 71.07\text{ pm}$）测得其衍射指标为 200 的衍射角 $\theta = 9.56°$（$\sin\theta = 0.1661$，Fe 的相对原子质量为 55.85）。

（1）计算 Fe_xO 的正当晶胞参数；
（2）求 x；
（3）计算 Fe^{2+} 和 Fe^{3+} 各占总铁量的质量分数；
（4）写出标明铁的价态的化学式。

解

(1) $a = \dfrac{\lambda}{2\sin\theta}\sqrt{h^2+k^2+l^2} = \dfrac{71.07 \text{ pm}}{2\sin 9.56°}\sqrt{2^2+0^2+0^2}$

$= 427.8 \text{ pm}$

(2) $D = \dfrac{4M}{a^3 N_A}$

$M = \dfrac{1}{4}a^3 D N_A = \dfrac{1}{4} \times (427.9 \times 10^{-10} \text{ cm})^3 \times 5.71 \text{ g cm}^{-3} \times 6.022 \times 10^{23} \text{ mol}^{-1}$

$= 67.35 \text{ g mol}^{-1}$

$M = 55.85 \text{ g mol}^{-1} \times x + 16.00 \text{ g mol}^{-1} = 67.35 \text{ g mol}^{-1}$

$x = 0.92$

(3) 设 0.92 mol 铁中 Fe^{2+} 的摩尔数为 y，则 Fe^{3+} 的摩尔数为 $(0.92-y)$，根据正负离子电荷平衡原则可得

$$2y + 3(0.92-y) = 2$$
$$y = 0.76$$
$$0.92 - y = 0.16$$

即 Fe^{2+} 和 Fe^{3+} 的摩尔数分别为 0.76 和 0.16，它们在总铁中的摩尔分数分别为

$$\dfrac{0.76}{0.92} = 82.6\% \quad \text{和} \quad \dfrac{0.16}{0.92} = 17.4\%$$

(4) 富氏体氧化铁的化学式为

$$Fe_{0.76}^{II} Fe_{0.16}^{III} O$$

【9.15】 NiO 晶体为 NaCl 型结构，将它在氧气中加热，部分 Ni^{2+} 被氧化为 Ni^{3+}，成为 Ni_xO ($x<1$)。今有一批 Ni_xO，测得其密度为 6.47 g cm^{-3}，用波长 $\lambda=154$ pm 的 X 射线通过粉末法测得立方晶胞 111 衍射指标的 $\theta=18.71°$ ($\sin\theta=0.3208$，Ni 的相对原子质量为 58.70)。

(1) 计算 Ni_xO 的立方晶胞参数；

(2) 算出 x，写出标明 Ni 的价态的化学式；

(3) 在 Ni_xO 晶体中，O^{2-} 的堆积方式怎样？Ni 在此堆积中占据哪种空隙？占有率（即占有分数）是多少？

(4) 在 Ni_xO 晶体中，Ni---Ni 间最短距离是多少？

解

(1) Ni_xO 的立方晶胞参数为

$a = \dfrac{\lambda}{2\sin\theta}\sqrt{h^2+k^2+l^2} = \dfrac{154 \text{ pm}}{2\sin 18.71°}\sqrt{1^2+1^2+1^2}$

$= \dfrac{154 \text{ pm}}{2 \times 0.3208}\sqrt{3} = 416 \text{ pm}$

(2) 因为 Ni_xO 晶体为 NaCl 型结构，可得摩尔质量 M：

$M = \dfrac{1}{4}Da^3 N_A$

$= \dfrac{1}{4} \times 6.47 \text{ g cm}^{-3} \times (416 \times 10^{-10} \text{ cm})^3 \times 6.022 \times 10^{23} \text{ mol}^{-1}$

$= 70.1 \text{ g mol}^{-1}$

而 Ni_xO 的摩尔质量又可表示为

$$M = 58.70\ \text{g mol}^{-1} \times x + 16.00\ \text{g mol}^{-1} = 70.1\ \text{g mol}^{-1}$$

由此解得：$x = 0.92$。

设 0.92 mol 镍中有 y mol Ni^{2+}，则有 $(0.92-y)$ mol Ni^{3+}。根据正负离子电荷平衡原则，有

$$2y + 3(0.92-y) = 2$$
$$y = 0.76$$
$$0.92 - y = 0.16$$

所以该氧化镍晶体的化学式为

$$Ni_{0.76}^{II} Ni_{0.16}^{III} O$$

(3) $Ni_{0.76}^{II} Ni_{0.16}^{III} O$ 晶体既为 NaCl 型结构，则 O^{2-} 的堆积方式与 NaCl 晶体中 Cl^- 的堆积方式相同，即为立方最密堆积。镍离子占据由 O^{2-} 围成的八面体空隙。而镍离子的占有率为 92%。

(4) 镍离子分布在立方晶胞的体心和棱心上，Ni---Ni 间最短距离即体心上和任一棱心上 2 个镍离子间的距离，等于

$$\frac{1}{2}\sqrt{a^2 + a^2} = \frac{\sqrt{2}}{2}a = \frac{\sqrt{2}}{2} \times 416\ \text{pm} = 294\ \text{pm}$$

Ni---Ni 间最短距离也等于处在交于同一顶点的 2 条棱中心上的 2 个镍离子间的距离，即

$$\sqrt{\left(\frac{a}{2}\right)^2 + \left(\frac{a}{2}\right)^2} = \frac{a}{\sqrt{2}} = \frac{416\ \text{pm}}{\sqrt{2}} = 294\ \text{pm}$$

【9.16】 从 NaCl 晶体结构出发，考虑下列问题：

(1) 除去其中全部 Cl^-，剩余 Na^+ 是何种结构型式？

(2) 沿垂直三重轴方向抽去一层 Na^+，保留一层 Na^+，是何种结构型式？

解 离子晶体的结构可理解为在静电力作用下的非等径圆球的密堆积结构，即半径较大的负离子作某种型式的密堆积，半径较小的正离子按一定比例填充在由负离子围成的多面体空隙中。

(1) 在 NaCl 晶体结构中，Na^+ 占据由 Cl^- 围成的正八面体空隙，占据该类空隙的比率为 1。若把结构中的 Na^+ 全部除去，则剩余的 Cl^- 按立方最密堆积；同样，若把结构中的 Cl^- 全部除去，则剩余的 Na^+ 构成的结构型式也是立方最密堆积。可由图 9.16 得到说明。

图 9.16 是在 NaCl 晶体的正当晶胞的基础上画出来的，图中的大球代表 Cl^-，小球代表 Na^+。交汇于顶点 M 的 3 条棱中心上的 Na^+ 所处的密置层为 A，交汇于顶点 N 的 3 条棱中心上的 Na^+ 所处的密置层为 C，而在其他 6 条棱中心和体心上的 Na^+ 所处的密置层为 B。这些密置层都垂直于图中所示的 C_3 轴，它们沿着 C_3 轴的重复方式为 ABCABC…，即除去 Cl^- 后 Na^+ 按立方最密堆积。

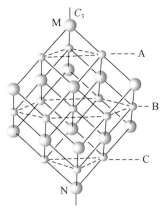

图 9.16

(2) 若沿垂直于三重轴方向抽去一层 Na^+,保留一层 Na^+,则形成的结构为 $CdCl_2$ 型。这是一种层形结构,层形分子沿垂直于层的方向堆积。Cl^- 仍按立方最密堆积,正离子填入八面体空隙中。若用 A,B,C 代表 Cl^-,用 a,b,c 代表正离子,则重复周期可写为 |A□BaC□AcB□Cb|。

【9.17】 Ag_2O 属立方晶系晶体,$Z=2$,原子分数坐标为

Ag： 1/4,1/4,1/4；3/4,3/4,1/4；3/4,1/4,3/4；1/4,3/4,3/4；

O： 0,0,0；1/2,1/2,1/2。

(1) 若把 Ag 放在晶胞原点,请重新标出原子分数坐标；
(2) 说明 Ag 和 O 的配位数和配位型式；
(3) 晶体属于哪个点群？

解

(1) Ag：$0,0,0；\frac{1}{2},\frac{1}{2},0；\frac{1}{2},0,\frac{1}{2}；0,\frac{1}{2},\frac{1}{2}$。即把原来各组分数坐标分别减去 $\frac{1}{4}$。

O：$\frac{1}{4},\frac{1}{4},\frac{1}{4}；\frac{3}{4},\frac{3}{4},\frac{3}{4}$。即把原来各组分数坐标分别加上 $\frac{1}{4}$。

(2) Ag 原子的配位数为 2,配位型式为直线形。O 原子的配位数为 4,配位型式为四面体。

(3) Ag_2O 晶体属 T_d 点群。

【9.18】 一种高温超导体[$YBa_2Cu_3O_{7-x}(x\approx 0.2)$]属正交晶系。空间群为 $Pmmm$；晶胞参数为 $a=381.87$ pm,$b=388.33$ pm,$c=1166.87$ pm。晶胞中原子坐标参数如下表所示：

原 子	x	y	z
Y	1/2	1/2	1/2
Ba	1/2	1/2	0.1844
Cu(1)	0	0	0
Cu(2)	0	0	0.3554
O(1)	0	1/2	0
O(2)	1/2	0	0.3788
O(3)	0	1/2	0.3771
O(4)	0	0	0.1579

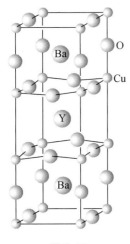

图 9.18

试按比例画出晶胞的大小及晶胞中原子的分布,并和立方晶系的 $BaTiO_3$ 结构(9.8 题)对比,指出它们之间有哪些异同。

解 根据题中所给数据,画出 $YBa_2Cu_3O_{7-x}(x\approx 0.2)$ 晶体的晶胞示意图如图 9.18。

虽然 $YBa_2Cu_3O_{7-x}(x\approx 0.2)$ 晶体属于正交晶系,但是其结构可从立方晶系的 $BaTiO_3$ 晶体结构出发加以理解。立方 $BaTiO_3$ 晶体属于钙钛矿($CaTiO_3$)型结构(见 9.8 题),这种结构型式可看作氧化物超导材料晶体结构的基本单元。这些单元通过不同的堆叠方式组合成多种型式的氧化物超导相的晶体结构。由于存在着原子的空隙、置换以及位移等因素,氧化物超导体的结构与钙钛矿型结构有许多差异,下面以 $YBa_2Cu_3O_{7-x}(x\approx 0.2)$ 晶体和立方 $BaTiO_3$ 晶体为例作一简要说明。

立方 $BaTiO_3$ 晶体和 $YBa_2Cu_3O_{7-x}$ ($x \approx 0.2$)晶体的周期性和对称性都不同。前者属于立方晶系,空间群为 O_h^1-$Pm3m$;后者属于正交晶系,空间群为 D_{2h}^1-$Pmmm$。

两种晶体中离子的配位数及配位型式也不同。在立方 $BaTiO_3$ 晶体中,Ti^{4+} 的氧配位数为 6,配位多面体为正八面体;Ba^{2+} 的氧配位数为 12。在 $YBa_2Cu_3O_{7-x}$ ($x \approx 0.2$)晶体中,Ba^{2+} 的氧配位数为 10;Y^{3+} 的氧配位数为 8,配位多面体呈四方柱形;Cu^{2+} 的氧配位数为 5,配位多面体为四方锥;Cu^{3+} 的氧配位数为 4,配位多面体呈平面四方形。

此外,两种晶体中 O^{2-} 的配位情况、晶胞大小以及晶体的密度等也不同。

氧化物高温超导体是结构比较复杂的一类化合物。其超导性主要取决于下面的结构特征:

(1) 氧化物超导体均含有混合价态的正离子。例如,在 $YBa_2Cu_3O_{7-x}$ ($x \approx 0.2$)晶体中,既有 Cu^{2+},也有 Cu^{3+}。根据正、负电荷平衡原理,假定 Ba^{2+} 和 Y^{3+} 不变价,则当 $x = 0$ 时,Cu^{2+} 和 Cu^{3+} 的数量比为 2:1;当 $x = 0.2$ 时,Cu^{2+} 和 Cu^{3+} 的数量比为 4:1。

(2) 一般地,氧化物高温超导体中金属和氧之间的化学键中有较强的共价键成分,这种较强的共价键可提供具有金属性的能带。

(3) 正如 $YBa_2Cu_3O_{7-x}$ ($x \approx 0.2$)的晶体结构示意图所表明的,在含 Cu 氧化物超导体中,常形成组成为 CuO_2 的网格层,层中 Cu—O—Cu 近似直线连接。网格层的存在对超导性起重要作用。对组成为 $(B^{III})_2(A^{II})_2Ca_{n-1}Cu_nO_{2+xn}$(式中 B 为 Bi 或 Tl,A 为 Ba 或 Sr)的一类超导体,连续堆叠的 CuO_2 网格层的数目 n 愈大,则临界温度 T_c 愈高。

(4) 在制备含 Cu 的氧化物超导材料时,常掺杂某些正离子,如 Ba^{2+},Y^{3+},La^{3+} 等,其作用可能是促进 CuO_2 网格层的形成,增加 Cu—O 键的共价性,并增加高氧化态 Cu^{III} 的稳定性。

【9.19】 在 β-$TiCl_3$ 晶体中,Cl^- 作 A3 型密堆积。若按 Ti^{3+} 和 Cl^- 的离子半径分别为 78 pm 和 181 pm 计算,则 Ti^{3+} 应占据什么空隙?占据空隙的分数是多少?占据空隙的方式有多少种?

解 离子半径是一个重要的结构参数:在二元离子晶体中,正、负离子的半径之和决定了离子键长度;而正、负离子的半径比决定了正离子的配位数和配位多面体型式。

在 β-$TiCl_3$ 晶体中,Cl^- 堆积成正四面体和正八面体两种空隙。根据所给数据,Ti^{3+} 和 Cl^- 的半径比为 $\frac{78 \text{ pm}}{181 \text{ pm}} = 0.431$,介于 $0.414 \sim 0.732$ 之间,所以 Ti^{3+} 应占据正八面体空隙。由于 Cl^- 作 A3 型堆积,因而 Cl^- 的数目与正八面体空隙的数目之比为 1:1,Ti^{3+} 只占据 1/3 的正八面体空隙。

三氯化钛是烯烃聚合反应中著名的 Ziegler-Natta 催化剂的主要组分。它有 α,β,γ,δ 等几种变体,这几种变体的结构不同,在催化反应中的行为也有差异。β-$TiCl_3$ 晶属于六方晶系,每个晶胞中含 2 个 Ti^{3+} 和 6 个 Cl^-。由上可知,Ti^{3+} 的配位数为 6,根据二元离子晶体中配位数比与组成比成反比的规律可知,Cl^- 的配位数为 2。β-$TiCl_3$ 沿着 c 轴方向形成链形分子 $(TiCl_3)_n$,即链分子的伸展方向与由 Cl^- 形成的密置层垂直。但由于沿着 c 轴重复方式简单,因而重复周期较小。

【9.20】 由于生成条件不同,球形 C_{60} 分子可堆积成不同的晶体结构,如立方最密堆积和六方最密堆积结构。前者的晶胞参数 $a = 1420$ pm;后者的晶胞参数 $a = b = 1002$ pm,$c = 1639$ pm。

(1) 画出 C_{60} 的 ccp 结构沿四重轴方向的投影图;并用分数坐标示出分子间多面体空隙中

心的位置（每类多面体空隙中心只写一组坐标即可）。

（2）在 C_{60} 的 ccp 和 hcp 结构中,各种多面体空隙理论上所能容纳的"小球"的最大半径是多少？

（3）C_{60} 分子还可形成非最密堆积结构,使某些碱金属离子填入多面体空隙,从而制得超导材料。在 K_3C_{60} 所形成的立方面心晶胞中,K^+ 占据什么多面体空隙？占据空隙的百分数为多少？

解

图 9.20

（1）C_{60} 分子堆积成的立方最密堆积结构沿四重轴方向的投影图见图 9.20。

四面体空隙中心的分数坐标为：$\frac{1}{4},\frac{1}{4},\frac{1}{4}$；$\frac{1}{4},\frac{1}{4},\frac{3}{4}$；$\frac{1}{4},\frac{3}{4},\frac{1}{4}$；$\frac{3}{4},\frac{1}{4},\frac{1}{4}$；$\frac{3}{4},\frac{1}{4},\frac{3}{4}$；$\frac{3}{4},\frac{3}{4},\frac{1}{4}$；$\frac{3}{4},\frac{3}{4},\frac{3}{4}$。

八面体空隙中心的分数坐标为：$\frac{1}{2},\frac{1}{2},\frac{1}{2}$；$\frac{1}{2},0,0$；$0,\frac{1}{2},0$；$0,0,\frac{1}{2}$。

（2）首先,由晶体结构参数求出 C_{60} 分子的半径 R。由 hcp 结构的晶胞参数 a 求得

$$R=\frac{1}{2}a=\frac{1}{2}\times 1002\ \text{pm}=501\ \text{pm}$$

也可由 ccp 结构的晶胞参数求 R,结果非常接近。

由 C_{60} 分子堆积成的两种最密堆积结构中,四面体空隙和八面体空隙都是相同的。四面体空隙所能容纳的小球的最大半径为

$$r_T=0.225R=0.225\times 501\ \text{pm}=112.7\ \text{pm}$$

八面体空隙所能容纳的小球的最大半径为

$$r_O=0.414R=0.414\times 501\ \text{pm}=207.4\ \text{pm}$$

（3）K_3C_{60} 可视为二元离子晶体,但题中并未给出 K^+ 的半径值,因此无法根据半径比判断 K^+ 所占多面体空隙的类型。可从结构中的一些简单数量关系推引出结论。

一个 K_3C_{60} 晶胞中共有 12 个多面体空隙,其中有 4 个八面体空隙（其中心分别在晶胞的体心和棱心上）、8 个四面体空隙（其中心的分数坐标为 $\frac{1}{4},\frac{1}{4},\frac{1}{4}$,等等）。而一个晶胞中含 4 个 C_{60} 分子,因此,多面体空隙数与 C_{60} 分子数之比为 3∶1。从晶体的化学式知,K^+ 数与 C_{60} 分子数之比亦为 3∶1。因此,K^+ 数与多面体空隙数之比为 1∶1,此即意味着 K_3C_{60} 晶体中所有的四面体空隙和八面体空隙皆被 K^+ 占据,即 K^+ 占据空隙的百分数为 100%。

【评注】 通过求解 9.19 题的第二问和 9.20 题的(3),可得到如下启示：有些简单离子晶体的结构问题,无需利用具体的参数便可得到解决。这就要求读者熟知并灵活地运用晶体结构的基本概念、原理和规律。在上面两题中,我们只是利用了等径圆球密堆积结构中球数和多面体空隙数的关系,以及晶体中正、负离子的数量关系,便推断出正离子占据多面体空隙的比率。许多读者面对此类问题时往往会发出这样的疑问："未给出离子半径数据,如何求出结果？"其实,掌握了简单离子晶体中正、负离子间的数量关系和大小关系（例如,二元离子晶体中正、负离子的数量比与它们的电价比成反比,与它们的配位数比也成反比等),沿着诸如上两题的思路和方法处理问题,这样的疑问便不复存在了。

【9.21】 Y型分子筛属于立方晶系,空间群为 O_h^7-$F\frac{4_1}{d}\bar{3}\frac{2}{m}$,其晶胞参数为 $a=2460\ \text{pm}$,晶胞组成为 $28\text{Na}_2\text{O}\cdot 28\text{Al}_2\text{O}_3\cdot 136\text{SiO}_2\cdot x\text{H}_2\text{O}$。

(1) 说明该分子筛晶体所属的点群和空间点阵型式;
(2) 说明该分子筛晶体的宏观对称元素和特征对称元素;
(3) 计算硅铝比;
(4) 已知该分子筛的密度为 $1.95\ \text{g}\cdot\text{cm}^{-3}$,求晶胞中结晶水的数目。

解

(1) 由该分子筛所属的晶系和空间群的记号可知,它属于 O_h 点群,空间点阵型式为面心立方。

(2) 根据该分子筛晶体所属的点群,可知其宏观对称元素有:3个 C_4 轴、4个 C_3 轴、6个 C_2 轴、6个 σ_d、3个 σ_h 和对称中心 i。根据该分子筛晶体所属的晶系,可知其特征对称元素为4个按立方晶胞体对角线取向的 C_3 轴。

(3) 硅铝比是指分子筛晶体中 $\text{SiO}_2/\text{Al}_2\text{O}_3$ 的比值。硅铝比高的分子筛热稳定性好。Y型分子筛的硅铝比较高,一般在 $3.0\sim 5.0$ 之间。按题中所给的晶胞组成计算,该Y型分子筛的硅铝比为 $136/28\approx 4.9$。

(4) 依题意,可得该Y型分子筛晶体的密度 D、晶胞参数 a、"晶胞式量"(此处不妨视为晶体的摩尔质量)M 以及 Avogadro 常数 N_A 之间的关系如下:

$$M = D\,a^3\,N_A$$
$$= 1.95\ \text{g}\cdot\text{cm}^{-3}\times(24.6\times 10^{-8}\ \text{cm})^3\times 6.022\times 10^{23}\ \text{mol}^{-1}$$
$$= 17481.6\ \text{g}\cdot\text{mol}^{-1}$$

去掉单位即"晶胞式量",而"晶胞式量"又可表示为

$$M = 28(22.99\times 2+16.00+26.98\times 2+16.00\times 3)$$
$$\quad + 136(28.09+16.00\times 2)+18.02x$$
$$= 12762.6+18.02x$$

所以
$$17481.6 = 12762.6+18.02x$$
$$x = 262$$

即该Y型分子筛的一个晶胞中含有262个结晶水。

【9.22】 α-MnS 晶体属于立方晶系。用X射线粉末法($\lambda=154.05\ \text{pm}$)测得各衍射线 2θ 如下:$29.60°,34.30°,49.29°,58.56°,61.39°,72.28°,82.50°,92.51°,113.04°$。

(1) 通过计算,确定该晶体的空间点阵型式;
(2) 通过计算,将各衍射线指标化;
(3) 计算该晶体正当晶胞参数;
(4) $26℃$ 测得该晶体的密度为 $4.05\ \text{g}\cdot\text{cm}^{-3}$,请计算一个晶胞中的离子数;
(5) 发现该晶体在 $(a+b)$ 和 a 方向上都有镜面,而在 $(a+b+c)$ 方向上有 C_3 轴,请写出该晶体点群的 Schönflies 记号和空间群国际记号;
(6) 若某 α-MnS 纳米颗粒形状为立方体,边长为 α-MnS 晶胞边长的10倍,请估算其表面原子占总原子数的百分率。

解 (1)和(2)的计算如下表。由表所得 hkl 为全奇或全偶，属立方面心点阵型式。

$2\theta/(°)$	$\theta/(°)$	$\sin\theta$	$\sin^2\theta$	$(\sin^2\theta/0.0218)^*$	hkl
29.60	14.80	0.2554	0.0653	3	111
34.30	17.15	0.2949	0.08695	4	200
49.29	24.65	0.4171	0.17395	8	220
58.56	29.28	0.4890	0.2392	11	311
61.39	30.69	0.5105	0.2606	12	222
72.28	36.14	0.5895	0.3478	16	400
82.50	41.25	0.6593	0.4347	20	420
92.51	46.255	0.7224	0.5219	24	422
113.04	56.52	0.8341	0.6957	32	440

* 将第 1 条线的 $\sin^2\theta$ 值除以 3，得 0.0218。这栏目的数值即相当于衍射指标 hkl 的平方和 $h^2+k^2+l^2$。

(3) 晶胞参数 a 可用高角度的 3 条线计算、平均而得。

$$440: a=\left[\frac{(154.05\text{ pm})^2\times 32}{4\times 0.6957}\right]^{1/2}=522.39\text{ pm}$$

$$422: a=\left[\frac{(154.05\text{ pm})^2\times 24}{4\times 0.5219}\right]^{1/2}=522.33\text{ pm}$$

$$420: a=\left[\frac{(154.05\text{ pm})^2\times 20}{4\times 0.4347}\right]^{1/2}=522.46\text{ pm}$$

即 a 的平均值为 522.4 pm。

(4) $Z=\dfrac{N_A VD}{M}=\dfrac{6.022\times 10^{23}\text{ mol}^{-1}\times(522.4\times 10^{-10}\text{ cm})^3\times 4.050\text{ g cm}^{-3}}{(54.94+32.07)\text{ g mol}^{-1}}=4$

即晶胞中含有 4 个 [MnS]。

(5) 该晶体点群为：O_h

空间群国际记号为：$Fm\bar{3}m$

(6) $a=522.4$ pm，该纳米颗粒(立方体)边长为 10×522.4 pm $=5.224$ nm。设表面层厚度为 S^{2-} 的直径，即 2×0.184 nm $=0.368$ nm。

表面原子占总原子数的百分比为

$$1-\frac{(5.224-0.368)^3\text{ nm}^3}{(5.224\text{ nm})^3}\times 100\%=100\%-80\%=20\%$$

第 10 章 次级键及超分子结构化学

内 容 提 要

次级键是除共价键、离子键和金属键以外,其他各种化学键的总称。次级键涉及分子间和分子内基团间的相互作用,涉及超分子、各种分子聚集体的结构和性质,涉及生命物质内部的作用等,内涵极为丰富。由于次级键内容的广泛性,本章首先通过键价理论,利用经验规律,依据由实验测定的原子间距离数据,定量地计算各种键的键价,以了解键的性质。然后讨论氢键、非氢键型次级键、范德华力、有关分子的形状和大小。最后三节讨论和次级键密切相关的超分子、纳米材料和软物质的结构化学以及物质结构研究方法的新进展等内容。

10.1 键价和键的强度

键价理论是根据化学键的键长是键的强弱的一种量度的观点,认为由特定原子组成的化学键:键长值小、键的强度高,键价数值大;键长值大、键的强度低,键价数值小。由实验测定所积累的键长数据,归纳出键长和键价的关系。键价理论的核心内容有两点:

(1) 通过 i,j 两原子间的键长 r_{ij} 计算这两原子间的键价 S_{ij}:

$$S_{ij} = \exp[(R_0 - r_{ij})/B] \tag{10.1}$$

或

$$S_{ij} = (r_{ij}/R_0)^{-N} \tag{10.2}$$

式中 R_0 和 B(或 R_0 和 N,由于表达式不同,两式的 R_0 值不同)是和原子种类及价态有关的经验常数,其数值列于《结构化学基础》(第 5 版)表 10.1.1 中。

(2) 键价和规则,即每个原子所连诸键的键价之和等于该原子的原子价。

例如,根据 PO_4^{3-} 基团 P—O 键长值和计算键价的参数得 P—O 键键价为 1.25,键价和为 5,和 PO_4^{3-} 中 P 的价态一致。又如,冰中 O—H⋯O 氢键的键长值为 276 pm,其中 O—H 96 pm,O⋯H 180 pm,根据键价参数算得 O—H 键键价为 0.8,H⋯O 键价为 0.2。冰中 H_2O 分子按四面体形形成 4 个氢键,由此可得 O 的键价和为 2,H 的键价和为 1,符合它们的原子价。

10.2 氢键

氢键以 X—H⋯Y 表示,并以 X⋯Y 间的距离定为氢键键长。其中 X—H σ 键的电子云趋向高电负性的 X 原子,导致出现屏蔽小的正电性的氢原子核,它被另一高电负性的 Y 原子所吸引。X 和 Y 通常是 F,O,N,Cl 等原子,以及按双键或三重键成键的 C 原子。

氢键键能介于共价键和范德华作用能之间,而形成的结构条件并不严格,具有很大灵活性。因此,在具备形成氢键条件的固体、液体甚至气体中都趋向于尽可能多地生成氢键,以降低体系的能量,即形成最多氢键原理。而且氢键的形成和破坏所需的活化能小,形成的空间条件比较灵活,在物质内部分子间和分子内不断运动变化的条件下,氢键仍能不断地断裂和形成,而保持一定的氢键。

1. 氢键的几何形态

氢键 X—H⋯Y 的几何形态常用 R(X⋯Y 间距),r_1(X—H 键长),r_2(H⋯Y 距离)和 θ(∠XHY)表示。由实验测定结果得氢键的几何形态如下:

(1) 大多数氢键是不对称的,即 H 原子距离 X 较近,和 Y 较远。

(2) θ 可为 180°,但大多数 θ<180°。

(3) X⋯Y 间距离越短,氢键越强,这时 X—H 的键长增长。若 X 和 Y 为同一种原子,而 $r_1=r_2$,则称为对称氢键,是最强的氢键。

(4) R 值远小于 r_1 与 H 和 Y 的范德华半径和。

(5) H⋯Y—R 之间的角度 α,通常处于 100°~140°之间。

(6) 氢键中,通常 H 原子是二配位,但也出现三配位和四配位。

(7) 大多数氢键中,只有一个 H 原子直接指向 Y 上的孤对电子,但也有例外,如氨晶体中,N 上的孤对电子同时接受 3 个 H 原子。

对有机化合物,形成氢键的条件为:

(1) 所有合适的质子给体和受体都能用于形成氢键。

(2) 若分子的几何构型适合于形成六元环的分子内氢键,则分子内氢键的形成趋势大于分子间氢键。

(3) 在分子内氢键形成后,剩余的合适的质子给体和受体相互间要形成分子间氢键。

2. 氢键的强度

氢键的键能是指下一解离反应的焓的改变量:

$$X—H⋯Y \longrightarrow X—H + Y$$

根据键能可将氢键分为:

(1) 强氢键。键能>50 kJ mol^{-1}。非常强的对称氢键,键能超过 100 kJ mol^{-1},共价性占优势。常在酸和酸式盐中出现。

(2) 中强氢键。键能介于 15~50 kJ mol^{-1}。静电性占优势。常在酸、醇和酚的水合物、生物分子中出现。

(3) 弱氢键。键能<15 kJ mol^{-1}。一般是弱的静电作用。常在碱和碱式盐中出现。

在冰-I_h 中,O—H⋯O 氢键键能实验测定值为 25 kJ mol^{-1},它是下列作用能贡献的结果(计算值):静电能(约−33 kJ mol^{-1})、离域能(约−34 kJ mol^{-1})、推斥能(约 41 kJ mol^{-1})和范德华作用能(约−1 kJ mol^{-1}),总贡献值为−27 kJ mol^{-1}。

最强的直线形的对称氢键 F—H—F,键长 226 pm,键能达 212 kJ mol^{-1},它可以看作三中心四电子(3c-4e)键,用分子轨道法表达出轨道叠加的情况,并得到 F—H 间键级为 0.5 的结论。

近年来对氢的成键情况进行深入研究,又提出了芳香氢键(又称 π 氢键)(X—H⋯π)、金属氢键(X—H⋯M)和二氢键(X—H⋯H—Y)等类型,扩展了人们对氢键的了解。

3. 冰和水中的氢键

水分子有 2 个 O—H 质子给体和 2 对孤对电子作为质子受体,形成四面体形分布的电荷体系,使水和冰中分子间生成大量的 O—H⋯O 氢键,并由此决定了水和冰的结构和性质。

人们日常生活中接触到的雪、霜、自然界的冰和各种商品的冰都是六方晶系的冰-I_h。在它的结构中,每个 H_2O 分子周围有 4 个 O—H⋯O 氢键,H 原子无序分布,即 O—H⋯O 和 O⋯H—O 概率相等。冰中 H_2O 分子按四面体形成氢键,使结构空旷,冰-I_h 的密度比水小,仅为 $0.9168\ \text{g}\cdot\text{cm}^{-3}$。

由冰熔化为水时,大约有 15% 的氢键断裂,水中仍有大量的氢键,形成堆积密度较大的、不完整的、相互连接而不断改变的多面体(如五角十二面体)体系。这种转变过程,使分子间堆积较密,密度增大;但当温度升高、热运动加剧,使密度减小,两种影响密度的相反因素,导致 4℃时密度最大。由于冰和水中存在大量氢键,决定了冰、水和水蒸气三者间的热学性质如下:

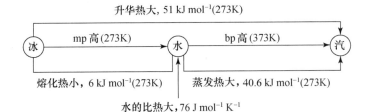

冰和水中分子间氢键连接的空旷结构,使它能和许多种小分子形成多种类型的晶态水合物。其中最重要的是天然气水合物。天然气的主要成分为甲烷。$1\ \text{m}^3$ 甲烷水合物,$8CH_4\cdot 46H_2O$,在标准温度和压强下可释放出 $170\ \text{m}^3$ 的 CH_4 气体和 $0.8\ \text{m}^3$ 的淡水。

4. 氢键和物质的性能

物质的许多性能可根据物质中分子间形成氢键的情况来理解。下面分析三个方面的性能来说明。

(1) 物质的溶解性能

溶质分子在水中和油中的溶解性能,可用"相似相溶"原理表达。这个经验原理指出:结构相似的化合物容易互相混溶,结构不相似的化合物不易互溶。其中,结构的含义包括分子间的结合力与分子(或离子)的相对大小和电价。

水是极性分子,水分子间的主要结合力是氢键。油分子一般不具极性,分子间主要是范德华力。对溶质分子,凡能为生成氢键提供 H 与接受 H 生成氢键者均和水相似,在水中的溶解度较大,如 ROH,RCOOH,R_2CO,$RCONH_2$ 等。对于不具极性的碳氢化合物,不能和水生成氢键,在水中溶解度很小,而在油中,分子间作用力相似,混合过程,焓值改变量很小,而混合熵增大,促进彼此互溶。

(2) 物质的熔沸点和气化焓

这些物理性质主要取决于分子间作用力的强弱,一般氢键结合力远大于范德华力。所以,分子间通过氢键结合的水、氨等,熔沸点和气化焓都比同系物高。

(3) 黏度和表面张力

分子中含有多个质子给体或受体的原子,分子间能通过氢键形成网络,这种物质的黏度和表面张力都较大,例如甘油 $\begin{bmatrix} \text{CH}_2\text{—CH}_2\text{—CH}_2 \\ |\quad\quad |\quad\quad | \\ \text{OH}\quad \text{OH}\quad \text{OH} \end{bmatrix}$、浓硫酸 $[(HO)_2SO_2]$ 等。

5. 氢键在生命物质中的作用

生命物质由蛋白质、核酸、碳水化合物、脂类等有机物以及水和无机盐组成。这些物质结合在一起具有生命的特性,氢键在其中起关键作用。下面分三方面加以讨论:

(1) 蛋白质

蛋白质是由多个氨基酸分子缩合形成的长链分子,它的结构常分四级描述:一级结构指长链分子中氨基酸分子的排列顺序;二级结构指长链分子通过氢键使链盘绕或折叠形成的立体结构,其中典型而含量丰富的结构型式有 α-螺旋链和 β-折叠片;三级结构指在二级结构基础上,通过氢键结合成紧密的球状实体,是蛋白质的功能单位或亚基;四级结构指亚基通过氢键及其他次级键结合成晶体或聚集体。

(2) 核酸

核酸是一种多聚核苷酸,包括由核苷和磷酸组成的脱氧核糖核酸(DNA)和核糖核酸(RNA),前者是遗传信息的携带者,后者对生物体内蛋白质的合成起重要作用。DNA 由两条多核苷酸链组成,链中每个核苷酸含有一个戊糖、一个磷酸根和一个碱基,两条链的碱基相互通过氢键配对,A 和 T 两个碱基间形成两个氢键,G 和 C 两个碱基间形成 3 个氢键,这种氢键的配对是互补的、专一的和不可替代的结构,将两条链形成双螺旋结构。基因是具有遗传效应的 DNA 片段,存在于染色体中,可按上述碱基配对形成氢键方式传递遗传信息。

(3) 非周期性有序物质

20 世纪 40 年代初,Schrödinger 提出生命的特异性是由基因决定的,生命细胞的最基本部分——染色体结构是非周期性有序物质。到 DNA 结构测定后,结构中的 A⋯T 和 G⋯C 氢键配对原理,就是非周期性有序物质的结构和性能关系的阐述。

10.3 非氢键型次级键

由于次级键的多样性,本节分两个小节讨论除氢键和范德华力以外的次级键。判断次级键形成的标准,主要以原子间的距离与典型的共价半径和以及范德华半径和作比较。

1. 非金属原子间的次级键

许多物质中非金属原子间形成次级键,例如:

(1) 碘(I_2)晶体:分子间最短的 I---I 距离为 350 pm,比 I 原子的范德华半径和 430 pm 短得多,而比 I 原子的共价半径和 267 pm 长。

(2) $Ph_2I(\mu-X)_2IPh_2$(X=Cl, Br, I):分子中间部分 I---X 距离长于共价半径和,而短于范德华半径和。

(3) $(NO)_2$:在这个 NO 的二聚分子中,依靠 N⋯N 次级键结合在一起,N---N 距离为 218 pm(晶体中)和 223.7 pm(气体中),远比 N—N 共价单键键长 150 pm 长,而比范德华半径和 300 pm 短。

(4) S_4N_4:分子中两个 S---S 间距离为 258 pm。比 S—S 共价单键 206 pm 长,比范德华半径和 368 pm 短。

(5) 1,6-二氮双杂环[4,4,4]十四烷:分子中不同条件下 N---N 原子间距离介于共价单键键长和范德华半径和之间,有力地说明它们之间形成次级键。

上述实例为读者提供探讨次级键本质的素材,学而思之,注意培养创新精神。

2. 金属原子与其他原子间的次级键

这里列举了 $VO(acac)_2Py$,V_2O_5,Sn_4F_8 等晶体中分子内和分子间的距离。并用键价理论处理金属原子和非金属原子间的键价和金属原子的键价和。关注非共价键的 Au^I---Au^I 和 Ag^I---Ag^I 间的亲金作用和亲银作用。

10.4 范德华力和范德华半径

范德华力又称范德华键,它主要由下列三方面的作用力组成,其能量可按下列公式计算:

(1) 静电力,指偶极子-偶极子相互作用:

$$E_{静} = -\frac{2}{3}\frac{\mu_1^2\mu_2^2}{kTr^6}\frac{1}{(4\pi\varepsilon_0)^2}$$

式中 μ_1 和 μ_2 分别是两个相互作用分子的偶极矩,r 是分子质心间的距离,k 为 Boltzmann 常数,T 为热力学温度,负号代表能量降低。

一些非极性分子如 N_2,CO_2 等具有电四极矩 Q,它对静电能也有类似的贡献。

(2) 诱导力,指偶极子-诱导偶极子相互作用:

$$E_{诱} = -\frac{\alpha_2\mu_1^2}{(4\pi\varepsilon_0)^2r^6}$$

μ_1 为分子 1 的偶极矩,α_2 为分子 2 的极化率。

(3) 色散力,指非极性分子的诱导偶极矩-诱导偶极矩的相互作用:

$$E_{色} = -\frac{3}{2}\frac{I_1I_2}{I_1+I_2}\left(\frac{\alpha_1\alpha_2}{r^6}\right)\left(\frac{1}{4\pi\varepsilon_0}\right)^2$$

I_1 和 I_2 分别为分子 1 和 2 的电离能。

一些纯化合物的分子的范德华作用能数据列表示出,在其中水的范德华作用能达 47.3 kJ mol^{-1},它包括了氢键键能。

分子间的排斥力是短程力,当分子靠近时,排斥力明显。分子间相距较远时,吸引力明显。分子间相互作用势能可用 Lennard-Jones(林纳德-琼斯)的 6-12 次方关系式表达:

$$E = \frac{A}{r^{12}} - \frac{B}{r^6}$$

根据这公式可看出,在 $E\text{-}r$ 曲线中会出现能量的最低点,这时排斥和吸引达到平衡,相应这点的距离为平衡距离。相邻分子相互接触的原子间的距离为该两原子的范德华半径和。通过实验测定分子晶体的结构,可求得不同分子的原子间的接触距离,从而推引出原子的范德华半径。

10.5 分子的形状和大小

1. 构型和构象

分子的构型是指分子中的原子或基团在空间按特定的方式排布的结构形象。构型由分子中原子的排布次序、连接方式、键长和键角等决定。相同的化学成分而构型不同的分子称为构型异构体。构型异构体有顺反异构体和旋光异构体两类,后者是对手性分子而言。

旋光异构体的绝对构型(即分子中存在的真实构型),早期用 D,L 记号区分,现在常按 R,S 标记法:以手性碳原子连接的 4 个基团,按原子序数大小的顺序排列,将最小的(例如 H)排在观察者对面向外,其他 3 个形成的三角形向着观察者,当按大小顺时针方向排列时,称为 R 构型;逆时针排列时称 S 构型。注意 D 和 L,R 和 S 以及实验测定的旋光方向(右旋标"+",左旋标"-"),虽然都含有右和左的意义,但三者没有确定的对应关系。

分子的构象是指当分子中有一个或多个共价单键和某些非球形的基团相连接,在围绕单键旋转时,分子中原子在空间的排布随旋转的不同而异,这种分子中原子的特定排列形式称为分子的构象。构象是描述分子在三维空间中的形状。由可旋转的单键连接的基团因旋转角度不同,分子得到不同的形状,称为分子的构象异构体。乙烷分子围绕 C—C 键旋转可得到许多种构象异构体,其中有两种极限构象:交叉式和重叠式。

分子构象是在分子构型的基础上,通过扭角表达出围绕单键旋转角度的数值。扭角是指依次排列的 4 个原子 A—B—C—D,当顺着中间的 B—C 键观看时,上部的 A 原子顺时针扭动致使其和 D 重合而所需的角度。

2. 分子大小的估算

分子的大小、形状可由分子内部原子间的键长、键角、扭角和原子的范德华半径求得。例如,单原子分子是圆球形分子,它的体积为 $\frac{4}{3}\pi R^3$,R 为该原子的范德华半径。双原子分子的长度为 2 个原子的共价半径与范德华半径之和,最大直径为大原子的范德华半径的 2 倍。烷烃分子 n-C_nH_{2n+2} 伸展时的 C 原子骨架呈共面的曲折长链,C—C—C 角度为 $109°28'$,C—C 键长为 154 pm,两端—CH_3 基团的范德华半径为 200 pm,由此可算得分子的长度为

$$\left[154\sin\left(\frac{109.5°}{2}\right)(n-1)+2\times 200\right]\text{pm}=[126(n-1)+400]\text{pm}$$

圆柱分子直径约为 490 pm。

液体和固体中分子的大小可从物质的密度或摩尔体积求得。例如,水的摩尔体积是 18 cm^3,液态水中一个 H_2O 分子占有的体积为 18 $cm^3/(6.02\times 10^{23})=30\times 10^{-24}$ cm^3。这就是一个 H_2O 分子的大小,它包括了分子间的空隙。

分子间的空隙大小随分子形状的差异和堆积形式不同而异。等径圆球作最密堆积时,堆积系数为 74.05%,即空隙占总体积的 25.95%。石墨等层形分子只有层间有空隙,堆积系数可高达 90% 以上。一般晶体中分子的堆积系数为 0.65~0.75,液体一般为 0.5~0.6。

对有机分子,分子的体积可看作原子基团体积的加和,由实验数据拟合所得原子基团体积的增量,可用以估算分子的大小。分子的形状和大小对于学习化学有重要意义,能深入其形象,具体实在地了解它的结构和性质。在实际工作中也可了解空间阻碍效应,了解表面吸附性质等。

10.6 超分子结构化学

超分子通常是指由两种或两种以上分子依靠分子间相互作用结合在一起,组装成复杂的、有组织的聚集体,并保持一定的完整性,使其具有明确的微观结构和宏观特性。超分子化学是超越分子的化学。

超分子和超分子化学通常包括下面两个领域:(1) 由确定的少数组分(受体和底物)在分子识别原则的基础上经过分子间缔合形成确定组成的、分立的低聚物种。(2) 由大量不确定数目的组分自发缔合成超分子聚集体,它又可分为两类:(a) 薄膜、囊泡、胶束、介晶相等,它们的组成和结合形式在不断变动,但具有或多或少的确定的微小组织;(b) 组成确定、排列整齐的晶体,研究这种超分子的工作常称为晶体工程。

1. 超分子稳定形成的因素

超分子稳定形成的因素可从热力学自由焓的降低($\Delta G<0$)来理解:

$$\Delta G=\Delta H-T\Delta S$$

式中 ΔH 是焓变,它代表降低体系能量的因素;ΔS 是熵变的因素。

(1) 能量降低因素:分子聚集在一起,依靠分子间的相互作用使体系的能量降低的因素有静电作用、氢键、配位键、π⋯π 堆叠作用、范德华作用及疏水效应等。

(2) 熵增加因素:包括螯合效应、大环效应和疏水空腔效应等。其中疏水效应是指疏水基团聚集结合在一起,排挤出水分子,既可增加水分子间的氢键数量,降低体系的能量;又可以使无序的自由活动的水的数量增加,熵增大,两个因素都促进超分子体系的稳定性。

(3) 锁和钥匙原理:它是指受体和底物之间在能量效应和熵效应上互相配合、互相促进、形成稳定的超分子体系的原理。锁(指受体)和钥匙(指客体)间的每一局部是弱的相互作用,而各个局部间相互的加和作用、协同作用形成强的分子间作用力,形成稳定的超分子。锁和钥匙原理是超分子体系识别记忆功能和专一选择功能的结构基础。

2. 分子识别和超分子自组装

分子识别是由于不同分子间的一种特殊的专一的相互作用,它既满足空间要求,也满足各种次级键力的匹配。使一种受体分子的特殊部位的基团正适合和另一种客体分子的基团相结合,体现出锁和钥匙原理,互相选择对方结合在一起,形成超分子体系。

超分子自组装是指一种或多种分子,依靠分子间相互作用,自发地结合起来,形成分立的或伸展的超分子。

分子识别和超分子自组装是超分子化学的核心内容,它体现在电子因素和几何因素两个方面,前者使分子间的各种作用力得到发挥,后者适应于分子的几何形状和大小互相匹配。下面按不同的接受体和不同的分子间作用力讨论分子识别和自组装:

(1) 冠醚:不同孔穴直径的冠醚适合于组装大小不同的碱金属离子,如[12]C4 适合于 Li^+,[15]C5 适合于 Na^+,[18]C6 适合于 K^+ 和 Rb^+ 等。

(2) 穴状配体:既可以利用它的大小,还可根据配位点的分布,分离大小相同的 K^+ 和 NH_4^+ 等。

(3) 氢键的识别和自组装:利用不同分子中所能形成氢键的条件,组装成多种多样的超分子。氢键是分子识别和超分子自组装中最重要的一种分子间相互作用,由于它的作用较强,涉及面极广,在生命科学和材料科学中都极为重要。例如 DNA 的碱基配对、互相识别,将两条核苷酸长链自组装成双螺旋体。

(4) 配位键的识别和组装:过渡金属离子和配位体间形成配位键的电子因素和几何因素提供合理地组装出各类超分子的条件。

(5) 疏水作用的识别和组装:疏水基团间结合在一起,既可以使整个体系的能量降低,又能使体系的熵值增加,自发地进行组装。例如,环糊精内壁具有疏水性,当在环糊精的小口径端置换一个大小合适的疏水基团,它能进入环糊精内部组装成长链。

3. 晶体工程

许多晶体,特别是有机晶体,是完美的超分子。晶态超分子是由数以百万计的分子互相识别,通过分子间相互作用构建起来的。将超分子化学原理、方法以及控制分子间作用的谋略用于晶体,以设计、控制和制出奇特新颖、具有特定物理性质和化学性质的新晶体,称为晶体工程。晶体工程具有下列特点:

(1) 晶体工程是研究晶态超分子的科学。

(2) 分子间相互作用可直接用 X 射线晶体学进行研究,结论明确可靠。

（3）设计方案既包括晶体中分子在空间的排列，也能将分子间强的和弱的相互作用独立地或结合起来考虑。

（4）设计涉及的对象既包括单组分，也包括多组分物种。

（5）在主宾配合物型的超分子中，主体孔穴可由几个相同分子或几种不同分子组成。

本小节通过羧酸、尿素等超分子晶体为例加以介绍。

4. 应用

超分子结构化学原理的应用非常广泛，是生命科学、材料科学和信息科学等领域的重要基础内容。这里对相转移、尿素和烷烃包合物分离直链烷烃和侧链烷烃、用杯芳烃纯化 C_{60} 和制 LB 膜等实例予以介绍。

10.7 纳米材料和软物质的结构化学

纳米材料是指构成该材料的基本单元在三维空间中至少有一维的大小处于纳米尺度的范围。由于纳米粒子小，处在表面上粒子的相对数目多，表面效应增大，例如 2 nm 粉金的熔点只有 600 K。金属纳米微粒由于它的反射率极低和吸收率极强，致使它们几乎都呈黑色。

碳纳米材料近年发展极为迅速。纳米金刚石是指粒径大小处在纳米量级的金刚石晶体，除了它可作为胶体中的悬浮物改变胶体的性质外，还利用多种表面功能化方法获得多种性能的纳米材料。

石墨烯是层形石墨分子的通用名称，它强度大，导电能力很强，电子在层中运动受到阻力很小，是制作高性能电容器、电极材料、电子器件和芯片的好材料，在微电子领域存在美好前景，受到人们的重视和关注。碳纳米管和球碳化合物显现的特异性能，吸引人们去开发它们的应用。

软物质是大小处于纳米量级的分子的聚集体，当它受到外力作用，为适应新条件，能自发地转变为新的结构，而不改变分子中原子间连接次序和化学键性质，只改变分子的构象、扭角等分子形状，以适应分子间的氢键和其他次级键的形成，在这变化过程中键能等能量的变化不大，而熵值发生较大变化。软物质是熵增加起主要作用的物质。

10.8 结构化学研究方法的新进展

回顾前面各章的学习，了解结构化学是在原子-分子水平上，以量子力学理论、对称性理论、点阵理论和化学键理论为基础，通过计算推理的方法、实验测定的技术，学习结构化学的知识及其新的发展。

进入 21 世纪，化学发展的趋势有"五多"：多学科交叉、多层次发展、多尺度分布、多整合生产以及多方法协作。这"五多"反映化学是自然科学发展的中心环节，是为社会发展创造物质财富的基础学科。要使化学科学快速发展以适应社会发展的需求，必须关注物质结构研究的新发展，提高对物质结构的深入认识。为此，学习结构化学不仅要关注前人所提出的理论，以及已测定的化学物质的结构和性能，还要关注不断出现的新思想、新理论、新概念、新技术和测定结构方法的新进展，扩大我们的思想境界、提高认识水平，在万众创新中发挥出高度的创新思维和解决实际问题的能力。

习 题 解 析

【10.1】 在硫酸盐和硼酸盐中,SO_4^{2-} 和 BO_3^{3-} 的构型分别为正四面体和平面正三角形,S—O 键和 B—O 键的键长平均值分别为 148 pm 和 136.6 pm,试计算 S—O 键和 B—O 键的键价以及 S 原子和 B 原子的键价和。

解 将查得的 R_0 和 B 值数据代入计算键价的公式(10.1)式,即可求出两种化学键的键价及两原子的原子价。

SO_4^{2-}:
$$S = \exp\left[\frac{162.4 \text{ pm} - 148 \text{ pm}}{37 \text{ pm}}\right] = 1.48$$

S 原子的键价和为 $4 \times 1.48 = 5.92$。此值和 S 原子的氧化态 6 相近。

BO_3^{3-}:
$$S = \exp\left[\frac{137.1 \text{ pm} - 136.6 \text{ pm}}{37 \text{ pm}}\right] = 1.01$$

B 原子的键价和为 $3 \times 1.01 = 3.03$。此值和 B 原子的原子价 3 相近。

【10.2】 ClO_2^-(弯曲形),ClO_3^-(三角锥形)和 ClO_4^-(四面体形)离子中,Cl—O 键的平均键长值分别为157 pm,148 pm 和 142.5 pm,试分别计算其键价及键价和。[利用(10.1)式计算 Cl 原子和 O 原子成键时,R_0 值为:Cl^{3+} 171 pm,Cl^{5+} 167 pm,Cl^{7+} 163.2 pm,B 值为 37 pm。]

解 ClO_2^-:
$$S = \exp\left[\frac{171 \text{ pm} - 157 \text{ pm}}{37 \text{ pm}}\right] = 1.46$$

ClO_2^- 中 Cl 原子的键价和为 $2 \times 1.46 = 2.92$,和氧化态为 3 相近。

ClO_3^-:
$$S = \exp\left[\frac{167 \text{ pm} - 148 \text{ pm}}{37 \text{ pm}}\right] = 1.67$$

ClO_3^- 中 Cl 原子的键价和为 $3 \times 1.46 = 5.01$,和氧化态为 5 相近。

ClO_4^-:
$$S = \exp\left[\frac{163.2 \text{ pm} - 142.5 \text{ pm}}{37 \text{ pm}}\right] = 1.75$$

ClO_4^- 中 Cl 原子的键价和为 $4 \times 1.75 = 7.0$,和氧化态为 7 相近。

【10.3】 试计算下列化合物已标明键长值的 Xe—F 键键价。说明稀有气体 Xe 原子在不同条件下和其他原子形成化学键的情况。[按(10.1)式计算 Xe—F 键时,R_0 值为:Xe^{2+} 200 pm,Xe^{4+} 193 pm,Xe^{6+} 189 pm;B 为 37 pm]。

(1) XeF_2(直线形):Xe—F 200 pm;

(2) $[Xe_2F_3]^+[SbF_6]^-$:$\left[F-Xe\underset{151°}{\overset{214 \text{ pm}}{\cdots F \cdots}}Xe\overset{190 \text{ pm}}{-}F\right]^+$;

(3) $[NO_2]^+[Xe_2F_{13}]^-$:$\left[F_5Xe\underset{255 \text{ pm}}{\overset{F}{\underset{F}{\cdots}}}XeF_6\right]^-$;

(4) $[(2,6\text{-}F_2C_6H_3)Xe]^+[BF_4]^-$:结构式中 Xe $\overset{279 \text{ pm}}{\cdots\cdots}$ F—BF_3;

(5) $[Me_4N]^+[XeF_5]^-$:平面五角形的 XeF_5^- 离子中 Xe—F 202 pm。

解

(1) Xe—F： $S = \exp\left[\dfrac{200 \text{ pm} - 200 \text{ pm}}{37 \text{ pm}}\right] = 1.00$

(2) Xe—F： $S = \exp\left[\dfrac{200 \text{ pm} - 190 \text{ pm}}{37 \text{ pm}}\right] = 1.31$

Xe---F： $S = \exp\left[\dfrac{200 \text{ pm} - 214 \text{ pm}}{37 \text{ pm}}\right] = 0.68$

(3) Xe---F： $S = \exp\left[\dfrac{189 \text{ pm} - 255 \text{ pm}}{37 \text{ pm}}\right] = 0.17$

(4) Xe---F： $S = \exp\left[\dfrac{200 \text{ pm} - 279 \text{ pm}}{37 \text{ pm}}\right] = 0.12$

(5) Xe—F： $S = \exp\left[\dfrac{193 \text{ pm} - 202 \text{ pm}}{37 \text{ pm}}\right] = 0.78$

Xe 和 F 的范德华半径和为 216 pm+147 pm=363 pm。上述化学键中成键两原子间的键距均短于范德华半径和。Xe 原子既可以和 F，O，C 等原子成共价键，也可形成次级键。

【评注】 在已知的三千多万种化合物中，原子依靠化学键结合成化合物。随着原子间成键环境的差异，化学键的型式也多种多样。这一习题 5 个化合物中的部分 Xe—F 键的键价计算结果说明，原子间结合力的多样性和复杂性，有着极为丰富的内容。

【10.4】 CaO 具有 NaCl 型的晶体结构，试根据《结构化学基础》（第 5 版）表 10.1.1 的数据估算 Ca—O 的键长及 Ca^{2+} 的半径（按 O^{2-} 的离子半径为 140 pm，Ca^{2+} 和 O^{2-} 的离子半径和即为 Ca—O 的键长计算）。

解 CaO 中 Ca^{2+} 是 +2 价离子，Ca^{2+} 周围有 6 个距离相等的 O^{2-}，按键价和规则，每个键的键价（S）为 2/6=0.333。查表得 Ca—O 键的 R_0=196.7 pm，B=37 pm，代入得

$$S = 0.333 = \exp\left[\dfrac{196.7 \text{ pm} - d}{37 \text{ pm}}\right]$$

$$\ln 0.333 = \dfrac{196.7 \text{ pm} - d}{37 \text{ pm}} = -1.10$$

$$d = 237.4 \text{ pm}$$

Ca^{2+} 的离子半径为 237.4 pm−140 pm=97.4 pm。

【10.5】 NiO 具有 NaCl 型结构，试根据《结构化学基础》（第 5 版）表 10.1.1 数据估算 Ni^{2+} 离子半径。

解 查表得 Ni^{2+} 和 O^{2-} 结合时，R_0 值为 167.0 pm，B 值为 37 pm，代入得

$$S = 0.333 = \exp\left[\dfrac{167.0 \text{ pm} - d}{37 \text{ pm}}\right]$$

$$\ln 0.333 = \dfrac{167.0 \text{ pm} - d}{37 \text{ pm}} = -1.10$$

Ni—O 间键距 d=207.7 pm。

Ni^{2+} 的离子半径为 207.7 pm−140.0 pm=67.7 pm。

【10.6】 已知甲烷水合物晶体属于立方晶系，晶胞参数 a=1.20 nm，Z=1($8CH_4 \cdot 46H_2O$)。试求晶体的密度，标准状态下 1 m^3 晶体可得多少甲烷和淡水？

解

(1) 晶胞体积 $V = a^3 = 1.20^3$ nm^3 = 1.728 nm^3

晶胞中摩尔质量 $M = (128 + 828)$ g mol^{-1} = 956 g mol^{-1}

晶体密度 $D = \dfrac{ZM}{N_A V} = \dfrac{1 \times 956 \text{ g mol}^{-1}}{6.02 \times 10^{23} \text{ mol}^{-1} \times 1.73 \times 10^{-27} \text{ m}^3} = 0.918$ g cm^{-3}

(2) 1 m^3 水合物重 918 kg，其中 CH$_4$ 重

$$\dfrac{128}{956} \times 918 \text{ kg} = 123 \text{ kg}$$

物质的量为

$$123 \times 10^3 \text{ g}/16 \text{ g mol}^{-1} = 7.69 \times 10^3 \text{ mol}$$

标准状态下体积为

$$7.69 \times 10^3 \text{ mol} \times 22.4 \times 10^{-3} \text{ m}^3 \text{ mol}^{-1} = 172 \text{ m}^3$$

(3) 1 m^3 水合物含淡水

$$\dfrac{828}{956} \times 918 \text{ kg} = 795 \text{ kg}$$

相当于 0.8 m^3。

【评注】 天然气水合物是一种分布广、储量大、能量密度高的矿产资源。预计在本世纪中叶，它将是逐渐取代石油的能源之一。它深居海底，熔点约 5℃（它随 CH$_4$ 的压力而变），即超过这一温度它就会分解放出甲烷气体。在解本题对这些海底宝藏的结构和性能有所了解之后，不妨进一步思考和探索它的开采和应用所涉及的各个方面的问题，关心这方面科技的发展，提出合理化的建议；并分析文献报道 1 m^3 可燃冰可得天然气 164 m^3，比本题计算的 172 m^3 低的原因。

【10.7】 怎样知道液态水中仍保留一定的氢键？怎样解释水在 4℃ 时密度最大？

解 从能量看，冰的升华热高达 51.0 kJ mol^{-1}，熔化热为 6.0 kJ mol^{-1}。冰中 H$_2$O 分子间的结合力大部分是氢键力，冰熔化为水后，氢键结合力依然存在。从 Raman 光谱等数据也证明水中仍保持一定的氢键。

冰的结构中，每个 H$_2$O 分子均和周围 4 个 H$_2$O 分子按四面体方式形成氢键，因此它具有空旷的低密度的结构，冰的密度比水低，冰变为水密度增加，氢键破坏得多，密度增加得多，另一方面温度升高热膨胀又使密度降低，两种相反因素导致水有密度最大的温度，至于出现在 4℃ 则由水的性质决定。

【10.8】 下表给出 15℃ 时几种物质的黏度（单位：10^{-3} kg m^{-1} s^{-1}），试说明为什么会有这样的大小次序。

物　质	丙酮	苯	HAc	C$_2$H$_5$OH	H$_2$SO$_4$
黏　度	0.34	0.91	1.31	1.33	32.8

解 物质黏度的大小取决于分子间的作用力：H$_2$SO$_4$ 中每个分子可形成 4 个氢键；C$_2$H$_5$OH 和 CH$_3$COOH 则平均可形成 2 个氢键。

苯和丙酮不能生成氢键。所以 H_2SO_4 分子间作用力最强、黏度最大；C_2H_5OH 和 HAc 次之，这两者相差不多。苯因有离域 π 键，色散力大，黏度大于丙酮。

【10.9】 水和乙醚的表面能分别为 72.8 和 17.1(10^{-7} J·cm^{-2})，说明存在如此大差异的原因。

解 水中 H_2O 分子间存在氢键，分子间作用力大。乙醚 $\left[H_5C_2 \overset{O}{\diagdown} C_2H_5\right]$ 分子间不能形成氢键，作用力仅是较弱的范德华力，故表现在表面能上有较大差异。

【10.10】 举例说明什么是配位水、骨架水、结构水和结晶水。为什么硫化物和磷化物一般不存在结晶水？

解 以 $CuSO_4 \cdot 5H_2O$ 晶体为例，该晶体中每个 Cu^{2+} 离子周围有 4 个 H_2O 提供孤对电子和 Cu^{2+} 的 dsp^2 杂化轨道形成 4 个 $H_2O \rightarrow Cu$ 配位键。晶体中的这种水称为配位水。$CuSO_4 \cdot 5H_2O$ 晶体中有 1 个 H_2O 分子不和金属离子配位，只通过 O—H···O 氢键和其他基团结合，这种 H_2O 分子称结构水。骨架水是指水作为构建晶体的主要组分组成骨架。例如气体水合物 $8CH_4 \cdot 46H_2O$ 中，水分子通过氢键组成具有多面体孔穴的骨架，将客体小分子 CH_4 包合在其中。

结晶水是指晶态水合物中存在的水，或是指除冰以外在晶体中和其他组分一起存在的水。结晶水除上述配位水、结构水和骨架水等组成确定的结晶水以外，还包括层间水、沸石水和蛋白质晶体中连续分布的水等组成不确定的结晶水。

硫化物和磷化物中因为 S 和 P 原子的电负性较低，分别为 2.6 和 2.2，和 H 相似(2.3)，不能形成 S—H···S、P—H···P、O—H···S 和 O—H···P 等型式氢键，一般不存在结晶水。

【10.11】 根据 SbF_3 晶体结构测定数据，Sb—F 间除 3 个较短的强键呈三角锥形分布外，还有 3 个弱键和 3 个非常弱的键。它们的键长(以 pm 为单位)如下：195,195,206；250,256,256；375,378,378。

试计算各键的键价及 Sb 原子的键价和。

解 按《结构化学基础》(第 5 版)(10.1.4)式和表 10.1.1 查得计算键价的 R_0 和 N 值，Sb(3)···F(-1) 的 R_0 值为 177.2 pm，N 为 3.7，计算所得各键键价及键价和如下：

键长/pm	195	195	206	250	256	256	375	378	378
键价	0.70	0.70	0.58	0.28	0.26	0.26	0.06	0.06	0.06

Sb 的键价和为 2.96，它接近于 SbF_3 中 Sb 的原子价。

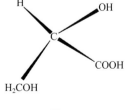

图 10.12

【10.12】 什么是绝对构型？画出 R 型甘油酸 $H_2C(OH)$—CH(OH)—COOH 的立体结构式。

解 绝对构型是指手性分子中各个基团在空间排列的真实结构。绝对构型是和相对构型相比较而提出的概念，当还未确定所指的手性分子是 R 型或 S 型时，这种构型称为相对构型，确定后的真实构型称为绝对构型。

R 型甘油酸的立体结构如图 10.12。

【10.13】 已知乙酸、丙酸、丁酸、戊酸的密度分别为 1.049, 0.993, 0.959 和 0.939 g·cm^{-3}。试根据《结构化学基础》(第 5 版) 表 10.5.1 所列原子基团的体积增量数据,计算分子的堆积系数。讨论它们的变化规律,解释其原因。

解 查表得原子基团体积增量为:

CH$_3$ 23.5×10^{-24} cm^3, CH$_2$ 17.1×10^{-24} cm^3, COOH 23.1×10^{-24} cm^3

	乙酸	丙酸	丁酸	戊酸
化学式	CH$_3$COOH	CH$_3$CH$_2$COOH	CH$_3$(CH$_2$)$_2$COOH	CH$_3$(CH$_2$)$_3$COOH
摩尔质量/(g mol^{-1})	60	74	88	102
密度/(g cm^{-3})	1.049	0.993	0.959	0.939
摩尔体积/(cm^3 mol^{-1})	57.2	74.5	91.8	108.6
基团体积增量和/(cm^3 mol^{-1})	28.1	38.4	48.6	58.8
堆积系数	0.49	0.52	0.53	0.54

由上述计算可见,随着碳氢链的增长,堆积系数加大,这和 COOH 间能形成氢键,缩短分子间距离有关。即在分子中 COOH 占的比例较大时,堆积系数较小。

【10.14】 邻位和对位硝基苯酚 20 ℃ 时在水中的溶解度之比为 0.39,在苯中为 1.93,请由氢键说明其差异的原因。

解 溶质在溶剂中的溶解性,可用"相似相溶"原理表达。这一经验原理指出:结构相似的物质易于互溶,结构相差较大的物质不能互溶。"结构"二字的含义有二:一是指物质结合在一起所依靠的化学键或分子间结合力的形式,二是指分子、离子和原子的相对大小及离子的电价。

溶解过程总是熵增加的。因此,溶质在溶剂中的溶解性在很大程度上取决于溶解过程的焓变 ΔH。若 ΔH 较小,自由焓减少,则溶质易溶解于溶剂;若 ΔH 较大,超过了 $T \cdot \Delta S$,使 $\Delta G > 0$,则溶解不能进行。

邻硝基苯酚形成分子内氢键,极性减弱,与水(极性溶剂)分子间的作用力小。而且,它不能与水分子形成氢键。相反,它分散到水中会破坏水本身的氢键,使 ΔH 增大,能量上不利。因此,邻硝基苯酚在水中的溶解度很小,而在非极性的苯中溶解度较大。

对硝基苯酚不能形成分子内氢键,极性较大,并能与水形成氢键,使溶解过程的 ΔH 较小,自由焓减少,因而在水中的溶解度较大,而在苯中的溶解度较小。

【10.15】 乙醚相对分子质量比丙酮大,但沸点(34.6 ℃)比丙酮沸点(56.5 ℃)低;乙醇相对分子质量更小,但沸点(78.5 ℃)更高。试分别解释其原因。

解 物质沸点的高低是其气化过程中焓变和熵变的综合结果,其中焓变起决定作用。而焓变又取决于分子间作用能的大小,归根结底取决于分子的结构。相对分子质量只是影响分子间作用能大小的因素之一。

丙酮与乙醚相比,虽然相对分子质量小,但由于分子内有易于变形的 π 键,极化率大,分子间作用能大,因而沸点高。而乙醇由于形成分子间氢键,作用能更大,因而沸点更高(乙醚、丙酮和乙醇的摩尔气化热分别为 26.0,30.2 和 39.4 kJ mol^{-1})。

【10.16】 请根据分子中原子的共价半径和范德华半径,画出尿素分子的形状和大小。(尿素分子中 ∠N—C—N 为 118°,∠C—N—H 为 125°。)

解

原子	C	O	N	H
共价半径/pm	77,67*	60*	75	32
范德华半径/pm	172	140	150	120
电负性(χ_p)	2.55	3.44	3.04	2.20

* 共价双键半径。

若不考虑尿素分子中的共轭效应,按正常的单、双键计算键长,则得各共价键的键长如下:

	C—N	C=O	N—H
第一套键长/pm	152	127	107
第二套键长/pm	147	119	99
实测键长/pm	133	126	105

其中第一套数据是用同核键键长的计算方法(键长等于两原子共价半径之和)得到的。第二套数据是按异核键键长的计算方法(键长等于两原子共价半径之和减去两元素电负性之差的 9 倍)得到的。可见,两套计算数据中有的与实测数据较吻合,有的则差别较大。

根据实测键参数和范德华半径画出尿素分子的形状如图 10.16。

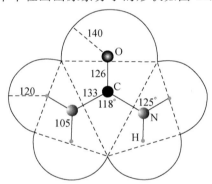

图 10.16 尿素分子的形状

(图中键长单位为 pm)

【10.17】 环氧乙烷中含少量水,试画出它们的分子模型,估计最小分子直径,并判断能否用 3A 型分子筛(孔径 3.3 Å)作为环氧乙烷的干燥剂? 4A 和 5A 型(孔径分别为 4 Å 和 5 Å)又如何?

解

原子	C	H	O
共价半径/pm	77	32	73
范德华半径/pm	172	120	140
电负性(χ_p)	2.55	2.20	3.44

用上列数据,按同(异)核键键长的计算方法得有关键长数据如下:

	O—H	C—O	C—C	C—H
键长/pm	93.8	102	154	105.9

这些计算值与实验测定值有的接近,有的则差别较大。图 10.17 所示的分子形状是按实测键参数和范德华半径画出来的。

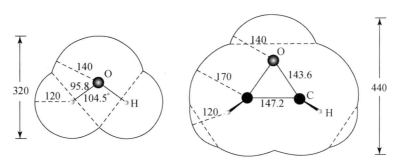

图 10.17 水分子和环氧乙烷分子的大小
(图中键长单位为 pm)

由图可见,水分子和环氧乙烷分子的最小直径分别约为 320 pm 和 440 pm。因此,水分子能够进入 3A 分子筛的孔道而环氧乙烷分子不能。所以,3A 分子筛对环氧乙烷有干燥作用。但由于水分子的最小直径与 3A 分子筛的孔径相差很小,因而脱水效果不会太好。

用 4A 分子筛干燥环氧乙烷效果很好,因为 4A 分子筛的孔道只允许水分子进入,而将环氧乙烷分子拒之门外。

5A 分子筛的孔径和环氧乙烷分子的最小直径非常接近,有可能也吸附环氧乙烷,因此不宜用作环氧乙烷的干燥剂。

【评注】 环氧乙烷是最重要的一个环氧化合物,是以乙烯为原料的第三大产品,仅次于聚乙烯和苯乙烯。它是重要的石油化工原料及有机和精细化工的中间体,主要用来生产乙二醇、非离子表面活性剂等产品。工业上环氧乙烷是用乙烯和空气催化氧化(以银/多孔载体为催化剂)制得的。实验室中则常用有机过酸(如 CH_3CO_3H,⟨⟩—CO_3H 等)氧化乙烯来制备。水是平衡混合产物的组分之一,需要除去,简便而又经济的除水方法是使用 4A 分子筛脱水。所以,本题所涉及的是一个实际问题,从沟通"结构—性能—应用"这一渠道来说也是很有意义的。

【10.18】 试根据苯分子的构型和原子的范德华半径估算分子的直径及厚度。

解

苯环中心到 C 原子距离 140 pm。
C—H 100 pm,H 原子范德华半径 120 pm。
分子直径 = 2×(140+100+120)pm = 2×360 pm = 720 pm。
C 原子范德华半径 170 pm。
苯环厚度 340 pm。

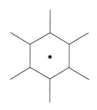

【10.19】 计算水分子的体积以及液态水中和冰中分子的堆积系数。

解 根据 10.17 题所列数据，O 原子所占体积 V_O 和 2 个 H 原子所占体积 V_H 分别为

$$V_O = \frac{4}{3}\pi(140 \text{ pm})^3 - 2\pi(60 \text{ pm})^2\left(140 \text{ pm} - \frac{60 \text{ pm}}{3}\right)$$

$$= (11.49 - 2.71) \times 10^6 \text{ pm}^3$$

$$= 8.78 \times 10^{-24} \text{ cm}^3$$

$$V_H = 2\left[\frac{4}{3}\pi(120 \text{ pm})^3 - \pi(100 \text{ pm})^2\left(120 \text{ pm} - \frac{100 \text{ pm}}{3}\right)\right]$$

$$= 2[7.24 - 2.73] \times 10^6 \text{ pm}^3$$

$$= 9.02 \times 10^{-24} \text{ cm}^3$$

一个 H_2O 分子的体积为 $(8.78+9.02) \times 10^{-24} \text{ cm}^3 = 17.80 \times 10^{-24} \text{ cm}^3$。

液态水中一个 H_2O 分子占据的体积为：$30.0 \times 10^{-24} \text{ cm}^3$（由摩尔体积/$N_A$ 得到）。

冰中一个 H_2O 分子占据的体积为：$32.5 \times 10^{-24} \text{ cm}^3$（由摩尔体积/$N_A$ 得到）。

所以液态水中的堆积系数为 $\dfrac{17.8 \times 10^{-24} \text{ cm}^3}{30.0 \times 10^{-24} \text{ cm}^3} = 0.59$

冰中的堆积系数为 $\dfrac{17.8 \times 10^{-24} \text{ cm}^3}{32.5 \times 10^{-24} \text{ cm}^3} = 0.55$

【10.20】 举例说明什么是分子识别。

解 分子识别是指一种接受体分子的特殊部位具有某些基团或空间结构，正适合另一种底物分子的基团或空间结构相结合，体现出"锁和钥匙"原理。当这两种分子相遇时，好像彼此相识，互相选择对方，形成次级键结合在一起，使体系趋于稳定。例如，三环氮杂冠醚分子形成孔穴的大小和四面体配位点的分布，正适合于和 NH_4^+ 形成 4 个 N—H⋯N 氢键以及供 NH_4^+ 居留。

【10.21】 疏水效应为什么能降低体系能量、增高熵值？

解 疏水效应是指水溶液中的疏水组分或基团倾向于和水疏远，疏水组分相互结合，或是被水充满而内壁带有疏水基团的空腔，当遇上疏水组分或基团时，疏水组分要进入空腔，排挤出水分子而和空腔内壁的疏水基团结合。疏水效应一方面要减少水和疏水基团间相互接触的机会，而增加水和水之间互相通过氢键结合，降低体系的能量；另一方面，滞留在空腔内相对有序的水被排挤出来，增加了自由活动的水，熵增加。

第二部分 综合习题解析

【C.1】 β-胡萝卜素(β-carotene)的结构式如下：

(1) 若将它的 π 电子近似地按一维箱中粒子处理，试估算势箱的长度。
(2) 写出与其 HOMO 和 LUMO 对应的能级表达式。
(3) 计算将电子从 HOMO 激发到 LUMO 所需的能量及相应的光的波长。
(4) β-胡萝卜素显红色，是否可用上述一维势箱模型说明？若不能用此模型解释，可能的因素是什么？

解

(1) 按上述结构式，共有 11 个 C=C 双键，每个"⁀"按 248 pm 计，最后一个双键向外延伸一个单键长，按 152 pm 计，得

$$l = 248 \text{ pm} \times 11 + 152 \text{ pm} = 2880 \text{ pm} = 2.88 \times 10^{-9} \text{ m}$$

(2) 能级表达式 $E_n = \dfrac{n^2 h^2}{8ml^2}$

$$\text{LUMO：} E_{12} = \frac{12^2 h^2}{8ml^2}, \quad \text{HOMO：} E_{11} = \frac{11^2 h^2}{8ml^2}$$

(3) $\Delta E = E_{12} - E_{11}$

$$= (12^2 - 11^2) \frac{h^2}{8ml^2} = (23) \frac{(6.626 \times 10^{-34} \text{ J s})^2}{8 \times 9.110 \times 10^{-31} \text{ kg} (2.88 \times 10^{-9} \text{ m})^2}$$

$$= 1.67 \times 10^{-19} \text{ J}$$

$$\lambda = \frac{c}{\nu} = \frac{ch}{\Delta E} = \frac{3.000 \times 10^8 \text{ m s}^{-1} \times 6.626 \times 10^{-34} \text{ J s}}{1.67 \times 10^{-19} \text{ J}}$$

$$= 1.19 \times 10^{-6} \text{ m}$$

$$= 1190 \text{ nm}$$

(4) 由一维势箱模型计算所得的波长超出可见光范围，在近红外区，说明这个模型不能准确地解释 β-胡萝卜素显红色的原因。由于这个模型是理想化的，计算得到的箱的长度是个近似数值，而且假设全部 C 原子都在同一平面上，π 轨道相互平行。实际的构象中，共轭 π 键处于同一平面的长度要缩短，导致波长也要变短，进入可见光区。

【C.2】 本题利用箱中粒子模型处理两个实例：

(1) 将 KCl 晶体放置在金属钾蒸气中加热，K 原子受辐射而电离，K ⟶ K⁺ + e⁻。K⁺ 扩散进入晶体，使晶体的 K⁺ 离子数目多于 Cl⁻ 离子数目，晶体的组成变为 $K_{1+\delta}Cl$，为了保持化合物的电中性，电子 e⁻ 进入负离子的空位代替 Cl⁻，形成 $K^+_{1+\delta}Cl^-e^-_\delta$，晶体显紫红色，这种晶

体缺陷结构称色中心。已知 Cl^- 离子半径为 181 pm。将电子 e^- 看作处于立方体对角线(长为 1.73×362 pm)作一维势箱运动。试分别求该电子由 HOMO→LUMO 激发所需的能量以及由 LUMO→HOMO 所放出光的波长。

(2) 金属钾的摩尔体积室温时为 45.36 cm³ mol⁻¹,试计算它的 Fermi 能级(E_F),分别以 J 和 eV 为单位,并和实验测定值 2.14 eV 比较。

解

(1) 按一维势箱模型
$$\Delta E = (2^2-1^2)\frac{h^2}{8ma^2} = 3\times \frac{(6.626\times 10^{-34} \text{ J s})^2}{8\times 9.109\times 10^{-31} \text{ kg}(1.73\times 362 \text{ pm})^2}$$
$$= 4.60\times 10^{-19} \text{ J}$$
$$\lambda = ch/\Delta E = 4.32\times 10^{-7} \text{ m}$$

晶体显现的颜色与用一维势箱模型求得的波长一致。

(2) 对钾的 4s 导带,每个 K 原子贡献 1 个电子。它的电子密度 N(即每 1 cm³ 中自由电子的数目)为

$$6.022\times 10^{23} \text{ mol}^{-1}/45.36 \text{ cm}^3 \text{ mol}^{-1} = 1.328\times 10^{22} \text{ cm}^{-1} = 1.328\times 10^{28} \text{ m}^{-3}$$

将 N 代入计算 E_F 的公式[见《结构化学基础》(第 5 版)(8.1.8)式]

$$E_F = \frac{h^2}{8\pi^2 m}(3\pi^2 N)^{2/3}$$
$$= \frac{(6.626\times 10^{-34})^2 \text{J}^2\text{ s}^2}{8\pi^2\times 9.109\times 10^{-31} \text{ kg}}(3\pi^2\times 1.328\times 10^{28} \text{ m}^{-3})^{2/3}$$
$$= 3.28\times 10^{-19} \text{ J}$$

将 J 换算成 eV,
$$E_F = (3.28\times 10^{-19} \text{ J})\times (1.036\times 10^{-5} \text{ eV/J mol}^{-1})\times (6.022\times 10^{23} \text{ mol}^{-1})$$
$$= 2.05 \text{ eV}$$

所得结果 $E_F = 2.05$ eV 和实验测定值 2.14 eV 相近。

【评注】 通过本题的解答,要加深对下面两个问题的理解:

(1) 金属的自由电子模型。它是将金属中的价电子近似地看作箱中粒子,运用解箱中粒子 Schrödinger 方程所得的能级,安排电子,并推出计算 E_F 的公式。通过这些了解金属的性质。

(2) 单位换算。在做本题时宜将全部单位换成 kg-m-s 进行,按附录 B 将 1 cm³ 换成 10^{-6} m³,将 1 J 换成 1 kg m² s⁻²。运算时要理解能量换算公式 1 J mol⁻¹ = 1.036×10^{-5} eV,正确地将 J 换成 eV。

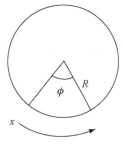

图 C.3.1

【C.3】 已知电子沿着圆环运动(如图 C.3.1)的势能函数 V 为
$$V = \begin{cases} 0, & r=R \\ \infty, & r\neq R \end{cases}$$

r 是电子到圆环中心的距离。其 Schrödinger 方程为
$$-\frac{h^2}{8\pi^2 m}\frac{d^2}{dx^2}\psi(x) = E\psi(x)$$

将变数 x 改成与角度 ϕ 有关的函数,$x=\phi R$,解此方程可得波函数 ψ_n 和相应能量 E_n 的表达式如下:

$$\psi_n = \frac{1}{\sqrt{2\pi}} \exp[in\phi] \quad n \text{ 为量子数}, n=0, \pm 1, \pm 2, \cdots$$

$$E_n = \frac{n^2 h^2}{8\pi^2 m R^2}$$

(1) 以"$\frac{h^2}{8\pi^2 m R^2}$"作能量单位,作图示出能级的高低及能级简并情况。

(2) 画出吡啶(C_5H_5N)和吡咯(C_4H_4NH)的价键结构式。将环中的 π 电子运动情况近似地看作如图 C.3.1 所示的状态,说明环中 π 键电子的数目,以及它们的 LUMO 和 HOMO。将电子从 HOMO 跃迁到 LUMO,哪一种化合物所需的光的波长短些?

(3) 在吡啶盐酸盐($C_5H_5NH^+ \cdot Cl^-$)中,正离子中 π 键电子数是多少?为什么中性的吡咯 C_4H_4NH 能稳定存在,而中性的 C_5H_5N 不稳定?

(4) 讨论单环共轭多烯体系 $4m+2$ 规则的本质。

解 (1)

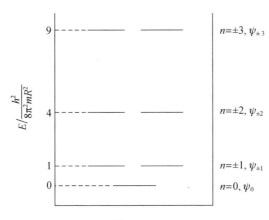

图 C.3.2

基态($n=0$)是非简并态,而其他($n\neq 0$)的状态都是二重简并态。

(2) 吡啶 吡咯

吡啶中 N 原子有 1 个电子参加 π 键,吡咯中 N 原子有 2 个电子参加 π 键,所以环中 π 键电子数目都是 6 个。它们的 HOMO 为 $\psi_{\pm 1}$,LUMO 为 $\psi_{\pm 2}$。

吡啶为六元环,吡咯为五元环,吡啶的 R 值大于吡咯,所以吡啶的能级差($\Delta E = E_2 - E_1$)要小一些。电子从 HOMO 跃迁到 LUMO 所需激发光的波长($\lambda = ch/\Delta E$)吡咯要短一些。

(3) 在 $C_5H_5NH^+$ 中,π 键电子数依然为 6,和 C_4H_4NH 一样。由图 C.3.2 可见,6 个 π 电子正好填满 ψ_0 和 $\psi_{\pm 1}$,而 $\psi_{\pm 2}$ 是空的。这样全部电子都处于能级低的状态,比较稳定。对于中性的 C_5H_5N,N 原子有 2 个 π 电子参加到 π 键中,π 键电子数变为 7 个,这样就有 1 个电子进入高能态的 $\psi_{\pm 2}$ 中,所以是不稳定的。

(4) 单环共轭多烯体系中 π 键电子数目为 $4m+2$(m 为正整数)时,体系稳定存在,称为

$4m+2$ 规则。这个规则可从图 C.3.2 来理解。$4m+2$ 中的 2 相当于 ψ_0 所容纳的电子数,而 $4m$ 则为 $\psi_{\pm n}$ 所容纳的电子数。即低能级填满电子而高能级全空时,体系稳定存在,这就是 $4m+2$ 规则的本质。

【评注】 上面三题都是将化合物中电子的运动状态简化为箱中粒子的模型,按量子力学的方法进行近似处理。由于箱中粒子的 Schrödinger 方程可以简单精确地解出,并按所得的结果讨论体系的结构和性质。这样,一方面通过实例了解抽象的量子力学解决实际问题的途径和方法,另一方面又能启发深入思考化学现象的本质问题。有时计算所得的结果和实验观察的数据有较大的差距,这恰恰说明实际问题的复杂性,正有待深入去学习。

【C.4】 He^+ 的某状态函数为 $\psi = \dfrac{1}{4\sqrt{2\pi}} \left(\dfrac{Z}{a_0}\right)^{\frac{3}{2}} \left(2 - \dfrac{Zr}{a_0}\right) \exp\left[-\dfrac{Zr}{2a_0}\right]$

(1) 写出该状态的量子数 n, l, m 值;
(2) 求算该状态节面处的 r 值;
(3) 计算该状态的能量;
(4) 计算该状态的角动量;
(5) 画出 ψ, ψ^2 和 $r^2\psi^2$ 对 r 的简单示意图。

解

(1) $n=2, l=0, m=0$。

(2) 节面处 $\psi=0$,由于 ψ 仅为 r 的函数,由函数可知:$\exp\left[-\dfrac{Zr}{2a_0}\right] \neq 0$,节面位置应由 $\left(2 - \dfrac{Zr}{a_0}\right) = 0$ 来推出:$2 - \dfrac{Zr}{a_0} = 2 - \dfrac{2r}{a_0} = 0$,得 $r = a_0$,即节面为 $r = a_0$ 的球面。

(3) He^+ 为类氢离子,其能量为

$$E_2 = -13.6 \times \dfrac{Z^2}{2^2} \text{eV} = -13.6 \text{ eV}$$

(4) 该状态角动量为

$$M = \sqrt{l(l+1)} \dfrac{h}{2\pi} = 0$$

(5) 为了作图,先求 ψ-r,ψ^2-r 和 $r^2\psi^2$-r 图中节点的位置和极值的位置。由于 ψ 中含有 $\left(2 - \dfrac{Zr}{a_0}\right)$ 因子,这 3 个图的节点位置都在 $r = a_0$ 处。而极值位置则需要分别求算:

从 $\dfrac{\mathrm{d}\psi}{\mathrm{d}r} = 0$,推得 $r = 2a_0$;

从 $\dfrac{\mathrm{d}\psi^2}{\mathrm{d}r} = 0$,推得 $r = 2a_0$;

从 $\dfrac{\mathrm{d}r^2\psi^2}{\mathrm{d}r} = 0$,将 ψ 代入,微分,简化得方程 $r^2 - 3a_0 + a_0^2 = 0$,推得 $r = 0.38a_0$ 和 $2.62a_0$。

根据这些数据以及计算几个不同 r 值时的 ψ, ψ^2 和 $r^2\psi^2$ 的数值,作图示于图 C.4。

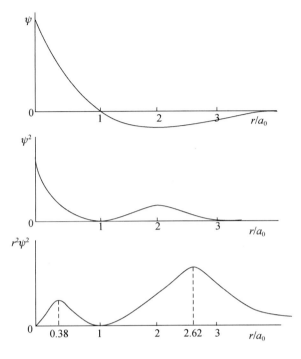

图 C.4　He$^+$ 的 ψ-r, ψ^2-r 和 $r^2\psi^2$-r 图

【评注】

（1）由类氢离子波函数 ψ 的表达式判断其量子数，应先看该函数是否含有 θ 和 ϕ 的三角函数成分，如果不含，则 ψ 的大小分布和角度 θ,ϕ 无关，而只是 r 的函数，这时 ψ 围绕核球形对称，$l=0$, $m=0$。主量子数 n 应由节面的数目判断，节面数为 $n-1$；节面的位置 $r=2a_0/Z$，即随 Z 的增加而减小。

（2）体系的能量 $E_n = \dfrac{Z^2}{n^2} E_1$，由于 $E_1 = -13.6$ eV，故同一主量子数 n 的状态，原子序数 Z 增加，能量按 Z^2 而降低（因系负值，负值大降低多）；对同一种原子（Z 值相同），能量随 n^2 增加而上升。

（3）本题中 ψ-r 和 ψ^2-r 图大致与 H 原子类似。但节面和极大值点所处位置（即 r 值）不同，$r^2\psi^2$-r 图和径向分布图 $r^2 R^2$-r 相似。

【C.5】　图 C.5 列出 Sc 原子和离子的能量差，请回答或据此解答下列问题：
（1）Sc 原子的 3d 和 4s 电子结合能；
（2）Sc 原子的电子互斥能 $J(s,s)$，$J(d,s)$ 和 $J(d,d)$；
（3）Sc 原子的 3d 和 4s 单电子轨道能；
（4）讨论价电子的增填次序和电离次序。

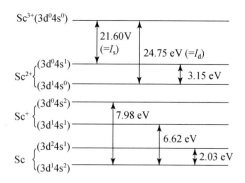

图 C.5 Sc 原子和离子的能量差

解

(1) 电子结合能是指中性原子从某个原子轨道上电离一个电子后,其余轨道上的电子排布并不改变而所需电离能的负值,由图得:

3d 电子结合能为 $-7.98\,\text{eV}$

4s 电子结合能为 $-6.62\,\text{eV}$

(2) 按图 C.5 所示的能量高低,电子互斥能应为正值。由图可推出:

$E_{\text{Sc}^+(3\text{d}^0 4\text{s}^2)}$ 和 $E_{\text{Sc}^{3+}(3\text{d}^0 4\text{s}^0)}$ 间的能量差为 $-2I_s + J(\text{s},\text{s})$;

$E_{\text{Sc}(3\text{d}^1 4\text{s}^2)}$ 和 $E_{\text{Sc}^{3+}(3\text{d}^0 4\text{s}^0)}$ 间的能量差为 $-I_d - 2I_s + 2J(\text{d},\text{s}) + J(\text{s},\text{s})$。

由此两式及图示数据可得

$$\begin{aligned}
E_{\text{Sc}^+(3\text{d}^0 4\text{s}^2)} - E_{\text{Sc}(3\text{d}^1 4\text{s}^2)} &= [-2I_s + J(\text{s},\text{s})] - [-I_d - 2I_s + 2J(\text{d},\text{s}) + J(\text{s},\text{s})] \\
&= I_d - 2J(\text{d},\text{s}) \\
&= 7.98\,\text{eV}
\end{aligned}$$

由此可得
$$\begin{aligned}
J(\text{d},\text{s}) &= (I_d - 7.98\,\text{eV})/2 \\
&= (24.75 - 7.98)\,\text{eV}/2 \\
&= 8.38\,\text{eV}
\end{aligned}$$

由 $E_{\text{Sc}^+(3\text{d}^1 4\text{s}^1)} - E_{\text{Sc}(3\text{d}^1 4\text{s}^2)} = [-I_d - I_s + J(\text{d},\text{s})] - [-I_d - 2I_s + 2J(\text{d},\text{s}) + J(\text{s},\text{s})]$
$$= I_s - J(\text{d},\text{s}) - J(\text{s},\text{s})$$
$$= 6.62\,\text{eV}$$

得
$$\begin{aligned}
J(\text{s},\text{s}) &= I_s - J(\text{d},\text{s}) - 6.62\,\text{eV} \\
&= (21.60 - 8.38 - 6.62)\,\text{eV} \\
&= 6.60\,\text{eV}
\end{aligned}$$

由 $E_{\text{Sc}^+(3\text{d}^2 4\text{s}^1)} - E_{\text{Sc}(3\text{d}^1 4\text{s}^2)} = [-2I_d - I_s + J(\text{d},\text{d}) + 2J(\text{d},\text{s})] - [-I_d - 2I_s + 2J(\text{d},\text{s}) + J(\text{s},\text{s})]$
$$= I_s - I_d + J(\text{d},\text{d}) - J(\text{s},\text{s})$$
$$= 2.03\,\text{eV}$$

得
$$\begin{aligned}
J(\text{d},\text{d}) &= [I_d - I_s + J(\text{s},\text{s}) + 2.03]\,\text{eV} \\
&= (24.75 - 21.60 + 6.60 + 2.03)\,\text{eV} \\
&= 11.78\,\text{eV}
\end{aligned}$$

(3) 单电子轨道能是指该原子轨道上电子电离能的平均值的负值,由图得:

3d 单电子轨道能为 $-7.98\,\text{eV}$;

4s 单电子轨道能为 $E_{\text{Sc}(3d^1 4s^2)}$ 和 $E_{\text{Sc}^{2+}(3d^1 4s^0)}$ 间的能量差值的一半的负值。即为

$$\frac{1}{2}[E_{\text{Sc}(3d^1 4s^2)} - E_{\text{Sc}^{2+}(3d^1 4s^0)}] = \frac{1}{2}[-I_d - 2I_s + 2J(d,s) + J(s,s) - (-I_d)]$$

$$= \frac{1}{2}[-2I_s + 2J(d,s) + J(s,s)]$$

$$= \frac{1}{2}(-2\times 21.60 + 2\times 8.38 + 6.60)\,\text{eV}$$

$$= -9.92\,\text{eV}$$

(4) 价电子增填时,电子进入 $\text{Sc}^{3+}(3d^0 4s^0)$ 的次序为:第一个电子先进入 3d 轨道,因它的能级较 4s 低,低的数值为 3.15 eV;第二个电子则应进入 4s 轨道,因 $J(d,d)$ 和 $J(d,s)$ 的差值为 $(11.78-8.38)\,\text{eV} = 3.40\,\text{eV}$,大于 3.15 eV;第三个电子仍应进入 4s 轨道,形成 $\text{Sc}(3d^1 4s^2)$ 组态,因它的能量低于 $\text{Sc}(3d^2 4s^1)$ 组态。

Sc 原子电离时,先电离 4s 电子,它的电离能为 6.62 eV,低于 d 电子电离所需的能量 (7.98 eV);由 $\text{Sc}^+(3d^1 4s^1)$ 再电离时,仍先电离 4s 上的电子,形成 $\text{Sc}^{2+}(3d^1 4s^0)$ 组态。

所以,价电子填充次序应使体系总能量保持最低,而不单纯按轨道能级高低的次序。上述规律一般也适合于其他过渡金属原子。

【C.6】 写出 $^{12}\text{C}^{16}\text{O}$ 分子的基态价电子组态,计算其键级,确定其基态光谱项和磁性。实验测定 $^{12}\text{C}^{16}\text{O}$ 远红外光谱中前 4 条谱线的波数分别为 3.84506,7.68998,11.5346 和 15.3788 cm^{-1},试据此计算 CO 分子的键长。

解 CO 分子的基态价电子组态为:$(1\sigma)^2(2\sigma)^2(1\pi)^4(3\sigma)^2$,其中 $(2\sigma)^2$ 和 $(3\sigma)^2$ 分别为弱反键和弱成键,它们的成键作用相互抵消,2σ 电子和 3σ 电子可视为孤对电子。$(1\sigma)^2$ 和 $(1\pi)^4$ 皆具强成键性质,因而 CO 分子的键级为 3。或者为

键级 = (成键电子数 − 反键电子数)/2 = (8−2)/2 = 3

CO 分子的基态谱项为 $^1\Sigma$,所有电子都已配对,分子呈抗磁性。

在双原子分子的转动光谱中,相邻两谱线的波数差即转动常数的 2 倍。根据实验数据,可得转动常数 B:

$$B = \frac{1}{2}\Delta\tilde{\nu} = 1.922\,\text{cm}^{-1}$$

$^{12}\text{C}^{16}\text{O}$ 分子的折合质量 μ 为

$$\mu = \frac{m_\text{C} m_\text{O}}{m_\text{C} + m_\text{O}} = \frac{(12\times 10^{-3}\,\text{kg mol}^{-1})(16\times 10^{-3}\,\text{kg mol}^{-1})}{(12+16)\times 10^{-3}\,\text{kg mol}^{-1} \times 6.022\times 10^{23}\,\text{mol}^{-1}}$$

$$= 1.139\times 10^{-26}\,\text{kg}$$

将 B 和 μ 代入公式:

$$B = \frac{h}{8\pi^2 I c} = \frac{h}{8\pi^2 \mu r^2 c}$$

$$r = \left(\frac{h}{8\pi^2 \mu B c}\right)^{\frac{1}{2}}$$

$$= \left[\frac{6.626\times 10^{-34}\,\text{J s}}{8\times(3.1416)^2 \times 1.139\times 10^{-26}\,\text{kg} \times 1.922\times 10^2\,\text{m}^{-1} \times 2.998\times 10^8\,\text{m s}^{-1}}\right]^{\frac{1}{2}}$$

$$= 1.131\times 10^{-10}\,\text{m} = 113.1\,\text{pm}$$

【C.7】 一氧化氮(NO)分子被美国《科学》杂志命名为1992年明星分子。在无机化学和生物无机化学中,它是已得到深入研究的分子之一。

(1) 写出 NO 基态的价电子组态,并回答下列问题:

(a) N 原子和 O 原子间形成什么形式的化学键?

(b) 键级多少?

(c) 按原子共价半径估算 N—O 键长,并和实验测定值 115 pm 比较。

(d) 分子第一电离能比 N_2 是高还是低?说明原因。比 O_2 又如何?

(e) NO^+ 键级是多少?估计其键长。

(f) NO^+ 的伸缩振动波数比 NO 是大还是小?估计其数值。

(2) 若忽略电子的轨道运动对磁矩的贡献,计算 NO 分子的磁矩。

(3) 已知 NO 红外光谱前两个谱带的波数分别为 1876.2 cm^{-1} 和 3724.6 cm^{-1},计算第三泛音带的波数。

(4) NO 紫外光电子能谱(HeⅡ线,40.8 eV)的一部分示于图 C.7.1 中,图中的谱带对应于 2σ 轨道。试解释此能谱分裂为两个谱带(分别对应于 $^3\Pi$ 和 $^1\Pi$ 态)的原因,并估算从 2σ 轨道击出的光电子的最大动能。

(5) 在腌肉时加入 $NaNO_2$,产生 NO,NO 与从蛋白质中解离出来的硫和铁结合生成 $[Fe_4S_3(NO)_7]^-$,该离子有抑菌、防腐作用。X 射线结构分析表明,该离子的结构如图 C.7.2 所示,请指明该离子所属的点群。

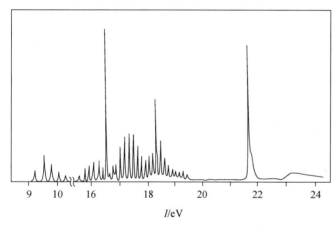

图 C.7.1 NO 的紫外光电子能谱

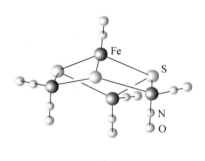

图 C.7.2 $[Fe_4S_3(NO)_7]^-$ 的结构

解

(1) NO:$(1\sigma)^2(2\sigma)^2(1\pi)^4(3\sigma)^2(2\pi)^1$。

(a) N 原子和 O 原子间形成 1 个 σ 键,1 个 2c-2e π 键和 1 个 2c-3e π 键。

(b) 键级为 2.5。

(c) N 的双键和叁键共价半径分别为 62 pm 和 55 pm,O 的分别为 60 pm 和 55 pm。NO 分子的键长介于 N=O 双键 62 pm+60 pm=122 pm 和 N≡O 叁键 55 pm+55 pm=110 pm 之间。因是异核双原子分子,应短于 (122+110) pm/2=116 pm。实验测定值为 115 pm,和上述的计算结果符合。

(d) NO 分子的 I_1 应小于 N_2 的 I_1，因 NO 是由反键轨道(2π)上电离电子，N_2 是从成键轨道电离电子。NO 分子的 I_1 也应小于 O_2 的 I_1，因 O_2 的 $(2\pi)^2$ 是半充满，且 O 的电负性比 N 高。

I_1 的实验测定值为：NO 9.26 eV，N_2 15.6 eV，O_2 12.1 eV。

(e) NO^+ 的键级为 3，它和 CO 是等电子分子。NO^+ 的键长应短于 55 pm + 55 pm = 110 pm，实验测定值为 106 pm。

(f) NO^+ 的伸缩振动波数应比 NO 大。应大于 NO 的基态振动波数 1904 cm^{-1}（NO^+ 的实验值为 2300 cm^{-1}）。

(2) NO 分子只有一个未成对电子，磁矩可按下面两种方法计算：

(a) $|\mu| = \dfrac{e}{2m_e} Mg_e = \dfrac{e}{2m_e}\sqrt{s(s+1)}\dfrac{h}{2\pi}g_e$

$\qquad = \sqrt{s(s+1)}\, g_e \beta_e = 2\sqrt{\dfrac{1}{2}\left(\dfrac{1}{2}+1\right)}\,\beta_e$

$\qquad = \sqrt{3}\,\beta_e$

(b) $\mu = \sqrt{n(n+2)}\,\beta_e = \sqrt{1(1+2)}\,\beta_e$

$\qquad = \sqrt{3}\,\beta_e$

(3) 按非谐振子模型：
$$\tilde{\nu} = [1-(v+1)x]v\tilde{\nu}_e$$

从光谱中测得的 $\tilde{\nu}_1 = \tilde{\nu}_e(1-2x) = 1876.2\ cm^{-1}$

$\qquad\qquad\qquad \tilde{\nu}_2 = 2\tilde{\nu}_e(1-3x) = 3724.6\ cm^{-1}$

解之，得 $x = 0.0073$，$\tilde{\nu}_e = 1904.3\ cm^{-1}$。

第三泛音带：$\tilde{\nu}_4 = 4\tilde{\nu}_e(1-5x)$

$\qquad\qquad = 4(1-5\times 0.0073)\times 1904.3\ cm^{-1}$

$\qquad\qquad = 7339.2\ cm^{-1}$

(4) NO 分子受紫外光照射激发出 2σ 轨道上的电子后，2σ 轨道剩余一个电子，它可能的自旋状态有两种：即和 2π 轨道上的电子自旋相同或相反，故而分裂成 $^3\Pi$ 和 $^1\Pi$ 两种状态。由图 C.7.1 可见，2σ 电子结合能（绝对值）约为 21.5 eV。因此，光电子最大动能约为
$$40.8\ eV - 21.5\ eV = 19.3\ eV$$

(5) 由图 C.7.2 可见，离子 $[Fe_4S_3(NO)_7]^-$ 所属点群为 C_{3v}。

【C.8】 下列分子和离子中原子的连接顺序如下：

(1) F—N—O， (2) N—S—F， (3) H—N—C—N—H， (4) H—N—C—O，

(5) H—C—N—O， (6) S—C—N—CH$_3$， (7) S—C—N—SiH$_3$，

(8) H—N—N—N， (9) $\begin{array}{c}H\\ \,\\ \end{array}$C—N—N， (10) $\begin{array}{c}H\\ \,\\ \end{array}$N—C—N，

(11) $\begin{array}{c}H\\ \,\\ H\end{array}$N—N—C， (12) $\left[\begin{array}{c}F\\ \,\\ F\end{array}N—N—F\right]^+$

写出它们的结构式，说明分子的几何构型和分子所属的点群。

解

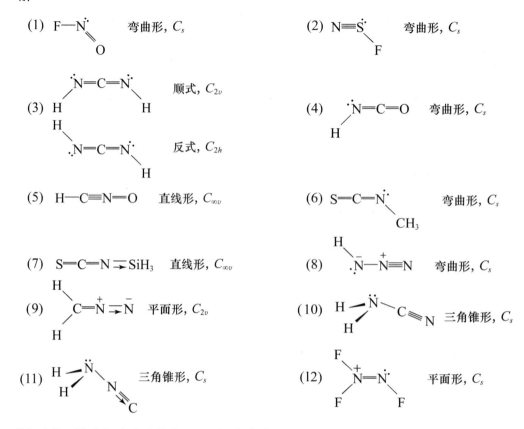

【评注】 判别分子的结构和形状时,应考虑下列几点:

(1) 中心原子在满足其正常价态时,是否还存在孤对电子。存在孤对电子的原子(如 N,O,S 等)一般呈现弯曲形。

(2) 注意孤对电子是否和相邻原子形成配键。例如(7)中 Si 的 d 轨道参与成键,形成 $p\pi \to d\pi$ 配键。(9)和(11)中,中心 N 原子与相邻的 N 和 C 原子形成 $p\pi \to p\pi$ 配键,而使弯曲形结构变为直线形。

(3) 孤对电子参与成键常可用形成离域 π 键来表达。例如(5)中直线形的 H—C≡N═O 可表示成

$$H—C—N—O : \quad 即形成\ \pi_{x3}^4, \pi_{y3}^4$$

(4) 考虑分子是否存在顺反异构体,例如(3)。使更全面地了解分子的结构。

(5) 有些分子可以写出共振杂化体,深入地了解它的性质。例如(8):

由共振式可知,左边 N—N 键键级约 1.5,右边约 2.5。实验测得左边 N—N 键长 124 pm,右边 113 pm,前者介于 N—N 和 N═N 键长之间,后者介于 N═N 和 N≡N 之间。

【C.9】 沙利度胺(thalidomide)商品药名为"反应停",它的结构式为

20世纪60年代曾用此药的消旋体作缓解妊娠反应药物,一些服用这种外消旋药物的孕妇产生畸形婴儿。后来研究表明,该药的两种对映体中只有R构型对映体具有镇静作用,而S构型对映体则是一种强烈致畸剂。这种R和S构型混合的消旋药物造成了不少悲剧。试作图画出这种药物的R构型和S构型的立体结构。

解 手性分子绝对构型的命名方法,是根据分子中不对称碳原子连接的4个基团(或原子)依照原子序数的大小在空间的排布方式来定。将原子序数最小的基团(如—H)放在离视线最远处,其余3个基团正对观察者,当这3个基团按原子序数的大小次序顺时针排列,则为R构型;若按大小次序逆时针排列,定为S构型。本药品中和不对称碳原子连接的4个基团的原子序数的大小次序为

$$—N, —C(O), —CH_2, —H$$

按此可画得两种对映体立体结构,如图C.9所示。

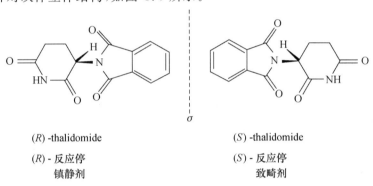

(R)-thalidomide   (S)-thalidomide
(R)-反应停   (S)-反应停
镇静剂   致畸剂

图C.9 沙利度胺的两种对映体

【评注】
(1) 分子的立体结构不同,在生物体内引起不同的分子识别效应,导致不同的药效。对药物的手性应十分重视。

(2) 手性药物的应用,宜区分不同对映体的各自药理作用,采用单一对映体的形式。这种服用单一有效对映体药物可以减少剂量,降低代谢负担,减少由其对映体带来的毒副作用。同时对制药企业而言,生产手性药物,可以节约资源、降低污染。现在全世界都重视这个问题,对于单一对映体药物的生产及销售,始终保持稳步增长。据统计,2000年全世界单一手性药物的销售额已达1233亿美元,占药物总销售额的1/3。学习分子的对称性,了解手性分子的结构和性质,进一步指导获取单一对映体的途径和方法,即手性拆分和不对称合成,也是学习结构化学的一个重要内容。

【C.10】 许多分子的几何构型可通过在立方体的中心、面心和顶点上放置原子来理解。图C.10示出一些分子的结构:(a) P_4, As_4;(b) CH_4, CX_4 (X = F, Cl, Br, I), SiF_4;

(c) $Li_4(CH_3)_4$;(d) $(CH_2)_6N_4$,P_4O_6;(e) $(CH_2)_6(CH)_4$(金刚烷);(f) SF_6。

(1) 写出这些分子所具有的全部对称元素和所属的点群;哪些分子有对称中心?

(2) 讨论分子中化学键的性质。

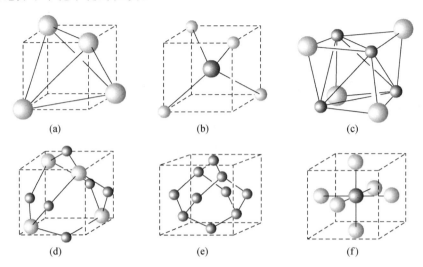

图 C.10　一些多原子分子的结构

解

(1) 在图(c),(d)和(e)中没有表示出 H 原子。当只考虑非氢原子的对称性时,(a)~(e)5 种分子中都存在按四面体排列的同一种原子,而剩余的原子,如(b)中处在立方体中心的 C 原子,具有球体的高对称性;(d)和(e)中的 6 个次甲基,$(CH_2)_6$,排在立方体面心外侧,具有 O_h 的对称性,它高于四面体排列的 4 个原子的对称性。所以,(a)~(e)5 种分子的对称性都取决于四面体排列的原子。这些分子具有的对称元素为:4 个 C_3,3 个 I_4,6 个 σ_d。分子的点群为 T_d。它们都不具有对称中心。(f)SF_6 具有的对称元素为:3 个 C_4,4 个 C_3,6 个 C_2,6 个 σ_d,3 个 σ_h 和 i。分子点群为 O_h。

(2) 分子中化学键的性质讨论如下:

(a) P_4 和 As_4 分子中每个原子以 sp^3 杂化轨道成键,其中 3 个轨道和另外的 3 个原子的轨道叠加,形成共价单键。由于正四面体中原子中心的连线的夹角为 60°,而 sp^3 杂化轨道间的夹角为 109.5°,轨道叠加的区域,即成键电子分布的区域在四面体连线外侧,成键价电子的分布呈弯曲形,所以称为弯键。P 或 As 原子有 5 个价电子,3 个电子和另外原子的电子配对成共价键外,尚余 1 对孤对电子,它处于四面体的顶角外侧。

(b) 中心原子为 C 原子时,按 sp^3 杂化轨道成键。当为 Si 原子时,除按 sp^3 杂化轨道成键外,Si 原子的 3d 轨道参与成键不可忽视。即 Si—F 之间形成 $p\pi \to d\pi$ 配键(F 原子提供 $p\pi$ 电子给 Si 原子的 $d_{x^2-y^2}$ 和 d_{z^2}),导致键长缩短。Si 和 F 原子的共价单键半径分别为 113 pm 和 72 pm,其加和值为 185 pm,远比实验测定值 156 pm 长,可证明形成 $p\pi \to d\pi$ 配键。

(c) 在 $Li_4(CH_3)_4$ 分子中,每个 Li 原子提供 1 个价电子,每个 CH_3 也提供 1 个价电子,所以 Li_4 四面体及 4 个面外侧的 C 原子共有 8 个价电子。Li_4C_4 原子间的成键情况可描述如下:每个四面体顶角上的 Li 原子的 p 轨道(或 sp^3 杂化轨道)都朝向三角形面的中心,它们同时与 CH_3 中未和 H 原子成键的 sp^3 杂化轨道互相叠加,形成四中心二电子键(4c-2e 键)。图中原子间的连线仅代表原子的空间排布,不是化学键。

(d) 在$(CH_2)_6N_4$分子中,原子间均形成C—N单键,每个N原子还有一对孤对电子,使$(CH_2)_6N_4$能在三维空间和其他分子通过氢键或配键形成加合物,具有丰富的结构化学内容。在P_4O_6分子中,P—O间除共价单键外还有$p\pi \to d\pi$配键形成,使P—O间的键长163.8 pm短于P和O的共价单键半径和:106 pm+77 pm=183 pm。

(e) $(CH_2)_6(CH)_4$分子中C—C共价σ键间的键角均接近109.5°。

(f) SF_6分子中S原子以sp^3d^2杂化轨道和F原子成键。此外,S原子的d轨道还参与$p\pi \to d\pi$配键的形成,使S—F间的键长156 pm短于S和F的共价单键半径和:102 pm+73 pm=175 pm。

【C.11】 写出下列分子和离子的中心原子所用的杂化轨道、几何构型,若有不同的键长时估算中心原子和配位原子间的键长,判断它们的磁性。

(1) $Ni(CO)_4$ (2) $Ni(CN)_4^{2-}$ (3) $NiCl_4^{2-}$ (4) $PtCl_4^{2-}$

(5) ICl_4^- (6) BeF_4^{2-} (7) SbF_4^- (8) SF_4

解

(1) $Ni(CO)_4$:Ni用sp^3杂化轨道和CO形成配键,正四面体形,抗磁性。

(2) $Ni(CN)_4^{2-}$:Ni用dsp^2杂化轨道和CN^-形成配键,平面四方形,抗磁性。

(3) $NiCl_4^{2-}$:Ni用sp^3杂化轨道和Cl^-形成配键,正四面体形,d^8,顺磁性。

(4) $PtCl_4^{2-}$:Pt用dsp^2杂化轨道和Cl^-形成配键,平面四方形,抗磁性。

(5) ICl_4^-:I^{3+}周围有12个价电子(4个来自I原子,8个来自4个配位Cl原子),I用sp^3d^2杂化轨道,2个放孤对电子,4个和Cl^-形成配键,平面四方形,抗磁性。

(6) BeF_4^{2-}:Be用sp^3杂化轨道,四面体形,抗磁性。

(7) SbF_4^-:Sb^{3+}周围有10个价电子(2个来自Sb原子,8个来自4个配位F原子),Sb用sp^3d杂化轨道。其中1个轨道放孤对电子,分子形状如图C.11所示。轴上2个F的夹角∠F_{ax}—Sb—F_{ax}小于180°,F_{ax}—Sb键长大于水平面上F_{eq}—Sb的键长。

(8) SF_4:S用sp^3d杂化轨道,其中1个轨道放孤对电子,分子形状如图C.11所示。轴上2个F_{ax}的夹角∠F_{ax}—S—F_{ax}小于180°,F_{ax}—S键长大于水平面上F_{eq}—S键长。

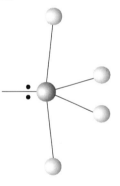

图 C.11 SbF_4^- 或 SF_4 的结构

【C.12】 多面体几何学和化学的关系日益显得重要。在第4章和实习中,示出了5种正多面体的图形和性质,介绍了多面体通用的Euler公式[顶角数(V)+面数(F)=棱边数(E)+2],讨论了等径圆球密堆积中的四面体和八面体空隙的几何学等,帮助读者在了解有关化合物的结构和性质上打下一定的基础。随着球碳(如C_{60},C_{70}等)的出现、单质硼中B_{12}单元和B_{60}壳层结构的测定,以及包合物和原子簇化合物中呈现的种种多面体结构,又引起读者进一步学习多面体结构的兴趣。试回答下面有关多面体几何学的问题:

(1) 试证明,当多面体只由五边形面(F_5)和六边形面(F_6)组成,每个顶点都连接3条棱边时,不论由多少个顶点组成多面体,其中五边形面的数目总是12个。

(2) 已知C_{60}分子是具有足球外形的32面体,试计算其价键结构式中的C—C单键数目,C═C双键数目和C—C σ键数目。

(3) 已知 C_{80}，C_{82} 和 C_{84} 都能包合金属原子，形成 $Ca@C_{80}$，$Ba@C_{80}$，$Ca@C_{82}$，$La@C_{82}$，$Ca@C_{84}$，$La@C_{84}$ 等分子。试分别计算 C_{80}，C_{82} 和 C_{84} 分子中含有六边形面的数目。

(4) 气体水合物晶体的结构，可看作由五边形面和六边形面组成的多面体，其中包含气体小分子(如 CH_4)，多面体共面连接而成晶体。试求 5^{12}，$5^{12}6^2$，$5^{12}6^3$ 等三种多面体(5^{12} 指含 12 个五边形面的多面体，$5^{12}6^2$ 指含 12 个五边形面和 2 个六边形面的多面体)各由几个 H_2O 分子组成，作图表示这些多面体的结构。

解

(1) 按 Euler 公式 $F+V=E+2$ 和题意得

$$F_5+F_6+V=E+2 \tag{1}$$

由于每个顶点连接 3 条棱，每条棱由 2 个顶点连成，得

$$3V=2E \tag{2}$$

五边形面和六边形面分别由 5 个和 6 个顶点形成，得

$$5F_5+6F_6=3V \tag{3}$$

将(2)代入(1)式，得

$$F_5+F_6+V=1.5V+2 \tag{4}$$

将(3)代入(4)式，得

$$5F_5+6F_6=6F_5+6F_6-12$$

由此即得

$$F_5=12$$

(2) C_{60} 分子有 32 个面，$F_5=12$，$F_6=20$，按 Euler 公式，棱数 E 为

$$E=60+32-2=90$$

由于每个 C 原子参与形成 2 个 C—C 单键和 1 个 C=C 双键，双键数是单键数的一半。分子中有 60 个 C—C 单键，30 个 C=C 双键。不论 C—C 单键或 C=C 双键中都有 1 个 C—C σ 键，所以 σ 键数目为 90 个。

(3) 按 Euler 公式

$$F+V=E+2$$

在球碳分子中，每个顶点连接 3 条棱，每条棱由 2 个顶点连成，得 $3V=2E$。代入

$$F+V=1.5V+2 \tag{5}$$
$$F=0.5V+2=F_5+F_6$$

C_{80}：$F=0.5\times 80+2=42$，$F_6=42-12=30$

C_{82}：$F=0.5\times 82+2=43$，$F_6=43-12=31$

C_{84}：$F=0.5\times 84+2=44$，$F_6=44-12=32$

(4) 由 H_2O 分子通过 O—H⋯O 氢键形成的多面体结构，每个 H_2O 分子通过氢键连接成棱，每条棱由 2 个 H_2O 分子组成。由上面(5)式推得

$$V=2F-4=2(F_5+F_6)-4$$

5^{12}：$V=2F_5-4=2\times 12-4=20$，由 20 个 H_2O 分子组成，如图 C.12(a)

$5^{12}6^2$：$V=2(12+2)-4=24$，由 24 个 H_2O 分子组成，如图 C.12(b)

$5^{12}6^3$：$V=2(12+3)-4=26$，由 26 个 H_2O 分子组成，如图 C.12(c)

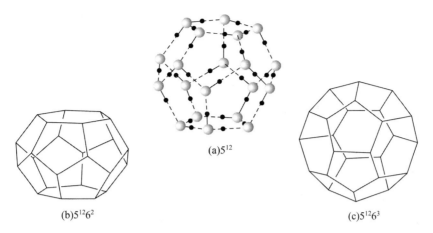

图 C.12 (a) 由 20 个 H_2O 分子通过 O—H⋯O 氢键组成的五角十二面体，
(b) 和 (c) 是 $5^{12}6^2$ 十四面体和 $5^{12}6^3$ 十五面体的简单表示

【C.13】 $SrTiO_3$ 晶体属立方晶系，晶胞参数 $a = 390.5$ pm，其结构示于图 C.13 中。

(1) 按计算键价公式和查得的计算键价的参数，计算 Ti—O 键和 Sr—O 键的键价，计算结构中 Ti^{4+} 和 Sr^{2+} 的键价和。

(2) 若将 O^{2-} 和 Sr^{2+} 一起进行密堆积，这种堆积属于什么型式？Ti^{4+} 填入到什么样的空隙中？这种空隙由什么原子组成？

(3) 已知 $CaTiO_3$ 立方晶胞参数 $a = 394$ pm，计算晶体中 Ca^{2+} 和 Ti^{4+} 的键价和，用此结果评述文献中报道 "$CaTiO_3$ 的结构实际上是正交晶系晶体，Ca^{2+} 和 Ti^{4+} 的配位情况不像图 C.13 那样规整，只有当温度升高到 900℃，才真正变为立方晶系晶体"。

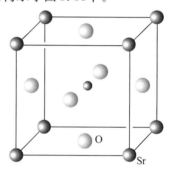

图 C.13 $SrTiO_3$ 的结构

(4) 已知 $BaTiO_3$ 晶胞参数 $a = 401.2$ pm，计算 Ba^{2+} 和 Ti^{4+} 的键价和。说明 $BaTiO_3$ 成为重要的铁电材料的内部结构根源。

解

(1) 根据图 C.13 和晶胞参数值，可得：Ti—O 键长为 $a/2 = 195.3$ pm，Sr—O 间键长为 $\sqrt{2}a/2 = 276.2$ pm。查表得 Ti^{4+} 的 $R_0 = 181.5$ pm，Sr^{2+} 的 $R_0 = 211.8$ pm。结构中

Ti—O 间键价： $S = \exp\left[\dfrac{181.5 \text{ pm} - 195.3 \text{ pm}}{37 \text{ pm}}\right] = 0.689$

Sr—O 间键价： $S = \exp\left[\dfrac{(211.8 - 276.2) \text{ pm}}{37 \text{ pm}}\right] = 0.175$

由结构知道 Ti 的配位数为 6，Sr 的配位数为 12，可得键价和：

Sr^{2+} 的键价和：$12 \times 0.175 = 2.10$

Ti^{4+} 的键价和：$6 \times 0.689 = 4.13$

键价和与该离子的价态相近。

(2) 若将 O^{2-} 和 Sr^{2+} 一起进行密堆积，形成立方最密堆积。Ti^{4+} 填入到这种堆积的八面体空隙中。Ti^{4+} 所在的空隙全部由 O^{2-} 组成，而其他的八面体空隙则有 Sr^{2+} 参加。

(3) 由 CaTiO₃ 的立方晶胞参数值 $a=384$ pm,可以推得 Ti—O 键长为 $a/2=384$ pm/2$=192$ pm,Ca—O 键长为 $\sqrt{2}a/2=\sqrt{2}\times 192$ pm$=271.5$ pm。由表查得 Ti^{4+} 的 $R_0=181.5$ pm,Ca^{2+} 的 $R_0=196.7$ pm。

Ti—O 的键价:$S=\exp\left[\dfrac{181.5\text{ pm}-192\text{ pm}}{37\text{ pm}}\right]=\exp[-0.284]=0.753$

Ti^{4+} 的键价和:$6\times 0.753=4.52$

Ca—O 的键价:$S=\exp\left[\dfrac{196.7\text{ pm}-271.5\text{ pm}}{37\text{ pm}}\right]=\exp[-2.022]=0.132$

Ca^{2+} 的键价和:$12\times 0.132=1.58$

由计算所得 Ti^{4+} 和 Ca^{2+} 的键价和均偏离其原子价较多,结构不稳定。而在这种立方晶体结构中,原子坐标位置固定$\left(\text{Ca}^{2+}:0\ 0\ 0;\text{Ti}^{4+}:\dfrac{1}{2}\dfrac{1}{2}\dfrac{1}{2};\text{O}^{2-}:\dfrac{1}{2}\dfrac{1}{2}0,\dfrac{1}{2}0\dfrac{1}{2},0\dfrac{1}{2}\dfrac{1}{2}\right)$。若要降低 Ti^{4+} 键价和,需要增大晶胞,使 Ti—O 键变长,这又导致 Ca^{2+} 的键价和进一步降低。所以要改变晶体对称性,变为正交晶系,需使 Ca^{2+} 和 Ti^{4+} 的配位满足其键价和。早期测定所得的 CaTiO₃ 的晶体结构比较粗糙,没有报道它室温下应为正交晶系的信息。

(4) 由 BaTiO₃ 的立方晶胞参数值 $a=401.2$ pm,可以推得 Ti—O 键长为 $a/2=401.2$ pm/2$=200.6$ pm,Ba—O 键长为 $\sqrt{2}a/2=\sqrt{2}\times 200.6$ pm$=283.7$ pm,由表查得 Ti^{4+} 的 $R_0=181.5$ pm,Ba^{2+} 的 $R_0=228.5$ pm。

Ti—O 的键价:$S=\exp\left[\dfrac{181.5\text{ pm}-200.6\text{ pm}}{37\text{ pm}}\right]=0.597$

Ti^{4+} 的键价和:$6\times 0.597=3.58$

Ba—O 的键价:$S=\exp\left[\dfrac{228.5\text{ pm}-283.7\text{ pm}}{37\text{ pm}}\right]=0.225$

Ba^{2+} 的键价和:$12\times 0.225=2.70$

BaTiO₃ 的立方晶系 O_h 点群的晶体只有在 393 K 以上才稳定;低于 393 K 变为四方晶系 C_{4v} 点群的结构;低于 278 K 又变为正交晶系 C_{2v} 点群的晶体;再在低于 193 K 时又变为六方晶系 D_{6h} 点群的晶体。所以在低于 393 K 时,因立方晶系结构 Ti^{4+} 和 Ba^{2+} 的键价和偏离理论值较多,不稳定,因而改变结构,破坏 TiO₆ 的正八面体配位,使晶体对称性变为 C_{4v} 和 C_{2v} 点群,这两个点群的晶体在物理性质上允许出现自发极化现象。BaTiO₃ 晶体成为重要的铁电材料的内部结构根源就在于晶体结构对称性为 C_{4v} 和 C_{2v},无对称中心,使它具有自发极化效应。

【C.14】 配位化合物的组成、结构和性质,常可用经验规律进行理解,试回答下列问题:

(1) 根据十八电子规则,推算下列配合物化学式中的 x 值:

$$\text{Cr(CO)}_x,\ \text{V(NO)}_x(\text{CO})_2,\ [\text{Mn}(C_6H_6)(\text{CO})_x]^+$$

(2) 试计算下列金属簇合物中,金属簇已有的价电子数(g)、金属-金属键的键数(b)及金属簇的几何构型。

$$\text{Os}_4(\text{CO})_{14},\ [\text{Ru}_4\text{N}(\text{CO})_{12}]^-,\ \text{Pt}_4(\text{CH}_3\text{CO}_2)_8$$

(3) 某 ML₆ 配合物在低自旋时变成拉长的八面体,试写出配合物中 M 原子的 d 电子组态。

(4) 对下列配合物:

$$\text{Co}(H_2O)_6^{3+},\ \text{Cr}(H_2O)_6^{2+},\ \text{Fe(CN)}_4^{4-}\ 和\ \text{FeF}_6^{3-}$$

(a) 写出它们的 d 电子组态,哪一种容易出现几何形态的变形效应(即出现了 Jahn-Teller 效应)?

(b) 求出变形的这种配合物的配位场稳定化能(以 Δ_o 为单位)。

(c) 计算其磁矩(忽略电子的轨道运动对磁矩的贡献)。

解

(1) $Cr(CO)_x$: $6+2x=18$, $x=6$

$V(NO)_x(CO)_2$: $5+3x+2\times2=18$, $x=3$

$[Mn(C_6H_6)(CO)_x]^+$: $7+6+2x-1=18$, $x=3$

(2) $Os_4(CO)_{14}$: $g=4\times8+14\times2=60$

$$b=\frac{1}{2}(4\times18-60)=6$$

四面体形

$[Ru_4N(CO)_{12}]^-$: $g=4\times8+5+12\times2+1=62$

$$b=\frac{1}{2}(4\times18-62)=5$$

蝴蝶形

$Pt_4(CH_3CO_2)_8$: $g=4\times8+8\times4=64$

$$b=\frac{1}{2}(4\times18-64)=4$$

平面四方形

(3) 低自旋态出现在 d 电子数为 $d^4\sim d^7$ 的范围,而形成拉长的八面体构型,出现在 d_{z^2} 的电子数多于 $d_{x^2-y^2}$ 的条件。按此可以推断该配合物中 M 的电子组态应为 $(t_{2g})^6(d_{z^2})^1$。而 $(t_{2g})^6(d_{x^2-y^2})^1$,$(t_{2g})^6(d_{z^2})^2(d_{x^2-y^2})^1$ 及 $(t_{2g})^6(d_{z^2})^1(d_{x^2-y^2})^2$ 都不符合题意。

(4) (a) 4 个配合物中心原子的 d 电子组态分别为

$Co(H_2O)_6^{3+}$: $(t_{2g})^4(e_g^*)^2$; $Cr(H_2O)_6^{2+}$: $(t_{2g})^3(e_g^*)^1$

$Fe(CN)_6^{4-}$: $(t_{2g})^6(e_g^*)^0$; FeF_6^{3-}: $(t_{2g})^3(e_g^*)^2$

$Cr(H_2O)_6^{2+}$ 的 e_g^* 轨道 d 电子排布不对称,因而出现变形效应。

(b) $Cr(H_2O)_6^{2+}$ 的配位场稳定化能为

$$LFSE=0-[-(3\times0.4\Delta_o)+0.6\Delta_o]=0.6\Delta_o$$

(c) $Cr(H_2O)_6^{2+}$ 的磁矩为

$$\mu=\sqrt{n(n+2)}\beta_e=\sqrt{4(4+2)}\beta_e=4.9\beta_e$$

【C.15】 在晶体的衍射中,系统消光指的是什么现象?举三例说明系统消光和结构中对称元素及点阵型式的联系。证明体心立方点阵晶体的系统消光为:"在 hkl 型衍射数据中,$h+k+l=$ 奇数"。

解 系统消光是指晶体的衍射数据中,有许多衍射的强度系统地、有规律地为零,即不出现衍射。例如:

(1) 晶体结构属体心立方点阵型式,在它的 hkl 型衍射中,$h+k+l=$ 奇数的衍射点(如 111,120,131,…)一律不出现。

(2) 垂直于 b 轴有 n 滑移面时,在 $h0l$ 型衍射中,$h+l=$ 奇数的衍射点(如 100,102,203,

…)一律不出现。

(3) 平行于 c 轴有 2_1 螺旋轴时,在 $00l$ 型衍射中,l 为奇数的衍射点(如 001,003,…)一律不出现。

对体心立方点阵晶体,当晶体中有一个原子 A 处在坐标为 (x,y,z) 处时,必定在 $\left(x+\frac{1}{2},y+\frac{1}{2},z+\frac{1}{2}\right)$ 处也有一个原子 A。例如金属钠为体心立方结构,晶胞中 2 个 Na 原子的坐标位置为 $(0,0,0)$ 和 $\left(\frac{1}{2},\frac{1}{2},\frac{1}{2}\right)$,根据结构因子公式

$$F_{hkl} = \sum_{j=1}^{N} f_j \exp[\mathrm{i}2\pi(hx_j + ky_j + lz_j)]$$

金属钠晶体的 hkl 衍射的结构因子为

$$\begin{aligned}F_{hkl} &= f_{\mathrm{Na}}\exp[\mathrm{i}2\pi(h\cdot 0+k\cdot 0+l\cdot 0)] + f_{\mathrm{Na}}\exp[\mathrm{i}2\pi(h/2+k/2+l/2)] \\ &= f_{\mathrm{Na}}\{1+\exp[\mathrm{i}\pi(h+k+l)]\}\end{aligned}$$

根据数学公式 $\mathrm{e}^{\mathrm{i}x}=\cos x+\mathrm{i}\sin x$,可得

$$\exp[\mathrm{i}\pi(h+k+l)] = \begin{cases} 1, & \text{当 } h+k+l = \text{偶数} \\ -1, & \text{当 } h+k+l = \text{奇数} \end{cases}$$

代入上式,得:当 $h+k+l=$ 偶数,$F_{hkl}=2f_{\mathrm{Na}}$;当 $h+k+l=$ 奇数,$F_{hkl}=0$。

结构因子为 0,衍射强度为 0,即不出现衍射。

【C.16】 碘的晶体结构参数列于表 C.16。

表 C.16

晶系	正交晶系		
空间群	D_{2h}^{18}-$Cmca$(或 $C\,2/m\,2/c\,2_1/a$)		
晶胞参数(110 K)	$a=713.6$ pm		
	$b=468.6$ pm		
	$c=978.4$ pm		
晶胞中分子数	$Z=4[\mathrm{I}_2]$		
碘原子坐标参数	x	y	z
1	0	0.15434	0.11741

(1) 根据该晶体空间群的等效点系:

$$(0,0,0)+;\left(\frac{1}{2},\frac{1}{2},0\right)+;\left(x,y,z;\bar{x},\bar{y},\bar{z};\bar{x},\bar{y}+\frac{1}{2},z+\frac{1}{2};x,y+\frac{1}{2},\bar{z}+\frac{1}{2}\right)$$

写出晶胞中 8 个原子的坐标参数;

(2) 画出晶体结构沿 x 轴的投影图;

(3) 计算 I_2 分子的键长(r_{3-4});

(4) 计算 I_2 分子间的非键接触距离(r_{1-4},r_{1-7});

(5) 描绘出 I_2 分子的大小和形状;

(6) 计算碘晶体的密度。

解

（1）晶胞中 I 原子的坐标参数如下：

1(0,0.15434,0.11741),	**5**(1/2,0.15434,0.38259),
2(0,0.84566,0.88259),	**6**(1/2,0.84566,0.61741),
3(0,0.34566,0.61741),	**7**(1/2,0.65434,0.11741),
4(0,0.65434,0.38259),	**8**(1/2,0.34566,0.88259)。

（2）I_2 晶体结构沿 x 轴的投影示于图 C.16.1 中。

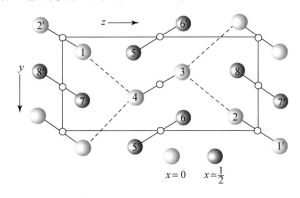

图 C.16.1　I_2 晶体结构沿 x 轴的投影

（3）设第一个原子坐标参数为 x_1, y_1, z_1，第二个原子坐标参数为 x_2, y_2, z_2，则根据正交晶系计算键长的公式，得

$$r_{1-2} = [(x_1-x_2)^2 a^2 + (y_1-y_2)^2 b^2 + (z_1-z_2)^2 c^2]^{\frac{1}{2}}$$

由碘晶体中原子 3 和 4 的坐标参数，可得 I_2 分子内 I—I 键长

$$r_{3-4} = [0 + (0.30868 \times 468.6 \text{ pm})^2 + (0.23482 \times 978.4 \text{ pm})^2]^{\frac{1}{2}}$$
$$= 271.5 \text{ pm}$$

I—I 原子间为共价单键，根据这键长可推得 I 原子的共价单键半径为 136 pm。由气态 I_2 可得 I 原子共价单键半径为 133 pm。

（4）在晶体中，I_2 分子在垂直于 x 轴的平面堆积成层形结构，层内分子间的最短接触距离 r_{1-4} 为

$$r_{1-4} = [(0.5 \times 468.6 \text{ pm})^2 + (0.38259 - 0.11741)^2 \times (978.4 \text{ pm}^2)]^{\frac{1}{2}}$$
$$= 349.6 \text{ pm}$$

层间分子间的最短接触距离 r_{1-7} 为

$$r_{1-7} = [(0.5 \times 713.6 \text{ pm})^2 + (0.5 \times 486.6 \text{ pm})^2]^{\frac{1}{2}} = 426.9 \text{ pm}$$

I 原子的范德华半径可由几个数值相近的分子间接触距离平均求得，其值为 218 pm。

层内分子间的接触距离（350 pm）小于 I 原子范德华半径之和，说明层内分子间有一定作用力，这种键长介于共价单键键长和范德华距离之间的分子间作用力，对碘晶体性质具有很大影响，例如碘晶体具有金属光泽，以及导电性能各向异性，平行于层的方向比垂直于层的方向高得多。

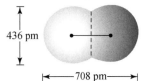

图 C.16.2　I_2 分子的大小和形状

(5) I_2 分子呈哑铃形,长为 2×218 pm$+272$ pm$=708$ pm。最大处直径为 2×218 pm$=436$ pm。如图 C.16.2 所示。

(6) 根据晶胞参数可以计算晶胞体积(V),根据晶胞中所含原子的种类和数目,可以计算晶胞中所含原子的总质量。由这两个数据,可算得晶体的密度(D)。碘晶体的晶胞体积

$$V=abc$$
$$=713.6 \text{ pm}\times468.6 \text{ pm}\times978.4 \text{ pm}$$
$$=3.27\times10^8 \text{ pm}^3$$

晶体的密度 $D=$ 晶胞中原子的总质量/晶胞体积,即

$$D=\frac{(8\times127.0 \text{ g mol}^{-1}/6.02\times10^{23} \text{ mol}^{-1})}{(327.0\times10^{-24} \text{ cm}^3)}$$
$$=5.16 \text{ g cm}^{-3} \text{(110 K)}$$

【C.17】 已知 NaCl 的晶体结构如图 C.17.1 所示,它属于立方晶系,O_h 点群。晶胞参数 $a=564.0$ pm。

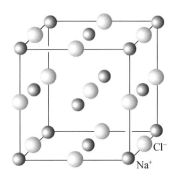

图 C.17.1 NaCl 的晶体结构

(1) 写出通过晶胞中心的点对称元素。

(2) 根据 Na^+ 和 Cl^- 的离子半径值,了解在这结构中负离子是否接触?这种结构的稳定性如何?

(3) 试计算 NaCl 晶体的密度 D。

(4) 将图 C.17.1 晶胞中顶角上的 Na^+ 和中心的 Cl^- 除去,将 Na^+ 换成 Nb^{2+},Cl^- 换成 O^{2-},即得 NbO 晶胞,试画出 NbO 的晶胞和其中 Nb_6 原子簇的结构;已知晶胞参数 $a=421$ pm,计算晶体的密度;写出通过晶胞中心点的点对称元素和点群(Nb 的相对原子质量为 92.91);计算 Nb^{2+} 的离子半径。

(5) 将图 C.17.1 晶胞中面心和体心的原子除去,顶角上的 Na^+ 换成 U^{6+},棱上的 Cl^- 换成 O^{2-},得 UO_3 的晶体结构,立方晶胞参数 $a=415.6$ pm。试画出 UO_3 晶胞的结构;写出通过晶胞中心点的点对称元素和点群;计算晶体的密度,计算 U^{6+} 的离子半径(U 的相对原子质量为 238.0);画出由处在 12 条棱上的 O^{2-} 组成的立方八面体的图形;计算该多面体的自由孔径。

解

(1) 点对称元素为:3 个 C_4,4 个 C_3,6 个 C_2,6 个 σ_d,3 个 σ_h,i。

(2) Cl^- 中心间的距离为 $(\sqrt{2}\times564.0 \text{ pm})/2=398.8$ pm,比 Cl^- 半径(181 pm)的 2 倍大,不相互接触。

另一种判断方法可从组成八面体空隙的负离子半径以及空隙容纳的正离子半径的比值来定:

$$r_{Na^+}/r_{Cl^-}=102 \text{ pm}/181 \text{ pm}=0.564>0.414$$

负离子不相互接触,较小的正离子也不会接触,而正、负离子相互接触,这种结构静电吸引力大、排斥力小,比较稳定。

(3) 晶胞中含 4NaCl,相对原子质量 Na 22.99,Cl 35.45。

$$D = \frac{ZM}{N_A V} = \frac{4(22.99+35.45)\,\text{g}\,\text{mol}^{-1}}{6.022\times 10^{23}\,\text{mol}^{-1}(564.0\times 10^{-10})^3\,\text{cm}^3} = 2.164\,\text{g}\,\text{cm}^{-3}$$

(4) 将图 C.17.1 晶胞中顶角上的 Na^+ 和中心的 Cl^- 除去,将 Na^+ 换成 Nb^{2+},Cl^- 换成 O^{2-},即得 NbO 晶胞,示于图 C.17.2,图中也示出 Nb_6 八面体形的原子簇。晶体密度

$$D = \frac{ZM}{N_A V} = \frac{3(92.91+16.00)\,\text{g}\,\text{mol}^{-1}}{6.022\times 10^{23}\,\text{mol}^{-1}(421\times 10^{-10})^3\,\text{cm}^3} = 7.27\,\text{g}\,\text{cm}^{-3}$$

通过晶胞中心点的点对称元素有:3 个 C_4,4 个 C_3,6 个 C_2,6 个 σ_d,3 个 σ_h,i 等;点群为 O_h。

Nb^{2+} 的离子半径为:$a/2 - r_{O^{2-}} = 421\,\text{pm}/2 - 140\,\text{pm} = 70.5\,\text{pm}$

(5) 将图 C.17.1 晶胞中面心上和体心上的原子除去,将 Na^+ 换成 U^{6+},棱上的 Cl^- 换成 O^{2-},得 UO_3 晶胞,示于图 C.17.3 中。

通过晶胞中心点的点对称元素有:3 个 C_4,4 个 C_3,6 个 C_2,6 个 σ_d,3 个 σ_h,i 等;点群为 O_h。

晶体的密度 $D = \frac{ZM}{N_A V} = \frac{1(238.0+3\times 16.0)\,\text{g}\,\text{mol}^{-1}}{6.022\times 10^{23}\,\text{mol}^{-1}(415.6\times 10^{-10})^3\,\text{cm}^3} = 6.616\,\text{g}\,\text{cm}^{-3}$

U^{6+} 的半径 $r_{U^{6+}} = a/2 - r_{O^{2-}} = 415.6\,\text{pm}/2 - 140\,\text{pm} = 67.8\,\text{pm}$

由 12 个 O^{2-} 组成的立方八面体自由孔径为

$$\sqrt{2}a - 2r_{O^{2-}} = \sqrt{2}\times 415.6\,\text{pm} - 2\times 140\,\text{pm} = 308\,\text{pm}$$

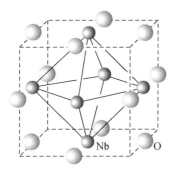

图 C.17.2 NbO 晶体结构

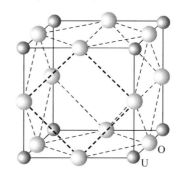

图 C.17.3 UO_3 晶体结构

【C.18】 有一 AB_2 型立方晶系晶体,晶胞中有 2 个 A,4 个 B。2 个 A 的坐标参数分别为 $\left(\frac{1}{4}, \frac{1}{4}, \frac{1}{4}\right)$ 和 $\left(\frac{3}{4}, \frac{3}{4}, \frac{3}{4}\right)$,4 个 B 的坐标参数分别为 $(0,0,0)$,$\left(0, \frac{1}{2}, \frac{1}{2}\right)$,$\left(\frac{1}{2}, 0, \frac{1}{2}\right)$ 和 $\left(\frac{1}{2}, \frac{1}{2}, 0\right)$。

(1) 若将 B 视为作密堆积,则其堆积型式为 ⓐ ;
(2) A 占据的多面体空隙为 ⓑ ,占据该种空隙的分数为 ⓒ ;
(3) 该晶体的空间点阵型式为 ⓓ ,结构基元为 ⓔ ;
(4) 联系坐标参数为 $\left(\frac{1}{2}, \frac{1}{2}, 0\right)$ 和 $\left(\frac{1}{2}, 0, \frac{1}{2}\right)$ 的两个 B 原子的基本对称操作为 ⓕ 。

解

(1) ⓐ:立方最密堆积;

(2) ⓑ:四面体空隙,ⓒ:$\frac{1}{4}$;

(3) ⓓ：简单立方，ⓔ：2 个 A 和 4 个 B；

(4) ⓕ：C_3^1。

【C.19】 金属元素铒(Er)和镧(La)的晶体结构分别为六方最密堆积ABAB…(A3 型)和双六方最密堆积ABACABAC…(A3′型)。这两种晶体结构的空间群都属于 $D_{6h}^4\text{-}P6_3/mmc$，它们的晶胞参数及晶胞中的原子数分别为

Er：$a=355.9$ pm, $c=558.7$ pm, $Z=2$
La：$a=377.0$ pm, $c=1215.9$ pm, $Z=4$

(1) 画出晶胞沿 c 轴的结构投影图，写出两种结构中原子的坐标参数。

(2) 画出投影图中 6_3 (✦)轴的位置。

(3) 计算两种结构中原子半径。

(4) 计算两种金属的密度，讨论这两种金属密度差值很大的原因。

解

(1)

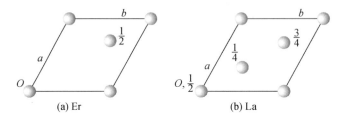

图 C.19.1 Er 和 La 晶胞中的原子位置

Er：(0,0,0),(1/3,2/3,1/2); La：(0,0,0),(0,0,1/2),(1/3,2/3,3/4),(2/3,1/3,1/4)

(2) 本题示出这两种元素晶体所属的空间群记号为 $D_{6h}^4\text{-}P6_3/mmc$，前面 D_{6h}^4 表明晶体属于 D_{6h} 点群，是该点群的第 4 号空间群，后面 $P6_3/mmc$ 是国际记号 $P6_3/m\ 2/m\ 2/c$ 的简写，P 表示简单点阵。对六方晶胞，第一位 $6_3/m$ 表示平行于 c 轴具有 6_3 螺旋轴，垂直 c 轴具有镜面 (m)对称性；第二位 $2/m$ 表示平行 a 轴有二重轴，垂直于 a 轴有镜面(m)对称性；第三位 $2/c$ 表示平行 ($2a+b$)方向有二重轴，而垂直于($2a+b$)方向有 c 滑移面。晶体结构中的其他对称元素没有画出，晶胞中的原子要经历该对称群中的全部对称操作才能复原。

图 C.19.2 示出 Er 和 La 晶体结构中的 6_3 轴。

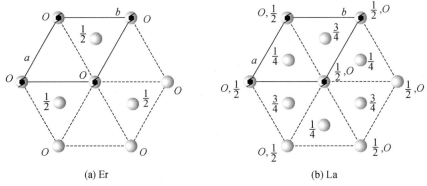

图 C.19.2 Er(a)和 La(b)晶体结构中的 6_3 轴

(3) 根据密堆积结构,可从晶胞参数 a 的数值计算出原子半径:

La 的原子半径: $a/2 = 377.0 \text{ pm}/2 = 188.5 \text{ pm}$

Er 的原子半径: $a/2 = 355.9 \text{ pm}/2 = 177.5 \text{ pm}$

(4) 密度 $D = \dfrac{ZM}{VN_A}$, Z 为晶胞中原子数, M 为原子的摩尔质量, V 为晶胞体积,本题中 $V = a^2 c \sin 120°$, N_A 为 Avogadro 常数。

$$\text{Er}: D = \frac{2 \times 167.26 \text{ g mol}^{-1}}{(355.9^2 \times 558.7 \times 0.866 \times 10^{-30} \text{ cm}^3) \times 6.022 \times 10^{23} \text{ mol}^{-1}} = 9.064 \text{ g cm}^{-3}$$

$$\text{La}: D = \frac{4 \times 138.91 \text{ g mol}^{-1}}{(377.0^2 \times 1215.9 \times 0.866 \times 10^{-30} \text{ cm}^3) \times 6.022 \times 10^{23} \text{ mol}^{-1}} = 6.615 \text{ g cm}^{-3}$$

Er 的密度比 La 高得多,主要归因于镧系收缩效应和相对原子质量随着原子序数的增加而加大这两个因素的作用。

【C.20】 (1) 设碳原子的半径为 r, 则立方金刚石晶体中碳原子的空间占有率表达式为 ⓐ ;

(2) 在金刚石晶体中,坐标为 $\left(\dfrac{1}{4}, \dfrac{1}{4}, \dfrac{1}{4}\right)$ 的碳原子经某一对称操作后与坐标为 $\left(\dfrac{1}{2}, \dfrac{1}{2}, 0\right)$ 的碳原子重合,则该对称操作所依据的对称元素为 ⓑ ,其方位为 ⓒ ,对称操作过程为 ⓓ ;

(3) 从某晶体中找到 3 个相互垂直的 C_2 轴(定其中一个 C_2 轴为主轴)、2 个 σ_d,则该晶体属于 ⓔ 晶系,属于 ⓕ 点群。

(4) 某有机晶体的空间群为 C_{2h}^5-$P\dfrac{2_1}{c}$, 请解释该空间群记号的意义。

解

(1) ⓐ: $8 \times \dfrac{4}{3}\pi r^3 \Big/ \left(\dfrac{8}{\sqrt{3}}r\right)^3 = 34.05\%$;

(2) ⓑ: d 滑移面; ⓒ: 垂直于 z 轴,在 $z = \dfrac{1}{8}$ 处; ⓓ: 依据 d 滑移面反映,再沿 $\boldsymbol{a}+\boldsymbol{b}$ 方向平移 $\dfrac{1}{4}(\boldsymbol{a}+\boldsymbol{b})$。或 4_1 轴(平行于 z 轴, $x=\dfrac{1}{2}$, $y=\dfrac{1}{4}$)。

(3) ⓔ: 四方晶系, ⓕ: D_{2d} 点群;

(4) C_{2h}: 晶体学点群;

C_{2h}^5: C_{2h} 点群中第 5 个空间群;

P: 简单点阵型式;

2_1: 在平行于 b 方向上有 2_1 螺旋轴;

c: 在垂直于 b 方向上有 c 滑移面。

【C.21】 金刚石结构是一种基本的、重要的结构型式,晶体结构所属的空间群为 O_h^7-$F\dfrac{4_1}{d}\overline{3}\dfrac{2}{m}$。图 C.21.1 示出金刚石正当晶胞。

(1) 写出两套分别由面心立方点阵联系的 C 原子

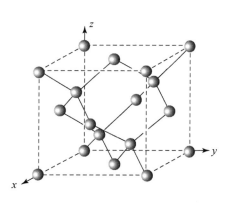

图 C.21.1 金刚石晶体结构

坐标参数。

(2) 指出平行于 z 轴、处于 (xy) 平面的坐标为 $(0,0)$,$\left(0,\frac{1}{2}\right)$,$\left(\frac{1}{2},0\right)$,$\left(\frac{1}{4},0\right)$,$\left(0,\frac{1}{4}\right)$,$\left(\frac{1}{4},\frac{1}{4}\right)$,$\left(\frac{1}{2},\frac{1}{2}\right)$,$\left(\frac{1}{4},\frac{1}{2}\right)$ 和 $\left(\frac{1}{2},\frac{1}{4}\right)$ 处的四重对称轴的名称和记号。

(3) 通过晶胞中心点有哪些点对称元素,它们组成什么点群?这个点群和 O_h 点群相同否?

(4) 晶体结构属 O_h 点群,应有对称中心,指出晶胞中对称中心的坐标位置。

(5) 画出由对称中心联系的两个 C 原子成键的构象。

(6) 指出平行于 yz 平面的金刚石滑移面 d 所在位置。

(7) 作图示出将图 C.21.1 去掉一套由面心立方点阵联系的 C 原子后,余下的晶胞结构图。它属什么点群?有无金刚石滑移面?

(8) 作图示出将一套由面心立方点阵联系的 C 原子换成 Si 原子,它属什么点群?什么样的结构型式?已知 $a=434.8$ pm,求 Si—C 键长,讨论这种晶体的性质。

(9) 作图示出将图 C.21.4 中的 Si 原子换成 Ca 原子,C 原子换成 F 原子,再在该晶胞中体心和棱心 4 个位置上加 F 原子,得成分为 CaF_2 晶体,该晶体属什么点群?结构型式是什么?

(10) 作图示出将(9)中所得的 CaF_2 结构的晶胞原点移至 Ca 原子,分别说明 Ca 和 F 原子的配位。

(11) 作图示出将图 C.21.1 中的 C 换成 Si,再在两个 Si 原子的连线中心点放 O 原子,指出它的组成,和 β-方石英结构比较。

(12) 已知 β-方石英 $a=730$ pm,计算它的密度和 Si—O 键长。

(13) 金刚石结构很空旷,如图 C.21.1,其中包含许多大空隙,它们的中心位置处在晶胞的棱心和体心。作图示出和 C.21.5(a)相似的 A_2B 结构的晶胞(A 作原点)中,在 $\left(\frac{3}{4},\frac{3}{4},\frac{3}{4}\right)$,$\left(\frac{3}{4},\frac{1}{4},\frac{1}{4}\right)$,$\left(\frac{1}{4},\frac{3}{4},\frac{1}{4}\right)$,$\left(\frac{1}{4},\frac{1}{4},\frac{3}{4}\right)$ 处再加上 B 原子。分别将相邻的同一种原子画上连接线,指出其结构特点。

(14) 由(13)题所得结构为 NaTl 型,已知 NaTl 立方晶胞参数 $a=748.8$ pm,求 Tl 原子成键情况和 Tl—Tl 键长。

(15) 分析 NaTl 的结构讨论原子间的结构和该化合物的性质。

解

(1) 面心立方点阵联系的一套原子坐标为

$$(0,0,0),\left(0,\frac{1}{2},\frac{1}{2}\right),\left(\frac{1}{2},0,\frac{1}{2}\right),\left(\frac{1}{2},\frac{1}{2},0\right)$$

在上述基础上分别加两套坐标:$(0,0,0)$ 和 $\left(\frac{1}{4},\frac{1}{4},\frac{1}{4}\right)$,即得晶胞中 8 个原子的坐标参数:

$$(0,0,0),\left(0,\frac{1}{2},\frac{1}{2}\right),\left(\frac{1}{2},0,\frac{1}{2}\right),\left(\frac{1}{2},\frac{1}{2},0\right),$$

$$\left(\frac{1}{4},\frac{1}{4},\frac{1}{4}\right),\left(\frac{1}{4},\frac{3}{4},\frac{3}{4}\right),\left(\frac{3}{4},\frac{1}{4},\frac{3}{4}\right),\left(\frac{3}{4},\frac{3}{4},\frac{1}{4}\right)$$

(2) 作晶胞沿 z 轴投影图,示于图 C.21.2(a)。由图可见,在 (x,y) 平面坐标为 $(0,0)$, $\left(0,\frac{1}{2}\right),\left(\frac{1}{2},0\right),\left(\frac{1}{4},\frac{1}{4}\right)$ 及 $\left(\frac{1}{2},\frac{1}{2}\right)$ 等处有四重反轴 $\bar{4}$;在 $\left(0,\frac{1}{4}\right)$ 及 $\left(\frac{1}{2},\frac{1}{4}\right)$ 等处有 4_1 螺旋轴;在 $\left(\frac{1}{4},0\right)$ 及 $\left(\frac{1}{4},\frac{1}{2}\right)$ 处有 4_3 螺旋轴,如图 C.21.2(b)所示(图中只示出晶胞的 1/4)。

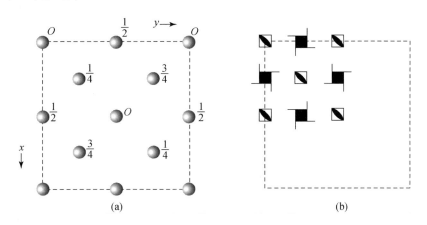

图 C.21.2　(a) 金刚石晶胞沿 z 轴投影(对应于图 C.21.1)
(b) 在晶胞中四重对称轴的位置和记号[对应于(a)图,只画出 1/4 晶胞,其他可按此推出]

(3) 通过晶胞中心点的点对称元素有：$3I_4,4C_3,6\sigma_d$;它们组成 T_d 点群,它不同于晶体的点群 O_h。

(4) 金刚石晶体结构有对称中心,位置在 $\left(\frac{1}{8},\frac{1}{8},\frac{1}{8}\right)$,即 C—C 键的中心点。晶胞中共有 16 个,即 $\left(\frac{1}{8},\frac{1}{8},\frac{1}{8}\right),\left(\frac{7}{8},\frac{3}{8},\frac{5}{8}\right),\left(\frac{3}{8},\frac{5}{8},\frac{7}{8}\right),\left(\frac{5}{8},\frac{7}{8},\frac{3}{8}\right)$ 和面心立方点阵组合而得。

(5) 由对称中心联系的两个 C 原子的成键构象为交叉型,如下图所示：

(6) 平行于 yz 平面的金刚石滑移面处在 x 值为 $\frac{1}{8},\frac{3}{8},\frac{5}{8},\frac{7}{8}$ 等处,可从图 C.21.2(a)看出,它的滑移量为 $\frac{1}{4}(b\pm c)$。

(7) 将图 C.21.1 中去掉一套由面心立方点阵联系的 C 原子 [设去掉 $\left(\frac{1}{4},\frac{1}{4},\frac{1}{4}\right)$ 那一套]。如图 C.21.3 所示,它属 O_h 点群,不存在金刚石滑移面(d)。

(8) 将图 C.21.1 中的一套 C 原子换成 Si 原子得 SiC 结构,如图 C.21.4 所示。它属 T_d 点群,为立方硫化锌型结构。在 SiC 的这种结构中,Si 和 C 均按正四面体成键,和金刚石中相同。由晶胞参数 $a=434.8$ pm,可算得 Si—C 键长为 $\frac{1}{4}\sqrt{3}a=188.3$ pm,略短于共价半径和 (113 pm+77 pm)=190 pm(因 Si 和 C 的电负性差异造成)。可以预见这种晶体的性质和金刚石相似,SiC俗称金刚砂,硬度为9,仅次于金刚石,广泛用作磨料。

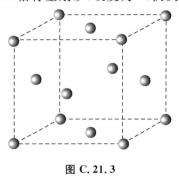

图 C.21.3

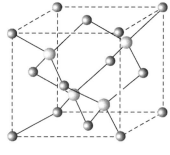

图 C.21.4

(9) 将图 C.21.4 中的 Si 原子换成 Ca 原子,C 换成 F 原子,再加上晶胞体心和棱心位置的一套 4 个 F 原子,得 CaF₂ 结构,如图 C.21.5(a)所示。该结构的点群为 O_h,俗称反萤石型结构。

(10) 将图 C.21.5(a)的原点移至 Ca 原子上,得图 C.21.5(b)。由图可以清楚地看出 F 原子周围有 4 个 Ca 原子,呈四面体形配位,Ca 原子周围有 8 个 F 原子,呈立方体形配位。这种结构俗称萤石型 CaF₂。

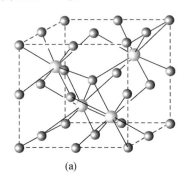

(a)

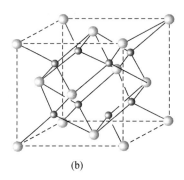

(b)

图 C.21.5 CaF₂ 结构:(a) 原点放在 F 原子上,(b) 原点放在 Ca 原子上

(11) 将图 C.21.1 中的 C 原子换成 Si 原子,再在 Si 原子的连线中心点放 O 原子,其结构如图 C.21.6 所示。晶体的组成为 SiO₂,它即为 β-方石英的结构。

(12) 已知 β-方石英的晶胞参数 $a=730$ pm,其密度(D)为

$$D=\frac{ZM}{N_A V}=\frac{8(28.09+2\times 16.00)\text{g mol}^{-1}}{6.022\times 10^{23}\text{ mol}^{-1}\times(730\times 10^{-10}\text{ cm})^3}=2.08\text{ g cm}^{-3}$$

Si—O 键长 d 为

$$d=\frac{1}{8}\times\sqrt{3}(730\text{ pm})=158.0\text{ pm}$$

(13) 将图 C.21.5(a)的 A₂B 型结构中,在 $\left(\frac{3}{4},\frac{3}{4},\frac{3}{4}\right)$,$\left(\frac{3}{4},\frac{1}{4},\frac{1}{4}\right)$,$\left(\frac{1}{4},\frac{3}{4},\frac{1}{4}\right)$,$\left(\frac{1}{4},\frac{1}{4},\frac{3}{4}\right)$ 处加上 B 原子,得图 C.21.7 所示的 AB 型化合物的结构。将 A 原子用黑线相连,B 原子用双线相连,得到两套金刚石型结构。这两套原子相隔较远,没有连线,但是两套原子互相穿插,各自成独立的网络。

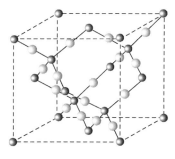

图 C.21.6 β-方石英的结构

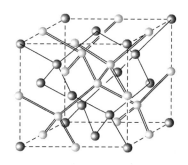

图 C.21.7 NaTl 的结构

(14) NaTl 的结构如图 C.21.7 所示。已知立方晶胞参数 $a=748.8$ pm,由此可见 Na---Tl 间距离为 $a/2=374.4$ pm,相隔较远。Tl---Tl 间距离(d)为

$$d=\frac{1}{4}\times\sqrt{3}(748.8 \text{ pm})=324.2 \text{ pm}$$

比 Tl 的共价半径和 2×148 pm$=296$ pm 长,比 Tl 的金属原子半径之和 2×170.4 pm$=340.8$ pm 短。Tl 原子按正四面体形成键。

同样,Na---Na 间的距离也为 324.2 pm,比 Na 的金属原子半径之和 $2\times 185.8=371.6$ pm 短。

(15) 根据金属间化合物 NaTl 的晶体结构,通常认为 Tl 原子采用 sp^3 杂化轨道形成共价单键,由于 Tl 原子只有 3 个价电子,在合金晶体形成时,要发生电荷转移,从 Na 原子处获得一个电子,形成 Na^+Tl^-,由 Tl 组成带负电的金刚石型骨架结构,每个 Tl—Tl 键为正常的共价单键。从 Na 原子间距离分析,由于电荷转移,半径变小,Na⋯Na 间除形成金属键外,还有 $Na^+ \cdots Tl^-$ 的离子键。所以,这一结构同时含有共价键、金属键和离子键。

这类结构的化合物(如 LiZn, LiCd, LiAl, LiGa, LiIn, NaIn, NaTl)具有明显的金属性:有金属光泽,能导电,电阻随温度升高而加大,组成可变。它也具有共价键和离子键形成的化合物的性质:磁性测量结果显著偏离纯金属的顺磁性,NMR 谱中第 3 族元素显示的化学位移比纯金属低。已发现 LiAl 是一种优良的快离子导体。这些性质都与这类化合物的结构和键型有关。

【C.22】 NiAs 结构是一种简单而重要的二元化合物的结构型式。它的结构可简单地表述为:As 原子作 hcp,Ni 原子填入全部八面体空隙中。许多过渡金属和 Sn,As,Sb,Bi,S,Se,Te 化合的二元化合物采用这种结构。NiAs 的六方晶胞参数为 $a=360.2$ pm,$c=500.9$ pm。NiAs 结构也可看作 Ni 作简单六方柱体排列,形成 Ni 的三方棱柱体空隙,As 交替地填入其中的一半空隙。

(1) 试按所列的六方晶胞中原子坐标参数,画出结构图。

Ni: 0 0 0, 0 0 $\frac{1}{2}$; As: $\frac{2}{3}$ $\frac{1}{3}$ $\frac{1}{4}$, $\frac{1}{3}$ $\frac{2}{3}$ $\frac{3}{4}$。

(2) 试计算 NiAs 中每个原子周围近邻的同一种原子以及另一种原子的数目和距离。

(3) 已知 CoTe 属 NiAs 型结构,而具有金属原子空缺,组成改变的 Co_{1-x}Te 直至 $CoTe_2$(即 $Co_{1-0.5}$Te)的结构也可从 NiAs 结构来理解:一种是无序结构,即 Co_{1-x} 原子(用半黑球表示)统计无序地代替原来的金属原子;另一种是有序的结构,空缺位置在 $\left(0, 0, \frac{1}{2}\right)$。试画出这两种结构图。

(4) Ni_2In 的结构可从 NiAs 结构出发来理解,即以 In 代替 As,再将增加的 Ni 填入由 Ni 组成的三方棱柱体空隙中。试画出 Ni_2In 的结构。

(5) 已知 CoTe 和 $CoTe_2$ 的六方晶胞参数分别为

$$CoTe: a=388.2 \text{ pm}, c=536.7 \text{ pm}$$
$$CoTe_2: a=378.4 \text{ pm}, c=540.3 \text{ pm}$$

试计算 NiAs,CoTe 和 $CoTe_2$ 的轴长比(又称轴率,即 c/a),将结果和等径圆球 hcp 的 c/a 值比较。

(6) 计算 NiAs 和 CoTe 晶体中 M---M 的距离,并和它们的金属原子半径值(Ni 124.6 pm, Co 125.3 pm)比较,讨论晶体的性质。

(7) 说明许多 AB_n 型金属间化合物采用 NiAs 型结构的原因。

(8) 根据图 C.22 所示的 4 种结构,分别找出 NiAs, $Co_{1-x}Te$(无序), $CoTe_2$ 和 Ni_2In 晶体中平行 c 轴在 (x,y) 坐标分别为 $(0,0)$, $\left(\dfrac{2}{3},\dfrac{1}{3}\right)$ 和 $\left(\dfrac{1}{3},\dfrac{2}{3}\right)$ 处的对称轴,晶体所属的晶系和点群。

解

(1) 按题所给数据,作图示于图 C.22(a) 中。

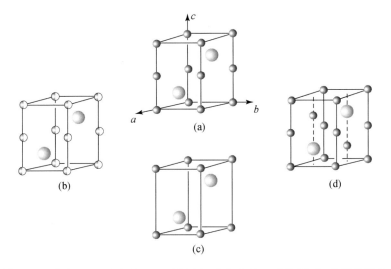

图 C.22 (a) NiAs, (b) $Co_{1-x}Te$(无序), (c) $CoTe_2$, (d) Ni_2In 的晶体结构

(2) Ni:6As(八面体),距离为 $\left[\left(\dfrac{c}{4}\right)^2+\left(\dfrac{2}{3}a\cdot\sin60°\right)^2\right]^{\frac{1}{2}}$

$$=\left[\left(\dfrac{500.9}{4}\right)^2+\left(\dfrac{2}{3}\times360.2\times\sin60°\right)^2\right]^{\frac{1}{2}} \text{pm}$$

$$=242.8 \text{ pm}$$

2Ni(直线形),距离为 $c/2=250.5$ pm

6Ni(六角形,在 ab 平面),距离为 $a=360.2$ pm

As:6Ni(三方棱柱体形),距离为 242.8 pm

12As(hcp 配位),6 个距离为 $a=360.2$ pm

另 6 个距离为 $\left[\left(\dfrac{c}{2}\right)^2+\left(\dfrac{2}{3}a\sin60°\right)^2\right]^{\frac{1}{2}}=325.6\text{ pm}$

(3) 作图分别示于图 C.22(b)和(c)。
(4) 作图示于图 C.22(d)。
(5) 计算如下表：

晶　体	a/pm	c/pm	c/a
NiAs	360.2	500.9	1.391
CoTe	388.2	536.7	1.383
CoTe$_2$	378.4	540.3	1.428
hcp	—	—	1.633

由上述数据可见，为了加强金属原子间的相互作用，即提高金属键的强度，金属原子互相靠近，c/a 值变小，金属性增加。

(6) M---M 间的距离为 $c/2$。即

NiAs：Ni---Ni 为 $c/2=250.5$ pm
CoTe：Co---Co 为 $c/2=268.4$ pm

它们分别与金属镍中镍原子间的距离 249.2 pm 和金属钴中钴原子间的距离 250.6 pm 相近。这也与这类晶体性质相符。NiAs 和 CoTe 具有金属光泽、不透明，是电的良导体。

(7) 从空间因素考虑，在图 C.22 所示的结构中均存在两类空隙，为增减原子、改变组成创造了有利的几何条件。从电子因素考虑，原子间结合力金属键占优势，不会受制于离子的价态和电中性原理。所以当组成改变时，不必改变结构型式，而只要调整轴率和原子间距离即可。

(8) 平行于 c 轴在不同的 (x,y) 坐标上的对称轴、晶系和点群如下表：

晶　体	$(0,0)$	$\left(\dfrac{2}{3},\dfrac{1}{3}\right)$	$\left(\dfrac{1}{3},\dfrac{2}{3}\right)$	晶　系	点　群
NiAs	6_3	$\bar{6}$	$\bar{6}$	六方	D_{6h}
Co$_{1-x}$Te	6_3	$\bar{6}$	$\bar{6}$	六方	D_{6h}
CoTe$_2$	$\bar{3}$	3	3	三方	D_{3d}
Ni$_2$In	6_3	$\bar{6}$	$\bar{6}$	六方	D_{6h}

【C.23】 什么是广义的钙钛矿？当前钙钛矿在能源和材料科学研究中十分重要，它也是地球中含量最多的矿物。试参阅[C.13]题及其他参考资料，写一些读书笔记和心得体会，提出一些进一步钻研的问题。

解和评注

狭义的钙钛矿是指 CaTiO$_3$ 矿物，广义的钙钛矿则指具有钙钛矿结构的 ABX$_3$ 型化合物，其中 A 为 Na$^+$，K$^+$，Ca^{2+}，Sr^{2+}，Ba^{2+}，Pb^{2+} 等半径较大的正离子，B 为 Ti^{4+}，Nb^{5+}，Mn^{4+}，Fe^{3+}，Ta^{5+}，Zr^{4+} 等半径较小的正离子，X 为 O^{2-}，F$^-$，Cl$^-$，Br$^-$，I$^-$ 等负离子。A 离子间和 B 离子间都可以部分相互置换，也可全部置换，形成如 BaTiO$_3$，Pb(Ti,Zr)O$_3$，(Ba,K)BiO$_3$，(Rb,K)NiF$_3$ 等化合物，即半径大小相差悬殊的离子稳定地共存于同一结构中。从化学组成看，根据 A，B，X 的种类、数量、有序或无序置换等因素，形成数量众多的钙钛矿型化合物。不

同组成的钙钛矿在不同的温度、压力等外界条件下,出现不同的结构和对称性,显示不同的性质,在能源和材料等科学领域有着广泛的应用。了解它的组成、结构、性质和应用的规律,为促进开发研究顺利进行作出贡献。

在钙钛矿太阳能电池中,通过材料组成元素的调控,增强电池吸收入射光并将光能转化为电能的作用。近年来以 ABX_3 钙钛矿为原型,将 A 换成 $(CH_3NH_3)^+$ 有机离子,B 为二价的 Pb^{2+} 或 Sn^{2+},X 为卤素离子,由这种材料作为光活性层组装到钙钛矿太阳能电池,光电转换效率可超过 20%。怎样能将无机和有机化学成分结合在一起?怎样能廉价、高效、稳定地保持光电转换效率?

$BaTiO_3$ 钙钛矿晶体在不同温度下结构不同,性质也不同。在 393~1733 K 之间为立方钙钛矿型结构,空间群属 $Pm3m$,晶体没有偶极矩、铁电性和压电性。在 278~393 K 之间,晶体属四方晶系,C_{4v}^1-$P4mm$ 空间群,四方晶胞沿 c 轴拉长,轴率 $c/a=1.01$,晶体出现自发极化现象,具有铁电性。在 193~278 K,晶体属正交晶系,C_{2v}^{14}-$Amm2$ 空间群,具有铁电性。在 193 K 以下,晶体转变为六方晶系,D_{6h}^4-$P6_3/mmc$ 空间群,无铁电性。是什么因素使晶体结构发生变化?怎样调控它的化学组成,改变它的相转变的温度和性质,为开发超导材料等研究提供理论依据?

地球中含量最多的矿物是 $(Mg,Fe)SiO_3$ 钙钛矿,英文名称为 Bridgmanite(布里奇曼石),它是只在地幔层,即在地下 660~2900 km 深处高温高压环境下,稳定存在的最主要矿物,它约占地球体积的 38%。在此矿物中 Si^{4+} 呈八面体 6 配位结构,和其他地表中的 SiO_2 及各种硅酸盐按 SiO_4 四面体成键结构不同。怎样了解地幔深处的硅酸盐矿物中硅为 6 配位结构?在这种结构中 Si 和 O 间的化学键怎样理解?

第三部分　结构化学实习

实习 1　原子轨道空间分布图的绘制

解氢原子的 Schrödinger 方程,可得原子轨道的数学表达式。例如

$$\psi_{2p_z} = (4\sqrt{2\pi a_0^3})^{-1}(r/a_0)e^{-r/2a_0}\cos\theta \tag{E.1}$$

按照 ψ 的数学表达式,即可绘制出 ψ 的空间分布图。

本实习通过计算和绘制 ψ_{2p_z} 的空间分布图并讨论它的各种性质,加深对原子结构的理解,为进一步学习化学键理论打下基础。

E1.1　作 ψ-r 图

取 a_0 作为 r 的单位,$1/4\sqrt{2\pi}$ 作为 ψ 的单位,则 ψ_{2p_z} 可以简化为

$$\psi_{2p_z} = re^{-r/2}\cos\theta \tag{E.2}$$

(1) 按(E.2)式计算下表所规定的 r,θ 值时的 ψ_{2p_z}(表中简记为 ψ)值。

θ \ r	0	0.5	1.0	1.5	2	3	4	5	6	7	8	9
0°												
15°												
30°												
45°												
60°												
75°												
90°												

(2) 根据上表所列数据,对每个 θ 值作一条 ψ_{2p_z}-r 的关系曲线(以 ψ_{2p_z} 为纵坐标,r 为横坐标)。6 条曲线画在同一张坐标纸上,得 ψ_{2p_z}-r 图。

E1.2　作 ψ 空间分布图

(1) 根据所画的 ψ_{2p_z}-r 图,读出下表所需的数据,对应于每个 θ,ψ_{2p_z} 值应读出两个 r 值。

(2) 在直角坐标纸上选取横轴为 x 轴,纵轴为 z 轴,原点为原子核位置;从原点出发,按上表中 θ 值作辐射线。根据表中所列的 r,θ 和 ψ 的数据,标出各个 ψ 值相同的坐标位置,画出各条 ψ 的等值线并标明 ψ 值。

(3) 将 θ 值从 90°扩充至 180°,标明 ψ 的正、负号。

(4) 求出 $|\psi|$ 最大的坐标位置及该点的数值,并在图上标明。

θ \ r ψ	0.1	0.2	0.3	0.4	0.5	0.6	0.7
0°							
15°							
30°							
45°							
60°							
75°							
90°							

E1.3 讨论

(1) 从上述平面图形出发,讨论 ψ_{2p_z} 的空间分布图形。[从图形对 x 轴、y 轴、z 轴、xy 平面的对称性、节面以及图形的大小(以 $|\psi|=0.1$ 为界面)等方面进行讨论。]

(2) 与 ψ_{2p_z} 等值线图形对比,讨论 $\psi_{2p_z}^2$ 的等值线图形。

(3) 与 ψ_{2p_z} 图形对比,讨论 ψ_{2p_x} 和 ψ_{2p_y} 的空间分布图。

实习 2 H_2^+ 能量曲线的绘制

本实习根据线性变分法等方法解 H_2^+ 所得的结果,了解 H_2^+ 的能量随核间距离的变化规律,加深对化学键和分子光谱的理解。

E2.1 作 H_2^+ 的 E-R 曲线

(1) 利用《结构化学基础》(第 5 版)3.2 节(3.2.22)~(3.2.26)式

$$J=\left(1+\frac{1}{R}\right)e^{-2R}, \quad K=\left(\frac{1}{R}-\frac{2R}{3}\right)e^{-R}, \quad S=\left(1+R+\frac{R^2}{3}\right)e^{-R}$$

$$E_1=E_H+\frac{J+K}{1+S}, \quad E_2=E_H+\frac{J-K}{1-S}$$

取下列 12 个不同的 R 值,计算表中各栏数值。

R	1.6	1.8	2.0	2.2	2.4	2.6	2.8	3.2	3.6	4.0	5.0	6.0
J												
K												
S												
E_1												
E_2												

(2) 用上表数值画出 H_2^+ 的 E_1-R 和 E_2-R 曲线,并讨论所得结果。

E2.2 H_2^+ 和 H_2 的 E-R 曲线比较

(1) 已知 H_2^+ 的 $D_0=2.651\text{ eV}$, $\frac{1}{2}h\nu=0.142\text{ eV}$, $R_e=106\text{ pm}$; H_2 的 $D_0=4.478\text{ eV}$, $\frac{1}{2}h\nu=0.270\text{ eV}$, $R_e=74\text{ pm}$; $I(H_2)=15.43\text{ eV}$, $I(H)=13.598\text{ eV}$。请在一张坐标纸上画出 H_2^+ 和 H_2 的 E-R 曲线。

(2) 由上图讨论 H_2 的光电子能谱。已知 H_2 的光电子能谱如图 E2.1 所示,从中可得到

哪些有关 H_2 和 H_2^+ 的结构数据?

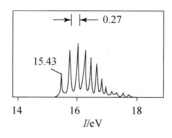

图 E2.1　H_2 的光电子能谱

实习 3　分子的立体构型和分子的性质

分子的立体构型是从分子中原子排布的几何关系描述分子的结构,对于了解分子的性质具有重要意义。

本实习通过自己动手制作和仔细观察分子模型,掌握分子的空间结构,加深对分子构型和分子性质的了解。

E3.1　制作多面体模型

用厚纸片按图 E3.1 的图形制作四面体、立方体、八面体、正三角二十面体和正五角十二面体。在制作时,边长不应小于 5 cm(可分别制作,每人选作一个,互相交换使用)。

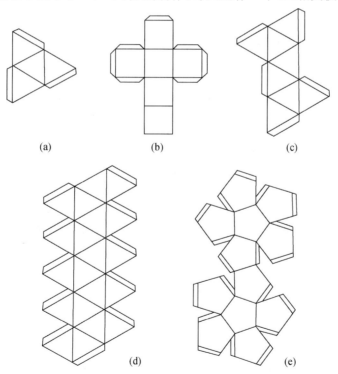

图 E3.1　多面体模型的制作

(a) 四面体,(b) 立方体,(c) 八面体,(d) 正三角二十面体,(e) 正五角十二面体

E3.2 用球和棍搭制分子模型了解其对称性

（1）搭出下列分子模型，了解它们的对称性，填写表中各栏内容。CH_4，H_2O_2，SF_6，$N_4(CH_2)_6$，C_6H_{12}（环己烷：船式和椅式），C_2H_6（重叠式、交叉式以及介于这两者之间的型式）。

分子		对称元素及数目			点 群	偶极矩	旋光性
		对称轴	镜面	i			
CH_4（四面体）							
SF_6（八面体）							
B_{12}（正三角二十面体）							
环己烷	船式						
	椅式						
H_2O_2							
C_2H_6	重叠式						
	交叉式						
	中间式						
$N_4(CH_2)_6$							

注意：在搭制分子的球棍模型时，通常按下列惯例用不同的颜色表示不同的原子：C 黑色，H 浅灰色，O 红色，N 蓝色，Cl 绿色，Br 红棕色，I 红紫色，S 黄色，P 紫色；金属原子则以该金属单质显示的颜色表示。

（2）搭出下列丙二烯型化合物的模型，了解它们的对称性。

$$H_2C=C=CH_2, \quad ClHC=C=CH_2,$$
$$Cl_2C=C=CH_2, \quad ClHC=C=CHCl$$

（3）搭出 L 型氨基酸、D 型甘油醛、$Cr(en)_3^{3+}$ 及它们的对映体的模型。

（4）搭出 $N^+\begin{bmatrix} -CH_2-CH-CH_3 \\ | \\ -CH_2-CH-CH_3 \end{bmatrix}_2$ 的分子模型，使它具有 I_4 和 S_4，但没有 i,σ,C_4。

实习 4 苯的 HMO 法处理

（1）画出苯分子结构，对各碳原子及其 p_z 轨道编号（如图 E4.1），由 AO 线性组合得出 MO：

$$\psi = \sum_{i=1}^{6} c_i \phi_i \tag{E.3}$$

（2）用 Hückel 近似写出化简的久期方程如下：

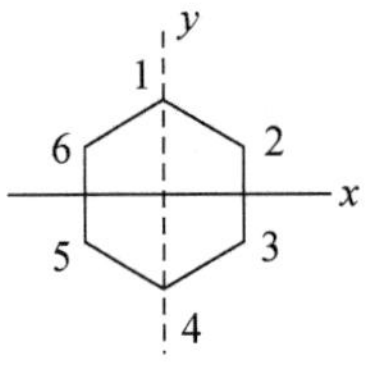

$$\begin{pmatrix} x & 1 & 0 & 0 & 0 & 1 \\ 1 & x & 1 & 0 & 0 & 0 \\ 0 & 1 & x & 1 & 0 & 0 \\ 0 & 0 & 1 & x & 1 & 0 \\ 0 & 0 & 0 & 1 & x & 1 \\ 1 & 0 & 0 & 0 & 1 & x \end{pmatrix} \begin{pmatrix} c_1 \\ c_2 \\ c_3 \\ c_4 \\ c_5 \\ c_6 \end{pmatrix} = 0 \tag{E.4}$$

图 E4.1

(3) 以图 E4.1 中标明的虚线和实线作镜面,利用这两个镜面对称性化简(E.4)式,求出 x 值。

(4) 利用 x 值求出分子轨道能级;将 x 值代入化简的(E.4)式,结合归一化条件求出分子轨道组合系数 c_i。

(5) 按能级从低到高的次序,列出 6 个解 E_i 及 ψ_i。

(6) 画出各个 ψ_i 的示意图。

(7) 计算苯分子中每个碳原子的电荷密度、原子间 π 键键级及各碳原子的自由价,写出苯的分子图。

(8) 计算苯的离域能,讨论苯分子的性质。

提示:简化(E.4)式时可充分利用镜面对称性,了解各个 c_i 间的关系。例如对镜面 σ_x

对　称(S_x):$c_1=c_4$,$c_2=c_3$,$c_5=c_6$

反对称(A_x):$c_1=-c_4$,$c_2=-c_3$,$c_5=-c_6$

对镜面 σ_y

对　称(S_y):$c_2=c_6$,$c_3=c_5$

反对称(A_y):$c_1=c_4=0$,$c_2=-c_6$,$c_3=-c_5$

例如利用 S_x 和 S_y 条件,可将(E.4)式化简为

$$xc_1+2c_2=0 \tag{E.5-1}$$

$$c_1+(x+1)c_2=0 \tag{E.5-2}$$

从(E.5)式,使 c_1,c_2 不全为 0 的解,需满足下一行列式

$$\begin{vmatrix} x & 2 \\ 1 & (x+1) \end{vmatrix}=0 \tag{E.6}$$

解(E.6)式得 $x=-2$ 或 1。当 $x=-2$,$E_1=\alpha+2\beta$。将 x 代回(E.5)式,并结合归一化条件(即 $c_1^2+c_2^2+c_3^2+c_4^2+c_5^2+c_6^2=1$),得

$$\psi_1=\frac{1}{\sqrt{6}}(\phi_1+\phi_2+\phi_3+\phi_4+\phi_5+\phi_6)$$

实习 5　点阵和晶胞

E5.1　根据晶体结构模型写出下表各栏内容

	金属铜	金属钠	氯化铯	α-硒	六方石墨	金属镁
结构基元						
正当晶胞形状						
特征对称元素						
晶系						
正当晶胞结构基元数						
点阵型式						
原子分数坐标						

E5.2 作图表明微观对称元素

(1) 根据 7.14 题所列的 α-硒的晶体结构数据,画图示出晶胞内原子的分布以及晶胞内全部的 3_1 螺旋轴,及晶胞原点处由 3_1 轴相关的 3 个二次轴,标明在 c 轴上的高度。

(2) 画出金属镁晶胞沿六次轴方向的结构投影图,在图上标出六次轴(两种:6_3 和 $\bar{6}$)的位置和记号。

(3) 画出石墨晶体结构的投影图,在图上标出六次轴的位置和记号(和金属镁一样,也有 6_3 和 $\bar{6}$ 两种六次轴)。

E5.3 标出晶面指标

图 E5.1 示出三种多面体,试以其中心为原点,选合适晶轴,标出各个面的晶面指标。

图 E5.1

E5.4 讨论

(1) 在 14 种点阵型式中,为什么有四方 I,而无四方 F? 为什么有正交 C,而无四方 C? 为什么有立方 F,而无立方 C? 根据什么原则确定点阵型式?

(2) 总结你是怎样从一个模型或图像抽象出点阵的? 如何判断一组点是否为点阵?

(3) 结构基元、点阵点、晶胞和点阵型式等概念的正确含义和相互关系怎样?

(4) 下列说法对否? 为什么?

(a) 晶面间距 d_{hkl} 是一颗晶体两个相对的晶面之间的距离;

(b) CsCl 晶体可取出体心立方晶胞;

(c) 立方体属 O_h 点群,凡立方晶系的晶体都可划出立方体晶胞,所以都是 O_h 点群。

实习 6 等径圆球的堆积

在晶体中,原子(或离子)的排列堆积方式是晶体结构的重要内容。本实习通过等径圆球的堆积来模拟金属单质中原子的堆积,了解金属单质的若干典型结构型式,加深对金属晶体结构的了解,并为学习离子化合物的结构打下基础。

E6.1 密堆积层

取若干等径圆球,分别排列成密堆积层和平面四方层,比较它们的异同,填写下表。(设圆球半径为 R,球的配位数是指与一个圆球直接接触的圆球数目。计算空隙中心到球面的最短距离,用球半径 R 表示。)

	密堆积层	平面四方层
每个球的配位数		
通过球心和空隙中心的对称元素		
空隙中心到球面的最短距离		
面积利用率		

E6.2 等径圆球的最密堆积

将密堆积层按ABAB…和ABCABC…两种重叠方式分别组成六方和立方最密堆积。各取一个正当晶胞，观察并填写下表。

堆积方式	六方(A3)	立方(A1)
球的配位数		
一个球平均占有的四面体空隙数		
一个球平均占有的八面体空隙数		
点阵型式		
密堆积层方向(用晶胞单位矢量表示)		
晶胞内球的分数坐标		

E6.3 最密堆积中的空隙

(1) 四面体空隙

一个四面体空隙由4个球构成，所以一个球在一个四面体中占有_____分之一的空隙。一个球参与_____个四面体空隙的构成，因此平均一个球占有_____个四面体空隙。

计算四面体空隙中心到球面的最短距离(用球半径 R 表示)。

(2) 八面体空隙

一个八面体空隙由6个球构成，所以一个球在一个八面体中占有_____分之一的空隙。一个球参与_____个八面体空隙的构成，因此平均一个球占有_____个八面体空隙。

计算八面体空隙中心到球面的最短距离(用球半径 R 表示)。

E6.4 体心立方堆积和简单立方堆积

将球作体心立方堆积和简单立方堆积，取其晶胞，观察并填写下表。表中密置列是指球沿一维直线紧密排列，其方向以晶胞单位矢量表示。

堆积方式	体心立方	简单立方
密置列方向		
球的配位数		
晶胞内球的坐标		
空隙型式		
晶胞内空隙数		
空隙中心到球面的最短距离		
一个球平均占有的空隙数		

E6.5 计算堆积系数

列式计算立方最密堆积、六方最密堆积、体心立方堆积和简单立方堆积等的堆积系数(空间利用率)。

实习7 离子晶体的结构

通过观察和分析下表所列6个二元离子晶体的结构模型,了解离子晶体的结构,将结果填入下表,总结归纳二元离子晶体的结晶化学规律。

晶 体		NaCl	CsCl	ZnS(立方)	ZnS(六方)	CaF$_2$	TiO$_2$(金红石)
负离子堆积方式							
正负离子半径比							
正负离子数量比							
正离子	占什么空隙						
	占空隙比率						
	配位数						
	配位多面体连接方式						
负离子的配位数							
结构基元							
点阵型式							
晶胞内正负离子数							
离子分数坐标							

实习8 金刚石型化合物的结构

金刚石的晶体结构是结构化学的一个基础内容。金刚石以及和它的结构相关的一些化合物涉及许多功能材料。本实习结合综合习题 C.21 的内容,利用晶体结构模型,深入地学习并理解它们的结构和性质。在进行实习课教学时,除金刚石模型外,立方硫化锌、方石英、萤石、面心立方点阵等模型也可用作本实习的教学。

(1) 根据金刚石的晶体结构模型,分别画出四次对称轴 $4, \bar{4}, 4_1, 4_3$ 等沿轴的投影记号及其所联系的一组原子在空间的排布,注明不同高度位置的原子用晶胞参数的分数值。

(2) 金刚石的立方晶胞中有8个C原子,其中4个排列成面心立方结构,它们形成8个四面体空隙和4个八面体空隙,其余4个C原子间隔地填在四面体空隙中心。仔细地观察这些空隙在晶胞中的分布,指出它们的分布位置,指明四面体和八面体以及八面体和八面体间的连接方式。

(3) 单晶硅是重要的半导体材料,它的结构和金刚石相同。试从结构判断沿什么方向最容易切割磨光成硅片。

(4) 近百种二元化合物,如 SiC,BN,ZnS,γ-AgI,CuCl 等晶体属立方 ZnS 型结构(图 C.21.4)。试以 ZnS(a=540.9 pm)和 γ-AgI(a=649.3 pm)为例,计算 Zn—S 和 Ag—I 键长,结合它们的共价单键半径和离子半径数据(Zn 131 pm, Ag 153 pm),判断它们的键型。

(5) β-方石英的结构可以看作以[SiO₄]正四面体代替金刚石中的C原子,共顶点连接而成,如图C.21.6所示。在此结构中,[SiO₄]四面体在晶胞中应当怎样取向排列?已知 $a=730$ pm,β-方石英的密度较石英和鳞石英都低。试计算键长,说明是否因为在这结构中 Si—O 键特别长及是什么其他因素所引起的。

(6) 萤石(CaF₂)的结构可将 SiC 结构(图 C.21.4)中的 Si 换成 Ca^{2+},C 换成 F^-,再在晶胞体心和棱心处加上 4 个 F^- 形成,如图 C.21.5 所示。对比金刚石结构,在萤石结构中哪些大的空隙位置仍未被占据?F^- 离子在结构中形成什么型式的堆积?Ca^{2+} 占据该堆积空隙的情况怎样?

(7) NaTl 的结构可看作晶胞中 8 个 Tl 原子和 8 个 Na 原子分别按金刚石的结构排列,只是相对位置沿晶胞的一条晶轴移 $\frac{1}{2}a$ 而得。若从萤石结构出发,应怎样理解和描述?

附录A 元素周期表(IUPAC 2016)

表中列出常规的相对原子质量（括号内数字为最长寿命同位素质量）。

族周期	1 (1A)	2 (2A)	3 (3B)	4 (4B)	5 (5B)	6 (6B)	7 (7B)	8 (8B)	9 (8B)	10 (8B)	11 (1B)	12 (2B)	13 (3A)	14 (4A)	15 (5A)	16 (6A)	17 (7A)	18 (8A)
1	1 **H** 1.008																	2 **He** 4.0026
2	3 **Li** 6.94	4 **Be** 9.0122											5 **B** 10.81	6 **C** 12.011	7 **N** 14.007	8 **O** 15.999	9 **F** 18.998	10 **Ne** 20.180
3	11 **Na** 22.990	12 **Mg** 24.305											13 **Al** 26.982	14 **Si** 28.085	15 **P** 30.974	16 **S** 32.06	17 **Cl** 35.45	18 **Ar** 39.948
4	19 **K** 39.098	20 **Ca** 40.078	21 **Sc** 44.966	22 **Ti** 47.867	23 **V** 50.942	24 **Cr** 51.996	25 **Mn** 54.938	26 **Fe** 55.845	27 **Co** 58.933	28 **Ni** 58.693	29 **Cu** 63.546	30 **Zn** 65.38	31 **Ga** 69.723	32 **Ge** 72.630	33 **As** 74.922	34 **Se** 78.971	35 **Br** 79.904	36 **Kr** 83.798
5	37 **Rb** 85.468	38 **Sr** 87.62	39 **Y** 88.906	40 **Zr** 91.224	41 **Nb** 92.906	42 **Mo** 95.95	43 **Tc** (98)	44 **Ru** 101.07	45 **Rh** 102.91	46 **Pd** 106.42	47 **Ag** 107.87	48 **Cd** 112.41	49 **In** 114.82	50 **Sn** 118.71	51 **Sb** 121.76	52 **Te** 127.60	53 **I** 126.90	54 **Xe** 131.29
6	55 **Cs** 132.91	56 **Ba** 137.33	[57~71] 镧系	72 **Hf** 178.49	73 **Ta** 180.95	74 **W** 183.84	75 **Re** 186.21	76 **Os** 190.23	77 **Ir** 192.22	78 **Pt** 195.08	79 **Au** 196.97	80 **Hg** 200.59	81 **Tl** 204.38	82 **Pb** 207.2	83 **Bi** 208.98	84 **Po** (209)	85 **At** (210)	86 **Rn** (222)
7	87 **Fr** (223)	88 **Ra** (226)	[89~103] 锕系	104 **Rf** (267)	105 **Db** (268)	106 **Sg** (271)	107 **Bh** (270)	108 **Hs** (277)	109 **Mt** (276)	110 **Ds** (281)	111 **Rg** (282)	112 **Cn** (285)	113 **Nh** (285)	114 **Fl** (289)	115 **Mc** (289)	116 **Lv** (293)	117 **Ts** (294)	118 **Og** (294)

f区

镧系	57 **La** 138.91	58 **Ce** 140.12	59 **Pr** 140.91	60 **Nd** 144.24	61 **Pm** (145)	62 **Sm** 150.36	63 **Eu** 151.96	64 **Gd** 157.25	65 **Tb** 158.93	66 **Dy** 162.50	67 **Ho** 164.93	68 **Er** 167.26	69 **Tm** 168.93	70 **Yb** 173.05	71 **Lu** 174.97
锕系	89 **Ac** (227)	90 **Th** 232.04	91 **Pa** 231.04	92 **U** 238.03	93 **Np** (237)	94 **Pu** (244)	95 **Am** (243)	96 **Cm** (247)	97 **Bk** (247)	98 **Cf** (251)	99 **Es** (252)	100 **Fm** (257)	101 **Md** (258)	102 **No** (259)	103 **Lr** (262)

附录B 单位、物理常数和换算因子

表B.1 国际单位制的基本单位

物理量名称	单位名称	单位符号
长度	米	m
质量	千克	kg
时间	秒	s
电流强度	安	A
热力学温度	开	K
物质的量	摩尔	mol
发光强度	坎	cd

表B.2 若干重要的导出单位

物理量名称	单位名称	单位符号
力	牛	$N(kg\,m\,s^{-2})$
能	焦	$J(N\,m)$
功率	瓦	$W(J\,s^{-1})$
电荷量	库	$C(A\,s)$
电位	伏	$V(W\,A^{-1})$
电容	法	$F(C\,V^{-1})$
电阻	欧	$\Omega(V\,A^{-1})$
频率	赫	$Hz(s^{-1})$
磁通量	韦	$Wb(V\,s)$
磁感应强度	特	$T(Wb\,m^{-2})$
电感	亨	$H(Wb\,A^{-1})$

表B.3 常用物理常数

名称	符号	数值
电子质量	m_e	9.109382×10^{-31} kg
质子质量	m_p	1.67262×10^{-27} kg
真空电容率	ε_0	8.854188×10^{-12} $C^2\,J^{-1}\,m^{-1}$
真空磁导率	μ_0	$4\pi \times 10^{-7}$ $J\,s^2\,C^{-2}\,m^{-1}$
真空光速	c	2.997925×10^8 $m\,s^{-1}$
电子电荷	e	-1.60218×10^{-19} C
Boltzmann常数	k	1.38065×10^{-23} $J\,K^{-1}$
摩尔气体常数	R	8.31447 $J\,K^{-1}\,mol^{-1}$

续表

名称	符号	数值
Planck 常数	h	6.626069×10^{-34} J s
Avogadro 常数	N_A	6.022142×10^{23} mol^{-1}
Bohr 磁子	β_e ($=eh/4\pi m_e$)	9.2740×10^{-24} J T^{-1}
核磁子	β_N ($=eh/4\pi m_p$)	5.05082×10^{-27} J T^{-1}
Bohr 半径	a_0 ($=\varepsilon_0 h^2/\pi m_e e^2$)	5.29177×10^{-11} m
Rydberg 常数	R_∞ ($=m_e e^4/8ch^3\varepsilon_0^2$)	1.097373×10^5 cm^{-1}
原子质量单位	u	1.660539×10^{-27} kg
万有引力常数	G	6.673×10^{-11} m^3 kg^{-1} s^{-2}

表 B.4 能量和其他一些物理量单位间的换算

	J mol^{-1}	kcal mol^{-1}	eV	cm^{-1}
1 J mol^{-1}	1	2.390×10^{-4}	1.036×10^{-5}	8.359×10^{-2}
1 kcal mol^{-1}	4.184×10^3	1	4.336×10^{-2}	3.497×10^2
1 eV	9.649×10^4	23.060	1	8.065×10^3
1 cm^{-1}	1.196×10	2.859×10^{-3}	1.240×10^{-4}	1

1 Å = 100 pm = 10^{-8} cm = 10^{-10} m

1 atm = 760 mmHg = 1.01325×10^5 N m^{-2} (Pa)

1 D(Debye) ≈ 3.33564×10^{-30} C m

1 G(Gauss) = 10^{-4} T

表 B.5 原子单位(au)

长度	1 au = a_0 = 5.29177×10^{-11} m (Bohr 半径)
质量	1 au = m_e = 9.109382×10^{-31} kg (电子静质量)
电荷	1 au = e = -1.60218×10^{-19} C (电子电荷)
能量	1 au = $\dfrac{e^2}{4\pi\varepsilon_0 a_0}$ (两个电子相距 a_0 的势能) = 27.2116 eV
时间	在原子单位中,$4\pi\varepsilon_0=1$,$\dfrac{h}{2\pi}=1$,因而时间的原子单位不是秒,而是 2.418885×10^{-17} s,即电子在氢原子基态轨道转 $1a_0$ 所需的时间
角动量	1 au = $\dfrac{h}{2\pi}$ ($\equiv \hbar$) = $1.0545887 \times 10^{-34}$ J s

表 B.6 用于构成十进倍数和分数单位的词头

a	atto	10^{-18}	d	deci	10^{-1}
f	femto	10^{-15}	k	kilo	10^3
p	pico	10^{-12}	M	mega	10^6
n	nano	10^{-9}	G	giga	10^9
μ	micro	10^{-6}	T	tera	10^{12}
m	milli	10^{-3}	P	peta	10^{15}
c	centi	10^{-2}	E	exa	10^{18}

附录 C 一些常用的数学公式

高阶行列式化简

$$\begin{vmatrix} a_{11} & a_{12} & \cdots & a_{1n} \\ a_{21} & a_{22} & \cdots & a_{2n} \\ \cdots & \cdots & \cdots & \cdots \\ a_{n1} & a_{n2} & \cdots & a_{nn} \end{vmatrix} = (-1)^{1+1} a_{11} \begin{vmatrix} a_{22} & a_{23} & \cdots & a_{2n} \\ a_{32} & a_{33} & \cdots & a_{3n} \\ \cdots & \cdots & \cdots & \cdots \\ a_{n2} & a_{n3} & \cdots & a_{nn} \end{vmatrix} +$$

$$(-1)^{1+2} a_{12} \begin{vmatrix} a_{21} & a_{23} & \cdots & a_{2n} \\ a_{31} & a_{33} & \cdots & a_{3n} \\ \cdots & \cdots & \cdots & \cdots \\ a_{n1} & a_{n3} & \cdots & a_{nn} \end{vmatrix} + \cdots + (-1)^{1+n} a_{1n} \begin{vmatrix} a_{21} & a_{22} & \cdots & a_{2(n-1)} \\ a_{31} & a_{32} & \cdots & a_{3(n-1)} \\ \cdots & \cdots & \cdots & \cdots \\ a_{n1} & a_{n2} & \cdots & a_{n(n-1)} \end{vmatrix}$$

对数

$e = 2.71828$

$\ln a = 2.303 \lg a$

指数和数列

$e^x = 1 + x + \dfrac{1}{2!}x^2 + \dfrac{1}{3!}x^3 + \cdots$

$e^{ix} = \cos x + i \sin x$

任意三角形

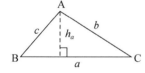

面积 $S = \dfrac{1}{2} a h_a$

$\quad = \dfrac{1}{2} ab \sin C$

边长 $a^2 = b^2 + c^2 - 2bc \cos A$

圆(半径 r)

圆周长 $\quad c = 2\pi r$

圆弧长 $\quad l = \pi r \theta / 180$（圆心角 θ 以度计）

圆面积 $\quad S = \pi r^2$

圆球(半径 r)

球面积 $\quad 4\pi r^2$

体积 $\quad \dfrac{4}{3}\pi r^3$

三角函数

$\sin(\alpha \pm \beta) = \sin\alpha \cos\beta \pm \cos\alpha \sin\beta$

$\cos(\alpha \pm \beta) = \cos\alpha \cos\beta \mp \sin\alpha \sin\beta$

$\tan(\alpha \pm \beta) = (\tan\alpha \pm \tan\beta)/(1 \mp \tan\alpha \tan\beta)$

$2\sin\alpha \sin\beta = \cos(\alpha - \beta) - \cos(\alpha + \beta)$

$2\sin\alpha \cos\beta = \sin(\alpha + \beta) + \sin(\alpha - \beta)$

$2\cos\alpha \cos\beta = \cos(\alpha + \beta) + \cos(\alpha - \beta)$

积分公式

$\displaystyle\int e^x \, dx = e^x$

$\displaystyle\int \dfrac{dx}{x} = \lg x \quad (x > 0);$

$\qquad\quad = \lg(-x) \quad (x < 0)$

$\displaystyle\int \sin x \, dx = -\cos x$

$\displaystyle\int \cos x \, dx = \sin x$

$\displaystyle\int \sin^2 x \, dx = \dfrac{1}{2}x - \dfrac{1}{4}\sin 2x$

$\displaystyle\int x^n e^{ax} \, dx = \dfrac{x^n e^{ax}}{a} - \dfrac{n}{a} \int x^{n-1} e^{ax} \, dx$

$\displaystyle\int_0^\infty x^n e^{-ax} \, dx = n!/a^{n+1}$

$\displaystyle\int_0^\infty e^{-a^2 x^2} \, dx = \sqrt{\pi}/2a$